中 国 国 家 标 准 汇 编

659

GB 32236～32267

（2015 年制定）

中国标准出版社　编

中国标准出版社

北　京

图书在版编目(CIP)数据

中国国家标准汇编:2015年制定.659:
GB 32236～32267/中国标准出版社编.—北京:
中国标准出版社,2016.10
ISBN 978-7-5066-8407-1

Ⅰ.①中… Ⅱ.①中… Ⅲ.①国家标准-
汇编-中国-2015 Ⅳ.①T-652.1

中国版本图书馆CIP数据核字(2016)第214651号

中国标准出版社出版发行
北京市朝阳区和平里西街甲2号(100029)
北京市西城区三里河北街16号(100045)

网址 www.spc.net.cn
总编室:(010)68533533 发行中心:(010)51780238
读者服务部:(010)68523946

中国标准出版社秦皇岛印刷厂印刷
各地新华书店经销

*

开本 880×1230 1/16 印张 32.5 字数 983 千字
2016年10月第一版 2016年10月第一次印刷

*

定价 220.00 元

出 版 说 明

1.《中国国家标准汇编》是一部大型综合性国家标准全集。自1983年起,按国家标准顺序号以精装本、平装本两种装帧形式陆续分册汇编出版。它在一定程度上反映了我国建国以来标准化事业发展的基本情况和主要成就,是各级标准化管理机构,工矿企事业单位,农林牧副渔系统,科研、设计、教学等部门必不可少的工具书。

2.《中国国家标准汇编》收入我国每年正式发布的全部国家标准,分为"制定"卷和"修订"卷两种编辑版本。

"制定"卷收入上一年度我国发布的、新制定的国家标准,顺延前年度标准编号分成若干分册,封面和书脊上注明"20××年制定"字样及分册号,分册号一直连续。各分册中的标准是按照标准编号顺序连续排列的,如有标准顺序号缺号的,除特殊情况注明外,暂为空号。

"修订"卷收入上一年度我国发布的、被修订的国家标准,视篇幅分设若干分册,但与"制定"卷分册号无关联,仅在封面和书脊上注明"20××年修订-1,-2,-3,……"字样。"修订"卷各分册中的标准,仍按标准编号顺序排列(但不连续);如有遗漏的,均在当年最后一分册中补齐。需提请读者注意的是,个别非顺延前年度标准编号的新制定的国家标准没有收入在"制定"卷中,而是收入在"修订"卷中。

读者配套购买《中国国家标准汇编》"制定"卷和"修订"卷则可收齐由我社出版的上一年度我国制定和修订的全部国家标准。

3. 由于读者需求的变化,自1996年起,《中国国家标准汇编》仅出版精装本。

4. 2015年我国制修订国家标准共2 113项。本分册为"2015年制定"卷第659分册,收入国家标准GB 32236～32267的最新版本。

中国标准出版社
2016年8月

目　　录

ICS 35.240.50
L 67

中华人民共和国国家标准

GB/T 32236—2015

以BOM结构为核心的产品生命中期数据集成管理框架

Integrated data management framework of product middle-term lifecycle cored on BOM structure

2015-12-10 发布　　2016-07-01 实施

中华人民共和国国家质量监督检验检疫总局
中国国家标准化管理委员会　发布

前　言

本标准按照 GB/T 1.1—2009 给出的规则起草。

本标准由中国机械工业联合会提出。

本标准由全国自动化系统与集成标准化技术委员会(SAC/TC 159)归口。

本标准主要起草单位:清华大学、北京机械工业自动化研究所。

本标准主要起草人:王建民、莫欣农、张力、刘英博、黎晓东、高雪芹、尹作重。

引　　言

GB/T 32236—2015是产品全生命周期数据管理的一部分。该标准将产品生命中期的数据分为共性数据、个性数据和管理数据三大类,支持产品生命中期和产品生命前期、产品生命末期的数据集成,实现产品使用与维修知识的管理,推动制造企业以维修服务为核心的制造服务业走向国际化和产品多元化。

以BOM结构为核心的
产品生命中期数据集成管理框架

1 范围

本标准规定了产品生命中期数据采用面向对象的管理模型，以及中期数据与前期、末期数据之间的关联模型。

本标准适用于复杂装备制造业面向产品维护、维修、大修(MRO，Maintenance Repair and Overhaul)等业务信息化管理技术的研究、开发、咨询、培训与应用。产品全生命周期的前期与末期数据管理亦可参照采用。

2 术语与定义

下列术语和定义适用于本文件。

2.1

项 item

面向对象技术中的类。

注：项分为业务项和数据项两大类。

2.2

业务项 business item

产品、零部件、软件模块、生产资源、制造设备、人员组织，以及功能、设计、工艺、维修等业务对象，用来管理与该对象相关的业务项实例。

注：业务项通过不同版本和版次的业务项实例来描述业务项的变更历史和各自的有效性。

2.3

业务项实例 business item instance

特定版本和版次的业务项，用来管理该状态下业务项所对应的全部数据项。

注1：创建业务项时自动创建该业务项的第1版本和第1版次的业务项实例。

注2：根据不同的情况，分别用不同的版本或版次的业务项实例来描述业务项变更历史。

2.4

版本 revision

业务项在维修服务中经历变更或替换形成新的业务项实例的标识，用业务项名加上版本号表示。

示例：/A、/B、/C或/1、/2、/3等以此类推。

2.5

版次 version

业务项实例仅在经历重大维修保养后形成的标识，用于表示同一版本业务项实例的不同维修保养状态，在版本号后面增加版次号表示。

示例：/A.1、/A.2或/B.3等以此类推，参见图1。

2.6

数据项 data item

文本、表格、图形、图像、软件等数据对象，用来管理同一个数据对象及其变化。

2.7

数据项实例　data item instance

描述数据项变化过程中的某一个特定状态的数据文件集，用不同的序号来标识数据项的变化历史。

注1：创建数据项时自动创建序号为1的数据项实例。

注2：每个数据项实例包含对应数据文件的全部或部分变化集合，其中只有一个数据文件有效。

2.8

数据文件　data document

保存在计算机存储设备上的独立的电子数据。

示例：Word文档、CAD模型、Excel表格、avi文件等。

2.9

序号　sequence number

数据项实例和数据文件发生变更时的标志，起始序号为1。

示例：数据项实例名.1、数据项实例名.2；数据文件名.1、数据文件名.2等以此类推，参见图1。

2.10

关系项　relation item

描述两个项之间存在的关联关系。

注：关系项可分为包含、引用、参考等不同的类型，使用中可以根据需要增添新的类型。

2.11

有效性条件　effect condition

规定业务项和业务项实例有效的条件。

注1：每个条件中包含有效性变量、变量的取值和判定该变量的逻辑表达式。

注2：有效性条件就是根据表达式的结果决定业务项是否有效。当业务项无效时对应的全部业务项实例均无效。

注3：当业务项有效时，每个版本和版次的业务项实例按照各自有效性条件决定各自是否有效。

2.12

产品生命前期　beginning of lifecycle；BOL

从产品市场调研开始，经历立项、设计、制造到交付为止的产品生命周期。

2.13

产品生命中期　middle of lifecycle；MOL

从使用者验收产品开始，经历使用、保养、维修直至报废为止的产品生命周期。

2.14

产品生命末期　end of lifecycle；EOL

从产品确定报废开始，经历拆解、回收、再制造或销毁为止的产品生命周期。

2.15

物料　material

产品维修保养服务所必须的原材料、零部件、资源、产品、辅助材料、软件模块等物质。

2.16

物料清单　bill of material；BOM

构成指定产品全部物料的层次化明细表。

2.17

功能BOM　function BOM；FBOM

产品功能层次化明细表，管理产品各项功能的说明、操作流程等知识。

2.18

工程BOM　engineering BOM；EBOM

产品设计零部件层次化明细表，管理产品各个零部件的设计图纸、使用手册、维修说明等知识。

2.19

制造 BOM　manufacturing BOM；MBOM

产品各个零部件按照制造工艺及相关工装卡具等层次化明细表，管理每个零部件的制造与装配等制造工艺知识。

2.20

成品 BOM　building BOM；BBOM

产品交付时实际零部件层次化明细表，管理具体产品中每一个零部件对应的供应商、质量检测等知识。

注：成品 BOM 可以按序列号进行编号，也可以按照批次号进行编号。

2.21

交付 BOM　delivering BOM；DBOM

产品交付时有关产品主要结构和需要维修保养的产品结构，以及必要的包装、备件和工具等层次化明细表，管理相关的使用手册、维修手册和质量保证等数据。

2.22

共性数据　common data

由产品生命前期提供的有关产品使用和维修的数据，以及产品生命中期使用维护形成的普遍适用的数据。

注：共性数据重点包括描述中性物料的工况监测、日常维护、故障排除、各级维修的活动判定规则，详细操作流程和必备的资源等维修需求数据。共性数据都是数据项。

2.23

维修项　maintenance item

在使用过程中需要进行检测和维修服务的产品、零部件或软件模块。

注：产品在使用中允许添加新的维修项。维修项是业务项。

2.24

中性物料　neutral material

具有相同维修服务要求的维修项。

注 1：中性物料汇总该维修项在产品生命前期规定的使用手册、保养手册、检测手册等使用知识，以及生命中期的维修报告、物料需求单、人力需求单、维修工具单、维修绩效和服务响应数据等维修经验。

注 2：产品在使用过程中新增添的维修项也需要建立对应的中性物料。中性物料是业务项。

注 3：同一个中性物料可以被不同产品的中性 BOM 引用。

2.25

中性 BOM　neutral BOM；NBOM

同一类型产品的全部中性物料的层次化明细表，包括个别产品增添的个性化中性物料。

注：中性 BOM 是业务项。

2.26

可靠性模型　reliability model

描述中性物料在使用过程中失效发生率的模型。

注：可靠性模型是业务项。

2.27

维修政策　maintenance policy

中性物料采用事后维修、预防维修、预测维修或多种混合的维修策略。

注：维修政策是业务项。

2.28

维修工作卡　maintenance work card

规定维修活动的通用维修工艺，包括操作步骤、人员技能、备件物料、修理工具、维修工时、检测方法、报批程序以及相关维修知识等。

注：维修工作卡是业务项。

2.29

使用手册　user manual

正常使用、异常使用和停用等不同使用状态的相关说明文档。

注：使用手册是数据文件。

2.30

个性数据　individual data

每个产品的基础数据、使用数据、监测数据和维修项在使用维修过程中涉及的全部数据。

注：个性数据中实例物料和实例 BOM 是业务项，其余都是数据项。

2.31

实例物料　instance material

产品中每个具有唯一标识的维修项。

注 1：实例物料是由中性物料通过实例化派生得到，具有相同维修要求。

注 2：实例物料记录产品使用和维修过程中该物料的运行状态和位置信息，以及保养和维修等数据。

注 3：实例物料属于业务项，每次维修后更新一个版次，每次翻新或下属主要部件物料被替换后更新一个版本。

注 4：产品使用中允许添加新的实例物料。

2.32

实例 BOM　instance BOM

每个产品全部实例物料的层次化明细表。

注：实例 BOM 属于业务项，在使用过程中发生下属增添或删除实例物料时更新一个版次，每次大修后更新一个版本。

2.33

维修计划　maintenance plan

根据指定时间段内统计的全部维修活动，结合实际生产的需求、人员、备件等条件，有选择地安排各项维修活动执行的时间表。

注：不同阶段的维修计划用不同序号表示。

2.34

维修工单　maintenance work order

根据维修计划内同一核算单位的全部维修活动编制的工作任务书。

注：历史上的全部维修工单用不同的序号表示。

2.35

维修作业卡　maintenance job card

按照维修任务指定维修工作卡的要求，结合关联实例物料的维修要求，最终落实的具体维修操作步骤，记录维修过程中每一步的执行时间和结果。

注：历史上的同类维修作业卡用不同的序号表示。

2.36

维修履历　maintenance record

针对修复后的实例物料，记录该物料变更的时间、地点、位置、原因和对应的维修作业卡中安装、拆卸、维修、储存和使用的历史。

注：不同版本实例物料的维修和变更记录用不同序号的维修履历表来区分。

2.37

管理数据　management data

对各项维修服务活动进行管理的数据。

2.38

维修绩效　maintenance performance

统计实例物料的维修数据，考核各项维修工单，评价维修服务水平。

2.39

拆卸物料　dismounting material

产品退役后拆卸下来带有维修履历表，并可用于再制造的物料。

注：拆卸物料属于业务项。不同重用次数用不同的版本区分。

3　产品生命中期数据组织结构模型

3.1　概述

描述产品业务项、业务项实例、数据项和数据文件等产品生命中期数据之间关系的组织结构，示意图参见图1。

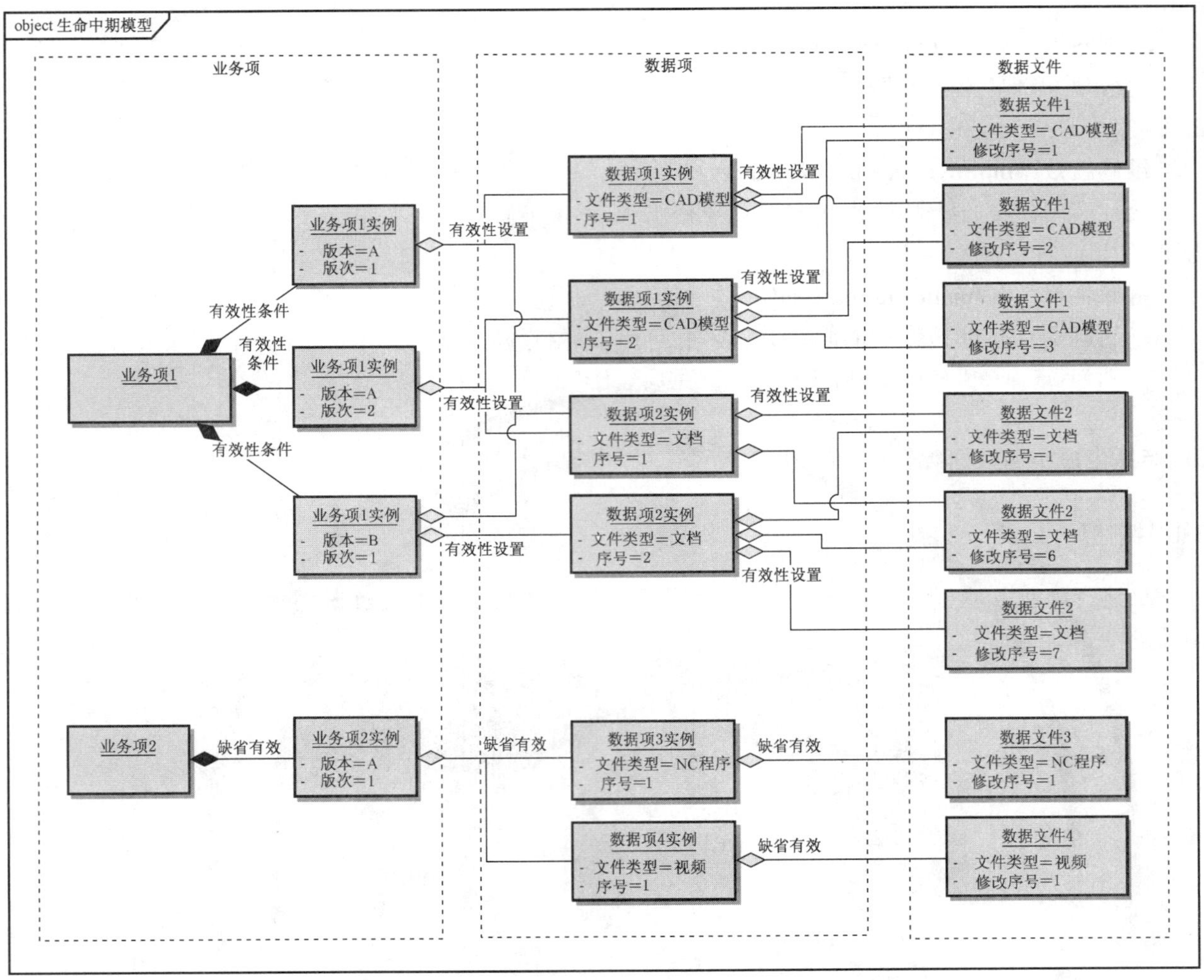

说明：

——业务项 1 有/A.1、/A.2 和/B.1 三个业务项实例；

——业务项 1 需要数据文件 1 和数据文件 2 两类不同类型的数据进行描述。业务项 2 需要数据文件 3 和数据文件 4 两类不同类型的数据进行描述；

——业务项 1 实例/A.1 由数据项 1 实例.1 和数据项 2 实例.1 进行描述；

——业务项 1 实例/A.2 由数据项 1 实例.2 和数据项 2 实例.1 进行描述；

——业务项 1 实例/B.1 由数据项 1 实例.2 和数据项 2 实例.2 进行描述；

——数据项 1 实例.1 包含数据文件 1.1、数据文件 1.2；

——数据项 1 实例.2 包含数据文件 1.1、数据文件 1.2、数据文件 1.3；

——数据项 2 实例.1 包含数据文件 2.1、数据文件 2.6，剔除不需保留的文件；

——数据项 2 实例.2 包含数据文件 2.1、数据文件 2.6、数据文件 2.7；

——业务项 2 均由缺省的对象和数据文件进行描述；

——全部业务项和数据项均存储在关系型数据库中，全部数据文件均存储在文件系统中。

图 1　产品中期数据组织结构模型

3.2　业务项实例变更规则

业务项缺省包含 A 版本第 1 版次的业务项实例，记作“业务项名/A.1”。在维修过程中发生变更或替换前的变化，只改变版次号，不改变版本号，记作“业务项名/A.2”等以此类推。在变更或替换后，立即变更版本号，同时版次号自动归 1，记作“业务项名/B.1”等以此类推。

3.3 业务项版本有效性规则

业务项包含多个版本的业务项实例时，应规定每个版本的有效性条件。多个或全部版本的业务项实例可以在不同的条件下同时有效。

3.4 业务项版次有效性规则

一个版本的业务项实例包含多个版次时，应人为设定哪个版次有效，使用时自动选择有效版次的业务项实例。

3.5 数据项实例序号有效性规则

一个业务项实例包含的每一类数据项实例可以有多个序号，应逐类人为设定该数据项实例中哪一个序号有效。

3.6 数据文件序号有效性规则

不同序号数据项实例内包含的数据文件可以相同，也可以不同。数据项实例可以包含数据文件变化的全部历史，也可以只包含人为选择的部分历史。不同序号的数据项实例应人为设定一个不同序号的数据文件有效。

4 产品生命中期以 BOM 为核心的集成管理框架

4.1 产品数据集成管理框架

产品数据集成管理框架包括四个层次，即 BOM 层、业务项层、数据项层和数据层。BOM 是产品数据管理框架的核心结构。中性 BOM 是实现跨生命前期和生命中期的产品数据集成管理的桥梁。

4.2 产品生命前期和末期数据管理

产品生命前期有关设计、工艺、制造等数据分别由功能 BOM、工程 BOM、制造 BOM、成品 BOM 和交付 BOM 等进行管理。产品末期有关报废和再利用等数据由拆卸 BOM 管理。

4.3 产品生命中期内部数据集成模型

产品生命中期有关维修服务数据分为共性数据、个性数据和管理数据三大类。三类数据通过维修 BOM 进行管理。产品生命中期维修 BOM 包含中性 BOM 和实例 BOM 二大类。中性 BOM 内的中性物料管理共性数据，实例 BOM 内的实例物料管理个性数据。每个中性物料通过关系项与全部对应的实例物料之间建立关联，从而建立共性数据和个性数据对之间的对应关系，这是集成管理框架的关键。对维修 BOM 的数据进行收集、整理和分析，实现对管理数据的有效管理是该集成模型具有闭环管理的特点。产品生命中期数据集成管理框架示意图参见图 2。

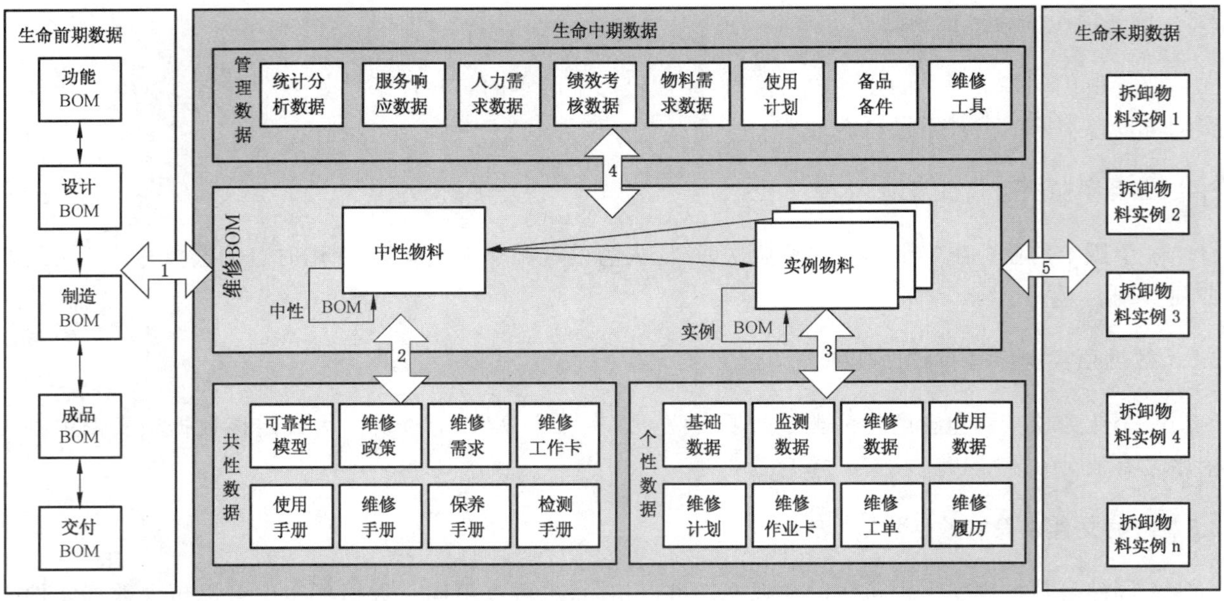

说明：

——产品生命前期将技术指标、维修标准、维修工艺等数据项分别关联到功能 BOM、设计 BOM、制造 BOM 中对应物料的业务项上；

——产品生命中期的中性 BOM 的物料业务项与前期各个 BOM 对应的物料业务项建立关联关系，如图中 1 号双向箭头。通过产品数据权限规则的限制，中性 BOM 的使用者就可以获得最准确的技术指标、维修标准、维修工艺等数据项信息，形成产品生命中期的共性数据，如图中 2 号双箭头，用以支持优化使用和合理维修；

——每一台设备在投入使用时开始记录它的个性数据，并将这些数据项和实例 BOM 的物料业务项建立关联关系，如图中 3 号双箭头。同时，实例 BOM 的每个物料业务项和中性 BOM 对应的物料业务项建立关联关系，如图中部虚线双箭头。通过中性物料可以统计相同实例物料的实际性能、故障等特征信息，支持产品持续优化；

——在设备报废时，完整的物料履历表被传递到产品生命末期。拆卸物料经过必要的翻新再利用，其履历表伴随着拆卸物料进入产品生命中期或前期，如图中 5 号双箭头；

——产品生命中期各项维修服务的计划、人员、过程、效率等管理数据都和中性 BOM、实例 BOM 紧密关联，如图中 4 号双箭头。

图 2　产品生命中期以 BOM 为核心的数据集成管理框架

4.4　产品生命中期与前后期数据集成模型

中性 BOM 向前关联设计制造 BOM，向后关联服务保障实例 BOM 和拆卸 BOM，实现产品生命中期与前期、末期的数据集成。BOM 之间关联参考 GB/T 19659.1—2005 规定的应用系统之间过程、信息交换和资源集成的模型。

参 考 文 献

[1] 程曜安等.大型复杂装备 MRO 系统解决方案.计算机集成制造系统,第 16 卷第 10 期,2010.10.

[2] 约瑟夫.萧塔纳著.祁国宁译.制造企业的产品数据管理.北京:机械工业出版社,2000.9.

[3] GB/T 19659.1—2005 工业自动化系统与集成开放系统应用集成框架 第 1 部分:通用的参考描述

[4] ISO 12006-3 Framework for object-oriented information

[5] ISO 15531-44-2010 Industrial automation systems and integration—Industrial manufacturing management data—Part 44: Information modeling for shop floor data acquisition

[6] ISO 82045-5 Application of metadata for the construction and facility management sector

ICS 11.120
C 91

中华人民共和国国家标准

GB/T 32237—2015

中药浸膏喷雾干燥器

Spray dryer for the extract of traditional chinese medicine

2015-12-10 发布 2016-07-01 实施

中华人民共和国国家质量监督检验检疫总局
中国国家标准化管理委员会 发布

前　言

本标准按照 GB/T 1.1—2009 给出的规则起草。

本标准由全国制药装备标准化技术委员会(SAC/TC 356)提出并归口。

本标准起草单位:常州一步干燥设备有限公司、株洲千金药业股份有限公司。

本标准主要起草人:查文龙、杨文、潘荣平、查国才、陆莉萍。

中药浸膏喷雾干燥器

1 范围

本标准规定了中药浸膏喷雾干燥器的标记、要求、试验方法、检验规则，以及标志、使用说明书、包装、运输与贮存。

本标准适用于中药浸膏料液（密度不大于1.25 g/cm^3）的离心式中药浸膏喷雾干燥器（以下简称干燥器）。

2 规范性引用文件

下列文件对于本文件的应用是必不可少的。凡是注日期的引用文件，仅注日期的版本适用于本文件。凡是不注日期的引用文件，其最新版本（包括所有的修改单）适用于本文件。

GB/T 191 包装储运图示标志

GB 5226.1—2008 机械电气安全 机械电气设备 第1部分：通用技术条件

GB/T 6388 运输包装收发货标志

GB/T 9969 工业产品使用说明书 总则

GB/T 10111 随机数的产生及其在产品质量抽样检验中的应用程序

GB 12158—2006 防止静电事故通用导则

GB/T 13306 标牌

GB/T 13384 机电产品包装通用技术条件

GB/T 15605—2008 粉尘爆炸泄压指南

GB/T 16769 金属切削机床 噪声声压级测量方法

GB 23820—2009 机械安全 偶然与产品接触的润滑剂 卫生要求

GB/T 24342—2009 工业机械电气设备 保护接地电路连续性试验规范

GBZ 2.1—2007 工作场所有害因素职业接触限值 化学有害因素

中华人民共和国药典（2010版） 国家药典委员会

3 标记

3.1 型号编制

GZ P □

□——规格代号：水分蒸发能力（kg/h）；

P——特征代号：离心式喷雾；

GZ——功能代号：中药干燥设备。

3.2 标记示例

GZP25型，表示水分蒸发能力为25 kg/h的离心式中药浸膏喷雾干燥器。

4 要求

4.1 材料

凡与药物或有要求的工艺介质直接接触的材料应耐腐蚀、不与所生产的物料或有要求的工艺介质发生化学反应、吸附，或向药物中释放物质。

4.2 表面质量

4.2.1 干燥器表面应光洁、平整、易清洗或消毒、无清洁盲区。

4.2.2 干燥器与物料直接接触部分的表面粗糙度值应 $Ra \leqslant 0.8\ \mu m$。

4.3 性能

4.3.1 干燥器管路系统应排列整齐，外接管道应有介质名称及流向标识。

4.3.2 干燥器外露传动部件应有安全防护装置。

4.3.3 空气净化装置应与使用环境洁净度级别相适应，末级过滤器应置于加热器之后，过滤系统应能进行完整性检测。

4.3.4 干燥器的空气加热器、空气净化装置应便于拆卸。

4.3.5 干燥器的工艺用气、液输送管路应无盲管、死角，方便拆装、无渗漏。

4.3.6 雾化装置应能拆装，易于清洗。

4.3.7 雾化装置运行应平稳，无异常声响。

4.3.8 雾化装置所使用的润滑剂不应污染药物，润滑剂应符合 GB 23820—2009 中 5.3.3 的规定。

4.3.9 供料装置的供料量应可调节。

4.3.10 清壁装置应能清除内壁附着物，物料残留率应不超过 3%。

4.3.11 干燥器密封应可靠，其 $P_1 \leqslant 0.9P_0$，$P_2 < P_0$。

注：P_1 是打开真空蝶阀时的真空表读数；P_2 是关闭真空蝶阀后的真空表读数；P_0 是环境大气压力。

4.3.12 干燥器热风进口温度应能显示和调节控制，实际温度与设定温度的误差应不超过±3 ℃；超过时应报警；排风口温度应能显示。

4.3.13 干燥器排出的粉尘浓度应符合 GBZ 2.1—2007 中表 2“工作场所空气中粉尘容许浓度”的有关规定。

4.3.14 干燥器内表面温度应能在线控制，其值应不大于 80 ℃。

4.3.15 干燥器绝热层外表面平均温度应不高于 40 ℃，瞬间最高温度应不高于 60 ℃。

4.3.16 负载运转噪声应不大于 75 dB(A)。

4.3.17 干燥器的超压泄放装置应符合 GB/T 15605—2008 中 4.1、5.2 的规定。

4.3.18 超压泄放装置处应设置开关。

4.3.19 干燥器塔体和旋风分离器筒体应能在位清洗，其余与药物接触的零部件应能拆装清洗，清洗后其残留物浓度限度应不大于 10 mg/L，微生物限度应不大于 10 CFU/100 mL。

4.3.20 干燥强度应不小于 1.5 $kg/(m^3 \cdot h)$。

4.4 联锁控制

4.4.1 引风机未启动，加热器应不能加热。

4.4.2 超压泄放装置应与风机电源、进风管阀门、出风管阀门连锁，在泄放的瞬时能迅速关闭进出口风管阀门和切断风机电源。

4.5 电气安全

4.5.1 电气系统保护联结电路的连续性应符合 GB 5226.1—2008 中 8.2.3 的规定。
4.5.2 电气系统的绝缘电阻应符合 GB 5226.1—2008 中 18.3 的规定。
4.5.3 电气系统的耐压应符合 GB 5226.1—2008 中 18.4 的规定。
4.5.4 电气系统的按钮应符合 GB 5226.1—2008 中 10.2 的规定。
4.5.5 电气系统的指示灯和显示器应符合 GB 5226.1—2008 中 10.3 的规定。
4.5.6 电气系统的配线应符合 GB 5226.1—2008 中 13.1.1、13.2.1、13.2.2、13.3 和 13.4.1 的规定。
4.5.7 电气系统的标记、警告标志和参照代号应符合 GB 5226.1—2008 中第 16 章的规定。
4.5.8 电气系统采用 PELV 作保护应符合 GB 5226.1—2008 中 6.4 的规定。
4.5.9 干燥器的专设导除静电接地体应符合 GB 12158—2006 中 6.1.2 的规定，接地体的接地电阻值不大于 100 Ω。

4.6 成品质量

4.6.1 物料收率应不小于 92%。
4.6.2 物料湿含量应均匀，误差应不大于 1%。

5 试验方法

5.1 材料试验

查验材质证明书，当不能证明材质时，应按其相应材料的试验方法进行复检。

5.2 表面质量试验

5.2.1 目测确认表面质量。
5.2.2 用粗糙度仪检测。

5.3 性能试验

5.3.1 查验管路系统排列及管道的标识。
5.3.2 查验外露传动部件的防护装置。
5.3.3 查验过滤器的质量证明书、末级过滤器安装位置及过滤系统完整性检测的接口。
5.3.4 实际拆装，查验是否便于拆卸。
5.3.5 查验管路是否有死角、是否便于拆卸。
5.3.6 查验雾化器是否可拆、是否有清洗盲区。
5.3.7 空载启动雾化装置运行 1 h，查验运行状况，有无异常声响。
5.3.8 目测雾化装置的密封防护措施，按 GB 23820—2009 中 5.3.3 规定查验有资质的第三方机构提供的润滑剂成分证明。
5.3.9 启动供料装置，调节变速器，查验送料泵的运行情况。
5.3.10 查验清壁装置工作状况，在物料收率试验的同时进行物料残留率试验。最后一次物料收率试验卸出干燥物料后，启动清壁装置，运行 3 min 后停止，卸出清壁后的残留物料，称出卸出的干燥物料和清壁出干燥物料的质量(G_z)及残留物料质量(G_c)。物料残留率按式(1)计算。

$$X_C = \frac{G_c}{G_z + G_c} \times 100\% \qquad \cdots\cdots(1)$$

式中：

X_C ——物料残留率；

G_z ——干燥物料质量，单位为千克(kg)；

G_c ——残留物料质量，单位为千克(kg)。

5.3.11 干燥器密封性能试验按附录A进行。

5.3.12 启动干燥器，设定某一温度值，观察进出风口温度显示功能，当温度达到设定值后，用热电偶和测温仪组成温度检测装置，置于进风口温度探头相邻位置连续测试30 min，目测检测装置实际温度显示值的波动范围。温度调节试验按同样方法进行。模拟进风温度超出设定温度误差范围，查验超温自动报警功能。查验排风口温度显示情况。

5.3.13 按GBZ 2.1—2007中第6章规定测定干燥器排放的粉尘浓度。

5.3.14 查验干燥器内表面在线测温系统。在干燥强度试验的同时进行干燥器内表面温度测定试验。当达到B.3试验条件后，用热电偶和测温仪组成温度检测装置，将热电阻置于干燥器内温度测点的同一部位，观察测温仪显示的温度值。

5.3.15 在干燥强度试验的同时进行绝热层外表面平均温度试验。当达到B.3试验条件后，用感温仪在干燥器塔体外表面的上、中、下任意位置各取1点测量，记录各点温度值并计算其平均值。

5.3.16 负载运转时，按GB/T 16769的规定测试噪声。

5.3.17 按GB/T 15605—2008中4.1的规定，查验干燥器的超压泄放装置，按GB/T 15605—2008中5.2的规定计算泄压面积，实际超压泄放装置的泄压面积应不小于计算的泄压面积。

5.3.18 查验超压泄放装置处是否安装开关。

5.3.19 清洗试验

清洗试验应按以下程序进行：

a) 试验条件

——环境温度：不高于25 ℃。

——清洗介质：饮用水，纯化水(符合中国药典规定)，进入清洗前需经0.2 μm过滤，输出水压不小于0.2 MPa、流速不低于1.5 m/s，水温70 ℃～80 ℃，浓度1%的氢氧化钠水溶液。

——试验用物质：浓度3%的核黄素水溶液。

——取样器具：2个500 mL普通取样瓶。

b) 试验程序

——先将清洗装置的介质输入口连通，并将输出口接驳到接水容器或排水口。

——系统安装完毕，将浓度3%的核黄素水溶液，喷淋在干燥器塔体和旋风分离器内表面，30 min后进行清洗。

——设定清洗程序：饮用水清洗5 min，氢氧化钠水溶液循环清洗10 min，纯化水冲洗5 min。

——取样：用500 mL普通取样瓶，在取样口接取最后一次的清洗水2瓶。

c) 检测方法

——用辐射波长320 mm～400 mm、辐照度大于或等于1 000 $\mu W/cm^2$的手持紫光灯，距被测表面38 cm处暗处观察塔体和旋风分离器内表面是否洗净。

——按中华人民共和国药典(二部)附录Ⅳ A《紫外-可见分光光度法》检测残留物限度。

——按中华人民共和国药典(二部)附录Ⅺ J《微生物限度检查法》检测微生物限度。

5.3.20 干燥强度试验按附录B进行。

5.4 联锁控制试验

5.4.1 模拟风机不启动，观察加热器能否启动。

5.4.2 模拟泄爆，查验风机电源、进风管阀门、出风管阀门状态。

5.5 电气系统试验

5.5.1 电气系统保护联结电路的连续性，按 GB 5226.1—2008 中 18.2 和 GB/T 24342—2009 中 6.2 的规定检查。

5.5.2 电气系统的绝缘电阻按 GB 5226.1—2008 中 18.3 的规定检查。

5.5.3 电气系统的耐压按 GB 5226.1—2008 中 18.4 的规定检查。

5.5.4 电气系统的按钮按 GB 5226.1—2008 中 10.2 的规定检查。

5.5.5 电气系统的指示灯和显示器，按 GB 5226.1—2008 中 10.3 的规定检查。

5.5.6 电气系统的配线按 GB 5226.1—2008 中 13.1.1、13.2.1、13.2.2、13.3 和 13.4.1 的规定检查。

5.5.7 电气系统的标记、警告标志和参照代号按 GB 5226.1—2008 中第 16 章的规定检查。

5.5.8 电气系统采用 PELV 作保护，按 GB 5226.1—2008 中 6.4 的规定检查。

5.5.9 按 GB 12158—2006 中 6.1.2 的规定检查静电接地体。用电阻仪测量静电接地体的接地电阻值。

5.6 成品质量试验

5.6.1 物料收率试验按附录 C 的方法进行。

5.6.2 物料含湿量均一性试验在进行干燥强度试验的同时进行。在干燥器负载运行过程中每隔 30 min 从出料口取样 50 g，共取三次。采用失重法测定三次样品的湿含量，并进行比较。

6 检验规则

6.1 检验分类

产品检验分出厂检验和型式试验。

6.2 出厂检验

产品由制造单位质量检验部门按表 1 的规定逐台检验，合格的方能出厂，并附有产品合格证。检验过程中如发现不合格项时，允许退回修整并进行复检，复检仍不合格的则判定该产品为不合格品。

表 1 出厂检验项目

检验项目	“要求”的章条号	“试验方法”的章条号
材料	4.1	5.1
表面质量	4.2	5.2
性能	4.3.1～4.3.9，4.3.11	5.3.1～5.3.9，5.3.11
联锁控制	4.4	5.4
电气安全	4.5	5.5

6.3 型式检验

6.3.1 型式检验条件

在下列情况之一时，应进行型式检验：

a） 新产品定型鉴定或投产鉴定时；

b） 产品结构、材料、工艺有较大改进，可能影响性能时；

c） 停产 1 年后，恢复生产时；

d） 出厂检验结果与最近一次型式检验结果有较大差异时；

e) 连续生产每两年一次；

f) 国家质量监督检验部门及产品认证机构提出型式检验要求时。

6.3.2 型式检验项目

为本标准的全部要求，若制造单位不具备试验条件的项目允许在使用现场进行。

6.3.3 抽样

型式检验的样机应从出厂检验合格的产品中抽取，按 GB/T 10111 规定的方法抽取 10% 作为样机，样机不少于 3 台，检测 1 台。

6.3.4 判定规则

型式检验中，各项检验结果都符合本标准时，判定型式检验合格。若电气系统的保护联结电路的连续性、绝缘电阻、耐压性能有一项不合格，即判定该产品型式检验不合格。若其他项有不合格，允许在已抽取的样机中加倍复测不合格项，如仍不合格时，则判定该产品型式检验不合格。

7 标志、包装、使用说明书、运输与贮存

7.1 标志

7.1.1 产品标牌按 GB/T 13306 的规定。标牌固定在产品的明显部位。标牌包括下列内容：

a) 产品型号、名称；

b) 产品主要技术参数；

c) 生产企业名称、商标；

d) 生产日期及出厂编号；

e) 产品执行标准号。

7.1.2 包装储运图示标志按 GB/T 191 的规定。

7.1.3 运输收发货标志按 GB/T 6388 的规定。

7.2 包装

产品包装按 GB/T 13384 的规定。包装箱内应有下列随机附件：

a) 产品合格证；

b) 产品使用说明书、安装图；

c) 装箱单。

7.3 使用说明书

产品使用说明书按 GB/T 9969 的规定，电气部分的说明书应符合 GB 5226.1—2008 中第 17 章的规定。

7.4 运输

产品的运输按国家铁路、公路和水路货物运输的有关规定。

7.5 贮存

产品装箱后，存放在干燥、通风、无腐蚀性气体的室内或有遮蔽的场所，不得露天存放，也不得倾斜与重压。

附　录　A
（规范性附录）
密封性能试验方法

A.1　干燥系统（见图 A.1）应处于密闭状态下，封闭进风口，记录真空表读数为 P_0。

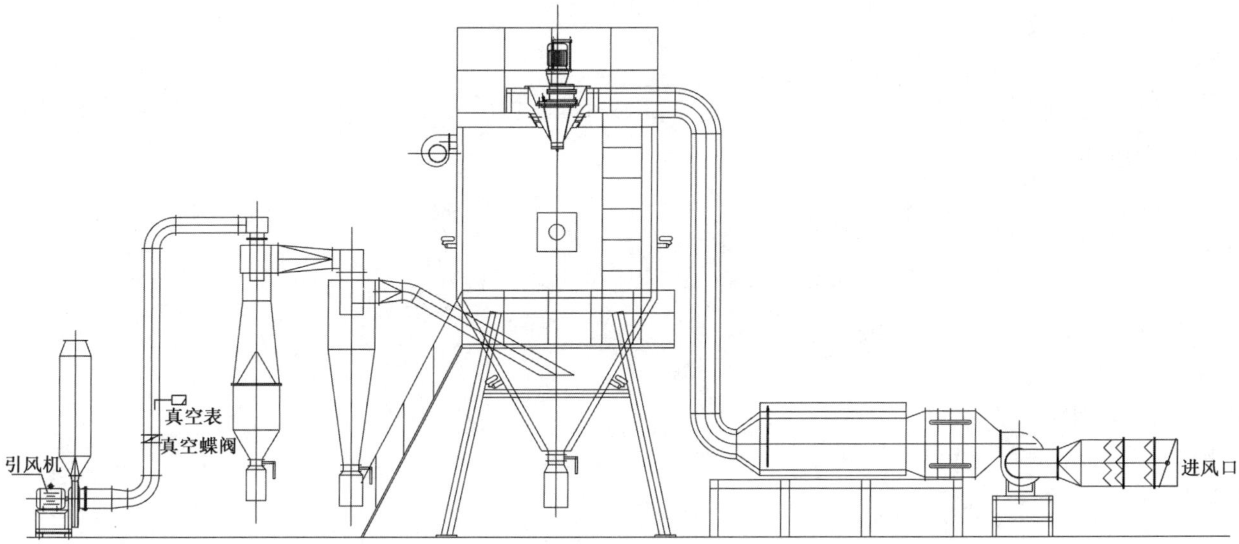

图 A.1　干燥系统图

A.2　打开真空蝶阀，启动引风机。待真空表读数稳定后记录读数为 P_1。

A.3　关闭真空蝶阀，关闭引风机，15 min 后记录真空表读数为 P_2。

A.4　计算 P_1、P_2 与 P_0 比值。

附 录 B
（规范性附录）
干燥强度试验方法

B.1 试验仪器、设备

烘箱：其温度不高于105 ℃；温度计：温度误差不超过±1 ℃；计时器；Ⅲ级精度的电子秤；测量并计算其干燥塔体积（V）。

B.2 试验物料

丹参浸膏：含固量为15%。

B.3 试验条件

B.3.1 环境要求

B.3.1.1 温度：18 ℃～28 ℃。

B.3.1.2 相对湿度：45%～65%。

B.3.2 运行参数

B.3.2.1 空塔气速：0.18 m/s。

B.3.2.2 进风温度：190 ℃±3 ℃。

B.4 试验方法

配置初湿含量为85%的丹参浸膏，采用中华人民共和国药典（一部）附录Ⅸ G《干燥失重测定法》测定其湿含量（W_1）。用电子秤称量试验物料投料量（G）。

启动干燥器，投入试验物料，调定运行参数，在出风温度达到80 ℃±3 ℃后开始计时，干燥器负载运行过程中每隔30 min从出料口取样50 g，共取三次，取样后停机记录干燥时间Δt。同样采用失重法测定三次样品的湿含量，并计算其算术平均值（W_2）。

B.5 干燥强度计算

干燥强度按式（B.1）计算：

$$I=\frac{G(W_1-W_2)}{V(1-W_2)\Delta t} \qquad \cdots\cdots\cdots\cdots(\text{B.1})$$

式中：

I ——干燥强度，单位为千克每立方米小时[kg/(m^3·h)]；

G ——进料量，单位为千克（kg）；

W_1——物料干燥前湿含量,%;
W_2——物料干燥后湿含量,%;
V ——干燥塔容积,单位为立方米(m^3);
Δt ——干燥时间,单位为小时(h)。

附 录 C
（规范性附录）
物料收率试验方法

C.1 试验仪器、设备、试验物料与试验条件

按附录B中B.1、B.2、B.3的规定。

C.2 试验方法

C.2.1 采用失重法测定干燥前试验物料的湿含量(W_{1i})，用电子秤称其质量(G_{1i})。

C.2.2 当干燥器在设定的运行参数及在出风温度达到80 ℃±3 ℃条件下，对其进行干燥，待全部干燥完，卸出干燥后的物料，测量干燥后物料的湿含量(W_{2i})，并称其质量(G_{2i})。

C.2.3 物料收率试验进行三次。

C.3 物料收率计算

C.3.1 计算第i次试验时物料收率($i=1,2,3$)，按式(C.1)：

$$X_i=\frac{G_{2i}(1-W_{2i})}{G_{1i}(1-W_{1i})}\times 100\% \qquad \cdots\cdots(C.1)$$

式中：

X_i ——第i次试验时物料收率，$i=1,2,3$；

G_{1i} ——第i次试验时干燥前物料质量，单位为千克(kg)；

W_{1i} ——第i次试验时物料干燥前湿含量，%；

G_{2i} ——第i次试验时干燥后物料质量，单位为千克(kg)；

W_{2i} ——第i次试验时物料干燥后湿含量，%。

C.3.2 计算物料收率$\overline{X}$，按式(C.2)：

$$\overline{X}=\frac{\sum_{i=1}^{3}X_i}{3} \qquad \cdots\cdots(C.2)$$

ICS 77.140.80
J 31

中华人民共和国国家标准

GB/T 32238—2015

低温承压通用铸钢件

General steel castings suitable for low temperature and high pressure service

2015-12-10 发布　　2016-07-01 实施

中华人民共和国国家质量监督检验检疫总局
中国国家标准化管理委员会　发布

前　言

本标准按照 GB/T 1.1—2009 给出的规则起草。

本标准由全国铸造标准化技术委员会(SAC/TC 54)提出并归口。

本标准起草单位:中核苏阀横店机械有限公司、上海宏钢电站设备铸锻有限公司、中国科学院金属研究所、安徽应流集团霍山铸造有限公司、共享铸钢有限公司、沈阳铸造研究所。

本标准主要起草人:吴欣欣、吴洪勇、吴铁明、胡小强、杜应流、罗永健、冯周荣、谢小兵、于波。

低温承压通用铸钢件

1 范围

本标准规定了低温承压通用铸钢件的技术要求、试验方法、检验规则及标志、贮存、包装和运输等要求。

本标准适用于−196 ℃～−30 ℃条件下使用的铸造阀门、法兰、管件等承压钢铸件，其他低温承压通用铸钢件可参考使用。

2 规范性引用文件

下列文件对于本文件的应用是必不可少的。凡是注日期的引用文件，仅注日期的版本适用于本文件。凡是不注日期的引用文件，其最新版本(包括所有的修改单)适用于本文件。

GB/T 222 钢的成品化学成分允许偏差
GB/T 223.4 钢铁及合金 锰含量的测定 电位滴定或可视滴定法
GB/T 223.5 钢铁 酸溶硅和全硅含量的测定 还原型硅钼酸盐分光光度法
GB/T 223.11 钢铁及合金 铬含量的测定 可视滴定或电位滴定法
GB/T 223.14 钢铁及合金化学分析方法 钽试剂萃取光度法测定钒含量
GB/T 223.23 钢铁及合金 镍含量的测定 丁二酮肟分光光度法
GB/T 223.26 钢铁及合金 钼含量的测定 硫氰酸盐分光光度法
GB/T 223.43 钢铁及合金 钨含量的测定 重量法和分光光度法
GB/T 223.59 钢铁及合金 磷含量的测定 铋磷钼蓝分光光度法和锑磷钼蓝分光光度法
GB/T 223.67 钢铁及合金 硫含量的测定 次甲基蓝分光光度法
GB/T 223.69 钢铁及合金 碳含量的测定 管式炉内燃烧后气体容量法
GB/T 228.1 金属材料 拉伸试验 第1部分：室温试验方法
GB/T 229 金属材料 夏比摆锤冲击试验方法
GB/T 4336 碳素钢和中低合金钢 火花源原子发射光谱分析方法(常规法)
GB/T 5677 铸钢件射线照相检测
GB/T 6060.1 表面粗糙度比较样块 铸造表面
GB/T 6414 铸件 尺寸公差与机械加工余量
GB/T 7233.2 铸钢件 超声检测 第2部分：高承压铸钢件
GB/T 8170 数值修约规则与极限数值的表示和判定
GB/T 9443 铸钢件渗透检测
GB/T 9444 铸钢件磁粉检测
GB/T 15056 铸造表面粗糙度 评定方法
GB/T 20066 钢和铁 化学成分测定用试样的取样和制样方法

3 技术要求

3.1 制造

除另有规定外，冶炼和铸造方法由供方自行决定。

3.2 化学成分

3.2.1 各牌号的化学成分应符合表1的规定。各牌号对应的部分国外牌号参见附录A。

表1 铸钢件的材料牌号及其化学成分

序号	牌号	化学成分(质量分数)/%										
		C	Si	Mn	P	S	Cr	Mo	Ni	V	Cu	其他
1	ZG240-450	0.15~0.20	0.60	1.00~1.60	0.030	0.025[a]	0.30[b]	0.12[b]	0.40[b]	0.03[b]	0.30[b]	—
2	ZG300-500	0.17~0.23	0.60	1.00~1.60	0.030	0.025[a]	0.30[b]	0.12[b]	0.40[b]	0.03[b]	0.30[b]	—
3	ZG18Mo	0.15~0.20	0.60	0.60~1.00	0.030	0.025	0.30	0.45~0.65	0.40	0.05	0.30	—
4	ZG17Ni3Cr2Mo	0.15~0.19	0.50	0.55~0.80	0.030	0.025	1.30~1.80	0.45~0.60	3.00~3.50	0.05	0.30	—
5	ZG09Ni3	0.06~0.12	0.60	0.50~0.80	0.030	0.025	0.30	0.20	2.00~3.00	0.05	0.30	—
6	ZG09Ni4	0.06~0.12	0.60	0.50~0.80	0.030	0.025	0.30	0.20	3.50~5.00	0.08	0.30	—
7	ZG09Ni5	0.06~0.12	0.60	0.50~0.80	0.030	0.025	0.30	0.20	4.00~5.00	0.05	0.30	—
8	ZG07Ni9	0.03~0.11	0.60	0.50~0.80	0.030	0.025	0.30	0.20	8.50~10.0	0.05	0.30	—
9	ZG05Cr13Ni4Mo	0.05	1.00	1.00	0.035	0.025	12.0~13.5	0.70	3.50~5.00	0.08	0.30	—
注：表中化学成分各元素的规定值，除给出范围值外，其余均为最大值。												
[a] 对于测量壁厚<28 mm的铸件，允许S含量为0.030%。 [b] $w(Cr)+w(Mo)+w(Ni)+w(V)+w(Cu)\leqslant 1.00\%$。												

3.2.2 钢的成品化学成分允许偏差应符合GB/T 222的规定。

3.3 力学性能

铸件的力学性能应符合表2规定。

表 2 力学性能

序号	牌号	热处理状态		厚度 t mm ≤	室温拉伸试验			冲击试验	
		正火或淬火温度 ℃	回火温度 ℃		屈服强度 $R_{p0.2}$ MPa ≥	抗拉强度 R_m MPa	断后伸长率 A % ≥	试验温度 ℃	冲击吸取能量 KV_2 J ≥
1	ZG240-450	890～980	600～700	50	240	450～600	24	−40	27
2	ZG300-500	900～980		30	300	480～620	20	−40	27
		900～940	610～660	100	300	500～650	22	−30	27
3	ZG18Mo	920～980	650～730	200	240	440～790	23	−45	27
4	ZG17Ni3Cr2Mo	890～930	600～640	35	600	750～900	15	−80	27
5	ZG09Ni3	830～890	600～650	35	280	480～630	24	−70	27
6	ZG09Ni4	820～900	590～640	35	360	500～650	20	−90	27
7	ZG09Ni5	800～880	580～660	35	390	510～710	24	−110	27
8	ZG07Ni9	770～850	540～620	35	510	690～840	20	−196	27
9	ZG05Cr13Ni4Mo	1 000～1 050	670～690＋590～620	300	500	700～900	15	−120	27

3.4 热处理

3.4.1 所有铸件均应进行热处理，表 2 中的热处理温度仅供参考。

3.4.2 铸件以正火＋回火或淬火＋回火状态供货。

3.5 外观质量

3.5.1 铸件不允许有裂纹和影响使用性能的夹渣、夹砂、冷隔、气孔、缩孔、缩松、缺肉等铸造缺陷。

3.5.2 铸件浇冒口、毛刺、粘砂等应清除干净，浇冒口打磨残余量应符合供需双方认可的规定。

3.5.3 铸件表面粗糙度应按 GB/T 6060.1 选定，并在图样或订货合同规定。

3.6 几何形状、尺寸和公差

铸件的几何形状，尺寸和公差应符合图样或订货合同规定。如图样和订货合同中无规定，铸件尺寸偏差按 GB/T 6414 选定，但铸件承压部位的壁厚不允许负偏差。

3.7 焊补

3.7.1 铸件缺陷允许焊补，焊补前须将铸件缺陷部位清理干净，焊补后应不影响铸件的使用和外观质量。

3.7.2 铸件的焊补规范应符合表 3 规定。

表3　焊补规范

序号	材料牌号	预热温度[a]/℃	最高道间温度/℃,≤	焊后热处理/℃
1	ZG240-450	20～150	350	无需热处理
2	ZG280-520	20～150	350	无需热处理
3	ZG18Mo	20～200	350	≥650
4	ZG17Ni3Cr2Mo	20～200	350	≥580
5	ZG09Ni3	20～150	350	≥570
6	ZG09Ni4	20～200	300	≥560
7	ZG09Ni5	20～200	300	≥550
8	ZG07Ni9	20～200	300	≥540
9	ZG05Cr13Ni4Mo	20～200	300	不大于回火温度
[a] 预热温度涉及到几何尺寸、铸件的厚度和气候条件。				

3.7.3　焊补铸件的焊工应具有相应的资质。

3.7.4　除供需双方另有商定外,焊接坡口(凹坑)深度超过壁厚的40%或25 mm(二者中取较小者),属于重大焊补。重大焊补须经需方事先同意,并且应有施焊条件、焊补位置、范围等记录。

3.7.5　应选用适合的焊材并进行焊补工艺评定后方可施焊,对重大焊补的铸件,均应进行焊后进行回火处理。

3.7.6　铸件焊补后,均应按照检验铸件的同一标准进行检验。

3.8　矫正

铸件如产生变形,允许对铸件矫正,矫正后铸件应进行消除应力处理。

4　试验方法

4.1　化学分析

4.1.1　化学成分仲裁分析方法按GB/T 223.4、GB/T 223.5、GB/T 223.11、GB/T 223.14、GB/T 223.23、GB/T 223.26、GB/T 223.43、GB/T 223.59、GB/T 223.67、GB/T 223.69的规定执行。

4.1.2　光谱分析按GB/T 4336的规定执行。

4.2　力学性能试验

4.2.1　拉伸试验按GB/T 228.1的规定执行。

4.2.2　冲击试验按GB/T 229的规定执行。

4.3　无损检测

4.3.1　除另有规定外,铸件表面磁粉检测按GB/T 9444的规定执行。

4.3.2　除另有规定外,铸件渗透检测按GB/T 9443的规定执行。

4.3.3　除另有规定外,铸件超声波检测按GB/T 7233.2的规定执行。

4.3.4　除另有规定外,铸件射线照相检测按GB/T 5677的规定执行。

4.4　表面粗糙度

表面粗糙度检验方法按GB/T 15056的规定执行。

4.5 铸件几何形状和尺寸

铸件几何形状和尺寸检验应选择相应精度的检测工具、量块、样板或划线检验。

4.6 检验结果的修约

力学性能和化学成分试验结果，可按规定的试验方法中的原则或 GB/T 8170 的规定加以修约。

5 检验规则

5.1 化学成分检验

5.1.1 铸件化学成分应按冶炼炉次逐炉进行检验。

5.1.2 化学分析用试样的取样和制样方法按 GB/T 20066 的规定执行。

5.1.3 化学分析用试样取自同一熔炼炉次单独浇注的单铸试块或附铸试块，也可以在铸件本体上取样。化学分析样品的取样部位应低于试块或铸件表层以下至少 6 mm 处。

5.2 力学性能

5.2.1 力学性能试验用试样应取自同一批钢液浇注并同炉热处理的单铸试块或附铸试块。试块应始终与其所代表的铸件同炉内进行热处理。单铸试块的主要尺寸和切取试样的位置见图 1。

5.2.2 附铸试块的附铸部位、尺寸和数量，由供方决定。如需方有特殊要求，由供需双方商定。

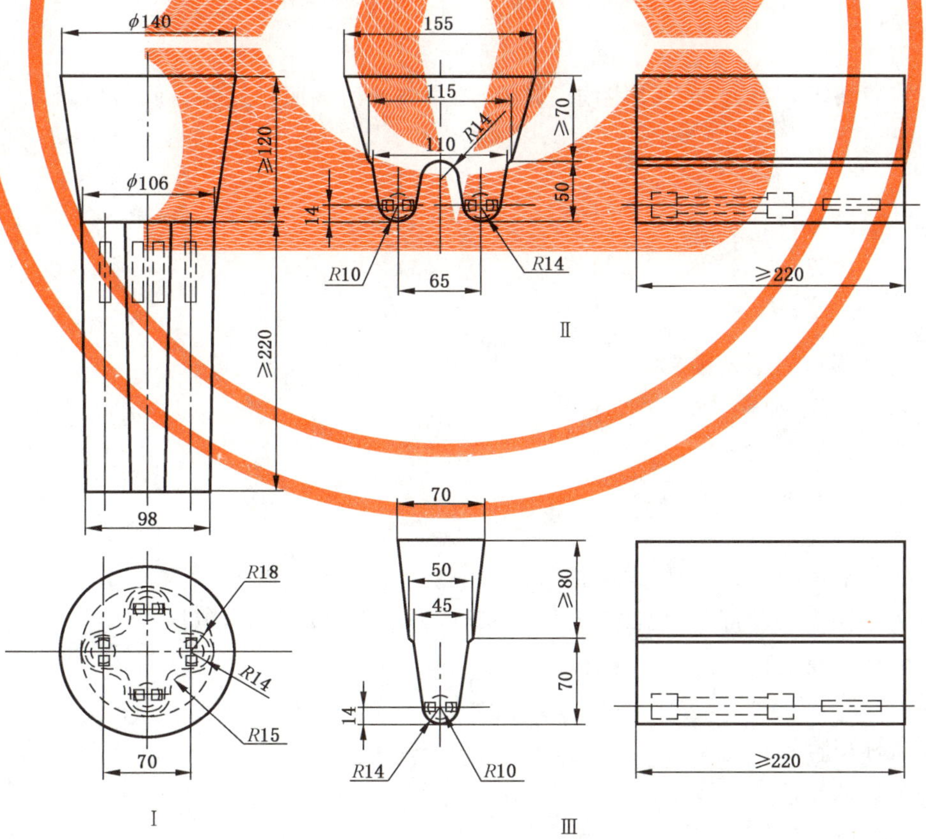

图 1 力学性能单铸试块图

5.2.3 力学性能试验用试块厚度应≥28 mm(包括经双方商定，在铸件上切取试块)。

5.2.4 拉伸试验每一批次取1个拉伸试样进行试验,结果应符合表2规定。

5.2.5 冲击试验每一批次取3个冲击试样进行试验,3个冲击试样的平均值应符合表2规定。3个冲击试样中,只允许其中1个试样冲击值低于表2规定值,但不能低于规定值的2/3。

5.2.6 因下列原因而不符合规定的力学性能试验结果视为无效:

a) 试样安装不当或试验机功能不正常;
b) 拉伸试样在标距之外断裂;
c) 试样制备不当;
d) 试样中存在异常。

发生上述情况之一时,应在同一试块(铸件)或同批次的另一试块(铸件)中制取试样重新试验,其试验结果可以代替不良试样的试验结果。

5.2.7 当力学性能试验结果不符合要求,并且不是由于5.2.6所列原因引起的,允许采用同炉次备用试样进行复验。拉伸试验取2个试样进行复验,如果2个复验试样的试验结果均合格,则可判定拉伸试验结果合格,否则为不合格。冲击试验取3个试样进行复验,如果3个复验试样的试验结果均合格,并且初试和复试共6个试样算术平均值也合格,则可判定冲击试验结果合格,否则为不合格。

5.2.8 当力学性能复验结果仍不符合表2规定时,可以将铸件和试块重新进行热处理,然后按5.2.4或5.2.5重新试验。未经需方同意,重新热处理次数不得超过两次(回火除外)。

5.3 外观质量

铸件的外观质量按3.5要求逐件检验。

5.4 无损检验

根据需方订货要求,对铸件可采用渗透、磁粉、超声波或射线照相检测。所需检测方法、部位及验收标准由双方商定。

6 标志、贮存、包装和运输

6.1 标志和合格证

6.1.1 每个铸件表面应做下列标志:

a) 铸件名称、规格和牌号;
b) 铸件炉次批号;
c) 毛重量与净重量;
d) 供方名称和地址。

当无法在铸件上做出标志时,标志可打印在附于每批铸件的标牌上。

6.1.2 出厂铸件应附有检验部门出具的产品合格证或质量合格证明书,包括:

a) 供方名称和地址;
b) 商标;
c) 铸件名称和牌号;
d) 铸件炉次批号;
e) 检验结果(检验报告);
f) 铸件图号或订货合同号;
g) 标准号;
h) 出厂日期。

6.2 贮存、包装和运输

6.2.1 铸件在检验合格后应进行防护处理和包装。

6.2.2 铸件防护、贮存、包装和运输应符合订货合同的规定。

附 录 A
（资料性附录）
本标准铸钢牌号与 BS EN 10213:2007、ASTM A352—2012 铸钢牌号近似对照

表 A.1 本标准铸钢牌号与 BS EN 10213:2007、ASTM A352—2012 铸钢牌号对照表

序号	本标准牌号	BS EN 10213:2007 铸钢牌号	ASTM A352—2012 铸钢牌号
1	ZG240-450	G17Mn5	LCC
2	ZG300-500	G20Mn5	
3	ZG18Mo	G18Mo5	LC1
4	ZG17Ni3Cr2Mo	G17NiCrMo13-6	LC2-1
5	ZG09Ni3	G9Ni10	LC2
6	ZG09Ni4	G9Ni14	LC3
7	ZG09Ni5		LC4
8	ZG07Ni9		LC9
9	ZG05Cr13Ni4Mo	GX3CrNi13-4	CA6NM

ICS 11.120
C 92

中华人民共和国国家标准

GB/T 32239—2015

中药制丸机

Chinese medicine pill making machine

2015-12-10 发布　　2016-07-01 实施

中华人民共和国国家质量监督检验检疫总局
中国国家标准化管理委员会　发布

前　　言

本标准按照 GB/T 1.1—2009 给出的规则起草。

本标准由全国制药装备标准化技术委员会(SAC/TC 356)提出并归口。

本标准起草单位:黑龙江迪尔制药机械有限责任公司。

本标准主要起草人:吕志清、高川、徐兴国、郭万生。

中药制丸机

1 范围

本标准规定了中药制丸机的分类和标记、要求、试验方法、检验规则，以及标志、使用说明书、包装、运输与贮存。

本标准适用于将坨料通过对辊式制丸模制成药丸的中药制丸机(简称制丸机)。

2 规范性引用文件

下列文件对于本文件的应用是必不可少的。凡是注日期的引用文件，仅注日期的版本适用于本文件。凡是不注日期的引用文件，其最新版本(包括所有的修改单)适用于本文件。

GB/T 191 包装储运图示标志

GB 5226.1—2008 机械电气安全 机械电气设备 第1部分：通用技术条件

GB/T 6388 运输包装收发货标志

GB/T 9969 工业产品使用说明书 总则

GB/T 10111 随机数的产生及其在产品质量抽样检验中的应用程序

GB/T 13306 标牌

GB/T 13384 机电产品包装通用技术条件

GB/T 16769 金属切削机床 噪声声压级测量方法

GB 23820—2009 机械安全 偶然与产品接触的润滑剂 卫生要求

GB/T 24342—2009 工业机械电气设备 保护接地电路连续性试验规范

中华人民共和国药典(2010年版)一部 国家药典委员会

3 分类和标记

3.1 分类

制丸机按螺旋挤出器的布置方向分为立式和卧式。

3.2 标记

3.2.1 型号编制

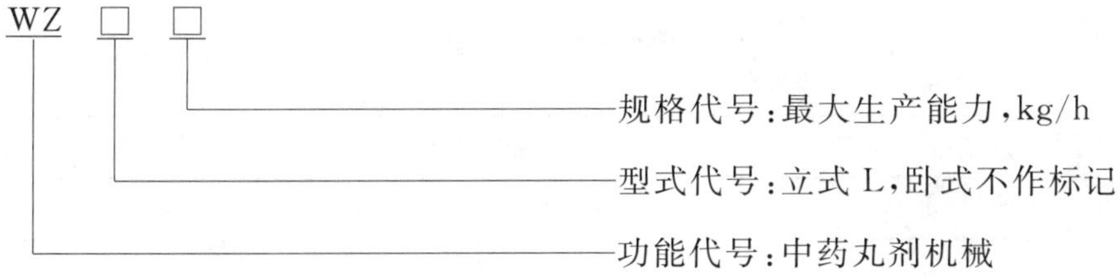

3.2.2 标记示例

示例1：WZL120，表示最大生产能力为120 kg/h的立式中药制丸机。

示例 2：WZ120，表示最大生产能力为 120 kg/h 的卧式中药制丸机。

4 要求

4.1 材料

凡与药物或有要求的工艺介质直接接触的材料应耐腐蚀、不与药物或有要求的工艺介质发生化学反应、吸附，或释放物质。

4.2 表面质量

4.2.1 制丸机的外表面应光洁、平整、无清洁盲区、无颗粒物脱落。

4.2.2 制丸机经表面处理的零部件，其涂覆层应色泽均匀、密实、不脱落。

4.2.3 与药物直接接触的零部件表面应光洁、平整、易清洗或消毒、无清洗盲区、所有转角应圆滑过渡。

4.3 性能

4.3.1 制丸机与药物接触的零件应方便拆装和清洁。

4.3.2 制丸机运转应平稳、无卡阻、无异常声响。

4.3.3 制丸机辊轴与螺旋挤出器连接轴使用的润滑剂不应污染药物，润滑剂应符合 GB 23820—2009 中 5.3.3 的规定。

4.3.4 制丸机负载运行时，偏心轴轴承座及传动箱温升应不大于 35 ℃。

4.3.5 制丸机螺旋挤出器速度、制丸模速度应可调并能显示。

4.3.6 制丸机负载运转噪声应不大于 75 dB(A)。

4.4 电气安全

4.4.1 电气系统保护联结电路的连续性应符合 GB 5226.1—2008 中 8.2.3 的规定。

4.4.2 电气系统的绝缘电阻应符合 GB 5226.1—2008 中 18.3 的规定。

4.4.3 电气系统的耐压应符合 GB 5226.1—2008 中 18.4 的规定。

4.4.4 电气系统的按钮应符合 GB 5226.1—2008 中 10.2 的规定。

4.4.5 电气系统的指示灯和显示器应符合 GB 5226.1—2008 中 10.3 的规定。

4.4.6 电气系统的配线应符合 GB 5226.1—2008 中 13.1.1、13.2.1、13.2.2、13.3 和 13.4.1 的规定。

4.4.7 电气系统的标记、警告标志和参照代号应符合 GB 5226.1—2008 中第 16 章的规定。

4.4.8 制丸机应有急停功能，急停器件应符合 GB 5226.1—2008 中 10.7 的规定。

4.5 制丸质量

药丸重量差异应符合表 1 的规定。

表 1 药丸重量差异限度

标示重量(或平均重量)	重量差异限度
0.05 g 及 0.05 g 以下	±11%
0.05 g 以上至 0.1 g	±10%
0.1 g 以上至 0.3 g	±9%
0.3 g 以上至 1.5 g	±8%

表 1（续）

标示重量(或平均重量)	重量差异限度
1.5 g 以上至 3 g	±7%
3 g 以上至 6 g	±6%
6 g 以上至 9 g	±5%
9 g 以上	±4%

5 试验方法

5.1 材料试验

查验材质证明文件，当不能证明材质时，按相关材料的标准规定进行试验。

5.2 表面质量试验

5.2.1 查验制丸机的外表面。

5.2.2 查验表面处理的零部件。

5.2.3 查验与药物接触的零部件表面。

5.3 性能试验

5.3.1 查验与药物接触零件的拆装和清洁情况。

5.3.2 制丸机由低速缓慢调至高速空载运行 1 h，目测运转情况，耳听声响。

5.3.3 查验辊轴与螺旋挤出器连接轴的密封性能，按 GB 23820—2009 中 5.3.3 规定查验有资质的第三方机构提供的润滑剂成分证明。

5.3.4 制丸机以标示的生产能力负载运行 1 h，用测温仪测量偏心轴轴承座和传动箱表面的温度，并按式(1)计算温升。

$$\Delta t = t - t_0 \qquad \cdots\cdots(1)$$

式中：

Δt ——温升，单位为摄氏度(℃)；

t ——实测部位的温度，单位为摄氏度(℃)；

t_0 ——实测环境温度，单位为摄氏度(℃)。

5.3.5 调节螺旋挤出器和制丸模运动速度，目测速度显示值变化。

5.3.6 制丸机负载运行时，按 GB/T 16769 的规定测量噪声。

5.4 电气安全试验

5.4.1 电气系统的保护联结电路的连续性，按 GB 5226.1—2008 中 18.2 和 GB/T 24342—2009 中 6.2 的规定检验。

5.4.2 电气系统的绝缘电阻，按 GB 5226.1—2008 中 18.3 的规定检验。

5.4.3 电气系统的耐压，按 GB 5226.1—2008 中 18.4 的规定检验。

5.4.4 电气系统的按钮，按 GB 5226.1—2008 中 10.2 的规定检验。

5.4.5 电气系统的指示灯和显示器，按 GB 5226.1—2008 中 10.3 的规定检验。

5.4.6 电气系统的配线，按 GB 5226.1—2008 中 13.1.1、13.2.1、13.2.2、13.3、13.4.1 的规定检验。

5.4.7 电气系统的标记、警告标志和参照代号按 GB 5226.1—2008 中第 16 章的规定检验。

5.4.8 制丸机的急停件按 GB 5226.1—2008 中 10.7 的规定检验。

5.5 制丸质量试验

5.5.1 试验条件

试验条件如下：

a) 试验环境：温度 18 ℃～28 ℃，相对湿度 45%～65%；

b) 试验物料：混合均匀六味地黄水蜜丸坨料，重量 20 kg，密度 1.5 g/cm³；

c) 制丸规格：ϕ6 mm。

5.5.2 试验程序

制丸机空载运行合格后，以标示的生产能力负载运行，稳定后在出料口取样，每隔 5 min 抽取 10 丸，共取 10 次，分别装袋并做好标识。

5.5.3 药丸重量差异试验

按中华人民共和国药典(2010 年版)一部附录ⅠA 丸剂中规定的重量差异检查法，进行检查。

6 检验规则

6.1 检验分类

制丸机的检验分出厂检验和型式检验。

6.2 出厂检验

6.2.1 制丸机由制造单位质量检验部门按表 2 规定项目逐台检验，合格的方能出厂，并附有产品合格证。

表 2 出厂检验项目

项目类别	要求条款	试验方法条款
材料	4.1	5.1
表面质量	4.2	5.2
性能	4.3	5.3
电气安全	4.4	5.4

6.2.2 制丸机在检验过程中，如发现不合格项时，允许退回修整并进行复验，复验仍不合格的，判定该产品为不合格品。

6.3 型式检验

6.3.1 型式检验条件

有下列情形之一时，应进行型式检验：

a) 新产品定型鉴定或投产鉴定时；

b) 产品结构、材料、工艺有较大改进，可能影响性能时；

c) 产品停产一年以上恢复生产时；

d) 出厂检验结果与最近一次型式检验结果有较大差异时；

e) 国家质量监督检验部门及产品认证机构提出型式检验要求时。

6.3.2 型式检验项目

型式检验的项目为本标准的全部要求。若制造单位不具备测试条件，允许在产品使用现场进行。

6.3.3 抽样

型式检验的样机应在出厂检验合格的产品中按 GB/T 10111 规定的方法抽取 10%，样机不少于 3 台，检测 1 台。

6.3.4 判定规则

型式检验中，若电气安全性能的保护联结电路的连续性、绝缘电阻、耐压试验有一项不合格，即判定该产品型式检验不合格。若其他项有一项不合格，允许在已抽取的样机中加倍复测不合格项，仍不合格时，则判定该产品型式检验不合格。

7 标志、使用说明书、包装、运输与贮存

7.1 标志

7.1.1 制丸机标牌按 GB/T 13306 的规定，标牌应固定在产品的明显部位。标牌应包括下列内容：

a) 产品型号、名称、商标；

b) 主要技术参数；

c) 产品编号及制造日期；

d) 执行的标准代号；

e) 制造单位名称。

7.1.2 包装储运图示标志按 GB/T 191 的规定。

7.1.3 运输收发货标志按 GB/T 6388 的规定。

7.2 使用说明书

制丸机使用说明书按 GB/T 9969 的规定。

7.3 包装

7.3.1 制丸机包装按 GB/T 13384 的有关规定，并采取防潮、防雨、防震等保护措施。

7.3.2 每台制丸机的包装箱内应附有下列文件：

a) 产品合格证；

b) 产品使用说明书；

c) 装箱单；

d) 本标准规定的材质证明书，仪器仪表、传感器等校验合格证。

7.4 运输

产品的运输按国家铁路、公路和水路货物运输的有关规定。

7.5 贮存

产品装箱后，存放在干燥、通风、无腐蚀性气体的室内或有遮蔽的场所，不得倾斜或重压。

ICS 65.040.10
B 92

中华人民共和国国家标准

GB/T 32240—2015/ISO 20966:2007

自动挤奶设备　要求及测试方法

Automatic milking installations—Requirements and testing

(ISO 20966:2007,IDT)

2015-12-10 发布　　2016-07-01 实施

中华人民共和国国家质量监督检验检疫总局
中国国家标准化管理委员会　发布

前　言

本标准按照 GB/T 1.1—2009 给出的规则起草。

本标准等同采用 ISO 20966:2007《自动挤奶设备　要求及测试方法》。

与本标准中规范性引用的国际文件有一致性对应关系的我国文件如下：

——GB/T 3766—2001　液压系统通用技术条件(ISO 4413:1998,EQV)；

——GB/T 5013.1—2008　额定电压 450/750 V 及以下橡皮绝缘电缆　第 1 部分:一般要求(IEC 60245-1:2003,IDT)；

——GB/T 5023.1—2008　额定电压 450/750 V 及以下聚氯乙烯绝缘电缆　第 1 部分:一般要求(IEC 60227-1:2007,IDT)；

——GB/T 5981—2011　挤奶设备　词汇(ISO 3918:2007,IDT)；

——GB/T 7932—2003　气动系统通用技术条件(ISO 4414:1998,IDT)；

——GB/T 8186—2011　挤奶设备　结构与性能(ISO 5707:2007,IDT)；

——GB/T 9480—2001　农林拖拉机和机械、草坪和园艺动力机械　使用说明书编写规则(ISO 3600:1996,EQV)；

——GB/T 12668.1—2002　调速电气传动系统　第 1 部分:一般要求　低压直流调速电气传动系统　额定值的规定(IEC 61800-1:1997, IDT)；

——GB 14048.4—2010　低压开关设备和控制设备　第 4-1 部分:接触器和电动机起动器　机电式接触器和电动机起动器(含电动机保护器)(IEC 60947-4-1:2009, IDT)；

——GB 14048.5—2008　低压开关设备和控制设备　第 5-1 部分:控制电路电器和开关元件　机电式控制电路电器(IEC 60947-5-1:2003, MOD)；

——GB 19891—2005　机械安全　机械设计的卫生要求(ISO 14159:2002,MOD)；

——GB/T 25078.1—2010　声学　低噪声机器和设备设计实施建议　第 1 部分:规划(ISO/TR 11688-1:1995,IDT)；

——GB/T 25078.2—2010　声学　低噪声机器和设备设计实施建议　第 2 部分:低噪声设计的物理基础(ISO/TR 11688-2:1998,IDT)。

本标准由中国机械工业联合会提出。

本标准由全国农业机械标准化技术委员会(SAC/TC 201)归口。

本标准起草单位:中国农业机械化科学研究院、农业部农业机械试验鉴定总站。

本标准主要起草人:皇才进、陈凤岐、林玉涵、金红伟、张健。

自动挤奶设备　要求及测试方法

警告：本标准规定的某些测试方法可能导致危险状况发生。执行本标准的操作试验人员应按所开展的工作类型进行培训。自动挤奶设备的使用方有责任监督国家法规执行情况和安全健康要求。

1　范围

本标准规定了自动挤奶设备(AMI)的结构要求，除ISO 5707和ISO 6690中描述的要求外，还包括特定的安全、卫生和性能要求以及测试方法。

本标准不包含挤奶设备安装场所的设计要求。

2　规范性引用文件

下列文件对于本文件的应用是必不可少的。凡是注日期的引用文件，仅注日期的版本适用于本文件。凡是不注日期的引用文件，其最新版本(包括所有的修改单)适用于本文件。

GB 4208—2008　外壳防护等级(IP代码)(IEC 60529:2001，IDT)

GB 5226.1—2008　机械电气安全　机械电气设备　第1部分：通用技术条件(IEC 60204-1:2005，IDT)

GB/T 15706.1—2007　机械安全　基本概念与设计通则　第1部分：基本术语和方法(ISO 12100-1:2003，IDT)

GB/T 15706.2—2007　机械安全　基本概念与设计通则　第2部分：技术原则(ISO 12100-2:2003，IDT)

ISO 3600　农林拖拉机和机械、草坪和园艺动力机械　使用说明书编写规则(Tractors machinery for agriculture and forestry, powered lawn and garden equipment—Operator's manuals—Content and presentation)

ISO 3918　挤奶装置　词汇(Milking machine installations—Vocabulary)

ISO 4413　液压动力系统通用技术条件(Hydraulic fluid power—General rules relating to systems)

ISO 4414　气动系统通用技术条件(Pneumatic fluid power—General rules relating to systems)

ISO 5707　挤奶设备　结构与性能(Milking machine installations—Construction and performance)

ISO/TR 11688-1　声学　低噪声机器和设备设计实施建议　第1部分：规划(Acoustics—Recommended practice for the design of low-noise machinery and equipment—Part 1: Planning)

ISO/TR 11688-2　声学　低噪声机器和设备设计实施建议　第2部分：低噪声设计的物理入门(Acoustics—Recommended practice for the design of low-noise machinery and equipment—Part 2: Introduction to the physics of low noise design)

ISO 13852:1996　机械安全　防止上下肢触及危险区的安全距离(Safety of machinery—Safety distances to prevent danger zones being reached by the upper limbs)

ISO 14159　机械安全　机械设计的卫生要求(Safety of machinery—Hygiene requirements for the design of machinery)

IEC 60227-1　额定电压450/750 V及以下聚氯乙烯绝缘电缆　第1部分：一般要求(Polyvinyl

chloride insulated cables of rated voltages up to and including 450/750 V—Part 1:General requirements)

IEC 60245-1　额定电压 450/750 V 及以下橡皮绝缘电缆　第 1 部分:一般要求(Rubber insulated cables of rated voltages up to and including 450/750 V—Part 1:General requirements)

IEC 60825-1:2001　激光产品的安全　第 1 部分:设备分类、要求和用户指南(Safety of laser products—Part 1: Equipment classification,requirements and user's guide)

IEC 60947-4-1　低压开关设备和控制设备　第 4-1 部分:接触器和电动机起动器　机电式接触器和电动机起动器(含电动机保护器)[Low-voltage switchgear and control gear—Part 4-1:Contactors and motor-starters—Electromechanical contactors and motor-starters (Including motor protector)]

IEC 60947-5-1　低压开关设备和控制设备　第 5-1 部分:控制电路电器和开关元件　机电式控制电路电器(Low-voltage switchgear and control gear—Part 5-1:Control circuit devices and switching element—Electromechanical control circuit devices)

IEC 61800-1　调速电气驱动系统　第 1 部分:一般要求　低压直流调速电气驱动系统　额定值的规定(Adjustable speed electrical power drive systems—Part 1:General requirements—Rating specifications for low voltage adjustable speed d.c. power drive systems)

EN 1088　机械安全　带防护装置的连锁装置　设计和选取原则(Safety of machinery—Interlocking devices associated with guards—Principles for design and selection)

EN 13732　食品机械　农场散装奶冷藏罐—结构、性能、适用性、安全及卫生要求(Food processing machinery—Bulk milk coolers on farms—Requirements for construction, performance, suitability for use, safety and hygiene)

3　术语和定义

ISO 3918 界定的术语和定义适用于本文件。

3.1

控制系统　control system

用于启动、操作和停止自动挤奶设备的硬件和软件集合。

4　安全和卫生要求

附录 A 给出了本文件的安全要求。

ISO 14159 中的卫生要求适用于本文件。

5　功能要求

5.1　一般要求

挤奶机应满足 ISO 5707 的要求。

挤奶和测试过程中应能操纵自动挤奶机。

5.2　挤奶前预备工作

5.2.1　清洗乳头

在不伤害家畜的前提下应能清洗乳头以及与奶杯内套接触的乳房部分。

清洗后通过检查乳头和乳房来检验清洗操作的效果。

注：虽然附录B给出了评价乳头和乳房清洗效果的方法示例，但最终清洗效果还是应该通过评估散装奶罐中奶的品质来判定。

5.2.2 预挤奶

若该奶供人类使用，应有分离头几把奶的功能。

应提供分离头几把奶的程序的信息，以及如何检查其运作状况。

分离头几把奶的性能应在操作过程中验证。

5.3 挤奶

5.3.1 奶杯意外脱落

挤奶系统应有具备检测奶杯意外脱落的功能，以便于启动自动挤奶设备的校正功能，完成挤奶过程。

5.3.2 产奶量测量

每次挤奶应测量产奶量。产奶量测量系统的精度应在使用说明书中说明。

5.3.3 异常奶检测

自动挤奶设备应有检测单头家畜的异常奶的功能，防止其与食用奶混合，异常奶的检测方法和推荐限值应在使用说明书中描述。

注：附录C给出了检测异常奶的评价方法示例，异常奶是由于掺入一定限值水平的血液或均匀性改变而被认为异常。

5.3.4 脱落奶杯

应有限制总挤奶时间的功能。其方法、程序和限值应在使用说明书中声明。

5.4 挤奶后乳头处理

建议挤奶后对乳头消毒和/或对乳头皮肤进行调理。

5.5 奶的运输

5.5.1 奶的转移

奶未流入储存罐之前，自动挤奶机应具备转移被识别为异常奶、非预期奶或受限奶的功能。

注：一般在挤奶之前就准备好转移非预期奶和受限奶。异常奶的转移可在预挤奶、挤奶或挤奶后随时进行。被转移的非预期奶和受限奶可传输到一个储奶罐中或安全处理。

5.5.2 输奶管道

清洗储奶罐时应防止奶进入储奶罐。

在奶槽车来牧场收集奶时，应防止刚挤出的奶混入储奶罐。

5.6 奶的冷却和储存

5.6.1 一般要求

储奶罐应有告知自动挤奶设备奶是否被接收的功能。

奶在罐中时应防止清洗液进入储奶罐。

5.6.2 散装奶冷藏罐

散装奶冷藏罐，应符合 EN 13732 的要求。

注 1：EN 13732 适用于批次挤奶，不适于连续挤奶设备，如自动挤奶机。

冷却系统应有足够的容量，使得所有挤奶机组同时对高产家畜挤奶时，进入空散装奶罐的奶能得到快速冷却。

冷却系统的设计不应冻结奶，即使在单头家畜挤奶时以较低的奶流量进入空散装奶罐也不会使奶结冰。

注 2：奶的温度和冷却时间通常按地方、区域或国家要求而定。

5.6.3 临时储存罐

如果在奶槽车收集奶或清洗散装奶罐时，奶在临时储罐(缓冲罐)中预计存储时间若超过 1 h，该罐也应冷却，并采用地方、区域或国家规定的冷却时间(见 5.6.2 的注 2)。

6 清洗

对于奶接触面，下列情况下应有启动自动清洗、冲洗或消毒的功能：

a) 每头家畜挤奶后，对奶杯包括可能与家畜乳头接触的表面；

b) 在挤用于食用奶之前，曾与异常奶、非预期奶或受限奶接触过的所有表面；

c) 一段时间不挤奶后，与未冷藏奶接触过的表面；

d) 一定时间间隔后清洗系统。

注：清洗的时间间隔由国际、国家或地方法规规定。

7 使用说明

除挤奶机的操作指南外，使用说明书中至少应强调下列各项：

a) 警报响起时应遵守的程序；

b) 系统检测功能的使用；

c) 将家畜详情、事件和事件要点输入自动挤奶设备的管理和监控系统；

d) 使用自动挤奶设备的管理系统或传感器生成警报和事件列表，作为使用者管理家畜的基础。

8 管理

8.1 警报和通知

当人或家畜处于安全风险时，警报应立即传达给管理员。当系统检测到错误但人畜未处于安全风险时，应适时传达通知给管理员。

8.2 信息检索

使用者在一定天数内应能得到下列信息：

a) 每次挤奶的数据，包括家畜编号、用时、产量、是否所有乳头挤奶成功、挤奶过程中奶杯的意外脱落和重套杯、转移奶的原因；

b) 每次非挤奶用途使用机器的数据，包括家畜编号；

c) 每次系统清洗的数据，包括用时和完成项目，如冲洗或消毒；

d) 每次警报的数据和起因；

e) 自动取样使用的每个容器或玻璃小瓶的识别。

注1：如上述信息预定输出到第三方，数据传输格式可按ISO 11787[2]，ISO 11788-1[3]和ISO 11788-2[4]的规定。

注2：其他相关信息可包括：

——奶的品质参数，如电导率、体细胞数量、脂肪含量、蛋白质含量和尿素含量；

——系统清洗参数，比如洗涤剂类型及用量、清洗液温度；

——奶冷却参数，如奶罐温度的记录日志。

9 监测

9.1 家畜

监测系统应保留下列项的当前记录：

a) 每头家畜自上次挤奶到目前的时间；

注：实际使用中可从家畜离开挤奶位置开始计时。

b) 需挤奶的家畜；

c) 过挤奶时间的家畜(允许开始挤奶时已过预设的时间)；

d) 挤奶不成功的家畜；

e) 系统检测到异常奶的家畜编号；

f) 每次挤奶时奶被转移的家畜编号和时间。

9.2 消毒

应提供措施监测清洗液温度以保证预定的清洗和消毒程序正常完成。

9.3 储存奶

应提供监测散装奶罐中奶的温度的功能，保证储奶容器的预定清洗消毒完成。

附　录　A
（规范性附录）
人畜相关的安全要求

A.1　范围

本附录规定了本标准范围内的安全要求，也规定了挤奶设备电器装置的要求。

A.2　安全要求和措施

A.2.1　一般要求

A.2.1.1　与自动挤奶设备预定使用相关的所有已知、相关和重大危险已陈述。通过机器升级或技术发展，当发现新危险和之前未知的危险时，应遵守 GB/T 15706.1—2007 第 5 章中概括的减小风险的一般原则。

A.2.1.2　除本标准另有规定外，安全距离应符合 ISO 13852:1996 中表 1、表 3、表 4 和表 6 的要求。

A.2.2　控制件

A.2.2.1　控制系统的安全和可靠性

控制系统的设计和构造应符合下列标准。

a）电气部件应符合下列要求：
  1）用作连锁防护装置机械致动位置探测器的正向分闸操作控制开关，以及辅助回路用继电器应符合 IEC 60947-5-1(第 3 部分)；
  2）机电致动器和主回路用电机启动器应符合 IEC 60947-4-1；
  3）橡胶绝缘电缆应符合 IEC 60245-1；
  4）如果聚氯乙烯电缆通过布置位置（如在框架内）被额外防护以避免机械损伤，则电缆应符合 IEC 60227-1。

b）机械部件应符合 GB/T 15706.2—2007 中 3.5 的规定。

c）用于防护的、机械启动的位置探测器在强制模式下启动时应符合 EN 1088。

d）气动和液压部件及系统应分别符合 ISO 4414 和 ISO 4413。

e）所用电气应符合 GB 5226.1—2008。

f）可调速电气驱动系统应符合 IEC 61800-1。

A.2.2.2　启动和操作

A.2.2.2.1　如果在预定使用中机器运动和运动部件引起的危险不能避免，应使未授权或未经训练人员远离危险区。在自动挤奶设备上应有警告标志，并在使用说明书中解释。

A.2.2.2.2　人工操作机器时如果移动机器部件的危险不能避免，如首次套奶杯（在学徒期间），应提供下列措施之一：

a）满足 GB/T 15706.1—2007 中 3.23.2 的有效控制装置，或

b）限制移动部件速度和动力的装置，以使在机械接触面测得的所有由悬垂物引起的运动速度不

超过 250 mm/s。

注：什么速度可接受还取决于发挥的力及设备布局。

A.2.2.3 正常停机

自动挤奶设备应符合 GB 5226.1—2008 中 9.2.2 规定。

A.2.2.4 紧急停机

自动挤奶设备应符合 GB 5226.1—2008 中 9.2.5.4 规定。

紧急停机的控制装置应置于家畜可及范围之外。

A.2.3 非机械危险的保护——设计阶段降低噪声

设计机器时，应考虑 ISO/TR 11688-1 和 ISO 11688-2 给出的控制噪声源的信息和技术措施。

A.2.4 电防护

除本附录另有声明外，自动挤奶设备应符合 GB 5226.1。

特别是自动挤奶设备的触电保护应符合 GB 5226.1—2008 第 6 章；短路保护和过载保护应符合 GB 5226.1—2008 第 7 章。

安装在家畜出入地的低压区电气部件的保护级别至少应为 GB 4208—2008 规定的 IP 55。

A.2.5 气动系统

自动挤奶设备的气动系统应符合 ISO 4414。

A.2.6 液压系统

自动挤奶设备的液压系统应符合 ISO 4413。

A.2.7 热水温度

用于家畜的热水温度应不超过 45 ℃以避免伤害。

A.2.8 激光

按 IEC 60825-1:2001 激光应为 2M 级。

A.3 故障解决措施

出现故障时，应采取措施通知操作者，比如：

——重复尝试以套奶杯；

——断电；

——操控故障。

应能人工打开家畜出口，移去家畜身上所有设备以便家畜能离开。

A.4 家畜入口和出口

应限制电动门的关闭力以尽量减少由限位机构造成的人畜伤害。

A.5 使用信息

A.5.1 使用说明书

使用说明书应包括机器正常操作和维修的安全须知，酌情使用个人防护设备，且应符合 ISO 3600。特别应指出未授权人员或未经训练人员应远离危险区（见 A.2.2.2.1）。

A.5.2 警告标志

自动挤奶设备上机器运动可导致危险的地方应设置警告标志。

附 录 B
（资料性附录）
清洗乳头和乳房评价方法示例

B.1 乳头和乳房与内套接触部分的清洁度可由熟练人员根据乳头清洗系统评价协议[5]打分，如下所示：

1 分：完全清洁（小于 1%的乳头表面易见脏污）；

2 分：轻微脏污（1%～10%的乳头表面易见脏污）；

3 分：部分脏污（11%～25%的乳头表面易见脏污）；

4 分：严重脏污（大于 25%的乳头表面易见脏污）。

B.2 测试宜在自动挤奶机正常操作期间，在三个家畜群组中按 B.3～B.6 描述步骤进行。

B.3 对于每个家畜群组，随机选择一个前乳头和一个后乳头给一组家畜打分，直至自动清洗乳头之前至少有 50 个乳头打分为 2 分或 3 分。

B.4 清洗前有一个或多个乳头得分为 4 分的家畜不进行测试。可从自动清洗前得分为 1 分的乳头中最多选取 50%。

B.5 自动清洗后至少 75%的乳头应得分为 1 分；清洗前得分为 2 分或 3 分的乳头清洗后至少 50%得分为 1 分。

B.6 如自动清洗后不可能立刻进行目测打分，符合 B.3 和 B.4 的家畜在挤奶过程中可用一般用于记录奶产量的采样器收集奶混合样品。在清洁玻璃瓶中取样应在自动清洗后立即进行。奶样品在细菌分析之前应冷藏，奶样应按 IDF 标准 73B[6] 进行大肠杆菌分析。应至少有 75%的奶样大肠杆菌测试为阴性，即每毫升样品中含有的细菌群落总数小于 10 个。允许少于 5%的样品的每毫升样品中含有的细菌群落总数大于 100 个。

附　录　C
（资料性附录）
探测由于血污出现或均匀性改变被视作异常奶的评价方法示例

C.1　概述

奶最常见的异常是出现血污和均匀性改变。本附录旨在描述如何探测这些奶液缺陷。虽然不存在国际接受的限值，但本附录描述了一种评价血污和均匀性改变探测系统的方法，以及测试结果的解释导则。

C.2　奶中血污探测系统的测试

C.2.1　概述

以 10 头家畜的奶为基础，为每头家畜制作 4 份 1 kg 的样品，与 0 μmol、3 μmol、6 μmol 和 120 μmol 血红蛋白均匀混合，相当于 0 mg、50 mg、100 mg 和 2 000 mg 血红蛋白。开动自动挤奶设备对人造牛乳房挤奶，乳区探测系统一次对一头奶牛的每个乳区采样一次。对于测量混合奶样的探测系统，采用一个混有血的样品和三个不混血的样品。探测系统的灵敏度计算是每升 120 μmol 血红蛋白的样品中探测呈阳性的样品数除以 10 个样品乘以 100%。剩余的 0 μmol、3 μmol 和 6 μmol 样品中探测呈阴性的样品数除以 30 乘以 100%用于计算特异性。

注 1：此外，血也可在 30 头家畜（测量混合奶样的探测系统使用 40 头家畜）的挤奶过程中以稳定速率注射进短奶管以达到计划的血红蛋白的四种浓度。

注 2：根据 Rasmussen 和 Bjerring 的研究[7]，当代表性人群把有色奶放在黑色表面打分时，120 μmol/L 界限目测为红色的灵敏度大于 80%。这一水平等于 980 mL 奶和 20 mL 牛血的混合物，其中每升血中含有 6 mmol 血红蛋白。当代表性人群把着色奶与不含血红蛋白的奶比较时，3 μmol/L 和 6 μmol/L 界限目测为白色的灵敏度大于 80%。此水平相当于奶中有 0.05%、0.1%的血，血中有 6 mmol/L 的血红蛋白。见表 C.1。

注 3：本附录使用的单个血红蛋白分子量为 16 000。

表 C.1　探测奶中血污的特异性和灵敏度

样品目的	数量 n	奶中血红蛋白		奶中血污%	限值挤奶次数和%	人眼
		μmol	mg/kg			
特异性	10	0	0	0	最多 2/200 正常奶被转移>99%	>80%："白色"
	10	3	50	0.05		
	10	6	100	0.1		
灵敏度	10	120	2 000	2	>16/20>69%	>80%："血色"

C.2.2　均匀性改变探测系统的测试

C.2.2.1　概述

预期细胞数的 CMT 得分（加利福尼亚乳房炎测试法，Schalm 等[8]）表示为每毫升细胞数：

——1 分：<150 000；

——2 分：150 000～300 000；

——3 分：300 000～800 000；

——4 分：800 000～3 000 000；

——5 分：>3 000 000。

C.2.2.2　乳区检测

清洗乳头之前立刻采集至少 50 头家畜所有挤奶乳区的头几把奶样（大约 10 mL 奶）。采样应至少针对三群家畜，每群家畜 36 h 以上。采集的奶样通过一个孔径为 0.1 mm×0.1 mm 的过滤器倒出。

过滤器上有大于 2 mm 的明显凝块的乳区奶样，且 CMT 得分大于 3 的为异常。至少应有 20 个样品测试为异常。连续两次乳区的头几把奶样品在过滤器上没有显示凝块，且 CMT 得分小于 4 被当作正常样品。至少应有 800 个样品测试正常，其余样品不作分析。

乳区检测系统的灵敏度 SE_q，以百分比表示，按式（C.1）计算。

$$SE_q = \frac{a}{b} \times 100\% \qquad \cdots\cdots (C.1)$$

式中：

a ——探测系统正确显示为异常的乳区数；

b ——按参考方法认为带有异常奶的乳区数。

乳区检测系统的特异性 SP_q，以百分比表示，按式（C.2）计算。

$$SP_q = \frac{c}{d} \times 100\% \qquad \cdots\cdots (C.2)$$

式中：

c ——探测系统正确显示为正常的乳区数；

d ——按参考方法认为带有正常奶的乳区数。

C.2.3　家畜水平的探测

应对 50 头以上家畜至少进行 200 次挤奶，利用探测系统测量混合奶样、头几把奶样。采样应至少针对三群家畜，每群至少 36 h。采集的头几把奶样通过一个孔径为 0.1 mm×0.1 mm 的过滤器倒出。

一个或多个乳区挤出的头几把奶样在过滤器上有大于 2 mm 的明显凝块，且 CMT 得分大于 3 时，奶牛的混合奶样被认为异常。所有乳区至少连续两次挤奶的头几把奶样在过滤器上未显示凝块，且 CMT 得分小于 4，牛的混合奶样被当作正常样品。至少应有 800 个样品测试正常，其余样品不作分析。

家畜水平探测系统的灵敏度 SE_u，以百分比表示，按式（C.3）计算。

$$SE_u = \frac{e}{f} \times 100\% \qquad \cdots\cdots (C.3)$$

式中：

e —— 探测系统正确显示为异常的家畜数；

f —— 按参考方法带有异常奶的家畜数。

家畜水平探测系统的特异性 SP_u，以百分比表示，按式（C.4）计算。

$$SP_u = \frac{g}{h} \times 100\% \qquad \cdots\cdots (C.4)$$

式中：

g —— 探测系统正确显示为正常的家畜数；

h —— 按参考方法带有正常奶的家畜数。

注：在过滤器上找到奶凝块意味着乳区和家畜群中感染有乳房炎。

C.3 结果解释指南

异常奶探测装置的灵敏度应该大于70%。从20次产出异常奶的挤奶中应至少能探测出16次,以此保证在80%置信区间内最小灵敏度为69%。

异常奶探测装置的特异性应该大于99%,这意味着200次产正常奶的家畜挤奶中最多有2次正常奶被自动转移。

对200次产奶正常的挤奶,预期99%特异性的置信区间为98%~100%。200次产奶正常的挤奶过程中至少应有199次被探测系统指示为正常奶。

参 考 文 献

[1] ISO 6690 挤奶设备 测试方法

[2] ISO 11787 农林机械 管理计算机和过程控制计算机之间的数据交换 数据交换语法

[3] ISO 11788-1 农业信息系统间的电子数据交换 农业数据元素辞典 第1部分:一般描述

[4] ISO 11788-2 农业信息系统间的电子数据交换 农业数据元素辞典 第2部分:奶牛饲养业

[5] KNAPPSTEIN,K.,ROTH,N.,SLAGHUIS,B.A.and VAN ZONNEVELD,R.T.F.,Effectiveness of automatic cleaning of udder and teats and effects of hygiene management.Protocol for evaluation of teat cleaning systems.Deliverable D13.EU-project Implications of the introduction of automatic milking on dairy farms(QLK5-2000-31006)2002.www.automaticmilking.nl

[6] IDF Standard 73 B:1998,Enumeration of coliforms

[7] RASMUSSEN,M.D.and BJERRING,M.,Visual scoring of milk mixed with blood:J.Dairy Res.72, pp 257-263,2005

[8] SCHALM,O.W.,CARROL,B.S.and JAIN,N.C.,Bovine Mastitis,School of Veterinary Medicine,University of California,360 pp,1971

ICS 65.060.40
B 91

中华人民共和国国家标准

GB/T 32241—2015/ISO 22856:2008

植物保护机械　喷雾飘移的实验室测量方法　风洞试验

Equipment for crop protection—Methods for the laboratory measurement of spray drift—Wind tunnels

(ISO 22856:2008,IDT)

2015-12-10 发布　　　　2016-07-01 实施

中华人民共和国国家质量监督检验检疫总局
中国国家标准化管理委员会　发布

前　言

本标准按照 GB/T 1.1—2009 给出的规则起草。

本标准使用翻译法等同采用 ISO 22856:2008《植物保护机械　喷雾飘移的实验室测量方法　风洞试验》。

与本标准中规范性引用的国际文件有一致性对应关系的我国文件如下：

GB/T 20183.1—2006　植物保护机械　喷雾设备　第 1 部分：喷雾机喷头试验方法(ISO 5682-1:1996,IDT)

本标准由中国机械工业联合会提出。

本标准由全国农业机械标准化技术委员会(SAC/TC 201)归口。

本标准负责起草单位：中国农业机械化科学研究院、现代农装科技股份有限公司、中国农业大学。

本标准主要起草人：周海燕、严荷荣、陈俊宝、何雄奎、曾爱军、林玉涵、王嫱。

植物保护机械　喷雾飘移的实验室测量方法　风洞试验

1　范围

本标准规定了实验室控制条件下在风洞中测量喷雾飘移率的一般原理。

本标准适用于对与雾化装置(如喷嘴)或喷雾液体(如有必要)相关的喷雾飘移率进行比较评估或分级。

2　规范性引用文件

下列文件对于本文件的应用是必不可少的。凡是注日期的引用文件,仅注日期的版本适用于本文件。凡是不注日期的引用文件,其最新版本(包括所有的修改单)适用于本文件。

ISO 5682-1　植物保护机械　喷雾设备　第1部分:喷雾机喷头试验方法(Equipment for crop protection—Spraying equipment—Part 1: Test methods for sprayer nozzles)

ISO 25358　植物保护机械　雾化装置的雾滴尺寸谱　测量和分级(Crop protection equipment—Droplet-size spectra from atomizers—Measurement and classification)

3　术语和定义

下列术语和定义适用于本文件。

3.1

喷雾飘移　spray drift

施药过程中由于气流作用被带出喷雾区(处理区)的喷雾液体的量。

3.2

喷雾飘移率　spray drift potential

飘移到下风向空气中的雾量占雾化器喷出总量的百分比。

3.3

边界层　boundary layer

紧靠着风洞地面、平均水平气流速度衰减为额定气流速度95%以下的空气层。

3.4

额定气流速度　nominal air speed

v

边界层外风洞水平气流(在气流主方向上)的平均速度。

注1:额定气流速度以米每秒(m/s)表示。

注2:见A.3。

3.5

紊流度　degree of turbulence

T

水平气流速度相对于额定气流速度的变化量。

注 1：紊流度以百分比表示。

注 2：见 A.4。

3.6

测定点气流速度变化率　local variability of air velocity

S

测定点上水平气流速度(在气流主方向上)相对于额定气流速度的变化量。

注 1：测定点气流速度变化率以百分比表示。

注 2：见 A.5。

3.7

喷雾区域　sprayed area

预定进行喷雾处理的区域。

3.8

虚拟风洞地面　virtual wind tunnel floor

在边界层的边界处或在其上方、与风洞地面平行的虚拟平面。

4　测量原理

风洞中测量喷雾飘移率是用位于风洞内的雾化器喷洒一种材料(通常是农药制剂或其模拟物质)。雾化器可以静止或移动(通常垂直于气流方向作横向移动)。

测试所用的风洞应能产生和维持低紊流度的额定气流速度。风洞尺寸应足够容纳所使用的雾化器以确保气流不分布在风洞内壁和雾化器(或其安装装置)附近，且其高度和下风向距离应能容纳足够数量的评价喷雾飘移率所需的采样装置或收集器组(见附录 A)。

喷雾飘移率测量时应在下风向确定区域的气流中采样或收集雾流，一般使用规定的惰性采样表面(通常为标准管状收集器)收集可示踪材料。如测试结果用于雾化器的相对喷雾飘移率分级，则应保证所用采样器或收集器的结果与标准管状收集器的测试结果具有可比性(见附录 B)。

喷雾飘移率计算时采用计算机算法或公式将风洞试验得到的测量值转换成与田间使用雾化器相似的喷雾飘移。与基准雾化器相比较的结果仅用于相对喷雾飘移率的分级，单台静止安装的雾化器的测试结果应仅用于喷雾飘移率分级。多喷头喷雾飘移率的计算能代表大田作物喷雾机典型的田间喷雾情况，其测量结果可用于计算为安全施药所需的距敏感区域(如水源)的距离。

5　试验方法

5.1　风洞结构和布局

风洞应足够大以产生和维持额定气流速度，并在速度均匀的剖面进行测量。进行飘移测量(见附录 A)时，风洞内测定点的气流速度的最大变化率不超过 5%，且沿着整个风洞长度内最大紊流度不应超过 8%。常用风洞布局参见附录 C，测量相对喷雾飘移率分级时常用气流速度为 2 m/s。不同结构和布局的风洞测量时也可用不同的流量和气流速度，但对于安装在前进速度不大于 20 km/h 的大田作物喷雾机上的雾化器，测量相对喷雾飘移率的风洞应至少高 1 m、宽 2 m，且能产生超过 2 m/s 的额定气流速度。

风洞工作段的长度应至少比雾化器和采样器或收集器安装位置间的距离长 2 m(每端至少 1 m)(参见附录 C)。

风洞的地面应尽量减少喷雾液体的飞溅或雾滴的弹跳，例如使用人工草皮表面或网格。

雾化器的固定装置、控制装置和供液管路的布局应尽可能减少对气流的干扰。

5.2 试验设备的准备

为测量雾化器下风向的空中雾流剖面，雾化器应安装在风洞中间、虚拟风洞地面以上生产商推荐的高度。虚拟风洞地面应至少在边界层上边缘上。

注：这些测量技术可能需要进行某些修正，以适应一些雾化器的结构、排列和使用方法。例如，有时需要测试雾化器的排列，如完整喷杆段的一部分。用于测量技术的任何修正需要考虑对雾化器周围和下风区气流速度、紊流度的影响，以及引起的空中雾流移动和分布的干扰对采样或收集技术的影响。

喷雾液体应通过电磁阀或能迅速关闭/开启的类似控制装置供给雾化器。至少应喷雾 5 s，但合适的喷雾时间应在测量前进行验证，以避免采样器或收集器产生饱和现象，特别要注意的是采样管滞留液体的能力（见第 4 章和附录 B）。雾化用空气的供应（如适用）和雾化器的动力输入（如给电机供电）应通过预设的控制供应系统来控制和测量。

5.3 采样和收集技术

多种采样或收集装置可用于下风向确定的采样区，这些装置应适用于整个羽毛状雾流区域，即整个空中雾流云区。由于喷雾飘移主要是较小的雾滴，因此所使用的采样器或收集器应具有较高的收集率（见附录 B）。应使用贯穿布置在风洞中的水平和垂直采样器或收集器进行空中雾流采样或收集（确保能从整个喷雾羽状区采样或收集）。

雾滴通常被确定的惰性采样表面所捕捉，一般使用为直径 1.98 mm 的聚乙烯（PE）[或直径 2.00 mm 的聚四氟乙烯（PTFE）]的采样丝线，在风洞中雾化器下风向多个不同距离上贯穿布置成水平和垂直采样器组。

如果采样丝线收集到喷雾液体，则应使用已知量的溶剂（如去离子水）来回收并确定采样丝线捕捉到的示踪剂量，然后使用适当的分析技术进行标定，并与从雾化器取得的原始喷雾液体样本进行对照（见附录 B）。

采样时间不应过长，以避免因收集器上收集量过多而导致所吸收的喷雾液体损失。

注：如采用采样丝线，其全长内的任何位置应适用于采样。

饱和度通常可通过测定收集量与采样时间的相互关系来简单评定——两者呈线性关系直至饱和点。所用喷雾时间应保证空中雾流采样时间足够长以确保空中雾流密度具有代表性，且测量应具有足够的精度和可再现性。

需要进行前期预备性研究，根据羽毛状雾流区域断面情况确定水平和垂直采样器或收集器的位置，以保证随后的测量值具有代表性。对于静止的雾化器，需考虑给出喷雾时间长度；对于移动式雾化器，需考虑给出横向的位移/次数。对于某些风洞结构，在测量之前和测量之后，可能还需进行不带喷雾的空白试验以保证每次试验之间采样器或收集器无交叉污染。

5.4 测量规程

应测量湿度、气温和喷雾液体温度。当需要测量再现性时（例如对雾化器的相对喷雾飘移率分级），则要求有（80±5）% 的高湿度，且喷雾液体温度与气温的最大差别应在 ±10% 以内。通常在气温（20±1）℃下测量相对喷雾飘移率的分级。

如需要，带有空气循环系统的风洞可在风洞工作段的下风向末端使用弥雾喷头以增加湿度（参见附录 C）。

风洞中应安装仪器以测量：

——空气速度，在代表额定气流速度的位置（通常雾化器高度位于风洞中心）测定，最大误差不超过 0.1 m/s；

——温度（干湿球），最大误差 1 ℃；

——相对湿度，最大误差 5%。

测量仪器的典型位置如附录 C 所示。

应测量和记录喷雾液体动态表面张力(在 20 ms 的表面寿命下)和剪切粘度等相关物理性质、以及测量时的喷雾液体温度。为模拟农药制剂，通常使用水中添加非离子表面活性剂(一般添加 0.1%～0.5%)的方法。使用的所有示踪剂应能安全地施用、收集和分析，不给人员和环境安全带来风险。

注 1：某些示踪剂可能含有表面活性剂。

结果应按下列方式表述：

a) 垂直方向上的空中雾流情况(收集到的喷雾液体的毫升量)；和

b) 水平方向上沉积喷雾情况(收集到的喷雾液体的毫升量)。

垂直方向上的空中雾流情况应在雾化器产生的整个羽状雾流区域内采样测量，在雾化器高度与虚拟风洞地面之间至少使用 5 个采样器或收集器(如最高位置的采样器/收集器上采集到喷雾液体，则应重新设定采样器/收集器位置，直至最高的采样器/收集器上无喷雾液体为止)。

采样器/收集器间隔放置，垂直高度的增加量不应超过 0.1 m，水平方向应沿整个风洞放置。

测定水平方向上沉积喷雾情况时应至少使用位于整个风洞内虚拟地面上间隔不超过 1 m 的 5 个采样器/收集器。采样器/收集器的布置应至少能在雾化器下风向 2 m～5 m 内进行测量。

雾化器下风向的距离应从喷雾区域的下风向边界(即在静止的空气中产生的雾流分布的下风向边界)开始计算——不同的雾化器有不同的雾流分布。雾流分布的下风向边界通常确定为收集液量达到最大收集量的 10%的集雾槽(按 ISO 5682-1 的规定)离雾化器中心线的最远距离处，该距离应在进行测量之前确定。具有较大喷雾分布的雾化器可能需要使用较大的雾流收集器或其他方式来确定收集液量达到最大收集量的 10%的位置。

注 2：使用扁平扇形液力雾化喷头测量时，喷雾飘移率通常在雾流分布垂直于气流方向的情况下测量(以提供一个出现最差结果的情况)。

雾化器相对喷雾飘移率分级的测量应使用被试雾化器和确定适用的基准雾化器。对于单个液力雾化喷头，通常使用符合 ISO 25358 规定的基准喷头(通常基准喷头和压力界定为产生介于细雾和中等之间的雾化质量)。

喷雾时间需要在测量开始前确定好，因为不仅要确保足够的采样或收集量(见第 4 章和附录 B)，而且要保证开机时产生预定的喷雾特性和雾型、关机时避免产生雾型毁坏等相关的异常效应。对于单个液力雾化喷头，合适的喷雾时间可能约为 5 s，而对于其他的一些雾化器，如双流体喷头，需要更长时间(30 s)以建立预定的喷雾特性和分布。

每次测量至少应重复 3 次，其中至少 2 次应记录并用于计算结果。

6 试验报告

测量结果应在试验报告中陈述。

试验报告内容应符合附录 D 给出的要求。

7 结果计算

测量结果(采样器或收集器收集量，mL)应表示并记录为占喷头喷出液量的百分比的格式(参见附录 E)。

空中雾流的垂直分布和沉积的水平分布可通过计算获得。

注：如需要，可采用图表形式表示下风向不同高度或不同距离处的收集量占雾化器喷出液量的百分比。

测量结果可用来计算雾化器的喷雾飘移率，也可用于雾化器或喷雾液体相对飘移率的比较分级。

附 录 A
（规范性附录）
风洞气流特性描述

A.1 一般要求

风洞气流特性的描述应在雾化器下风向 2 m、接近额定气流速度 2 m/s 的一段风洞来进行。

风洞应独立于雾化器、采样器、收集器或其支撑装置等其他测试设备。风洞中仅有的设备应为风速计及其支撑装置。所用风速计应能就地测量，并尽可能使用最大误差为 0.1 m/s、采样速率至少 20 次/s 的热线式风速仪。

A.2 气流参数的测量

测量应至少在图 A.1 所描述的位置上进行，也可采用更细密的网格。

测量和记录各测点的气流主方向 x 和向上方向 z 上的瞬时气流速度值。每个位置和方向上的测量时间应至少 10 s。

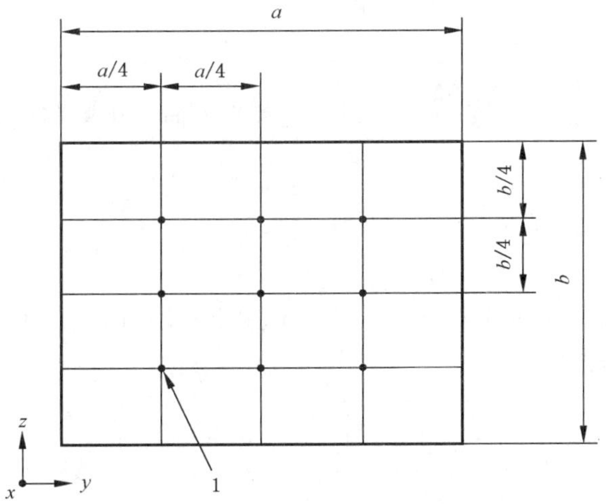

说明：

1——测量位置；

a——风洞宽度；

b——风洞高度。

图 A.1 位于测量平面上的测点位置

A.3 额定气流速度

按下式计算气流主方向 x 上所有测量值的平均值作为额定气流速度，$\overline{v}_x$：

$$\overline{v}_x = \frac{\sum v_{x,ij}}{n}$$

式中：

v_x ——测点(i,j)处气流主方向(水平方向)x 上气流速度的平均值；

$i=1\cdots m$ ——垂直方向上的测量位置数；

$j=1\cdots p$ ——水平方向上的测量位置数；

$n=mpk$ ——测量值的总数；

k ——每个位置上测量值的测量次数。

A.4 紊流度

计算气流主方向 x、垂直方向 z 上每个测点(i,j)的气流速度相对于平均气流速度$\overline{v'}_{x,ij}$的变化率作为紊流度 T：

$$T_{ij}=\frac{\sqrt{\frac{1}{3}(\overline{v'}^2_{x,ij}+\overline{v'}^2_{y,ij}+\overline{v'}^2_{z,ij})}}{\overline{v'}_{x,ij}}$$

其中：

$\overline{v'}^2_{x,ij}=\frac{1}{k}\sum(\overline{v}_{x,ij}-v_{x,ij})^2$，为测点$(i,j)$处气流主方向(水平方向)$x$ 上的气流速度的方差；

$\overline{v'}^2_{y,ij}=\frac{1}{k}\sum(\overline{v}_{y,ij}-v_{y,ij})^2$，为测点$(i,j)$处气流水平方向(横穿风洞，即非气流主方向)$y$ 上的气流速度的方差；

$\overline{v'}^2_{z,ij}=\frac{1}{k}\sum(\overline{v}_{z,ij}-v_{z,ij})^2$，为测点$(i,j)$处气流垂直方向 z 上的气流速度的方差。

A.5 测定点上气流速度的变化率

根据在所有测量位置气流主方向 x 上测得的气流速度平均值 $\overline{v}_{x,ij}$ 相对于额定气流速度的偏差，计算测定点上气流速度的变异系数 S。

$$S=\frac{\sqrt{\frac{1}{mp-1}\sum(\overline{v}_x-\overline{v}_{x,ij})^2}}{\overline{v}_{x,ij}}\times 100\%$$

A.6 边界层边缘

从风洞地面以上(5±0.2)cm 高度开始，以(5±0.2)cm 的增加量向上递增，沿测量平面中心内的垂直线，测量在气流主方向 x 上的气流速度平均值。

边界层边缘是指测定点上的气流速度平均值变成大于额定气流速度 95%的高度处。

附 录 B
（规范性附录）
喷雾飘移采样器和收集器的选择和使用

有很多种采样器和收集器已经用于测量，新的采样器和收集器也在陆续开发之中。经验表明，使用直径 1.98 mm 的聚乙烯丝线或直径 2.00 mm 的聚四氟乙烯丝线在风洞中测量的喷雾飘移率与喷雾飘移的田间测量密切相关。因此这两种丝线的使用成为了标准（优先）选择，其他喷雾飘移采样器/收集器应预先检查以确保它们能得出具有可比性的结果，以及类似于 0.1 μL 喷雾液体的分辨率水平（或每平方厘米采集面积上 0.001 μL 喷雾液体）。这种检查应确保计划使用的采样器/收集器与标准丝线采样器进行比较时：

a) 对于基准喷头（符合 ISO 25358 的规定），能产生基本一致的喷雾飘移率，

b) 与基准喷头（符合 ISO 25358 的规定）相比，呈现出类似的的喷雾飘移率的差异；以及

c) 结果可重现。

对结果进行的任何有效的比较（包括通过相对喷雾飘移率对雾化器进行分级）应确保所有测量使用相同的采样器或收集器。

目前已经使用过的喷雾飘移采样器和收集器示例见表 B.1。

表 B.1 喷雾飘移采样器和收集器示例

收集表面	特性	备注
——直径 1.98 mm 的标准 PE 丝线 ——直径 2.00 mm 的标准 PTFE 丝线	收集率高，采样面积已知	验证示踪剂滞留和回收特性。用于空中雾流采样
——管子清洁器 ——棉线 ——羊毛线 ——盘状清洁器 ——滤布	收集率非常高，收集面积易变和未知	通过照片确定平均采样尺寸。用于空中雾流采样
——滤纸 ——纸质表面 ——显微镜载物玻璃片 ——皮氏培养皿	空中雾流采样时的收集率低	仅用于测量地面喷雾沉积： ——水平安装
——集雾器	[a]	[a]
——吸入式采样器和旋转杆等主动式收集器	收集率高	仅用于空中雾流采样。除等速度采样外，收集面积难于确定
[a] 未获得有效数据。		

注 1：收集率取决于雾滴尺寸和气流速度，特别是对于垂直取样器及收集器（数据/测试结果仅对于所用的取样器及收集器的收集率有效）。

取样器及收集器的操作过程以及在空中雾流中暴露前后，应确保交叉污染的风险降到最低。应使用清洁的取样器及收集器（如果使用示踪剂，加入的示踪剂溶液量应测定）监测测试验过程中交互污染的潜在危险（和/或示踪剂降解的可能性）。

使用后，取样器及收集器应尽可能储存一小段周期，因为储存是必须的，对于示踪剂，通常应储存在干燥、黑暗并低于 4 ℃的合适的环境条件中，以保证凝结的风险性最低（由于凝结将会导致数据不准

确)。

在进行所有测量之前,应验证用于靶标取样器及收集器的所有示踪剂的回收率及稳定性。准备工作应确定所用技术的分辨能力。应记载所有分析过程的详细情况。应基于对喷雾时取自雾化器喷出药液的样品进行的示踪技术标定,计算取样器及收集器上的沉积量。

在使用荧光染料作为示踪剂时,重要的是优化荧光计/光度计对示踪剂的激发和发散的波长,使得整个背景的示踪剂分辨别率最大化。背景可以来自于收集器、较稀的溶液(例如自来水或去离子水的荧光性会随着时间发生变化)、以及荧光计中毛细管(测量用)的污染。收集器浸泡在稀释溶液中以吸取示踪剂。稀释溶液的量应尽可能小,以保证示踪剂的回收率最大化,但这也取决于收集器的收集面积以及收集到的喷雾液体量。稀释液体量以及收集器上的示踪剂量也取决于收集器表面的回收率。最佳的稀释溶液量应事先进行研究,通过在取样器或收集器上放入已知量的喷雾液体,然后测试有多少量能够被检测到(目的在于当使用一定数量的稀释溶液清洗收集器时,使染料浓度处于荧光测定法或光度测定法实际工作范围的中间值)。应对使用标准丝线收集器采样、在同等分辨率条件下采用不同荧光测定法和光度测定法的测试结果进行比较。荧光测定法的读数取决于用一条标定曲线表示的溶液中示踪剂的量。该曲线通过采集已知浓度示踪剂的样品测定。

注 2:在一定的刻度值的范围内,这条曲线是一段直线(例如在 0～1 000 的范围内,测量值 $10<x<950$)。

附 录 C
（资料性附录）
风洞的典型结构和布局

图 C.1 表示了风洞的典型结构和采样丝线、雾化器和监测仪器的布局。

单位为米

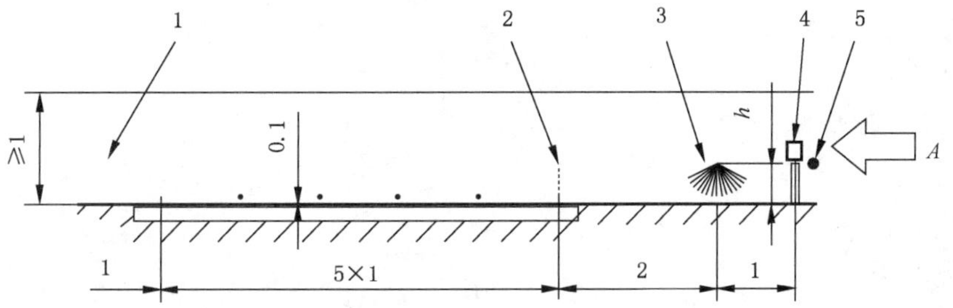

说明：

1 ——弥雾喷头；

2 ——收集丝线（垂直间隔 0.1 m）；

3 ——雾化器；

4 ——风速计；

5 ——相对湿度和温度传感器；

h ——雾化器距风洞虚拟地面的高度（由雾化器制造商规定）；

A ——气流。

图 C.1 风洞工作段图例

附 录 D
（规范性附录）
试验报告所需内容

——风洞工作段的尺寸（m）；
——所用雾化器（种类/尺寸/角度/安装方向/材料）；
——气流速度（m/s）；
——最大紊流度；
——所用采样器/收集器；
——气温（℃）；
——相对湿度（%）；
——喷雾液体种类；
——液体动态表面张力（dyn/cm^2）；
——液体剪切黏度；
——液体温度（℃）；
——雾化器高度（m）；
——液体流量（mL/s）；
——雾化器横向移动距离（m）/速度（m/s）；
——喷雾压力（kPa）；
——喷雾时间（s）；
——所用的单个采样器或收集器的测量值相对于平均值的最大偏差（%）。

附 录 E
（资料性附录）
结果计算示例

当使用1.98 mm的丝线收集器来评估喷雾飘移沉积的水平分布时，应测定沉积量，然后按比例放大，并换算成占雾化器喷出液量的百分比。

例如：雾化器(X)的流量为850 mL/min，在风洞中喷雾10 s后进行喷雾飘移的测量。经测定收集器(Y)上的喷雾沉积物量为2.5 μm，以直径1.98 mm的采样丝线代表1 m宽的长条区域(表示放置于下风向中心点处收集器之间距离的水平增量1 m)则：

10 s内1 m范围内的沉积量为：

$$2.5\times\frac{1\ 000}{1.98}=1\ 262\ \mu L$$

因此1 min内、以mL作为单位的沉积量为：

$$2.5\times\frac{1\ 000}{1.98}\times\frac{60}{10}\times\frac{1}{1\ 000}=7.57\ mL\cdot m^{-1}\cdot min^{-1}$$

已经测得的喷头流量为850 mL/min，因此：

按雾化器喷出液量换算的喷雾飘移率为：

$$\frac{7.57}{850}\times 100\%=0.89\%$$

表格中应表示出所使用的不同收集器(至少2种)重复测量3次、在进行组合或者取平均值之前的测量值。测量结果通常以图表的方式，用给出的垂直方向上的空中雾流分布或水平面上的喷雾飘移沉积分布图形，来表示采样器或收集器采集的飘移量占雾化器喷出液量的百分比。

参 考 文 献

[1] GB/T 24682(所有部分) 植物保护机械 喷雾机飘移量分级

[2] GB/T 24681 植物保护机械 喷雾飘移的田间测量方法

[3] ASAE S572 Spray Nozzle Classification by Droplet Spectra

[4] SOUTHCOMBE, E. S. E. et al. (1997). The International (BCPC) Spray Classification System Including a Drift Potential Factor. Proc. BCPC Conf.—Weeds, 371-380

[5] DOBLE, S.J.et al. (1985). A System for Classifying Hydraulic and Other Atomizers Into Categories of Spray Quality. Proc. BCPC Conf.—Weeds,1125-1133

ICS 65.060.40
B 91

中华人民共和国国家标准

GB/T 32242.1—2015

植物保护机械 吸入式加药装置 第1部分:测试方法

Equipment for crop protection—Induction hopper—
Part 1:Test methods

(ISO 21278-1:2008,MOD)

2015-12-10 发布 2016-07-01 实施

中华人民共和国国家质量监督检验检疫总局
中国国家标准化管理委员会 发布

前　言

GB/T 32242《植物保护机械　吸入式加药装置》分为两个部分：

——第1部分：测试方法；

——第2部分：一般要求与性能限值。

本部分为GB/T 32242的第1部分。

本部分按照GB/T 1.1—2009给出的规则起草。

本部分使用重新起草法修改采用ISO 21278-1:2008《植物保护机械　吸入式加药装置　第1部分：测试方法》。本部分与ISO 21278-1:2008的技术性差异为：

——在第1章"范围"中增加了适用范围，使第1章内容完整；

——增加了计算公式编号及符号的说明，使标准编写格式更加规范；

——对比国际标准6.5和6.6的内容，增加了6.6.2c)，使6.6.2内容完整。

本部分还做了下列编辑性修改：

——删除了国际标准的参考文献。

本部分由中国机械工业联合会提出。

本部分由全国农业机械标准化技术委员会(SAC/TC 201)归口。

本部分负责起草单位：中国农业机械化科学研究院、现代农装科技股份有限公司。

本部分主要起草人：周海燕、严荷荣、皇才进、赵丽伟、王嫱。

引　言

喷雾机主药箱可能连接有吸入式加药装置，以避免农药之间的交叉污染、以及对操作者和环境的污染。

当前，市场上能够获得的吸入式加药装置主要有以下两种类型：

——能够将农药输送到喷雾机主药箱内的吸入式加药装置；

——能够将农药输送到喷雾机主药箱内，并且药剂箱具有预先混合和自清洁功能的吸入式加药装置。

本标准适用于验证吸入式加药装置的功能。

植物保护机械　吸入式加药装置
第1部分：测试方法

1　范围

本部分规定了验证GB/T 32242.2所确定的吸入式加药装置性能限值的测试方法。

本部分适用于植物保护机械上用以输送农药和肥料的吸入式加药装置。

2　规范性引用文件

下列文件对于本文件的应用是必不可少的。凡是注日期的引用文件，仅注日期的版本适用于本文件。凡是不注日期的引用文件，其最新版本（包括所有的修改单）适用于本文件。

GB/T 20085　植物保护机械　词汇（GB/T 20085—2006，ISO 5681：1992，MOD）

GB/T 20183.2—2006　植物保护机械　喷雾设备　第2部分：液力喷雾机试验方法（ISO 5682-2：1997，IDT）

GB/T 32242.2　植物保护机械　吸入式加药装置　第2部分：一般要求与性能限值（GB/T 32242.2—2015，ISO 21278-2：2008，MOD）

3　术语和定义

GB/T 20085界定的以及下列术语和定义适用于本文件。

3.1

吸入式加药装置　induction hopper

带有一个筒状容器，能输送并混合各种液体、固体农药或肥料进入喷雾机主药液箱内，且具有自清洁功能的装置。

注：该装置可以安装在机器上，或可以自由放置、仅在加药作业时连接到喷雾机药液箱上。

3.2

药桶清洗装置　cleaning device for crop protection products cans

用于清洗空药桶内壁的装置。

4　试验材料与设备

4.1　无任何固体悬浮物的清水。

4.2　用于目测的带有染色剂的水溶液。

4.3　GB/T 20183.2—2006附录A所定义的氧氯化铜粉末。

4.4　附录A规定的微颗粒剂。

4.5　附录B规定的标准黏性物质。

4.6　加料装置，出口内径为30 mm～40 mm，见图1。

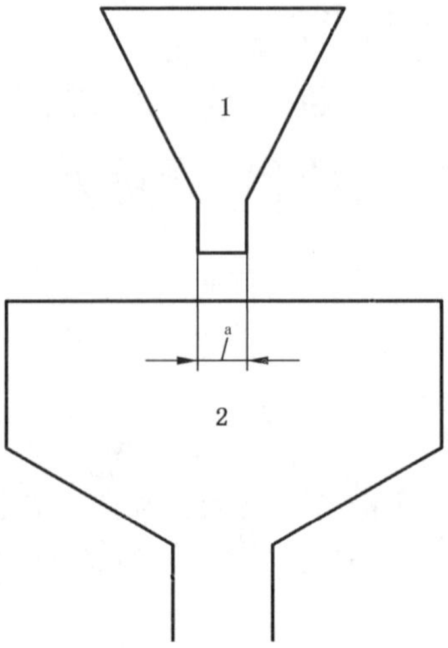

说明：
1——加料装置(如漏斗)；
2——被试吸入式加药装置。
a 加料装置出口直径。

图1 往吸入式加药装置中加入粉末或微颗粒的加料装置结构

5 试验条件

5.1 概述

吸入式加药装置的测试应按使用手册给出的说明及制造商声明的额定值进行操作。

5.2 环境条件

水温应在5 ℃～25 ℃之间。
环境温度、试验液体温度、相对湿度和大气压力应记录在测试报告中。

5.3 液体压力

液体压力测量的最大误差不应超过±2.5%；单次测试中工作压力的变动不应超过平均值的±5.0%。

5.4 容积和流量测定

容积和流量测定的误差不应超过±1.0%。

5.5 质量测定

吸入物质质量测定的误差不应超过±10 g。

6 测试方法

6.1 吸入式加药装置的额定容积

6.1.1 测试规程

使用4.1定义的液体。

将吸入式加药装置置于制造商推荐的位置,然后往药剂箱中加液至使用手册明示的最大加药位置。

6.1.2 测试结果

测量药剂箱内测试液体的量。测试结果用升(L)表示。

6.2 吸入式加药装置的总容积

6.2.1 测试规程

使用 4.1 定义的液体。

将吸入式加药装置置于制造商推荐的位置。

如果药剂箱有盖子,操作过程中应打开。继续向药剂箱中加液至药剂箱上边缘。

6.2.2 测试结果

测量药剂箱内加入的试验液体量,结果用升(L)表示。

按式(1)计算吸入式加药装置总容积 V_{total} 与额定容积 V_{nom} 的差值,以及相对于额定容积的百分比 V_{over}:

$$V_{over}=\frac{(V_{total}-V_{nom})}{V_{nom}}\times 100\% \qquad \cdots\cdots(1)$$

式中:

V_{over}——吸入式加药装置容积差的百分比;

V_{total}——吸入式加药装置的总容积,单位为升(L);

V_{nom}——吸入式加药装置的额定容积,单位为升(L)。

6.3 液位指示的准确性

6.3.1 测试规程

使用 4.1 定义的液体。

将空的吸入式加药装置置于制造商推荐的位置,然后:

a) 向药剂箱中加液至使用手册明示的第一条液位线,测定加入的液量(X_{meas});

b) 按 6.3.1a)程序依次加液至所有各条的液位线。

6.3.2 测试结果

测试结果应以液位线标示液量 X_{nom} 的百分比表示。

按式(2)计算各个液位线指示的准确度 A:

$$A=\frac{(X_{meas}-X_{nom})}{X_{nom}}\times 100\% \qquad \cdots\cdots(2)$$

式中:

A ——液位指示的准确度;

X_{meas}——各液位线处的实际加液量,单位为升(L);

X_{nom}——各液位线处的标示液量,单位为升(L)。

6.4 排空流量

6.4.1 测试规程

使用 4.1 定义的液体。

通过测量从吸入式加药装置药剂箱排出已知容量清水所需的时间来测定排空流量。测定应在下列操作参数下进行：

a) 入口流量(射流泵流量)：制造商声明的最大值和最小值。需要时，还应增加测量两个中间点的流量；
b) 出口压力：至少应在制造商声明的最大值和 20 kPa 这两个压力下测定。出口压力的测定点应位于吸入式加药装置出口端后面、距离为管路平均内径的 10 倍处，且与出口同样高度处(见图 2)；
c) 出口管内径：按制造商声明值。

在吸入式加药装置呈稳定工作状态下进行操作。

至少进行三次重复测试。三次测试值的偏差不应超过平均值的 10%。

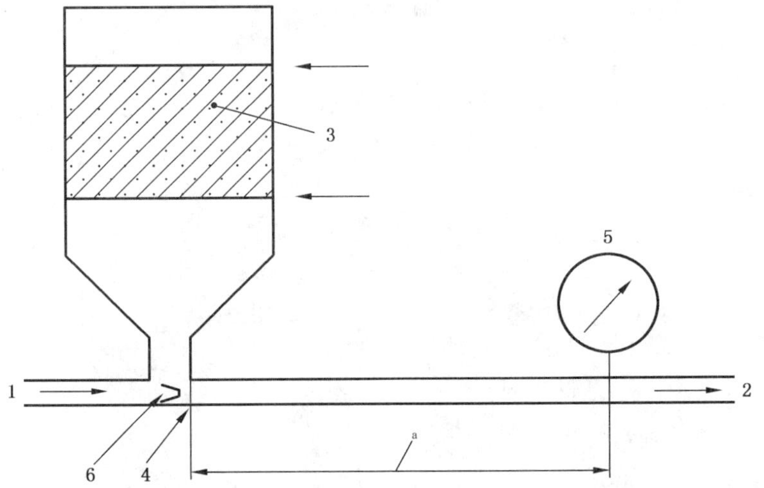

说明：
1——吸入式加药装置入口管；
2——吸入式加药装置出口管；
3——已知容量的水(如 10 L)；
4——吸入式加药装置出口管起始端及出口管直径测量点；
5——测量出口压力的压力表；
6——射流位置。
[a] 出口压力测量点与吸入式加药装置出口管起始端之间的距离。

图 2 出口压力测量原理图

6.4.2 测试结果

测试结果应给出在给定的射流泵流量和出口压力下吸入式加药装置出口的流量，以升每分钟(L/min)表示。

6.5 粉剂排空性能

6.5.1 一般要求

粉剂排空性能应通过测定试验完成后吸入式加药装置药剂箱中的粉剂残留量来确定。

6.5.2 测试规程

使用 4.3 定义的试验材料，按下列程序测定：

a) 应按使用手册给出的说明和制造商声明的额定值操作吸入式加药装置。按药剂箱额定容量每升加 0.1 kg 的比例将试验材料连续加入到药剂箱内。为保证加料连续性，应将 4.6 给出的加料装置安装在制造商推荐的位置。

b) 操作该系统 60 s。

测试过程中出口压力应至少为制造商规定的最大压力。

c) 用已知容量的水从包括盖子(如果有)的药剂箱中清除残留的试验材料，收集在一个可分离的容器中。

d) 从清洗下来的均匀的液体中采集至少三个 50 mL 以上有代表性的样本。

e) 样本应在 105 ℃～110 ℃温度范围内干燥后进行分析。也可使用其他能得到等效值和等效准确度的分析方法。测定试验材料质量的准确度按 5.5 的规定。

f) 计算药剂箱中残留的试验材料总量，将三个样本所得测定值的平均值以克(g)、以及相对于初始加入量的百分比的形式作为结果记入试验报告。三个样本所得的测定值的偏差不应超过其平均值的±10%。

6.6 微颗粒剂排空性能

6.6.1 一般要求

微颗粒剂排空性能应通过测定试验完成后吸入式加药装置药剂箱中的微颗粒剂残留量来确定。

6.6.2 测试规程

使用 4.4 确定的试验材料，按下列程序测定：

a) 应按使用手册给出的说明和制造商声明的额定值操作吸入式加药装置。按药剂箱额定容量每升加 0.1 kg 的比例将试验材料连续加入到药剂箱内。为保证加料连续性，应将 4.6 给出的加料装置安装在制造商推荐的位置。

b) 操作该系统 60 s。

测试过程中出口压力应至少为制造商规定的最大压力。

c) 用已知容量的水从包括盖子(如果有)的药剂箱中清除残留的试验材料，收集在一个可分离的容器中。

d) 从清洗下来的均匀的液体中采集至少三个 50 mL 以上有代表性的样本。

e) 样本应在 105 ℃～110 ℃温度范围内干燥后进行分析。也可使用其他能得到等效值和等效准确度的分析方法。测定试验材料质量的准确度按 5.5 的规定。

f) 计算药剂箱中残留的试验材料总量，将三个样本所得测定值的平均值以克(g)、以及相对于初始加入量的百分比的形式作为结果记入试验报告。三个样本所得的测定值的偏差不应超过其平均值的±10%。

6.7 吸入式加药装置内部清洗系统的效率

6.7.1 一般要求

吸入式加药装置内部清洗系统的效率通过测定试验完成后吸入式加药装置药剂箱中的试验材料残留量来确定。

6.7.2 测试规程

使用 4.5 定义的试验材料，按下列程序测定：

a） 用不小于药剂箱额定容积5%的试验材料沾染干燥的药剂箱。

b） 拆下管路系统，打开排液阀，利用重力排空药剂箱，直至试验材料没有明显滴落后至少20 s。

c） 然后立即连接管路系统，启动并操作清洗系统：

——使用4.1定义的液体；

——按制造商声明的额定值操作清洗系统；

——按使用手册规定的时间操作清洗系统，但最长时间不超过2 min，记录操作时间。

d） 用水仔细清洗包括盖子的药剂箱所有内部零部件（例如使用喷枪在低压下冲洗），收集药剂箱内残留的试验材料。

e） 测定清洗用水的总量。

f） 采用光谱分析、荧光分析或其他等效方法测定清洗液中的试验材料总量。

6.7.3 测试结果

测试结果应以相对于药剂箱额定容积的百分比和残留的总量表示。

6.8 药桶清洗装置

6.8.1 测试规程

测试应使用6.8.2规定的标准药桶和4.5定义的标准黏性物质，并按下列程序测试：

a） 排空装有标准黏性物质的标准药桶，直至无明显液滴后至少20 s，直接进行测试；

b） 按使用手册清洗被试装置，清洗时间不应超过30 s；

c） 清洗完成后用简单分析方法（如光度测量法和滴定法）测定标准药桶中标准黏性物质的残留量。

6.8.2 标准药桶

标准药桶的额定容积应为10 L，且符合图3的要求。手柄应为挤出成型。

此外，液箱还应具备下列特性：

——材料：聚乙烯，无色；

——质量：400 g±20 g；

——最大容积：11 L±0.2 L（20 ℃时）。

标准药桶在平坦地面上应保持稳定。标准药桶应避免被污染。

单位为毫米

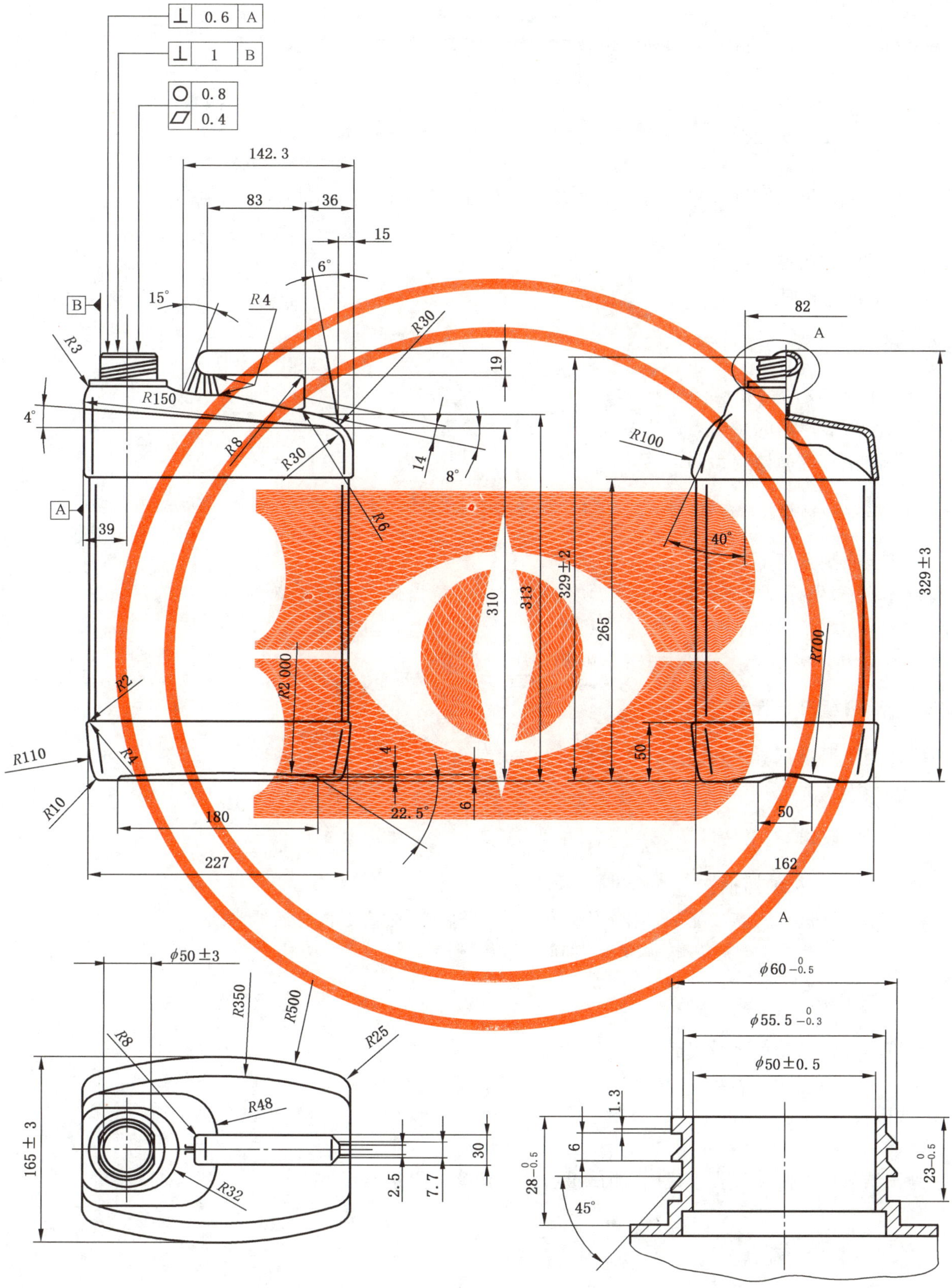

图3 标准药桶

6.8.3 测试结果

清洗后的残留量应以标准药桶额定容积的百分比表示。

6.9 液体密封性评价

6.9.1 一般要求

液体密封效果应通过目测下列过程中吸入式加药装置液体的溅出情况进行判定：

a) 药剂箱排空时；

b) 药剂箱内部清洗时；

c) 清洗药桶时。

6.9.2 测试规程

使用4.2定义的试验材料。

采用制造商声明的最大入口流量。

每次测试都遵循使用手册。

6.9.2.1 排空药剂箱

加液至药剂箱额定容积。

如有盖子，先打开盖子，再进行所需功能的操作，保持操作状态直至药剂箱排空。评估是否有液体溅出。

注：为更好了解溅出情况，使用能收集溅出物的薄的吸收材料。

6.9.2.2 药剂箱内部清洗

按使用手册进行所需功能的操作，保持操作状态60 s。评估是否有液体溅出。

注：为更好了解溅出情况，使用能收集溅出物的薄的吸收材料。

6.9.2.3 清洗液桶

使用10 L的标准药桶。

按使用手册进行所需功能的操作，保持操作状态30 s。评估是否有液体溅出。

注：为更好了解溅出情况，使用能收集溅出物的薄的吸收材料。

6.9.3 测试结果

测试结果应以是否有溅出表示。

7 测试报告

测试结果应在测试报告中说明（测试报告的示例参见附录C）。

附 录 A
（规范性附录）
微颗粒剂试验材料

微颗粒剂试验材料[1]应具有下列特性：

a） 成分：硫＞80％；

b） 颗粒尺寸：95.0％的颗粒＜75 μm；

c） 溶解性：25 ℃时溶于水；

d） 堆积密度：0.9 kg/dm^3～1.0 kg/dm^3。

注：供试产品的更多选择正在研究之中。

1） 该试验用微颗粒剂比较出名的是其商品名称“Kumulus Tecno”。标准本部分为方便用户给出此信息，并不构成对该商品的认可。

附　录　B
（规范性附录）
标准黏性物质

B.1　成分

见表 B.1。

表 B.1　每百克标准黏性物质的成分

成分	质量/g
多糖(基于黄原胶)[2]	0.7
甲基纤维素[2]	0.3
苏打	0.2
防腐剂[2]	0.1
Duasyn 酸性蓝(Duasyn blue acid)	0.1
水	98.6

B.2　标准黏性物质的制备

制备此溶液，需边混合边把适量的甲基纤维素不间断地加入水中，继续混合约 30 min～45 min，形成甲基纤维素溶液，添加防腐剂。

然后继续混合时添加小剂量的多糖以避免产生凝块。继续搅拌 30 min。加入适量苏打，溶解完成后加入水溶性染料。

注：供试产品的更多选择正在研究之中。

2）　Rhodopol 23（一种多糖）、Tylose H 300（一种甲基纤维素）和 Kobate C（一种防腐剂）都是适用的商品示例，标准本部分为方便用户给出此信息，并不构成对这些商品的认可。

附 录 C
（资料性附录）
测试报告示例

测试报告中包含以下内容：

a) 气温，水温，黏性物质温度，相对湿度，大气压力；

b) 吸入式加药装置的额定容积；

c) 吸入式加药装置的总容积；

d) 液位线指示的准确性；

e) 排空流量；

f) 药剂箱加装粉剂时的排空性能；

g) 药剂箱加装微颗粒剂时的排空性能；

h) 吸入式加药装置内部清洗系统的效率；

i) 药桶清洗装置；

j) 液体密封性评价。

ICS 65.060.40
B 90

中华人民共和国国家标准

GB/T 32242.2—2015

植物保护机械　吸入式加药装置
第2部分：一般要求与性能限值

**Equipment for crop protection—Induction hopper—
Part 2: General requirements and performance limits**

(ISO 21278-2:2008,MOD)

2015-12-10 发布　　2016-07-01 实施

中华人民共和国国家质量监督检验检疫总局
中国国家标准化管理委员会　发布

90

前　言

GB/T 32242《植物保护机械　吸入式加药装置》分为两个部分：

——第1部分：测试方法；

——第2部分：一般要求与性能限值。

本部分为GB/T 32242的第2部分。

本部分按照GB/T 1.1—2009给出的规则起草。

本部分采用重新起草法修改采用ISO 21278-2:2008《植物保护机械　吸入式加药装置　第2部分：一般要求与性能限值》。本部分与ISO 21278-2:2008的技术性差异为：

——在第1章“范围”中增加了适用范围，使第1章内容完整。

本部分还做了下列编辑性修改：

——删除了国际标准的参考文献。

本部分由中国机械工业联合会提出。

本部分由全国农业机械标准化技术委员会(SAC/TC 201)归口。

本部分负责起草单位：中国农业机械化科学研究院、现代农装科技股份有限公司。

本部分主要起草人：周海燕、严荷荣、皇才进、赵丽伟、王嫱。

引　言

喷雾机主药箱可能连接有吸入式加药装置，以避免农药之间的交叉污染以及对操作者和环境的污染。

当前，市场上能够获得的吸入式加药装置主要有以下两种类型：

——能够将农药输送到喷雾机主药箱内的吸入式加药装置；

——能够将农药输送到喷雾机主药箱内，并且药剂箱具有预先混合和自清洁功能的吸入式加药装置。

本标准适用于验证吸入式加药装置的功能。

植物保护机械　吸入式加药装置　第2部分:一般要求与性能限值

1　范围

GB/T 32242 的本部分规定了 GB/T 32242.1 定义的吸入式加药装置的一般要求与性能限值。

本部分适用于植物保护机械上用以输送农药和肥料的吸入式加药装置。

2　规范性引用文件

下列文件对于本文件的应用是必不可少的。凡是注日期的引用文件,仅注日期的版本适用于本文件。凡是不注日期的引用文件,其最新版本(包括所有的修改单)适用于本文件。

GB/T 18678　植物保护机械　农业喷雾机(器)药液箱额定容量和加液孔直径(GB/T 18678—2002,eqv ISO 9357:1990)

GB/T 20085　植物保护机械　词汇(GB/T 20085—2006,ISO 5681:1992,MOD)

GB/T 32242.1—2015　植物保护机械　吸入式加药装置　第1部分:测试方法(ISO 21278-1:2008,MOD)

3　术语和定义

GB/T 20085 和 GB/T 32242.1 界定的术语和定义适用于本文件。

4　一般要求

4.1　额定容积

额定容积刻度线标志应耐久,显示正常作业状态下吸入式加药装置能安全加入的最大容量。

4.2　开口尺寸

吸入式加药装置的开口尺寸应满足:

——加注农药时无溅出;

——容积至少为 10 L 的药桶的内部清洗(按 GB/T 32242.1—2015 的 6.8.2)。

4.3　防止内部污染

吸入式加药装置应设有防护措施,以保证在加药装置不使用时防止外来物质进入药剂箱内。

如果吸入式加药装置装有盖子,不应妨碍装置的检查和维修。

4.4　药剂箱出口

混合液出口不应使直径大于 20 mm 的球体通过。

吸入式加药装置应使操作者能安全取出落入药液箱中的直径 20 mm 的球体。

4.5 自由放置的吸入式加药装置

自由放置的吸入式加药装置的加药口边缘的离地高度不应超过1 000 mm。

自由放置的吸入式加药装置应当在按使用手册中给出的信息使用、在倾斜角8.5°的坚硬地面上以任意方向能保持稳定。此要求应先在空箱时验证,然后在加满水时再验证。

4.6 吸入式加药装置的内部清洗系统

吸入式加药装置应能使用喷雾机上清洁水箱中的清洁水或外部水源的清洁水进行清洗。

4.7 药桶清洗装置

吸入式加药装置应配备清洗药桶的装置,并设有自动截流阀进行操作。药桶在现场清洗的情况下,液流喷射时应保证安全。

液桶应能使用喷雾机上清洁水箱中的清洁水或外部水源的清洁水进行清洗。

4.8 盖子

吸入式加药装置的盖子(如果有),当加药装置使用时应能保持在开启位置。

盖子应设有关闭结构,需要时能使盖子紧密地保持在关闭状态。

盖子应联结在吸入式加药装置上或喷雾机上,以避免盖子与地面接触。

4.9 操纵机构

所有操纵机构的位置应使得操作者在工作位置能方便且安全地操作。

4.10 检查

操作者应能安全地检查吸入式加药装置的功能是否正常。

4.11 防止倒流

应无从喷雾机主药液箱流向吸入式加药装置的倒流。

4.12 操作者使用手册

制造商应提供使用手册。

使用手册应至少包含下列信息:

——适用于吸入式加药装置的农药类型(液体、微颗粒剂和/或粉剂);

——正确的安装、安全操作和清洗方法(考虑到操作者和环境两个因素);

——从地面或工作台算起,加注药剂时操作位置的高度不应超过1 000 mm。

5 性能限值

5.1 额定容积

按GB/T 32242.1—2015的6.1.2测得的吸入式加药装置的额定容积与制造商明示值的偏差应不大于5%。

5.2 总容积

按 GB/T 32242.1—2015 的 6.2.2 测得的吸入式加药装置的总容积应至少比额定容积大 10%。

5.3 液位指示器

如装有液位指示器，其容量指示刻度应符合 GB/T 18678 的规定。液位指示应耐久，从操作者工作位置易见。指示器刻度的精度应按 GB/T 32242.1—2015 的 6.3.2 计算。

5.4 排空流量

在制造商标明的最小入口流量/压力下、出口压力在 20 kPa 时，按 GB/T 32242.1—2015 的 6.4.1 测定的吸入式加药装置的出口流量应至少为 60 L/min。

5.5 粉剂排空性能

按 GB/T 32242.1—2015 的 6.5.2 测试，排空后药剂箱中的粉剂残留量不应超过加入药剂箱的粉剂总量的 2.0%。

5.6 微颗粒剂排空性能

按 GB/T 32242.1—2015 的 6.6.2 测试，排空后药剂箱中的微颗粒剂残留量不应超过加入药剂箱的微颗粒剂总量的 2.0%。

5.7 吸入式药剂箱内部清洗系统的效率

清洗过程完成后，按 GB/T 32242.1—2015 的 6.7.2 测定的药剂箱中试验材料残留量不应超过额定容积的 0.10%。

5.8 药桶清洗装置

清洗过程完成后，按 GB/T 32242.1—2015 的 6.8.1 测得的试验材料残留量应小于药桶额定容积的 0.01%。

5.9 液体密封性评价

按 GB/T 32242.1—2015 的 6.9 测定，不应有液体从吸入式加药装置溅出。

ICS 65.060.40
B 91

中华人民共和国国家标准

GB/T 32243—2015/ISO 19732:2007

植物保护机械 喷雾机(器)过滤器标识用颜色编码

Equipment for crop protection—Sprayer filters—Colour coding for identification

(ISO 19732:2007,IDT)

2015-12-10 发布 2016-07-01 实施

中华人民共和国国家质量监督检验检疫总局
中国国家标准化管理委员会
发布

前　言

本标准按照GB/T 1.1—2009给出的规则起草。

本标准使用翻译法等同采用ISO 19732:2007《植物保护机械　喷雾机(器)过滤器　标识用颜色编码》。

本标准由中国机械工业联合会提出。

本标准由全国农业机械标准化技术委员会(SAC/TC 201)归口。

本标准起草单位:中国农业机械化科学研究院、现代农装科技股份有限公司、农业部南京农业机械化研究所、江苏大学。

本标准主要起草人:周海燕、严荷荣、薛新宇、邱白晶、林玉涵、王嫱。

植物保护机械　喷雾机(器)过滤器
标识用颜色编码

重要提示:本标准电子文件所代表的颜色可能与显示器上显示或打印出的实际颜色不同。

1　范围

本标准规定了标识喷洒农药用喷雾机(器)的各类过滤器的颜色编码系统。

2　术语和定义

下列术语和定义适用于本文件。

2.1

公称网孔目数　nominal mesh size

每 25.4 mm 内包含的完整网孔数目。见图 1。

2.2

网孔宽度　mesh width

滤网上相邻两根网丝之间的最小距离。见图 1。

注:网孔宽度以毫米表示。

2.3

网丝宽度　wire width

滤网丝的厚度。见图 1。

注:网丝宽度以毫米表示。

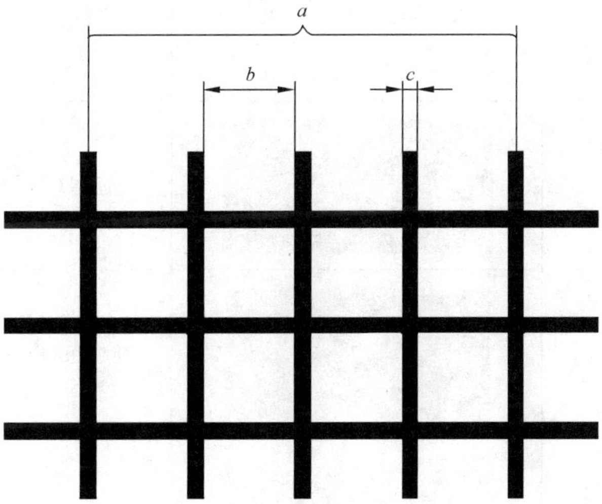

说明:

a ——网孔数目;

b ——网孔宽度;

c ——网丝宽度。

图 1　滤网

3 要求

过滤器颜色应符合表1的规定。如过滤器为塑料制成，则整个材料的颜色应均匀一致。

4 过滤器颜色编码

过滤器的颜色编码，应按照公称网孔目数的大小，采用表1给出的颜色。

表1 过滤器颜色编码

公称网孔目数	网孔宽度×网丝宽度[a]	颜色	颜色名称 中文(英文)	RAL 编号[b]
16	1.25×0.32 — 1.40×0.25		红玄武士(Brown red)	3011
25/30	0.45×0.32 — 0.63×0.16		火焰红(Flame red)	3000
50/60	0.28×0.22 — 0.35×0.18		龙胆蓝(Gentian blue)	5010
80	0.18×0.14 — 0.23×0.10		绿黄色(Zinc yellow)	1018
100	0.14×0.11 — 0.18×0.08		交通绿(Traffic green)	6024
150	0.10×0.07		纯橙色(Pure orange)	2004
200	0.07×0.06 — 0.08×0.05		淡粉红(Light pink)	3015

[a] 网丝宽度仅作为参考。

[b] RAL是德国质量保证确认协会的首字母缩写词。

ICS 65.060.40
B 91

中华人民共和国国家标准

GB/T 32244—2015

植物保护机械 乔木和灌木作物喷雾量分布的田间测定

Crop protection equipment—Field measurement of spray distribution in tree and bush crops

(ISO 22522:2007, MOD)

2015-12-10 发布 2016-07-01 实施

中华人民共和国国家质量监督检验检疫总局
中国国家标准化管理委员会 发布

前　言

本标准按照GB/T 1.1—2009给出的规则起草。

本标准使用重新起草法修改采用ISO 22522:2007《植物保护机械　乔木和灌木作物喷雾量分布的田间测定》。本标准与ISO 22522:2007的技术性差异为：

——因ISO制定有比液力喷雾机数据表(ISO 10627)更加适合于灌木和乔木用的风送喷雾机数据表标准(ISO 13441),因此在规范性引用文件中将国际标准引用的液力喷雾机数据表标准改为将ISO 10627采用为我国标准的风送喷雾机数据表标准；

——在规范性引用文件中增加了“GB/T 20085　植物保护机械　词汇”,以满足标准中词汇定义的需要。

本标准由中国机械工业联合会提出。

本标准由全国农业机械标准化技术委员会(SAC/TC 201)归口。

本标准起草单位:现代农装科技股份有限公司、中国农业机械化科学研究院、农业部南京农业机械化研究所、江苏大学。

本标准主要起草人:严荷荣、陈俊宝、林玉涵、薛新宇、邱白晶。

植物保护机械　乔木和灌木作物喷雾量分布的田间测定

1　范围

本标准适用于乔木和灌木作物用地面喷雾机喷雾沉积量的田间测定。

本标准包含了叶子、果实等靶标物上沉积的以及地面上损失的喷雾量的体积和质量(绝对量和分布两个方面)的测定。

本标准不涉及喷雾飘移量的测定。但本标准与GB/T 24681给出的喷雾飘移的田间测定方法结合使用,可在测定空中飘移时取得良好的乔木和灌木中喷雾质量平衡的评价结果。

本标准规定的标准测定程序便于灵活安排田间测试,有助于不同田间试验或实验室测试(如使用垂直分布试验装置)结果的比较。

2　规范性引用文件

下列文件对于本文件的应用是必不可少的。凡是注日期的引用文件,仅注日期的版本适用于本文件。凡是不注日期的引用文件,其最新版本(包括所有的修改单)适用于本文件。

GB/T 20083.1　风送农业喷雾机　数据表　第1部分:典型格式(GB/T 20083.1—2006,ISO 13441-1:1997,MOD)

GB/T 20083.2　风送农业喷雾机　数据表　第2部分:零部件技术规范(GB/T 20083.2—2006,ISO 13441-2:1997,MOD)

GB/T 20085　植物保护机械　词汇(GB/T 20085—2006,ISO 5681:1992,MOD)

GB/T 24683　植物保护机械　灌木和乔木作物用风送式喷雾机　试验方法(GB/T 24683—2009,ISO 9898:2000,IDT)

3　术语和定义

GB/T 20085界定的以及下列术语和定义适用于本文件。

3.1

地块　plot

喷雾作业的一行或相邻的几行。

3.2

示踪剂　tracer

用于代表农药制剂的可追踪物质。

4　测试要点

喷雾分布测试由下列步骤组成:沿规定轨道以一定前进速度将示踪剂喷洒到作物冠层;测定靶标冠层(叶子和/或果实)和/或合适的替代物(人工靶标,如果可用)上的喷雾沉积量,以确定喷雾覆盖物和收集器上的喷雾沉积量来确定地面损失。

田间测定时可在水溶液中使用合适的示踪剂。如有可能，所有测定都应使用低毒的示踪剂以便安全使用、无相关环境污染的风险。喷雾液应具有能代表典型农药的物理特性。也可添加其他产品，如表面活性剂等，使溶液更接近于实际使用的农药溶液。添加物应在测试报告中描述。

允许在同一靶标上使用多种示踪剂，以减少因采集生物靶标结构变化而引起的变异性。

5 试验设计

地块应选择在分布均匀、有代表性且管理良好的果园内部。

为避免与其他处理和/或边缘效应的相互作用，地块每一侧外部应至少还有两行乔木或灌木作物。

应在各行的一侧或两侧喷洒适当的长度，该长度应保证按整个地块预定的喷洒量喷雾。

喷雾布局详情应完整记录在试验结果中。

6 喷雾机配置的描述

至少应描述下列项目：

a) 喷雾机：
——制造商；
——种类与型式；
——行进速度(km/h)；
——总的液体流量(L/min)。

b) 喷头和液体分布：
——一侧(左侧或右侧)或两侧喷雾；
——工作压力(MPa)；
——喷头特性和位置(见表1和图1)；
——喷头相对于气流的位置(内或外)；
——喷头雾流方向(前、中或后)；
——液力喷头(包括测定系统)的雾滴直径(D_{v10}、D_{v50}、D_{v90})。

注：D_{v10}、D_{v50}、D_{v90}的定义参见GB/T 20085。

c) 气流分布(对于风送式喷雾机)：
——风机类型；
——齿轮箱位置；
——动力输出轴(PTO)转速(r/min)；
——旋转方向，顺时针或逆时针；
——按GB/T 20083.1和GB/T 20083.2描述导流器特性(气流方向)(见表2和图2)；
——按GB/T 24683测定的喷雾机气流速度和流量。

试验报告中，应采用图表、图片和/或照片描述的喷雾机液流和气流分布系统。

如可能，为更好地解释不同类型喷雾机获得的测试结果，最好使用垂直分布试验台(见GB/T 24683)测定喷雾的垂直分布情况。

表 1　喷头特性和位置

左侧					喷头编号	右侧				
型号	测定流量 L/min	高度 cm	至果树行轴线距离 cm	方向[a] (°)		型号	测定流量 L/min	高度 cm	至果树行轴线距离 cm	方向[a] (°)
		如 150	225	22	1			如 150	225	22
					2					
					n					
总流量						总流量				
[a] 相对于水平面的方向角 a（例如配轴流风机的喷雾机），见图 1。										

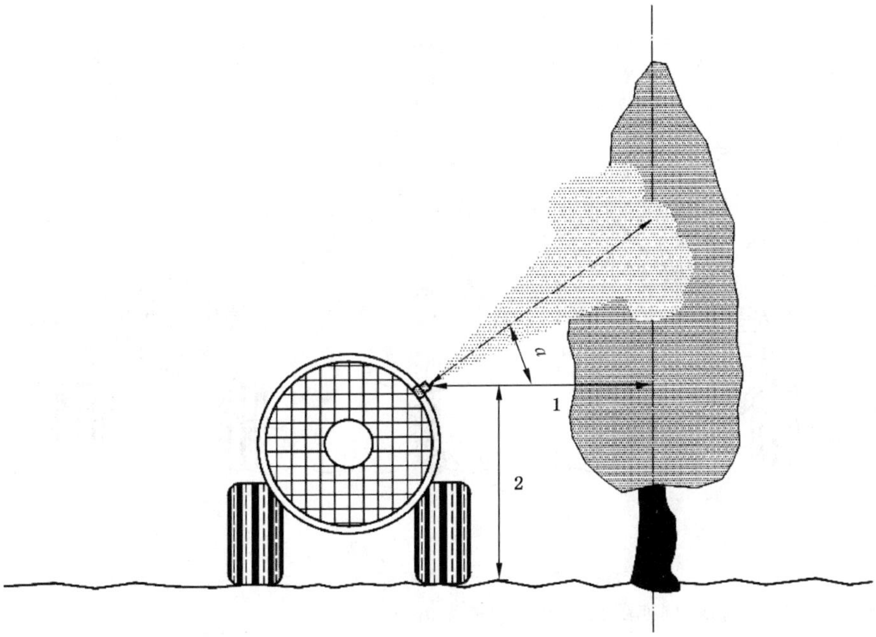

说明：

a ——相对于水平面的方向角（例如配轴流风机的喷雾机）；

1 ——至果树行轴线的距离；

2 ——高度。

图 1　喷头位置

表 2　导流器特性

左侧					喷头编号	右侧				
位置	长度 cm	高度 cm	至果树行轴线距离 cm	方向[a] (°)		位置	长度 cm	高度 cm	至果树行轴线距离 cm	方向[a] (°)
如上部	如 25	如 10	200	45	1	如上部	如 25	如 185	如 200	如 30
					2					
					n					
总流量							总流量			

[a] 相对于水平面的方向角 b(例如配轴流风机的喷雾机),见图 2。

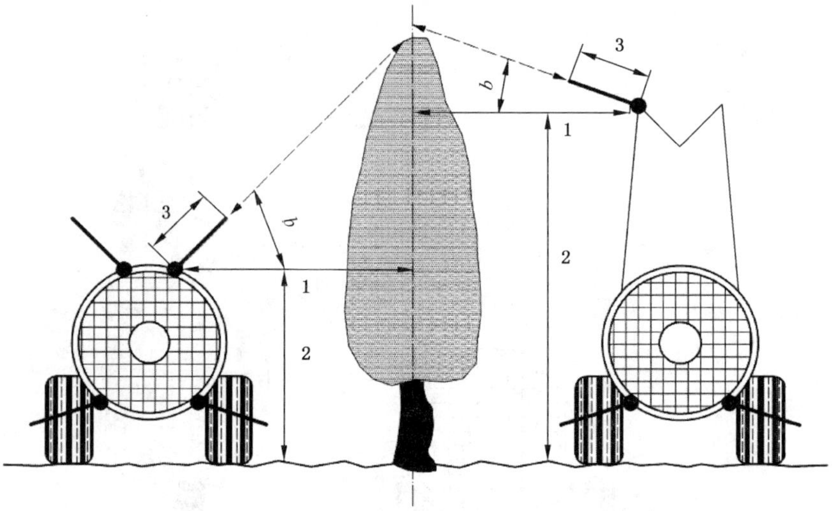

说明:

b ——相对于水平面的方向角(例如配轴流风机的喷雾机);

1 ——至果树行轴线的距离;

2 ——高度;

3 ——长度。

图 2　导流器位置

7　乔木或灌木果园描述

乔木或灌木果园的描述至少应包含下列信息:

a) 作物,品种和砧木;

b) 树龄(年);

c) 培植系统(修剪类型);

d) 试验时作物的物候期(生长阶段),如果适用,使用编码标准;

e) 参数尺寸(平均体积或质量的测定),由下列各项组成:

——平均行间距(m);

——行内乔木或灌木间的平均距离(m)(必要时用图表描述位置);
——平均高度(cm);
——平均植株宽度(cm)、几何形状、轮廓、空隙、层数;
——单位面积内的平均植株体积。

f) 质量测定(可选,但如果选做,应描述其测定方法),由下列组成:
——叶面积指数(单位地表面积上的绿叶单面面积总和);
——叶片密度(冠层内部一个确定的体积内的绿叶单面面积总和)。

8 喷雾液体描述

喷雾液体的描述至少应包含下列信息:
——描述所用的示踪剂、助剂和农药,并记录浓度(见附录 A);
——喷洒剂量(液体、示踪剂、助剂);
——示踪剂浓度,喷洒前和/或后从喷雾混合液中取出代表性样品立刻进行分析。

如果同一试验中使用不同示踪剂,应随机分配给每次喷雾。

9 采样

9.1 一般要求

在地块内测定沉积至少重复 3 次。

每次测定中,至少应选取一棵乔木或灌木来测定指定靶标(叶子或果实)上的喷雾沉积。为防止"开始"和"结束"效应,在作物行两端应略去适当数量的乔木或灌木,且应在报告中注明。

在开始测试之前,应用几个空白样品进行预备试验以确定预喷雾时的示踪剂量(预期接近于 0)。

应采用剖面采样方案(见 9.2.1)或区域采样方案(见 9.2.2)。也可同时使用两种采样方案以获得两种方法的优势。其他方案应完整记录。

为尽量减小试验误差,应根据所用示踪剂的种类以合理的方法进行样品的采集、储藏、提取和分析。例如上次喷洒的喷雾沉积变干之后尽快采样十分重要。同样,使用荧光示踪剂时,将样品储藏在暗箱内十分重要;当使用金属示踪剂时,建议采样后使用合适的袋子储藏或立刻冷藏以避免叶子水分蒸发。

使用人工靶标有助于调整喷雾作业过程或进行初步性测试。应提供人工靶标的数目、位置、材质、安装系统和其他有关细节的描述(参见附录 B)。

应建立处理喷雾前后的样品或收集器的程序以尽量减小交叉污染的风险。在使用清洁的、以及加上定量示踪剂溶液的样品或收集器进行的试验过程中,应监测交叉污染和示踪剂降解的可能性。

样品或收集器使用后的储藏时间应尽可能短。应在适合示踪剂的条件下储藏,通常的储藏条件是干燥、黑暗、温度低于 4 ℃,且应尽量避免凝结(因为凝结会导致分析不准确)。

所有情况下都应采取措施避免样品降解。

应在喷雾时从喷头处采集喷雾液样品,按照示踪技术的方法进行标定,根据标定结果计算样品或收集器上的沉积量。

9.2 冠层靶标

9.2.1 剖面采样方案

测定示踪剂在冠层内的垂直分布时,剖面采样方案比较有用,因为它提供了沿剖面的每片叶子上的精确沉积信息。由于测定每片叶子,此方案带来更多的变化,但该采用方案产生的样品量大,测试更加耗时和昂贵。

代表每个靶标点的样品沿高度分布、最大间隔为 25 cm［见图 3a)］。每棵乔木或灌木，应在植株的不同剖面上采集样品［见图 3b)］：如果在喷雾机位移的切线方向上冠层宽度小于 50 cm，应在树的面对两侧通道的两个外围剖面(A 和 B)采集样品；如果冠层宽度大于或等于 50 cm，应至少在沿树干中间部分增加一个剖面(C)。

当最大重叠宽度小于树最大宽度的一半时($a<b/2$)［见图 3b)］，应考虑增加一个剖面(D)。当树相分离时，应考虑增加两个外围剖面(D 和 E)。这些剖面应位于包含树行轴线的垂直平面内，其中一个在树的开始端(前端)，另一个在树的结束端(末端)。

至少应有一个样品与剖面上一个单独的叶子或果实相符合。如果不符合该条件，应记录所采用的解决方案。应记录不同采样点的位置(参见附录 C)。

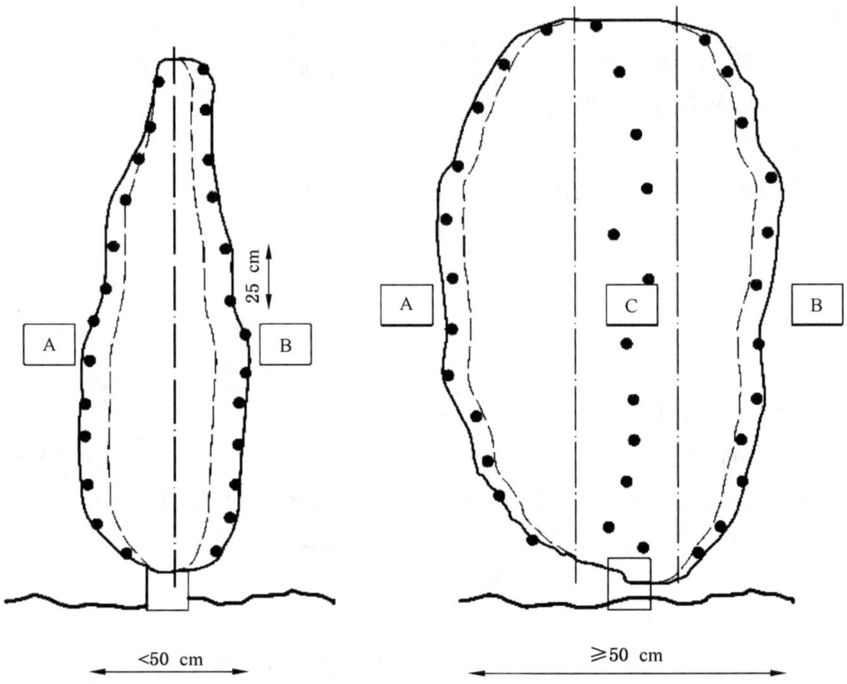

a) 垂直平面内采样

图 3 剖面采样方案

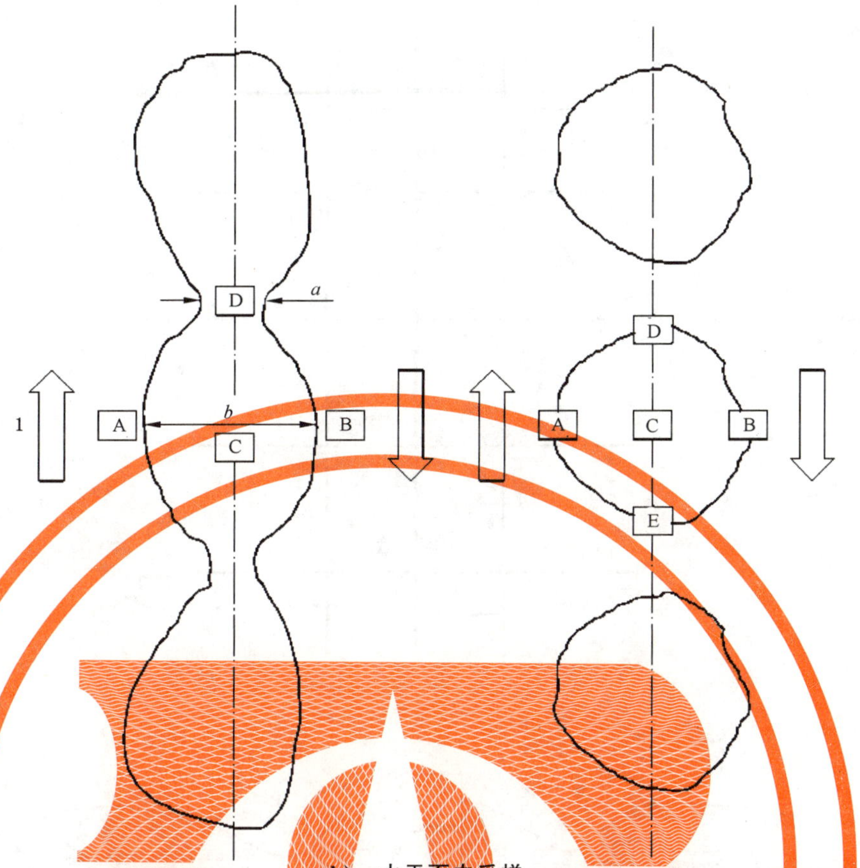

b) 水平面内采样

说明：

A、B、C、D、E——外围剖面；

1 ——喷雾机路线；

a ——最大重叠宽度；

b ——树最大宽度。

图 3（续）

9.2.2 区域(体积)采样方案

区域采样方案对测定示踪剂在植株内的总体分布比较有用，因为它代表了大量的叶片表面，而且与剖面采样方案相比产生的样品量较少。它将同一个样品的叶子上的沉积平均处理，丧失了部分信息。

靶标上喷雾沉积的信息比剖面采样方案少(采样点的间隔更宽)，且需要对采样操作区域进行划分。

冠层被划分成代表区域或植株体积的样品。应根据乔木或灌木的高度，将冠层确定成几个不同高度、最大高度 1 m 的水平区域。

对每株乔木或灌木，应在植株不同区域内采样。如果冠层宽度小于 50 cm，应分为两个垂直区域(左和右)。如果冠层宽度大于或等于 50 cm，在树干中间部分每侧至少应增加一个区域。竖直区域的深度应为树总宽度的 1/4[见图 4b)i)]。

测试相分离的树时，垂直区域应按图 4b)ii)分布。

该采样方案的样品应是一组叶子或果实。每个样品的叶子或果实数量应保证整个区域内能进行有代表性的随机采样。应记录不同采样区域内叶子或果实的位置和数量(参见附录 C)。

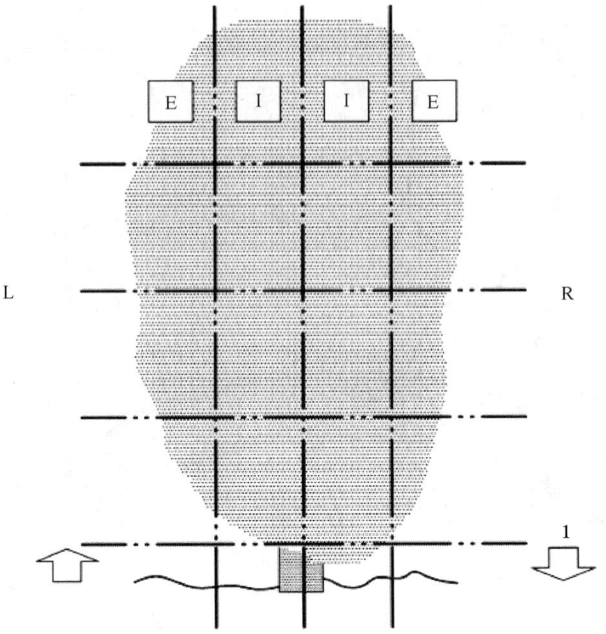

a） 竖直平面内采样

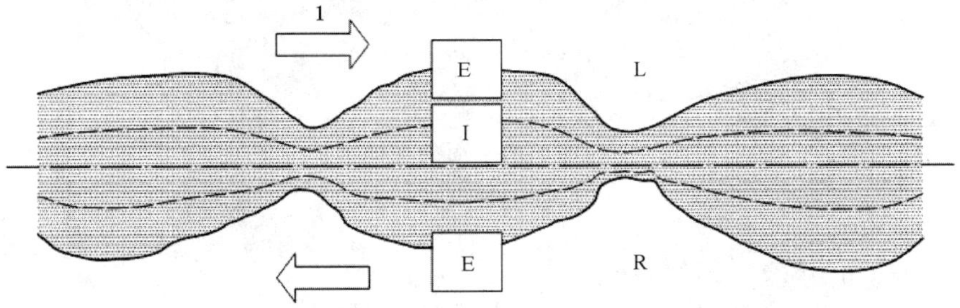

i)

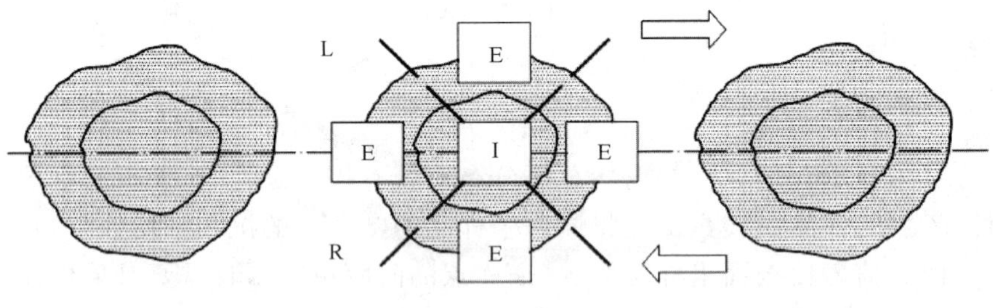

ii)

b） 水平面内采样

说明：

E——外部；

I——内部；

L——左侧；

R——右侧；

1——喷雾机路径。

图 4 区域采样方案

9.3 地面靶标

在第 5 章定义的所有地块中，应使用总收集表面大于或等于 500 cm^2 的水平放置的扁平收集器来测定地面上喷雾沉积。样品应能代表地面上的沉积。至少应考虑四条通道，喷雾行的每侧各两条。每一条通道上应至少在 3 个位置采集样品。

收集器应垂直于树行排成两列：一列在树干平面内（在树下），另一列在树干之间的中心位置，见图 5。图 5 显示了两种可能出现的情况，冠层宽度小于 50 cm[见图 5a)]和冠层宽度大于或等于 50 cm[见图 5b)]。

应提供收集器的数量、位置、材质和其他相关信息（参见附录 D）的描述。

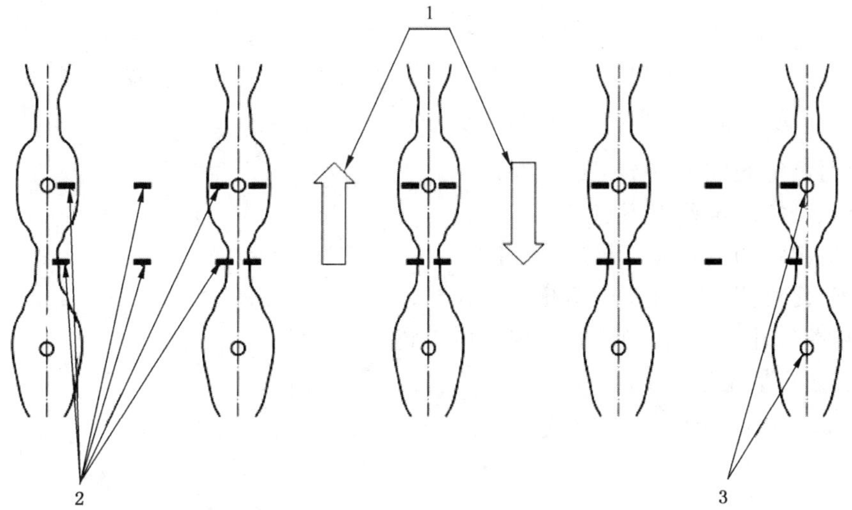

a) 较窄的树（冠层宽度小于 50 cm）

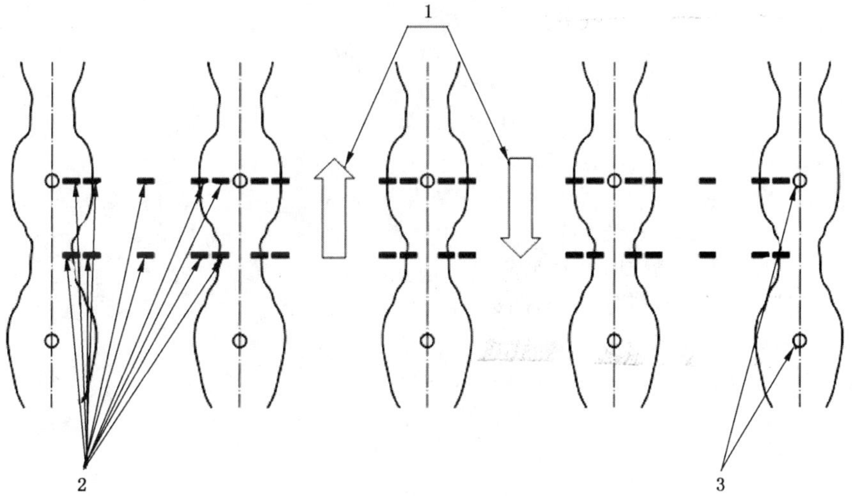

b) 较宽的树（冠层宽度大于或等于 50 cm）

说明：

1——喷雾机路径；

2——收集器；

3——树干。

图 5 采样区的地面采样布局

10 气象条件的测定

测试时气象条件的测定应在果园中心进行。气象杆应位于喷雾机影响区域之外的通道中央。

按规定的精度进行下列测定：

——风速(0.2 m/s),传感器位于冠层顶部的上方 1 m 处；

——风向(5°),传感器位于冠层顶部的上方 1 m 处；

——温度(0.5 ℃)；

——相对湿度(5%)。

11 比对测定的环境条件

比对测定的环境条件如下：

——风速：比对测定的偏差应不超过±25%；

——风向：比对测定的偏差应不超过±10%；

——温度：比对测定的偏差应不超过±5%；

——相对湿度：比对测定的偏差应不超过±10%；

——干湿球温差的计算：比较测试间的偏差应不超过±2 ℃。

测定前仪器应进行标定。

附 录 A
（规范性附录）
示踪剂

示踪剂在田间条件下应稳定，并能从用于试验的各种靶标中良好回收。示踪剂对于使用者、作物消费品及环境应安全。

常用的示踪剂类型包括：

——金属离子（当对同一靶标多次喷雾时特别推荐使用）；

——食品色素[如柠檬黄（酒石黄，tartracine，tartrazine）]；

——荧光染色剂[如 BSF、蓝靛（blue dye）]。

可使用其他示踪剂估计从所采样品中回收的喷雾沉积量的百分比。

在进行喷雾沉积测定之前，应验证靶标样品或收集器上的示踪剂的回收率和稳定性。应界定此类准备性工作所用技术的分辨率。应详细记载所有分析过程的细节。

附　录　B
（资料性附录）
人工靶标的描述

人工靶标的描述应至少包括下列项目：

——收集器的结构、材质和尺寸；

——位置（图表、方案）；

——统计数据。

附　录　C
（资料性附录）
采样方法

采样方法的描述应至少包括下列项目：

——剖面采样方案/区域（体积）采样方案；

——样品位置（图表）；

——每个样品的叶片数量；

——统计数据。

附 录 D
（资料性附录）
测定地面喷雾损失用的收集器

可使用下列类型的收集器：

——滤纸；

——醋酸纤维织物；

——铝箔；

——塑料片；

——皮氏培养皿。

附 录 E
（资料性附录）
测试结果的表述

测试报告应至少包含下列项目：

——喷雾机、作物和气象条件；

——冠层和地面的靶标物上测定的喷雾沉积量。

测定的喷雾沉积量以单位叶片面积上的雾量表示。必要时测定收集器表面积。应使用统一给出的施液量以比较不同喷雾条件下的测试结果。因此，在每次测定前后必须从喷头出口处采样测定喷雾液的示踪剂浓度。

以喷雾沉积量测定值的变异系数（CV）来表示从作物冠层回收的喷雾沉积量的均匀性，并进行记录。

参 考 文 献

[1] GB/T 10394.1—2002 饲料收获机 第1部分:术语
[2] GB/T 24681 植物保护机械 喷雾飘移的田间测量方法

ICS 25.040.20
J 50

中华人民共和国国家标准

GB/T 32245—2015

机床数控系统　可靠性测试与评定

Numerical control system of machine tool—Reliability test and evaluation

2015-12-10 发布　　2016-07-01 实施

中华人民共和国国家质量监督检验检疫总局
中国国家标准化管理委员会　发布

前　言

本标准按照 GB/T 1.1—2009 给出的规则起草。

本标准由中国机械工业联合会提出。

本标准由全国机床数控系统标准化技术委员会(SAC/TC 367)归口。

本标准主要起草单位:华中科技大学、武汉华中数控股份有限公司、广州数控设备有限公司、北京航空航天大学、国家机床质量监督检验中心、大连光洋科技有限公司、北京航天数控系统有限公司、沈阳高精数控技术有限公司。

本标准主要起草人:金健、张航军、朱志红、张玉洁、姚金勇、高连生、赵钦志、王声文、张志云、陶耀东、夏继强、黄祖广、彭翀、邢国春、刘强、薛瑞娟、冯兆冰。

引　言

可靠性是机床数控系统的重要属性之一，同时也是影响数控系统市场占有率的关键因素之一。机床数控系统行业缺乏可靠性测试与评定的相关标准，无法统一评价数控系统的可靠性水平，制约了机床数控系统的规范化发展。

机床数控系统是高科技产品，具有结构功能复杂、造价高等特点，开展可靠性测试不仅有较长的周期，而且需要一定数量机床数控系统产品、辅助仪器设备和毛坯料等的投入，因此，良好的可靠性测试方案需要在成本、效率和置信度等多个方面取得平衡点，本标准的制定正是为了达到此目的。

机床数控系统　可靠性测试与评定

1　范围

本标准规定了机床数控系统可靠性测试与评定的要求及方法。

本标准适用于机床数控系统,类似的数控系统可参照本标准。

2　术语和定义

下列术语和定义适用于本文件。

2.1

机床数控系统　numerical control system of machine tool

采用数值控制方式控制机床加工功能的控制系统。

注1:改写GB/T 26220—2010,定义3.1。

注2:机床数控系统一般包含硬件装置和相应的软件。机床数控系统主要由数控装置(也称控制单元)、驱动装置(电动机的驱动单元和电动机、传感器)等组成。数控装置是机床数控系统的主要部分,主要包括微处理器、运动(位置)控制器、存储器、输入/输出(I/O)接口与通信、人机界面(显示与键盘)、操动按钮(按键)等硬件(和/或电路)以及它们相应的控制软件。

注3:机床数控系统有多种分类方法。根据功能的不同,机床数控系统通常分为简易型、高性能型和普及型三种;根据应用工艺的不同,可分为专用和通用数控系统两种;根据反馈控制形式的不同,可分为开环控制和闭环控制两种;根据加工控制方式的不同,可分为点位控制、直线控制和轮廓控制三种。

[JB/T 11989—2014,定义2.1.3]

2.2

可靠性　reliability

数控系统在规定的条件下和规定的时间区间内完成规定功能的能力。

注:改写GB/T 2900.13—2008,定义191-02-06。通常认为数控系统在时间区间的始端处于能完成要求的功能的状态。另外,可靠性的量值虽然在客观上是存在的,但实际上是未知的,只能利用有限的样本观测数据,经过一定的统计计算得到其估计值。可靠性的量值也称为可靠度。

[GB/T 29545—2013,定义3.1]

2.3

平均故障间工作时间　mean operating time between failures;MTBF

相邻故障间工作时间的数学期望,也指相邻两次故障之间的平均工作时间或平均故障间隔时间。

注:改写GB/T 2900.13—2008,定义191-12-09。

[GB/T 29545—2013,定义3.3]

2.4

应力　stress

影响数控系统模块、元器件失效率的电、热、机械等负载。

注:改写GJB/Z 35—1993,定义3.4。

数控系统承受的应力通常有很多种,如电应力、温度应力、机械应力等:

a)　电应力:指元器件外加的电压/电流及功率等;

b)　温度应力:指元器件所处的工作环境的温度等;

c)　机械应力:指元器件所承受的直接负荷、压力、冲击、振动、碰撞和跌落等;

d) 环境应力:指元器件所处工作环境条件下除温度外的其他外界因素,如灰尘、湿度、气压、盐雾、腐蚀等;

e) 时间应力:指元器件承受应力时间的长短(承受应力时间越长,越易老化或失效)。

2.5

MTBF 的置信区间　demonstrated MTBF interval

($\boldsymbol{\theta}_L$,$\boldsymbol{\theta}_U$)

在测试条件下 MTBF 真值的可能范围,即在所规定的置信度下 MTBF 的区间估计值。

注: 改写 GJB 899A—2009,定义 3.1。

2.6

MTBF 的点估计值　observed MTBF

$\hat{\boldsymbol{\theta}}$

总测试时间与关联故障数的相对值。

注: 改写 GJB 899A—2009,定义 3.2。

2.7

MTBF 检验下限　lower test MTBF

$\boldsymbol{\theta}_1$

可接收的最低 MTBF 值。若设备的 MTBF 真值不大于检验下限 θ_1,则设备被接收的概率至多为 $100\beta\%$。产品的 MTBF 检验下限取值等于产品 MTBF 的最低可接受值。

[GJB 899A—2009,定义 3.3]

2.8

MTBF 检验上限　upper test MTBF

$\boldsymbol{\theta}_0$

若产品的 MTBF 真值不小于检验上限 θ_0,则产品被接收的概率至少为 $100(1-\alpha)\%$。

[GJB 899A—2009,定义 3.4]

2.9

MTBF 预计值　predicted MTBF

$\boldsymbol{\theta}_P$

用规定的可靠性预计方法确定的 MTBF 值。

[GJB 899A—2009,定义 3.5]

2.10

生产方风险　producer's risk

$\boldsymbol{\alpha}$

MTBF 真值不小于检验上限 θ_0 时,判定 MTBF 真值小于检验上限 θ_0 的最大概率。

[GJB 899A—2009,定义 3.6]

2.11

使用方风险　consumer's risk

$\boldsymbol{\beta}$

MTBF 真值小于检验下限 θ_1 时,判定 MTBF 真值不小于检验下限 θ_1 的最大概率。

[GJB 899A—2009,定义 3.7]

2.12

鉴别比　discrimination ratio

$\boldsymbol{d}$

MTBF 的检验上限 θ_0 与检验下限 θ_1 的比值。

[GJB 899A—2009,定义 3.8]

2.13

关联故障　relevant fault

非关联故障之外的故障均为关联故障。

注：改写 GB/T 2900.13—2008，定义 191-04-13。

2.14

非关联故障　non-relevant fault

未按规定条件使用、存储、运输等引起的故障。

注：改写 GB/T 2900.13—2008，定义 191-04-14。

3　抽样

3.1　抽样方案

机床数控系统可靠性测试的样本大小为批产品的 10%，且一般不少于两台(套)、不超过 20 台(特殊约定的除外)。

3.2　抽样要求

宜从型号、规格及配置均相同的同一批次机床数控系统产品中抽样，以保证测试结果的可比性。

进行机床数控系统可靠性测试时，应采用随机抽样的方式确定机床数控系统测试样本(以下简称测试样本)，测试样本应满足下列要求中的其中一款：

a)　通过出厂检验且检验结论为合格；

b)　已运送至用户地且通过调试可正常运行；

c)　不满足 a)、b)要求但测试各方商定后均认可。

4　测试方案

4.1　概述

本标准主要提供定时和序贯两种测试方案。简便测试方案可参见附录 A。

若希望可靠性测试在规定的截止时间结束，应选用定时测试方案；若事先未规定可靠性测试时间，并希望尽早对 MTBF 做出评价，可选用序贯测试方案。

根据定时测试方案和序贯测试方案的特点，在开展测试之前需先确定下列参数：

a)　生产方风险 α；

b)　使用方风险 β；

c)　检验下限 θ_1；

d)　检验上限 θ_0；

e)　鉴别比 d；

f)　置信度 C。

测试方案的参数是统计 MTBF 测试值的必要信息。由于抽样测试只能在一定程度上反映批量产品的可靠性信息，因此测试的结果对生产方和使用方都可能会有一定的风险。MTBF 的检验下限 θ_1 和检验上限 θ_0 是测试各方根据待抽样机床数控系统的历史信息和/或实际需求确定的值，不是测试的结果。MTBF 的验证值是在测试结束之后根据测试的结果计算获得的。一般而言，在生产方风险和使用方风险相同的情况下，鉴别比越小，得出结论所需的故障数越多，测试所持续的时间也就越长。然而，鉴别比越小，说明待验证的区间越小，得出的结论越有参考价值。

4.2 定时测试方案

4.2.1 方案内容

定时测试方案包括 9 个小方案，内容如表 1 所示。

表 1 定时测试方案及判决表

序号	决策风险				鉴别比 d	总测试时间 T	判决故障数	
	名义值		实际值				拒收	接收
	α	β	α'	β'				
1	0.1	0.1	0.12	0.099	1.5	$45.0\theta_1$	≥37	≤36
2	0.1	0.1	0.096	0.106	2.0	$18.8\theta_1$	≥14	≤13
3	0.1	0.1	0.094	0.099	3	$9.3\theta_1$	≥6	≤5
4	0.2	0.2	0.197	0.196	1.5	$21.5\theta_1$	≥18	≤17
5	0.2	0.2	0.199	0.210	2	$7.8\theta_1$	≥6	≤5
6	0.2	0.2	0.175	0.197	3	$4.3\theta_1$	≥3	≤2
7	0.3	0.3	0.298	0.301	1.5	$8.1\theta_1$	≥7	≤6
8	0.3	0.3	0.283	0.285	2	$3.7\theta_1$	≥3	≤2
9	0.3	0.3	0.307	0.333	3	$1.1\theta_1$	≥1	≤0

当总测试时间达到表 1 中选定统计方案所对应的测试时间时，若测试中出现的关联故障数不小于拒收的判决故障数时，则做出拒收判决，结束测试。若测试中出现的关联故障数不大于接收故障数时，则做出接收判决，结束测试。

4.2.2 定时测试置信区间估计

4.2.2.1 接收判决条件下的置信区间估计

如根据表 1 做出接收判决，则 MTBF 的置信区间按式(1)和式(2)计算：

$$\theta_L = \frac{2T}{\chi^2_{(1-C)/2}(2r+2)} \quad (r>0) \qquad \cdots\cdots(1)$$

$$\theta_U = \frac{2T}{\chi^2_{(1+C)/2}(2r)} \quad (r>0) \qquad \cdots\cdots(2)$$

式中：

θ_L ——MTBF 置信下限；

T ——总测试时间；

$\chi^2_{(1-C)/2}(2r+2)$ ——自由度为$(2r+2)$的 χ^2 分布的$(1-C)/2$上侧分位数，可查 χ^2 分布表获得；

C ——置信区间置信度；

r ——做出判决时发生的关联故障数；

θ_U ——MTBF 置信上限；

$\chi^2_{(1+C)/2}(2r)$ ——自由度为 $2r$ 的 χ^2 分布的 $(1+C)/2$ 上侧分位数，可查 χ^2 分布表获得。

4.2.2.2 拒收判决条件下的置信区间估计

如根据表 1 做出拒收判决，则 MTBF 的置信区间按式(3)和式(4)计算：

$$\theta_L = \frac{2T}{\chi^2_{(1-C)/2}(2r)} \quad \cdots\cdots\cdots\cdots (3)$$

$$\theta_U = \frac{2T}{\chi^2_{(1+C)/2}(2r)} \quad \cdots\cdots\cdots\cdots (4)$$

4.2.3 定时测试点估计与单边下限估计

MTBF 点估计与单边下限估计的计算公式参见附录 B。

4.3 序贯测试方案

4.3.1 方案内容

序贯测试方案包括 8 个小方案，具体如表 2 所示。其中 r_0 和 T_0 为最大关联故障数和最大总测试时间，即测试会在发生的关联故障数 $r \leqslant r_0$ 或者总测试时间 $T \leqslant T_0$ 的情况下结束。

表 2 序贯测试方案

序号	决策风险				鉴别比 d	判决标准	最大关联故障数 r_0	最大总测试时间 T_0
	名义值		实际值					
	α	β	α'	β'				
1	0.1	0.1	0.111	0.12	1.5	见表 3	41	$33.0\theta_0$
2	0.1	0.1	0.128	0.12	2.0	见表 3	15	$10.3\theta_0$
3	0.1	0.1	0.111	0.109	3	见表 3	6	$3.2\theta_0$
4	0.2	0.2	0.227	0.232	1.5	见表 3	18	$14.4\theta_0$
5	0.2	0.2	0.223	0.225	2.0	见表 3	7	$4.7\theta_0$
6	0.2	0.2	0.182	0.192	3.0	见表 3	3	$1.5\theta_0$
7	0.3	0.3	0.319	0.322	1.5	见表 3	7	$5.4\theta_0$
8	0.3	0.3	0.293	0.299	2.0	见表 3	3	$1.9\theta_0$

序贯测试方案判决依据如表 3 所示。在测试过程中，如果可以根据发生的关联故障数与对应的总测试时间做出判决，便可结束测试。例如某测试采用方案 1，测试过程中在发生第 10 个关联故障时总测试时间为 $5\theta_1$，因此根据表 3 做出拒收判决，结束测试。如果发生第 10 个关联故障时总测试时间为 $20\theta_1$，则根据表 3 做出接收判决，结束测试。

需要说明的是，如果有任意一台测试样本的测试时间小于所有测试样本平均测试时间一半的话，即使按照所选方案能够做出接收判决，也依然需要继续进行测试，不能做出接收判决。

表 3 序贯测试方案判决表

方案 1($\alpha=0.1,\beta=0.1,d=1.5$)					
关联故障数 r	判决时间 T_r		关联故障数 r	判决时间 T_r	
	拒收 $T\leqslant T_r$	接收 $T\geqslant T_r$		拒收 $T\leqslant T_r$	接收 $T\geqslant T_r$
0	—	$6.95\theta_1$	21	$18.50\theta_1$	$32.49\theta_1$
1	—	$8.17\theta_1$	22	$19.80\theta_1$	$33.70\theta_1$
2	—	$9.38\theta_1$	23	$21.02\theta_1$	$34.92\theta_1$
3	—	$10.60\theta_1$	24	$22.23\theta_1$	$36.13\theta_1$
4	—	$11.80\theta_1$	25	$23.45\theta_1$	$37.35\theta_1$
5	—	$13.03\theta_1$	26	$24.66\theta_1$	$38.57\theta_1$
6	$0.34\theta_1$	$14.25\theta_1$	27	$25.88\theta_1$	$39.78\theta_1$
7	$1.56\theta_1$	$15.46\theta_1$	28	$27.07\theta_1$	$41.00\theta_1$
8	$2.78\theta_1$	$16.69\theta_1$	29	$28.31\theta_1$	$42.22\theta_1$
9	$3.99\theta_1$	$17.90\theta_1$	30	$29.53\theta_1$	$43.43\theta_1$
10	$5.20\theta_1$	$19.11\theta_1$	31	$30.74\theta_1$	$44.65\theta_1$
11	$6.42\theta_1$	$20.33\theta_1$	32	$31.96\theta_1$	$45.86\theta_1$
12	$7.64\theta_1$	$21.54\theta_1$	33	$33.18\theta_1$	$47.08\theta_1$
13	$8.86\theta_1$	$22.76\theta_1$	34	$34.39\theta_1$	$48.30\theta_1$
14	$10.07\theta_1$	$23.98\theta_1$	35	$35.61\theta_1$	$49.50\theta_1$
15	$11.29\theta_1$	$25.19\theta_1$	36	$36.82\theta_1$	$49.50\theta_1$
16	$12.50\theta_1$	$26.41\theta_1$	37	$38.04\theta_1$	$49.50\theta_1$
17	$13.72\theta_1$	$27.62\theta_1$	38	$39.26\theta_1$	$49.50\theta_1$
18	$14.94\theta_1$	$28.84\theta_1$	39	$40.47\theta_1$	$49.50\theta_1$
19	$16.15\theta_1$	$30.06\theta_1$	40	$41.69\theta_1$	$49.50\theta_1$
20	$17.37\theta_1$	$31.27\theta_1$	41	$49.50\theta_1$	—
方案 2($\alpha=0.1,\beta=0.1,d=2$)					
关联故障数 r	判决时间 T_r		关联故障数 r	判决时间 T_r	
	拒收 $T\leqslant T_r$	接收 $T\geqslant T_r$		拒收 $T\leqslant T_r$	接收 $T\geqslant T_r$
0	—	$4.40\theta_1$	9	$9.02\theta_1$	$16.88\theta_1$
1	—	$5.79\theta_1$	10	$10.40\theta_1$	$18.26\theta_1$
2	—	$7.18\theta_1$	11	$11.79\theta_1$	$19.65\theta_1$
3	$0.70\theta_1$	$8.56\theta_1$	12	$13.18\theta_1$	$20.60\theta_1$
4	$2.08\theta_1$	$9.94\theta_1$	13	$14.56\theta_1$	$20.60\theta_1$
5	$3.48\theta_1$	$11.34\theta_1$	14	$15.94\theta_1$	$20.60\theta_1$
6	$4.86\theta_1$	$12.72\theta_1$	15	$17.34\theta_1$	$20.60\theta_1$
7	$6.24\theta_1$	$14.10\theta_1$	16	$20.60\theta_1$	—
8	$7.63\theta_1$	$15.49\theta_1$			

表 3（续）

方案 3($\alpha=0.1,\beta=0.1,d=3$)					
关联故障数 r	判决时间 T_r		关联故障数 r	判决时间 T_r	
	拒收 $T\leqslant T_r$	接收 $T\geqslant T_r$		拒收 $T\leqslant T_r$	接收 $T\geqslant T_r$
0	—	$3.750\theta_1$	4	$3.870\theta_1$	$10.350\theta_1$
1	—	$5.400\theta_1$	5	$5.520\theta_1$	$10.350\theta_1$
2	$0.570\theta_1$	$7.050\theta_1$	6	$7.170\theta_1$	$10.350\theta_1$
3	$2.220\theta_1$	$8.700\theta_1$	7	$10.350\theta_1$	—
方案 4($\alpha=0.2,\beta=0.2,d=1.5$)					
关联故障数 r	判决时间 T_r		关联故障数 r	判决时间 T_r	
	拒收 $T\leqslant T_r$	接收 $T\geqslant T_r$		拒收 $T\leqslant T_r$	接收 $T\geqslant T_r$
0	—	$4.190\theta_1$	10	$8.760\theta_1$	$16.350\theta_1$
1	—	$5.400\theta_1$	11	$9.980\theta_1$	$17.570\theta_1$
2	—	$6.620\theta_1$	12	$11.190\theta_1$	$18.730\theta_1$
3	$0.240\theta_1$	$7.830\theta_1$	13	$12.410\theta_1$	$19.990\theta_1$
4	$1.460\theta_1$	$9.050\theta_1$	14	$13.620\theta_1$	$21.210\theta_1$
5	$2.670\theta_1$	$10.260\theta_1$	15	$14.840\theta_1$	$21.900\theta_1$
6	$3.900\theta_1$	$11.490\theta_1$	16	$16.050\theta_1$	$21.900\theta_1$
7	$5.120\theta_1$	$12.710\theta_1$	17	$17.280\theta_1$	$21.900\theta_1$
8	$6.330\theta_1$	$13.920\theta_1$	18	$18.500\theta_1$	$21.900\theta_1$
9	$7.550\theta_1$	$15.140\theta_1$	19	$21.900\theta_1$	—
方案 5($\alpha=0.2,\beta=0.2,d=2$)					
关联故障数 r	判决时间 T_r		关联故障数 r	判决时间 T_r	
	拒收 $T\leqslant T_r$	接收 $T\geqslant T_r$		拒收 $T\leqslant T_r$	接收 $T\geqslant T_r$
0	—	$2.800\theta_1$	5	$4.860\theta_1$	$9.740\theta_1$
1	—	$4.180\theta_1$	6	$6.240\theta_1$	$9.740\theta_1$
2	$0.700\theta_1$	$5.580\theta_1$	7	$7.620\theta_1$	$9.740\theta_1$
3	$2.080\theta_1$	$6.960\theta_1$	8	$9.740\theta_1$	—
4	$3.460\theta_1$	$8.340\theta_1$			

表 3（续）

方案 6（$\alpha=0.2,\beta=0.2,d=3$）					
关联故障数 r	判决时间 T_r		关联故障数 r	判决时间 T_r	
	拒收 $T\leqslant T_r$	接收 $T\geqslant T_r$		拒收 $T\leqslant T_r$	接收 $T\geqslant T_r$
0	—	$2.670\theta_1$	2	$0.360\theta_1$	$4.500\theta_1$
1	—	$4.320\theta_1$	3	$4.500\theta_1$	—
方案 7（$\alpha=0.3,\beta=0.3,d=1.5$）					
关联故障数 r	判决时间 T_r		关联故障数 r	判决时间 T_r	
	拒收 $T\leqslant T_r$	接收 $T\geqslant T_r$		拒收 $T\leqslant T_r$	接收 $T\geqslant T_r$
0	—	$3.150\theta_1$	4	$2.430\theta_1$	$6.800\theta_1$
1	—	$4.370\theta_1$	5	$3.650\theta_1$	$6.800\theta_1$
2	—	$5.580\theta_1$	6	$6.800\theta_1$	—
3	$1.220\theta_1$	$6.800\theta_1$			
方案 8（$\alpha=0.3,\beta=0.3,d=2$）					
关联故障数 r	判决时间 T_r		关联故障数 r	判决时间 T_r	
	拒收 $T\leqslant T_r$	接收 $T\geqslant T_r$		拒收 $T\leqslant T_r$	接收 $T\geqslant T_r$
0	—	$1.720\theta_1$	2	—	$4.500\theta_1$
1	—	$3.100\theta_1$	3	$4.500\theta_1$	—

4.3.2 序贯测试置信区间估计

4.3.2.1 接收判决条件下的置信区间估计

如根据表 3 做出接收判决，则 MTBF 置信度为 C 的置信区间按式(5)和式(6)计算：

$$\theta_L=\theta_L(C,T_r)\theta_1 \tag{5}$$

$$\theta_U=\theta_U(C,T_r)\theta_1 \tag{6}$$

式中：

$\theta_L(C,T_r)$ ——置信区间置信度为 C，关联故障为 r 时的置信下限系数，从附录 C 的表 C.1 中查出；

T_r ——做出判决时，关联故障数为 r 时的总测试时间；

$\theta_U(C,T_r)$ ——置信区间置信度为 C，关联故障为 r 时的置信上限系数，从附录 C 的表 C.1 中查出。

4.3.2.2 拒收判决条件下的置信区间估计

由于序贯测试过程中任何时刻发生的故障都可能导致拒收判决，因此拒收判决不一定在表 3 中判决时间 T_r 发生。如做出拒收判决时总测试时间 T 介于表 3 中所用统计方案的判决时间 T_{r-1} 和 T_r（T_r 的下标 r 为表 3 中的关联故障数，T_{r-1} 只表示表 3 中在次序上紧跟在 T_r 之前的上一个数值为

T_{r-1})之间，即 $T_{r-1}<T<T_r$，则 MTBF 置信度为 C 的置信区间按式(7)和式(8)计算：

$$\theta_L=\theta_L(C,T)\theta_1 \quad \cdots\cdots(7)$$

$$\theta_U=\theta_U(C,T)\theta_1 \quad \cdots\cdots(8)$$

式中：

$\theta_L(C,T)$——置信区间置信度为 C，总测试时间为 T 时的置信下限系数；

$\theta_U(C,T)$——置信区间置信度为 C，总测试时间为 T 时的置信上限系数。

$\theta_L(C,T)$ 和 $\theta_U(C,T)$ 由式(9)和式(10)计算：

$$\theta_L(C,T)=\theta_L(C,T_{r-1})+[\theta_L(C,T_r)-\theta_L(C,T_{r-1})]\cdot(T-T_{r-1})/(T_r-T_{r-1}) \quad \cdots\cdots(9)$$

$$\theta_U(C,T)=\theta_U(C,T_{r-1})+[\theta_U(C,T_r)-\theta_U(C,T_{r-1})]\cdot(T-T_{r-1})/(T_r-T_{r-1}) \quad \cdots\cdots(10)$$

式中：

$\theta_L(C,T_r)$——置信区间置信度为 C，判决时间为 T_r 时的拒收置信下限系数，从附录 C 的表 C.2 中查出；

$\theta_U(C,T_r)$——置信区间置信度为 C，判决时间为 T_r 时的拒收置信上限系数，从附录 C 的表 C.2 中查出。

注：虽然表达式相同，但由于判决点的差异，拒收判决情况下的置信上限系数和置信下限系数定义与接收判决情况下的定义稍有不同。

4.3.3 序贯测试点估计与单边下限估计

MTBF 点估计与单边下限估计的计算公式参见附录 B。

5 测试方式

5.1 分类

根据实际测试中负载实现方式的不同，机床数控系统可靠性测试分为实际负载测试和模拟负载测试两种。

5.2 实际负载测试

实际负载测试是指在机床数控系统日常的运行条件下测试，不对测试条件进行额外的控制。实际负载测试包括以下两种方式：

a) 机床数控系统带载(机床处于实际加工状态)测试；

b) 机床数控系统空载(机床处于非加工状态)测试。

实际负载测试通常需要为机床数控系统配备专用的机床(床体)、刀具、夹具、坯料、润滑油、冷却液等资源。

5.3 模拟负载测试

模拟负载测试与实际负载测试是相对的，其测试条件通过对实际负载测试条件模拟获得，测试过程中通常可对测试条件进行控制。模拟负载测试包括以下两种方式：

a) 机床数控系统带载(电机对拖、磁粉制动器、惯量盘、电涡流等)测试；

b) 机床数控系统空载测试。

模拟负载测试通常需要为机床数控系统配备专用的支架、过渡盘、惯量盘、对拖电机等资源。

5.4 测试方式选择

测试各方可自行商定测试方式。

6 测试条件

6.1 概述

测试条件为机床数控系统产品可靠性测试的各种环境条件，包括但不限于下列内容：

a) 气候环境条件，如温度、湿度、气压强度、粉尘浓度等；

b) 力学环境条件，如振动、冲击等；

c) 输入电源条件，如输入电源的幅值、波动范围、相数等；

d) 电磁环境条件，如静电强度、脉冲群、工频射频磁场强度等；

e) 工况条件，如负载大小、负载占空比等。

注：测试条件通常指测试场地（车间、厂房、实验室）中的条件或测试样本直接承受的条件。如气候环境条件是指测试场地的条件，不是指机箱、电柜内部的条件；力学环境条件则是测试样本所承受的条件；输入电源是指测试样本的总输入电源，不是指测试样本内部的电源；电磁环境条件是指测试场地或测试样本规定部位（位置）的电磁条件；负载条件是指测试样本动力轴和/或进给轴所承受的负载。

6.2 实际负载测试条件

实际负载测试条件以机床数控系统的实际运行条件为依据。除测试各方另有约定外，实际负载测试条件应按以下优先顺序选择确定：

a) 机床数控系统产品标准或相关规范；

b) 机床数控系统实际负载测试条件参考值（见表4）；

c) 其他相关规范。

表4 实际负载测试条件参考值

条件类型		条件参考值	施加时机
气候环境条件	温度	0 ℃～40 ℃	测试开始前施加，测试过程中调整
	湿度	10%～95%（无凝露）	
	气压	92 kPa～106 kPa	
输入电源条件	交流输入电源额定电压	三相 380 V，单相 220 V	测试开始前施加，测试过程中调整
	交流输入电源额定频率	50 Hz	
	电源电压波动范围	(0.85～1.1)×标称值	
	电源频率波动范围	49 Hz～51 Hz	
力学环境条件	振动频率	0 Hz～50 Hz	由测试各方商定
	振动幅值	0 mm～0.15 mm	
	振动方向	坐标轴方向	

表 4（续）

条件类型		条件参考值	施加时机
力学环境条件	扫频速率	≤1 oct/min	由测试各方商定
	扫频循环次数	≤10 次/轴	
电磁环境条件	静电	接触放电±4 kV，空气放电±8 kV。每次连续 10 下以上，每下中间隔不小于 1 s，总次数由测试各方自行约定	由测试各方商定
	脉冲群	对下列端口/接口施加，每次持续 1 min 以上，总次数测试各方自行约定： a) 电源端口/接口(交流/直流电源线、保护接地线、电机电源线)：2 kV/5 kHz； b) 控制与测量信号接口(电平、脉冲、模拟等信号线)：2 kV/5 kHz； c) 计算机信号端口/接口(RS232/485、USB、键盘线、现场总线等)：1 kV/5 kHz	
	雷击浪涌	对下列端口/接口施加，每次间隔 1 min 以上，总次数测试各方自行约定： a) 电源端口(交流电源线、保护接地线)：1 kV(线-线耦合)，2 kV(线-地耦合)； b) 控制欲测量信号接口(电平、脉冲、模拟等信号线)：1 kV(线-地耦合)	
	电压暂降/短时中断	a) 短时中断：(交流电源电压)中断持续时间不大于 3 ms，每次间隔时间不小于 10 s，次数由测试各方自行约定； b) 电压暂降：降幅不大于(交流电源电压)额定值的 30%，持续时间不大于 500 ms，每次间隔时间不小于 10 s，次数由测试各方自行约定	
	射频电磁场辐射	a) 频率范围：80 MHz～1 000 MHz； b) 场强：10 V/m； c) 信号调幅 80%； d) 幅度调制 AM(1 kHz)	
	射频场感应传导	a) 频率范围：0.15 MHz～80 MHz； b) 射频电压 10 V； c) 信号调幅 80%； d) 幅度调制 AM(1 kHz)	
	工频电磁场	a) 频率：50 Hz； b) 磁场强度：30 A/m	
工况条件	负载惯量	由测试各方自行约定	由测试各方商定
	负载转矩		
	负载占空比		
其他条件		由测试各方自行约定	
注：不同测试方式和被测样本情况下，可根据需要对测试条件的类型进行增减。			

由可靠性的定义可知，测试结果与测试条件是一一对应的。对于同一批测试样本，任何一项测试条件的变动/波动都会造成测试结果的变化。实际负载测试中，某些测试条件(如气候环境条件)是波动变化的，应在测试结论中对此做出说明。

6.3 模拟负载测试条件

模拟负载测试条件以机床数控系统实际运行条件为依据。具体测试条件的确定可参照6.2。应当注意的是，模拟负载测试方式下各测试条件具有可控性，如将测试结果用于对比，应注意测试条件的一致性。

6.4 测试条件容差

如产品标准或相关规范中无其他规定，温度、振动和相对湿度应力容差分别符合下列规定：

a) 温度：±2 ℃；

b) 振动：保持在规定振幅的±10%之内；

c) 相对湿度：±5%。

6.5 测试设施和仪器

测试设施和仪器应能保证产生和保持测试所需的测试条件，并按照有关规定进行定期核查和检定。所有测试设施和仪器应满足下列要求：

a) 其精度至少应为被测参数容差的三分之一；

b) 其标定应能追溯到国家最高计量标准；

c) 能够适应所测量的环境条件。

7 测试流程

机床数控系统可靠性测试按以下流程进行：

a) 对测试设施和仪器进行检定，各测试设施和仪器应符合6.5的有关规定。

b) 测试样本初检。按照产品标准或相关规范对测试样本规格、型号、外观、功能、性能等进行检测。如某测试样本存在下列任何一种情况，则视为不通过初检。有测试样本不通过初检时应按照第3章要求再行抽样，补充测试样本数量：

  1) 规格、型号不符；

  2) 外观有缺损、松动、破裂等情况；

  3) 功能、性能不符合产品标准或相关规范规定；

  4) 经过非质量修复后仍有2)或3)的情况。

c) 对通过初检的测试样本进行安装、调试。

d) 根据产品标准或相关规范或第6章的要求施加测试条件。

e) 启动测试样本，根据需要输入第8章的加工程序，开始测试。

f) 记录运行信息。记录格式参见附录D。除发生故障需要维修外，不得停机。

g) 状态监测。监测的内容见第9章。监控过程中如果发生故障(故障判据见第10章)，应如实记录(记录格式参见附录E)并对故障进行处理，同时填写故障处理分析报告(分析报告格式参见附录F)。

h) 达到选定测试方案的结束条件时结束测试，关闭测试样本，切断电源，移除辅助仪器设施。

i) 最终检测。按照产品标准或相关规范对测试样本的外观、功能、性能等进行检测。最终检测环节发现的故障也应记为可靠性测试的故障。

8 测试的加工程序

测试的加工程序是在可靠性测试过程中,测试样本运行的零件加工程序。为了体现一般性,零件加工程序应与机床数控系统的加工工艺类型相符。可依据下列一种或几种典型零件编制零件加工程序:

a) 箱体类零件;

b) 轴套类零件;

c) 轮盘类零件;

d) 叉架类零件。

零件的具体造型、尺寸、材料等由测试各方商定。零件的加工工艺及加工参数选择应在被测机床数控系统的功能、性能范围之内。

9 状态监测与信息记录

9.1 状态监测

为了及时发现故障并对其进行处理,应根据需要在测试过程中进行状态监测。监测内容至少应包括测试样本显示信息(如显示屏、指示灯、数码管等显示的信息)、测试样本运行状态信息(如抖动、噪声、温升等)与测试条件信息(如温度、湿度、振动等)。

9.2 信息记录

为了便于对测试进行分析,应根据需要对测试的信息进行记录。记录的内容至少应包括下列信息:

a) 各阶段检测结果;

b) 开始、停止测试时间;

c) 各测试样本因故障停机及维修时间;

d) 各测试样本发生故障的时间;

e) 发生故障的数量及各故障的模式。

10 故障判据及故障处理

10.1 原则

在测试过程中,测试样本出现下列任何一项状态时,即判定发生故障。

a) 在规定的工作条件下不能进入工作状态;

b) 在规定的工作条件下,不能完成规定的功能;

c) 在规定的工作条件下,任何一项性能参数值偏离规定的范围;

d) 出现机械零部件、结构件或元器件的松动、断裂等损坏状态;

e) 在规定的条件下,引起对人员、环境、能源和物资等方面的影响超出了允许范围;

f) 其他约定的和/或技术文件中规定的故障。

10.2 关联故障

在测试过程中,测试样本出现下列任何一种事件即应判为关联故障:

a) 设计缺陷或制造工艺缺陷造成的故障;

b) 元器件缺陷造成的故障;

c) 耗损件在寿命期内造成的故障；
d) 由于软件造成的故障；
e) 测试期间所有非从属性故障原因引起的故障征兆(未超出性能极限)而引起的更换；
f) 故障原因不明的故障。

10.3 非关联故障

在测试过程中，测试样本出现下列任何一种事件即应判为非关联故障：
a) 由于安装、调试不当造成的故障；
b) 测试设备、检测设备、仪器等故障引起的受试机床数控系统的故障；
c) 由于意外事故或误操作引起的故障；
d) 由机床本体、负载电机等其他产品引起的从属故障；
e) 由测试程序、规程等方面的错误引起的故障；
f) 在同一部件出现的间歇故障；
g) 在筛选、寻找故障、修复验证或正常维护调整中发生的故障；
h) 由于超过设计引起的过应力所造成的故障；
i) 超寿命期工作时出现的故障；
j) 批准的测试程序中明确的其他非关联故障；
k) 其他任何非系统的独立故障引起的失败或故障。

10.4 有替换测试故障处理

有替换测试情况下，如测试样本发生故障，应进行如下处理：
a) 对故障予以记录。记录信息及格式参见附录 E；
b) 切断发生故障测试样本的输入电源并将其撤出。撤出时不应影响其他正在进行测试的样本；
c) 更换新的测试样本或更换发生故障的元器件；
d) 被替换测试样本重新投入测试时不应影响其他正在进行测试的样本。

11 测试报告

测试结束，应根据测试所得的全部数据，整理并编制可靠性测试报告。可靠性测试告应至少包括下列内容：
a) 测试目的；
b) 测试对象(包括产品的型号、规格、名称与制造单位等)；
c) 测试条件；
d) 测试依据；
e) 测试过程；
f) 测试结果(包括故障次数、故障类别、故障现象及原因、必要的图表、照片等)；
g) 测试结论：根据测试结果形成测试结论(参见附录 G)，对产品的可靠性做出评定，并对维护、维修等做出说明；
h) 测试各方签字(盖章)。

附 录 A
（资料性附录）
可靠性测评简便方案

A.1 方案内容

可靠性测评简便方案是根据总测试时间及发生的关联故障数来判断测试样本的可靠性实测值与目标值（由测试各方在测试前给定）的关系。

测试样本的可靠性实测值不小于目标值时，各变量之间的关系如式（A.1）所示。

$$MTBF_T = \frac{2T}{\chi^2_{(1-C)}(2r+2)} \geqslant MTBF_O \quad (r \geqslant 0) \qquad \cdots\cdots\cdots\cdots\cdots\cdots(A.1)$$

式中：

$MTBF_T$ ——MTBF 实测值；

$MTBF_O$ ——MTBF 目标值；

为了便于应用，将式（A.1）进行变换，如式（A.2）所示。

$$T \geqslant \frac{\chi^2_{(1-C)}(2r+2) \cdot MTBF_O}{2} \quad (r \geqslant 0) \qquad \cdots\cdots\cdots\cdots\cdots\cdots(A.2)$$

即当测试样本可靠性目标值（$MTBF_O$）和置信度（C）已知时，发生的关联故障数与最小的总测试时间是一一对应的。

A.2 方案应用示例

已知 $MTBF_O = 20\ 000$ h，置信度为 0.9，测试样本为 20 台套，假定要求 $MTBF_T \geqslant 20\ 000$ h，试计算不发生关联故障和发生一次关联故障的情况下最小的总测试时间。

解：根据已知信息可知该题目包括 $r=0$ 和 $r=1$ 两种情况：

当 $r=0$ 时，由式（A.2）及查表可得：

$$T \geqslant \frac{\chi^2_{1-C}(2r+2) \cdot MTBF_O}{2} = \frac{\chi^2_{0.1}(2) \times 20\ 000\ \text{h}}{2} = 4.605 \times 10\ 000\ \text{h} = 46\ 050\ \text{h}$$

每台测试样本的平均测试时间则为 $T/20 \geqslant 46\ 050\ \text{h}/20 = 2\ 302.5$ h。

即：在不发生故障的情况下，最小的总测试时间为 46 050 h，折合单台样本平均测试时间 2 302.5 h。

当 $r=1$ 时，由式（A.2）及查表可得：

$$T \geqslant \frac{\chi^2_{1-C}(2r+2) \cdot MTBF_O}{2} = \frac{\chi^2_{0.1}(4) \times 20\ 000\ \text{h}}{2} = 7.78 \times 10\ 000\ \text{h} = 77\ 800\ \text{h}$$

每台测试样本的平均测试时间则为 $T/20 \geqslant 77\ 800\ \text{h}/20 = 3\ 890$ h。

即在不发生故障的情况下，最小的总测试时间为 77 800 h，折合单台样本平均测试时间 3 890 h。

附 录 B
（资料性附录）
定时及序贯测试方案点估计与单边下限估计

B.1 点估计

MTBF 点估计按式(B.1)计算：

$$\hat{\theta}=\frac{T}{r} \quad (r>0) \qquad \cdots\cdots(B.1)$$

式中：

$\hat{\theta}$ ——MTBF 的点估计值；

T——总测试时间；

r ——测试结束时发生的关联故障数。

如测试结束时发生的关联故障数为 0，则 MTBF 的点估计值按式(B.2)计算：

$$\hat{\theta}=3T \qquad \cdots\cdots(B.2)$$

B.2 单边下限估计

B.2.1 接收判决条件下的单边下限估计

接收判决条件下的 MTBF 单边下限估计按式(B.3)计算：

$$\theta_L=\frac{2T}{\chi^2_{1-C}(2r+2)} \qquad \cdots\cdots(B.3)$$

式中：

θ_L ——MTBF 置信下限；

$\chi^2_{1-C}(2r+2)$——自由度为 $2r+2$ 的 χ^2 分布的$(1-C)$上侧分位数，可查 χ^2 分布表获得；

C ——置信区间置信度。

B.2.2 拒收判决条件下的单边下限估计

拒收判决条件下的 MTBF 单边下限估计按式(B.4)计算：

$$\theta_L=\frac{2T}{\chi^2_{1-C}(2r)} \qquad \cdots\cdots(B.4)$$

式中：

θ_L ——MTBF 置信下限；

$\chi^2_{1-C}(2r)$——自由度为 $2r$ 的 χ^2 分布的$(1-C)$上侧分位数，可查 χ^2 分布表获得；

C ——置信区间置信度。

附 录 C
（规范性附录）
序贯测试方案置信区间上下限系数

序贯测试接收判决情况下的置信区间系数见表 C.1。

表 C.1 序贯测试接收判决情况下的置信区间系数

方案 1(α=0.1,β=0.1,d=1.5)							
$\theta_L(C,T_r)$				$\theta_U(C,T_r)$			
关联故障数 r	判决时间 T_r	C=0.8	C=0.9	关联故障数 r	判决时间 T_r	C=0.8	C=0.9
0	$6.95\theta_1$	3.018 7	2.318 7	—	—	—	—
1	$8.17\theta_1$	2.071 9	1.698 4	1	$8.17\theta_1$	65.899 6	135.299 1
2	$9.38\theta_1$	1.721 1	1.453 1	2	$9.38\theta_1$	15.187 5	22.750 0
3	$10.60\theta_1$	1.535 9	1.321 9	3	$10.60\theta_1$	8.350 0	11.250 0
4	$11.80\theta_1$	1.420 3	1.237 5	4	$11.80\theta_1$	5.918 7	7.562 5
5	$13.03\theta_1$	1.343 0	1.181 3	5	$13.03\theta_1$	4.706 2	5.812 5
6	$14.25\theta_1$	1.287 1	1.140 6	6	$14.25\theta_1$	3.993 7	4.818 7
7	$15.46\theta_1$	1.244 5	1.110 2	7	$15.46\theta_1$	3.523 4	4.181 2
8	$16.69\theta_1$	1.211 7	1.086 7	8	$16.69\theta_1$	3.190 6	3.737 5
9	$17.90\theta_1$	1.185 5	1.067 6	9	$17.90\theta_1$	2.945 3	3.412 5
10	$19.11\theta_1$	1.164 1	1.052 0	10	$19.11\theta_1$	2.754 7	3.162 5
11	$20.33\theta_1$	1.146 1	1.039 1	11	$20.33\theta_1$	2.602 3	2.965 6
12	$21.54\theta_1$	1.131 3	1.028 9	12	$21.54\theta_1$	2.478 9	2.806 2
13	$22.76\theta_1$	1.118 4	1.019 5	13	$22.76\theta_1$	2.376 6	2.676 6
14	$23.98\theta_1$	1.107 6	1.012 1	14	$23.98\theta_1$	2.289 8	2.565 6
15	$25.19\theta_1$	1.098 0	1.005 5	15	$25.19\theta_1$	2.216 4	2.473 4
16	$26.41\theta_1$	1.089 8	1.000 0	16	$26.41\theta_1$	2.152 3	2.392 2
17	$27.62\theta_1$	1.082 6	0.994 9	17	$27.62\theta_1$	2.096 9	2.321 9
18	$28.84\theta_1$	1.076 2	0.990 6	18	$28.84\theta_1$	2.047 7	2.260 9
19	$30.06\theta_1$	1.070 7	0.986 7	19	$30.06\theta_1$	2.003 9	2.206 3
20	$31.27\theta_1$	1.065 4	0.983 2	20	$31.27\theta_1$	1.965 2	2.157 8
21	$32.49\theta_1$	1.060 9	0.980 1	21	$32.49\theta_1$	1.930 5	2.114 8
22	$33.70\theta_1$	1.056 8	0.977 3	22	$33.70\theta_1$	1.898 8	2.075 8
23	$34.92\theta_1$	1.053 1	0.975 0	23	$34.92\theta_1$	1.869 9	2.039 8
24	$36.13\theta_1$	1.049 8	0.973 0	24	$36.13\theta_1$	1.843 8	2.007 8
25	$37.35\theta_1$	1.046 7	0.971 1	25	$37.35\theta_1$	1.819 9	1.978 1

表 C.1（续）

方案 1($\alpha=0.1,\beta=0.1,d=1.5$)							
$\theta_L(C,T_r)$				$\theta_U(C,T_r)$			
关联故障数 r	判决时间 T_r	$C=0.8$	$C=0.9$	关联故障数 r	判决时间 T_r	$C=0.8$	$C=0.9$
26	$38.57\theta_1$	1.043 9	0.969 1	26	$38.57\theta_1$	1.798 4	1.951 6
27	$39.78\theta_1$	1.041 4	0.967 6	27	$39.78\theta_1$	1.778 1	1.926 6
28	$41.00\theta_1$	1.039 1	0.966 0	28	$41.00\theta_1$	1.759 4	1.903 9
29	$42.22\theta_1$	1.036 9	0.964 8	29	$42.22\theta_1$	1.742 6	1.882 8
30	$43.43\theta_1$	1.035 0	0.963 7	30	$43.43\theta_1$	1.726 6	1.863 3
31	$44.65\theta_1$	1.033 2	0.962 5	31	$44.65\theta_1$	1.711 7	1.845 3
32	$45.86\theta_1$	1.031 6	0.961 5	32	$45.86\theta_1$	1.698 0	1.828 9
33	$47.08\theta_1$	1.030 1	0.960 5	33	$47.08\theta_1$	1.685 2	1.813 3
34	$48.30\theta_1$	1.028 5	0.959 8	34	$48.30\theta_1$	1.673 0	1.798 4
35	$49.50\theta_1$	1.027 3	0.959 0	35	$49.50\theta_1$	1.662 1	1.785 2
36	$49.50\theta_1$	1.023 4	0.956 6	36	$49.50\theta_1$	1.651 4	1.772 3
37	$49.50\theta_1$	1.016 6	0.952 0	37	$49.50\theta_1$	1.630 5	1.748 0
38	$49.50\theta_1$	1.007 0	0.944 9	38	$49.50\theta_1$	1.603 5	1.718 0
39	$49.50\theta_1$	0.995 7	0.936 1	39	$49.50\theta_1$	1.574 2	1.685 9
40	$49.50\theta_1$	0.983 0	0.925 8	40	$49.50\theta_1$	1.544 9	1.654 3
方案 2($\alpha=0.1,\beta=0.1,d=2$)							
$\theta_L(C,T_r)$				$\theta_U(C,T_r)$			
关联故障数 r	判决时间 T_r	$C=0.8$	$C=0.9$	关联故障数 r	判决时间 T_r	$C=0.8$	$C=0.9$
0	$4.40\theta_1$	1.910 9	1.468 8	0	$4.40\theta_1$		
1	$5.79\theta_1$	1.431 1	1.170 4	1	$5.79\theta_1$	41.761 3	85.782 8
2	$7.18\theta_1$	1.263 3	1.062 7	2	$7.18\theta_1$	10.557 1	15.805 2
3	$8.56\theta_1$	1.178 3	1.008 0	3	$8.56\theta_1$	6.205 7	8.371 6
4	$9.94\theta_1$	1.127 8	0.976 0	4	$9.94\theta_1$	4.623 8	5.913 5
5	$11.34\theta_1$	1.095 6	0.955 9	5	$11.34\theta_1$	3.827 0	4.736 5
6	$12.72\theta_1$	1.073 4	0.942 4	6	$12.72\theta_1$	3.357 0	4.064 1
7	$14.10\theta_1$	1.057 5	0.932 9	7	$14.10\theta_1$	3.048 4	3.633 3
8	$15.49\theta_1$	1.045 9	0.926 2	8	$15.49\theta_1$	2.833 3	3.339 0
9	$16.88\theta_1$	1.037 2	0.921 3	9	$16.88\theta_1$	2.677 5	3.129 5
10	$18.26\theta_1$	1.030 5	0.917 7	10	$18.26\theta_1$	2.560 8	2.975 2
11	$19.65\theta_1$	1.025 4	0.915 0	11	$19.65\theta_1$	2.470 9	2.858 5
12	$20.60\theta_1$	1.019 4	0.917 7	12	$20.60\theta_1$	2.400 9	2.769 3

表 C.1（续）

方案 2($\alpha=0.1,\beta=0.1,d=2$)							
$\theta_L(C,T_r)$				$\theta_U(C,T_r)$			
关联故障数 r	判决时间 T_r	$C=0.8$	$C=0.9$	关联故障数 r	判决时间 T_r	$C=0.8$	$C=0.9$
13	$20.60\theta_1$	1.004 5	0.902 6	13	$20.60\theta_1$	2.333 9	2.687 3
14	$20.60\theta_1$	0.983 5	0.888 2	14	$20.60\theta_1$	2.245 3	2.588 0
15	$20.60\theta_1$	0.961 3	0.871 5	15	$20.60\theta_1$	2.168 2	2.509 2
方案 3($\alpha=0.1,\beta=0.1,d=3$)							
$\theta_L(C,T_r)$				$\theta_U(C,T_r)$			
关联故障数 r	判决时间 T_r	$C=0.8$	$C=0.9$	关联故障数 r	判决时间 T_r	$C=0.8$	$C=0.9$
0	$3.75\theta_1$	1.628 6	1.251 8	0	$3.75\theta_1$		
1	$5.40\theta_1$	1.295 0	1.055 7	1	$5.40\theta_1$	35.592 0	73.110 4
2	$7.05\theta_1$	1.186 1	0.991 8	2	$7.05\theta_1$	9.645 9	14.446 9
3	$8.70\theta_1$	1.135 7	0.963 3	3	$8.70\theta_1$	5.962 5	8.069 4
4	$10.35\theta_1$	1.108 7	0.948 7	4	$10.35\theta_1$	4.650 8	6.003 8
5	$10.35\theta_1$	1.048 1	0.909 3	5	$10.35\theta_1$	4.017 8	5.062 2
6	$10.35\theta_1$	0.981 1	0.860 0	6	$10.35\theta_1$	3.448 9	4.310 9
方案 4($\alpha=0.2,\beta=0.2,d=1.5$)							
$\theta_L(C,T_r)$				$\theta_U(C,T_r)$			
关联故障数 r	判决时间 T_r	$C=0.8$	$C=0.9$	关联故障数 r	判决时间 T_r	$C=0.8$	$C=0.9$
0	$4.19\theta_1$	1.819 7	1.398 7	0	$4.19\theta_1$		
1	$5.40\theta_1$	1.342 5	1.098 4	1	$5.40\theta_1$	39.768 2	81.688 6
2	$6.62\theta_1$	1.174 6	0.988 9	2	$6.62\theta_1$	9.886 7	14.800 6
3	$7.83\theta_1$	1.088 7	0.932 6	3	$7.83\theta_1$	5.753 1	7.759 7
4	$9.05\theta_1$	1.037 6	0.899 3	4	$9.05\theta_1$	4.254 4	5.439 3
5	$10.26\theta_1$	1.003 9	0.877 6	5	$10.26\theta_1$	3.500 9	4.330 0
6	$11.49\theta_1$	0.980 8	0.863 1	6	$11.49\theta_1$	3.050 7	3.688 4
7	$12.71\theta_1$	0.964 1	0.852 7	7	$12.71\theta_1$	2.756 3	3.278 0
8	$13.92\theta_1$	0.951 5	0.845 1	8	$13.92\theta_1$	2.549 1	2.994 3
9	$15.14\theta_1$	0.941 9	0.839 4	9	$15.14\theta_1$	2.396 1	2.788 1
10	$16.35\theta_1$	0.934 4	0.835 1	10	$16.35\theta_1$	2.280 1	2.633 9
11	$17.57\theta_1$	0.928 6	0.831 7	11	$17.57\theta_1$	2.189 5	2.515 0
12	$18.78\theta_1$	0.923 9	0.829 2	12	$18.78\theta_1$	2.117 9	2.422 1
13	$19.99\theta_1$	0.920 1	0.827 1	13	$19.99\theta_1$	2.059 9	2.348 0

表 C.1（续）

方案 4（$\alpha=0.2,\beta=0.2,d=1.5$）							
$\theta_L(C,T_r)$				$\theta_U(C,T_r)$			
关联故障数 r	判决时间 T_r	$C=0.8$	$C=0.9$	关联故障数 r	判决时间 T_r	$C=0.8$	$C=0.9$
14	$21.21\theta_1$	0.917 0	0.825 5	14	$21.21\theta_1$	2.012 7	2.288 4
15	$21.90\theta_1$	0.912 7	0.823 2	15	$21.90\theta_1$	1.973 9	2.240 3
16	$21.90\theta_1$	0.902 3	0.816 9	16	$21.90\theta_1$	1.931 6	2.190 1
17	$21.90\theta_1$	0.887 4	0.806 8	17	$21.90\theta_1$	1.874 3	2.127 3
18	$21.90\theta_1$	0.870 9	0.794 6	18	$21.90\theta_1$	1.821 9	2.074 4
方案 5（$\alpha=0.2,\beta=0.2,d=2$）							
$\theta_L(C,T_r)$				$\theta_U(C,T_r)$			
关联故障数 r	判决时间 T_r	$C=0.8$	$C=0.9$	关联故障数 r	判决时间 T_r	$C=0.8$	$C=0.9$
0	$2.80\theta_1$	1.216 0	0.934 7	0	$2.80\theta_1$		
1	$4.18\theta_1$	0.988 0	0.804 2	1	$4.18\theta_1$	26.575 4	54.589 1
2	$5.58\theta_1$	0.918 1	0.765 0	2	$5.58\theta_1$	7.397 5	11.081 7
3	$6.96\theta_1$	0.886 9	0.748 5	3	$6.96\theta_1$	4.698 5	6.383 8
4	$8.34\theta_1$	0.871 0	0.740 7	4	$8.34\theta_1$	3.749 6	4.885 8
5	$9.74\theta_1$	0.862 6	0.736 8	5	$9.74\theta_1$	3.303 3	4.225 3
6	$9.74\theta_1$	0.840 3	0.724 5	6	$9.74\theta_1$	3.065 2	3.893 6
7	$9.74\theta_1$	0.813 3	0.706 9	7	$9.74\theta_1$	2.838 7	3.626 2
方案 6（$\alpha=0.2,\beta=0.2,d=3$）							
$\theta_L(C,T_r)$				$\theta_U(C,T_r)$			
关联故障数 r	判决时间 T_r	$C=0.8$	$C=0.9$	关联故障数 r	判决时间 T_r	$C=0.8$	$C=0.9$
0	$2.67\theta_1$	1.159 6	0.891 3	0	$2.67\theta_1$		
1	$4.32\theta_1$	0.984 2	0.797 4	1	$4.32\theta_1$	25.341 5	52.054 6
2	$4.50\theta_1$	0.811 1	0.681 8	2	$4.50\theta_1$	7.473 0	11.201 0
方案 7（$\alpha=0.3,\beta=0.3,d=1.5$）							
$\theta_L(C,T_r)$				$\theta_U(C,T_r)$			
关联故障数 r	判决时间 T_r	$C=0.8$	$C=0.9$	关联故障数 r	判决时间 T_r	$C=0.8$	$C=0.9$
0	$3.15\theta_1$	1.368 0	1.051 5	0	$3.15\theta_1$		
1	$4.37\theta_1$	1.062 2	0.867 3	1	$4.37\theta_1$	29.897 3	61.412 7
2	$5.58\theta_1$	0.958 0	0.803 5	2	$5.58\theta_1$	7.876 5	11.794 5
3	$6.80\theta_1$	0.907 7	0.773 3	3	$6.80\theta_1$	4.749 1	6.409 5
4	$6.80\theta_1$	0.817 5	0.709 2	4	$6.80\theta_1$	3.618 6	4.635 8
5	$6.80\theta_1$	0.730 2	0.641 2	5	$6.80\theta_1$	2.770 6	3.442 3

表 C.1（续）

方案 8(α=0.3,β=0.3,d=2)							
$\theta_L(C,T_r)$				$\theta_U(C,T_r)$			
关联故障数 r	判决时间 T_r	C=0.8	C=0.9	关联故障数 r	判决时间 T_r	C=0.8	C=0.9
0	1.72θ_1	0.747 0	0.574 2	0	1.72θ_1		
1	3.10θ_1	0.665 6	0.535 2	1	3.10θ_1	16.324 9	33.533 3
2	4.50θ_1	0.645 1	0.526 8	2	4.50θ_1	5.181 1	7.773 3

序贯测试拒收判决情况下的置信区间系数见表 C.2。

表 C.2　序贯测试拒收判决情况下的置信区间系数

方案 1(α=0.1,β=0.1,d=1.5)							
$\theta_L(C,T_r)$				$\theta_U(C,T_r)$			
关联故障数 r	判决时间 T_r	C=0.8	C=0.9	关联故障数 r	判决时间 T_r	C=0.8	C=0.9
6	0.34θ_1	0.036 4	0.032 2	6	0.34θ_1	0.105 6	0.126 8
7	1.56θ_1	0.148 1	0.131 7	7	1.56θ_1	0.400 5	0.474 8
8	2.78θ_1	0.236 5	0.211 7	8	2.78θ_1	0.599 3	0.701 4
9	3.99θ_1	0.308 5	0.277 6	9	3.99θ_1	0.742 7	0.860 8
10	5.20θ_1	0.369 0	0.333 5	10	5.20θ_1	0.851 7	0.979 4
11	6.42θ_1	0.421 4	0.382 4	11	6.42θ_1	0.938 1	1.071 7
12	7.64θ_1	0.466 9	0.425 1	12	7.64θ_1	1.007 4	1.144 4
13	8.86θ_1	0.506 8	0.462 8	13	8.86θ_1	1.063 9	1.202 8
14	10.07θ_1	0.541 7	0.496 0	14	10.07θ_1	1.110 1	1.249 7
15	11.29θ_1	0.573 2	0.526 1	15	11.29θ_1	1.149 2	1.288 9
16	12.50θ_1	0.601 2	0.553 0	16	12.80θ_1	1.182 0	1.321 3
17	13.72θ_1	0.626 8	0.577 8	17	13.73θ_1	1.210 5	1.349 1
18	14.94θ_1	0.650 1	0.600 4	18	14.94θ_1	1.235 1	1.372 8
19	16.15θ_1	0.671 2	0.621 0	19	16.15θ_1	1.256 3	1.392 9
20	17.37θ_1	0.690 7	0.640 1	20	17.37θ_1	1.275 1	1.410 5
21	18.58θ_1	0.708 6	0.657 6	21	18.58θ_1	1.291 4	1.425 7
22	19.80θ_1	0.725 2	0.674 1	22	19.80θ_1	1.306 0	1.439 2
23	21.02θ_1	0.740 7	0.689 4	23	21.02θ_1	1.319 1	1.451 0
24	22.23θ_1	0.755 0	0.703 5	24	22.23θ_1	1.330 7	1.461 4
25	23.45θ_1	0.768 4	0.716 9	25	23.45θ_1	1.341 2	1.470 7
26	24.66θ_1	0.780 8	0.729 3	26	24.66θ_1	1.350 5	1.478 9

表 C.2（续）

方案 1(α=0.1,β=0.1,d=1.5)							
$\theta_L(C,T_r)$				$\theta_U(C,T_r)$			
关联故障数 r	判决时间 T_r	C=0.8	C=0.9	关联故障数 r	判决时间 T_r	C=0.8	C=0.9
27	25.88θ_1	0.792 6	0.741 0	27	25.88θ_1	1.359 1	1.486 4
28	27.07θ_1	0.803 1	0.751 6	28	27.07θ_1	1.366 5	1.492 7
29	28.31θ_1	0.813 7	0.762 3	29	28.31θ_1	1.373 7	1.498 9
30	29.53θ_1	0.823 5	0.772 1	30	29.53θ_1	1.380 2	1.504 4
31	30.74θ_1	0.832 6	0.781 3	31	30.74θ_1	1.386 0	1.509 2
32	31.96θ_1	0.841 3	0.790 1	32	31.96θ_1	1.391 5	1.513 7
33	33.18θ_1	0.849 5	0.798 4	33	33.18θ_1	1.396 4	1.517 7
34	34.39θ_1	0.857 2	0.806 1	34	34.39θ_1	1.400 9	1.521 4
35	35.61θ_1	0.864 5	0.813 5	35	35.61θ_1	1.405 1	1.524 8
36	36.82θ_1	0.871 4	0.820 5	36	36.82θ_1	1.409 0	1.527 8
37	38.04θ_1	0.878 0	0.827 2	37	38.04θ_1	1.412 5	1.530 6
38	39.26θ_1	0.884 2	0.833 5	38	39.26θ_1	1.415 9	1.533 2
39	40.47θ_1	0.890 1	0.839 4	39	40.47θ_1	1.418 9	1.535 5
40	41.69θ_1	0.895 7	0.845 1	40	41.69θ_1	1.421 7	1.537 7
41	42.22θ_1	0.896 9	0.846 3	41	42.22θ_1	1.422 2	1.538 0
41	43.43θ_1	0.905 6	0.855 0	41	43.43θ_1	1.427 2	1.541 9
41	44.65θ_1	0.919 3	0.868 2	41	44.65θ_1	1.437 8	1.550 6
41	45.86θ_1	0.935 1	0.883 1	41	45.86θ_1	1.453 1	1.564 1
41	47.08θ_1	0.951 7	0.898 3	41	47.08θ_1	1.472 4	1.581 8
41	48.30θ_1	0.968 1	0.912 9	41	48.30θ_1	1.494 4	1.602 8
41	49.50θ_1	0.983 0	0.825 9	41	49.50θ_1	1.517 3	1.625 4
方案 2(α=0.1,β=0.1,d=2)							
$\theta_L(C,T_r)$				$\theta_U(C,T_r)$			
关联故障数 r	判决时间 T_r	C=0.8	C=0.9	关联故障数 r	判决时间 T_r	C=0.8	C=0.9
3	0.70θ_1	0.131 5	0.111 2	3	0.70θ_1	0.635 2	0.856 1
4	2.08θ_1	0.313 1	0.269 6	4	2.08θ_1	1.218 4	1.565 0
5	3.48θ_1	0.443 7	0.386 5	5	3.48θ_1	1.522 6	1.907 5
6	4.40θ_1	0.498 3	0.437 1	6	4.40θ_1	1.607 9	1.994 9
6	4.86θ_1	0.540 5	0.475 1	6	4.86θ_1	1.698 2	2.093 0
7	5.79θ_1	0.583 0	0.515 1	7	5.79θ_1	1.751 9	2.145 0
7	6.24θ_1	0.616 9	0.546 0	7	6.24θ_1	1.810 6	2.205 2

表 C.2（续）

方案 2($\alpha=0.1,\beta=0.1,d=2$)							
$\theta_L(C,T_r)$				$\theta_U(C,T_r)$			
关联故障数 r	判决时间 T_r	$C=0.8$	$C=0.9$	关联故障数 r	判决时间 T_r	$C=0.8$	$C=0.9$
8	$7.180\theta_1$	0.651 2	0.578 8	8	$7.180\theta_1$	1.846 9	2.238 5
8	$7.630\theta_1$	0.679 5	0.605 0	8	$7.630\theta_1$	1.887 8	2.278 3
9	$8.560\theta_1$	0.706 9	0.631 5	9	$8.560\theta_1$	1.912 5	2.299 9
9	$9.020\theta_1$	0.731 2	0.654 1	9	$9.020\theta_1$	1.942 3	2.327 5
10	$9.940\theta_1$	0.753 4	0.675 8	10	$9.940\theta_1$	1.959 7	2.341 9
10	$10.400\theta_1$	0.773 8	0.695 1	10	$10.400\theta_1$	1.971 4	2.361 0
11	$11.340\theta_1$	0.793 0	0.713 8	11	$11.340\theta_1$	1.994 6	2.371 5
11	$11.790\theta_1$	0.810 0	0.730 0	11	$11.790\theta_1$	2.010 6	2.384 9
12	$12.720\theta_1$	0.825 8	0.745 4	12	$12.720\theta_1$	2.020 3	2.392 3
12	$13.180\theta_1$	0.840 6	0.759 5	12	$13.180\theta_1$	2.032 6	2.402 1
13	$14.100\theta_1$	0.853 6	0.777 2	13	$14.100\theta_1$	2.039 8	2.407 3
13	$14.560\theta_1$	0.866 1	0.784 1	13	$14.560\theta_1$	2.049 1	2.414 4
14	$15.490\theta_1$	0.877 2	0.795 0	14	$15.490\theta_1$	2.054 7	2.418 3
14	$15.940\theta_1$	0.887 7	0.804 9	14	$15.940\theta_1$	2.061 7	2.423 4
15	$16.880\theta_1$	0.897 3	0.814 2	15	$16.880\theta_1$	2.066 1	2.426 3
15	$17.340\theta_1$	0.906 4	0.822 7	15	$17.340\theta_1$	2.071 8	2.430 2
16	$18.260\theta_1$	0.914 2	0.830 3	16	$18.260\theta_1$	2.075 1	2.432 3
16	$19.650\theta_1$	0.940 9	0.854 3	16	$19.650\theta_1$	2.094 0	2.445 3
16	$20.600\theta_1$	0.961 3	0.871 5	16	$20.600\theta_1$	2.116 1	2.462 0
方案 3($\alpha=0.1,\beta=0.1,d=3$)							
$\theta_L(C,T_r)$				$\theta_U(C,T_r)$			
关联故障数 r	判决时间 T_r	$C=0.8$	$C=0.9$	关联故障数 r	判决时间 T_r	$C=0.8$	$C=0.9$
2	$0.570\theta_1$	0.146 5	0.120 2	2	$0.570\theta_1$	1.071 8	1.604 0
3	$2.220\theta_1$	0.422 5	0.356 4	3	$2.220\theta_1$	2.138 7	2.940 5
4	$3.750\theta_1$	0.584 5	0.500 8	4	$3.750\theta_1$	2.511 0	3.347 8
4	$3.870\theta_1$	0.601 0	0.515 2	4	$3.870\theta_1$	2.560 9	3.405 7
5	$5.400\theta_1$	0.715 6	0.620 0	5	$5.400\theta_1$	2.743 4	3.584 8
5	$5.520\theta_1$	0.728 2	0.631 3	5	$5.520\theta_1$	2.770 3	3.612 9
6	$7.050\theta_1$	0.811 8	0.708 9	6	$7.050\theta_1$	2.869 5	3.701 0
6	$7.170\theta_1$	0.821 3	0.717 5	6	$7.170\theta_1$	2.885 0	3.715 5
7	$8.700\theta_1$	0.882 5	0.774 6	7	$8.700\theta_1$	2.942 1	3.761 4
7	$10.350\theta_1$	0.981 1	0.860 0	7	$10.350\theta_1$	3.109 7	3.914 5

表 C.2（续）

方案 4（α=0.2，β=0.2，d=1.5）							
$\theta_L(C,T_r)$				$\theta_U(C,T_r)$			
关联故障数 r	判决时间 T_r	C=0.8	C=0.9	关联故障数 r	判决时间 T_r	C=0.8	C=0.9
3	$0.24\theta_1$	0.045 1	0.038 1	3	$0.24\theta_1$	0.217 8	0.293 5
4	$1.46\theta_1$	0.218 7	0.188 4	4	$1.46\theta_1$	0.838 9	1.072 0
5	$2.67\theta_1$	0.338 0	0.294 7	5	$2.67\theta_1$	1.139 4	1.418 5
6	$3.90\theta_1$	0.429 9	0.378 2	6	$3.90\theta_1$	1.322 4	1.617 9
7	$5.12\theta_1$	0.501 5	0.444 4	7	$5.12\theta_1$	1.439 5	1.439 2
8	$6.33\theta_1$	0.559 0	0.498 3	8	$6.33\theta_1$	1.518 6	1.817 3
9	$7.55\theta_1$	0.607 3	0.544 0	9	$7.55\theta_1$	1.575 8	1.871 5
10	$8.76\theta_1$	0.647 4	0.582 4	10	$8.76\theta_1$	1.617 4	1.909 3
11	$9.98\theta_1$	0.682 1	0.615 8	11	$9.98\theta_1$	1.649 2	1.937 0
12	$11.19\theta_1$	0.711 4	0.644 2	12	$11.19\theta_1$	1.673 2	1.957 2
13	$12.41\theta_1$	0.737 0	0.669 1	13	$12.41\theta_1$	1.692 2	1.972 6
14	$13.62\theta_1$	0.758 8	0.690 3	14	$13.62\theta_1$	1.707 0	1.984 0
15	$14.84\theta_1$	0.778 0	0.709 0	15	$14.84\theta_1$	1.718 8	1.992 9
16	$16.05\theta_1$	0.794 4	0.724 9	16	$16.05\theta_1$	1.728 2	1.999 6
17	$17.28\theta_1$	0.809 0	0.739 0	17	$17.28\theta_1$	1.736 0	2.005 0
18	$18.50\theta_1$	0.821 6	0.751 1	18	$18.50\theta_1$	1.742 2	2.009 2
19	$18.78\theta_1$	0.822 3	0.751 9	19	$18.78\theta_1$	1.742 5	2.009 3
19	$19.99\theta_1$	0.836 8	0.765 4	19	$19.99\theta_1$	1.749 9	2.014 2
19	$21.21\theta_1$	0.858 6	0.784 4	19	$21.21\theta_1$	1.768 6	2.027 7
19	$21.90\theta_1$	0.870 9	0.794 6	19	$21.90\theta_1$	1.783 3	2.039 2
方案 5（α=0.2，β=0.2，d=2）							
$\theta_L(C,T_r)$				$\theta_U(C,T_r)$			
关联故障数 r	判决时间 T_r	C=0.8	C=0.9	关联故障数 r	判决时间 T_r	C=0.8	C=0.9
2	$0.70\theta_1$	0.180 0	0.147 6	2	$0.70\theta_1$	1.316 3	1.969 8
3	$2.08\theta_1$	0.399 6	0.336 7	3	$2.08\theta_1$	2.091 6	2.913 3
4	$2.80\theta_1$	0.457 8	0.389 8	4	$2.80\theta_1$	2.186 3	3.007 8
4	$3.46\theta_1$	0.542 8	0.464 6	4	$3.46\theta_1$	2.399 8	3.240 2
5	$4.18\theta_1$	0.580 9	0.500 4	5	$4.18\theta_1$	2.441 8	3.277 4
5	$4.86\theta_1$	0.643 8	0.556 7	5	$4.86\theta_1$	2.550 6	3.381 9
6	$5.58\theta_1$	0.669 3	0.580 9	6	$5.58\theta_1$	2.571 6	3.398 6
6	$6.24\theta_1$	0.712 0	0.619 2	6	$6.24\theta_1$	2.626 7	3.445 5

表 C.2（续）

方案 5($\alpha=0.2,\beta=0.2,d=2$)							
$\theta_L(C,T_r)$				$\theta_U(C,T_r)$			
关联故障数 r	判决时间 T_r	$C=0.8$	$C=0.9$	关联故障数 r	判决时间 T_r	$C=0.8$	$C=0.9$
7	$6.960\theta_1$	0.729 1	0.635 3	7	$6.960\theta_1$	2.637 7	3.453 3
7	$7.620\theta_1$	0.758 6	0.661 2	7	$7.620\theta_1$	2.667 7	3.475 9
8	$8.340\theta_1$	0.770 0	0.671 7	8	$8.340\theta_1$	2.673 7	3.479 7
8	$9.740\theta_1$	0.813 3	0.706 9	8	$9.740\theta_1$	2.720 3	3.512 4
方案 6($\alpha=0.2,\beta=0.2,d=3$)							
$\theta_L(C,T_r)$				$\theta_U(C,T_r)$			
关联故障数 r	判决时间 T_r	$C=0.8$	$C=0.9$	关联故障数 r	判决时间 T_r	$C=0.8$	$C=0.9$
2	$0.360\theta_1$	0.092 6	0.075 9	2	$0.360\theta_1$	0.676 9	1.013 0
3	$2.670\theta_1$	0.503 4	0.425 3	3	$2.670\theta_1$	2.463 1	3.338 6
3	$4.320\theta_1$	0.786 2	0.661 8	3	$4.320\theta_1$	3.862 6	5.220 7
3	$4.500\theta_1$	0.811 1	0.681 8	3	$4.500\theta_1$	3.998 7	5.404 7
方案 7($\alpha=0.3,\beta=0.3,d=1.5$)							
$\theta_L(C,T_r)$				$\theta_U(C,T_r)$			
关联故障数 r	判决时间 T_r	$C=0.8$	$C=0.9$	关联故障数 r	判决时间 T_r	$C=0.8$	$C=0.9$
3	$1.220\theta_1$	0.229 2	0.193 8	3	$1.220\theta_1$	1.107 0	1.492 0
4	$2.430\theta_1$	0.371 0	0.318 8	4	$2.430\theta_1$	1.496 1	1.945 0
5	$3.150\theta_1$	0.419 9	0.363 8	5	$3.150\theta_1$	1.574 3	2.024 7
5	$3.650\theta_1$	0.473 5	0.411 5	5	$3.650\theta_1$	1.697 4	2.159 4
6	$4.370\theta_1$	0.508 9	0.444 8	6	$4.370\theta_1$	1.740 2	2.199 8
6	$5.580\theta_1$	0.617 2	0.542 2	6	$5.580\theta_1$	1.957 8	2.428 6
6	$6.800\theta_1$	0.730 2	0.641 2	6	$6.800\theta_1$	2.253 3	2.763 3
方案 8($\alpha=0.3,\beta=0.3,d=2$)							
$\theta_L(C,T_r)$				$\theta_U(C,T_r)$			
关联故障数 r	判决时间 T_r	$C=0.8$	$C=0.9$	关联故障数 r	判决时间 T_r	$C=0.8$	$C=0.9$
3	$1.720\theta_1$	0.323 2	0.273 2	3	$1.720\theta_1$	1.560 7	2.103 5
3	$3.100\theta_1$	0.549 4	0.460 5	3	$3.100\theta_1$	2.717 1	3.665 9
3	$4.500\theta_1$	0.645 1	0.526 8	3	$4.500\theta_1$	3.477 9	4.711 4

附　录　D
（资料性附录）
可靠性测试记录表

可靠性测试记录表如表 D.1 所示。

表 D.1　可靠性测试记录表

<table>
<tr><td colspan="2">产品名称</td><td colspan="2"></td><td>产品型号</td><td></td><td>出厂编号</td><td></td></tr>
<tr><td colspan="2">生产厂家</td><td colspan="2"></td><td>出厂日期</td><td></td><td>起用日期</td><td></td></tr>
<tr><td colspan="2">测试日期</td><td colspan="6">年　月　日　时　　至　　年　月　日</td></tr>
<tr><td rowspan="2">日 期</td><td rowspan="2">班 次</td><td colspan="2">系统运行时间区间</td><td rowspan="2">故障停机时刻</td><td rowspan="2">恢复使用时刻</td><td rowspan="2">预防维修时长</td><td rowspan="2">负责人签字</td></tr>
<tr><td>开始</td><td>结束</td></tr>
<tr><td></td><td></td><td></td><td></td><td></td><td></td><td></td><td></td></tr>
<tr><td></td><td></td><td></td><td></td><td></td><td></td><td></td><td></td></tr>
<tr><td></td><td></td><td></td><td></td><td></td><td></td><td></td><td></td></tr>
<tr><td></td><td></td><td></td><td></td><td></td><td></td><td></td><td></td></tr>
<tr><td></td><td></td><td></td><td></td><td></td><td></td><td></td><td></td></tr>
<tr><td></td><td></td><td></td><td></td><td></td><td></td><td></td><td></td></tr>
<tr><td></td><td></td><td></td><td></td><td></td><td></td><td></td><td></td></tr>
<tr><td></td><td></td><td></td><td></td><td></td><td></td><td></td><td></td></tr>
<tr><td></td><td></td><td></td><td></td><td></td><td></td><td></td><td></td></tr>
<tr><td></td><td></td><td></td><td></td><td></td><td></td><td></td><td></td></tr>
<tr><td></td><td></td><td></td><td></td><td></td><td></td><td></td><td></td></tr>
<tr><td></td><td></td><td></td><td></td><td></td><td></td><td></td><td></td></tr>
<tr><td></td><td></td><td></td><td></td><td></td><td></td><td></td><td></td></tr>
<tr><td></td><td></td><td></td><td></td><td></td><td></td><td></td><td></td></tr>
<tr><td colspan="8">注：每台数控系统填写一份表格，表可续页。</td></tr>
</table>

附　录　E
（资料性附录）
可靠性测试故障记录表

可靠性测试故障记录表如表 E.1 所示。

表 E.1　可靠性测试故障记录表

<table>
<tr><td>数控系统名称
及制造厂家</td><td colspan="2"></td><td colspan="2">出厂日期</td><td></td></tr>
<tr><td>测试日期</td><td colspan="5">年　月　日　时　　至　　年　月　日</td></tr>
<tr><td>气候环境条件</td><td colspan="5"></td></tr>
<tr><td>机械环境条件</td><td colspan="5"></td></tr>
<tr><td>电源与电磁条件</td><td colspan="5"></td></tr>
<tr><td>工况条件</td><td colspan="5"></td></tr>
<tr><td>其他条件</td><td colspan="5"></td></tr>
<tr><td>序号</td><td>故障开始时间</td><td>故障部位</td><td>故障现象</td><td>处理措施</td><td>修复时间</td></tr>
<tr><td></td><td></td><td></td><td></td><td></td><td></td></tr>
<tr><td></td><td></td><td></td><td></td><td></td><td></td></tr>
<tr><td></td><td></td><td></td><td></td><td></td><td></td></tr>
<tr><td></td><td></td><td></td><td></td><td></td><td></td></tr>
<tr><td></td><td></td><td></td><td></td><td></td><td></td></tr>
<tr><td></td><td></td><td></td><td></td><td></td><td></td></tr>
<tr><td></td><td></td><td></td><td></td><td></td><td></td></tr>
<tr><td></td><td></td><td></td><td></td><td></td><td></td></tr>
<tr><td></td><td></td><td></td><td></td><td></td><td></td></tr>
<tr><td></td><td></td><td></td><td></td><td></td><td></td></tr>
<tr><td>累计工作时间
(h)</td><td></td><td>累计故障数</td><td></td><td>累计修复时间
(h)</td><td></td></tr>
<tr><td colspan="3">测试者：(签字)</td><td colspan="3">填表人：(签字)</td></tr>
<tr><td colspan="6">测试单位：(盖章)

年　月　日</td></tr>
<tr><td colspan="6">注：每台数控系统填写一份表格，表可续页。</td></tr>
</table>

附　录　F
（资料性附录）
故障分析表

故障分析表如表 F.1 所示。

表 F.1　故障分析表

<table>
<tr><td>产品名称</td><td colspan="2"></td><td>出厂编号</td><td></td></tr>
<tr><td>产品型号</td><td colspan="2"></td><td>出厂日期</td><td></td></tr>
<tr><td>制造厂家</td><td colspan="2"></td><td>起用日期</td><td></td></tr>
<tr><td>发现故障时间</td><td colspan="2"></td><td>累计工作时间</td><td></td></tr>
<tr><td>修复时间</td><td colspan="2"></td><td>故障现象</td><td></td></tr>
<tr><td>故障描述</td><td colspan="4"></td></tr>
<tr><td rowspan="4">故障原因</td><td>工艺与质量</td><td colspan="3">开路 □　虚接 □　工艺不良 □
磨损 □　短路 □　虚焊 □
脱落 □</td></tr>
<tr><td>运行条件</td><td colspan="3">过电压 □　过热 □　静电 □
电源波动 □　过载 □　过电流 □
老化 □　缺相 □　电磁干扰 □
电磁辐射 □</td></tr>
<tr><td>程序与操作</td><td colspan="3">程序出错 □　误操作 □　参数错 □
参数丢失 □</td></tr>
<tr><td>其他</td><td colspan="3"></td></tr>
<tr><td>故障分类</td><td colspan="4">关联故障 □　非关联故障 □</td></tr>
<tr><td>处理措施</td><td colspan="4">设计更改 □　工艺更改 □　更换零件 □　材料更换 □
调整 □</td></tr>
<tr><td colspan="3">填表人：（签字）</td><td colspan="2">测试单位：（盖章）

年　月　日</td></tr>
</table>

附 录 G
（资料性附录）
可靠性测试结论表

可靠性测试结论表如表 G.1 所示。

表 G.1 可靠性测试结论表

测试结论编号：			
测试地点：			
测试起始时间：		测试结束时间：	
批量数/样本数：		累计测试时长：	
累计故障数：		测试方式：	
测试方案：		测试操作人员：	
主要测试条件：			
测试结论：			
备注：			
负责人（签章） 年 月 日			

参 考 文 献

［1］ GB/T 2900.13—2008 电工术语 可信性与服务质量
［2］ GB/T 29545—2013 机床数控系统 可靠性设计
［3］ GJB/Z 35—1993 元器件降额准则
［4］ GJB 899A—2009 可靠性鉴定和验收试验
［5］ JB/T 11989—2014 机床数控系统 术语与定义

ICS 77.120.40
J 32

中华人民共和国国家标准

GB/T 32246—2015

GH141 合金锻件　通用技术条件

GH 141 alloy forgings—General specification

2015-12-10 发布　　2016-07-01 实施

中华人民共和国国家质量监督检验检疫总局
中国国家标准化管理委员会　发布

前　　言

本标准按照 GB/T 1.1—2009 给出的规则起草。

本标准由全国锻压标准化技术委员会(SAC/TC 74)提出并归口。

本标准起草单位:贵州安大航空锻造有限责任公司、北京机电研究所、江苏保捷锻压有限公司。

本标准主要起草人:陈祖祥、魏志坚、金红、甘元、陈文敬、陆以春。

GH141 合金锻件　通用技术条件

1　范围

本标准规定了 GH141 合金自由锻件的要求、质量保证规定和交货准备等。

本标准适用于 GH141 合金自由锻件(以下简称"锻件")。

2　规范性引用文件

下列文件对于本文件的应用是必不可少的。凡是注日期的引用文件,仅注日期的版本适用于本文件。凡是不注日期的引用文件,其最新版本(包括所有的修改单)适用于本文件。

GB/T 222　钢的成品化学成分允许偏差

GB/T 223(所有部分)　钢铁及合金化学分析方法

GB/T 230.1　金属材料　洛氏硬度试验　第 1 部分:试验方法(A、B、C、D、E、F、G、H、K、N、T 标尺)

GB/T 2039　金属材料　单轴拉伸蠕变试验方法

GB/T 4338　金属材料　高温拉伸试验方法

GB/T 6394　金属平均晶粒度测定法

GB/T 6402　钢锻件超声检测方法

GB/T 14999.2　高温合金试验方法　第 2 部分:横向低倍组织及缺陷酸浸检验

3　要求

3.1　原材料

锻件用原材料采用真空感应熔炼加真空电弧炉重熔或真空感应熔炼加电渣重熔等冶炼方法生产,所采用的冶炼方法应在合同和质量证明书中注明。

3.2　化学成分

3.2.1　合金的化学成分应符合表 1 的规定。

表 1　合金的化学成分　%(质量分数)

元素	Cr	Mo	Al	Ti	Co	B	Ni
含量	≥18.00～20.00	≥9.00～10.50	≥1.40～1.70	≥3.00～3.30	≥10.00～12.00	≥0.003～0.010	余量

元素	C	Cu	Fe	Si	Mn	P	S	Zr
含量	≤0.12	≤0.50	≤5.00	≤0.50	≤0.10	≤0.015	≤0.015	≤0.07

3.2.2 锻件的化学成分允许偏差应符合 GB/T 222 的规定或按用户规定。

3.3 供货状态

3.3.1 锻件按以下状态之一交付,交货状态应在锻件图样和质量证明书中注明:

——A 状态:不热处理;

——B 状态:两次固溶处理;

——C 状态:两次固溶处理加时效处理。

3.3.2 热处理制度如下:

第一次固溶处理:1 080 ℃±10 ℃,快速冷却;

第二次固溶处理:1 120 ℃±10 ℃,空冷;

时效处理:900 ℃±10 ℃,空冷。

注:加热温度为锻件实际达到的温度。

3.4 力学性能

3.4.1 以 C 状态交货的锻件硬度应符合表 2 的规定。

3.4.2 试样沿锻件纵向或切向取样,经两次固溶处理加时效处理后,力学性能应符合表 2 的规定。

表 2 性能要求

室温硬度 HRC	760 ℃拉伸性能				900 ℃持久性能	
	R_m/MPa	$R_{p0.2}$/MPa	A/%	Z/%	σ_0/MPa	t_u/h
≥30	≥835	≥620	≥12	≥15	170	≥20

3.5 低倍组织

从锻件切取的横向低倍试样上,不应有目视可见的疏松、针孔、裂纹、缩孔和夹杂等冶金缺陷。

3.6 高倍组织

高倍试样应在垂直于流线方向切取,经两次固溶加时效处理后,测定平均晶粒度应为 2 级或更细,允许少量 00 级晶粒,无明显的粗细晶区偏聚。

3.7 超声波检验

锻件应逐件进行超声波检验,形状复杂的锻件可在中间坯上进行超声波检验,验收等级应符合供需双方签订的图样。

3.8 形状、尺寸

锻件的形状、尺寸和公差应符合供需双方签定的图样的规定。

3.9 外观质量

3.9.1 锻件的表面出现过烧裂纹时应报废。

3.9.2 锻件表面上裂纹、折迭、嵌入和成片的氧化皮应全部清除，保证锻件留有不小于三分之一的公称加工余量。

3.9.3 缺陷的清除处应圆滑过渡，清除宽度不得小于深度的 8 倍。

4 质量保证规定

4.1 质量一致性检验

4.1.1 组批规则

锻件应成批提交验收。每批原则上应由同一图号、同一熔炼炉号、同一投产批和同一热处理炉批的锻件组成。当需方同意时，允许不同图号组批。

4.1.2 检验项目

4.1.2.1 检验项目、取样数量应符合表 3 的规定。

表 3 检验要求

序号	检验项目		取样数量
1	化学成分		每炉 1
2	高温拉伸		2
3	高温持久		2
4	硬度	锻件	逐件
		试样	2
5	低倍组织		对称各 1
6	晶粒度		1
7	超声波检验		逐件
8	形状、尺寸		逐件
9	外观质量		逐件

4.1.2.2 锻件的取样部位按锻件图或技术文件的规定。

4.1.2.3 每批取一个锻件进行理化检验，供方在半个试验件上进行理化检验，另半件打上相应标志随同批锻件发往需方复验用。供方可按原材料的分析结果提供化学成分。

4.2 判定与复验规则

4.2.1 化学成分分析结果不合格时，允许重新取样对不合格元素进行复验，复验结果仍不合格时，该炉批判为不合格。

4.2.2 锻件硬度检查不合格时，判单件不合格；力学性能某项检验结果不合格时，允许在同一试验件上切取双倍数量的试样对不合格项目进行检验，检验结果仍不合格时，判整批不合格。允许在本标准规定的范围内重复热处理后，重新提交验收；若仍不合格，该批锻件判为不合格。重复热处理允许进行一次，补充时效不算重复热处理。

4.2.3 超声波检验不合格时，该锻件判为不合格。

4.2.4 形状、尺寸或外观质量检验不合格时，该锻件判为不合格。

4.3 检验方法

4.3.1 化学成分分析

化学成分分析按 GB/T 223 进行。

4.3.2 高温拉伸试验

高温拉伸试验按 GB/T 4338 进行。

4.3.3 高温持久试验

高温持久试验按 GB/T 2039 进行。

4.3.4 硬度试验

洛氏硬度试验按 GB/T 230.1 进行。

4.3.5 低倍组织检验

低倍组织检验按 GB/T 14999.2 进行。

4.3.6 晶粒度检验

晶粒度检验按 GB/T 6394 进行。

4.3.7 超声波检验

超声波检验按 GB/T 6402 或双方约定的其他方法进行。

4.3.8 形状、尺寸检验

形状、尺寸检验采用通用的测量工具进行。

4.3.9 外观质量检验

外观质量采用目视检验。

5 交货准备

5.1 包装

锻件的包装按合同要求进行。

5.2 标识

锻件应按图样标明的位置逐件打上如下标记：

a) 供方质量检验部门的印记；

b) 合金牌号；

c) 锻件图号；

d) 锻件投产批号；

e） 熔炼炉号；

f） 按锭节号管理的应标锭节号；

g） 其他标记。

5.3 质量证明书

每批锻件应附有质量检验部门签发的质量证明书，其上注明：

a） 供方名称；

b） 需方名称；

c） 合同号、本标准编号；

d） 锻件图号和代号、名称、合金牌号、锻件类别；

e） 冶炼方法；

f） 熔炼炉号、锭节号、投产批号、热处理炉批号；

g） 交货状态、数量；

h） 原材料供应商名称；

i） 实际热处理制度及按本标准和协议、合同规定的各项检验结果（如复验，应包括两次检验结果）。

6 订货文件

合同或订单中应注明下列内容：

a） 本标准编号；

b） 产品名称、锻件图号、合金牌号、锻件类别；

c） 交货状态、数量；

d） 冶炼方法；

e） 其他技术要求。

ICS 77.140.80
J 31

中华人民共和国国家标准

GB/T 32247—2015

低温铁素体球墨铸铁件

Ferritic ductile iron castings suitable for low temperature service

2015-12-10 发布 2016-07-01 实施

中华人民共和国国家质量监督检验检疫总局
中国国家标准化管理委员会 发布

前　言

本标准按照 GB/T 1.1—2009 给出的规则起草。

本标准由全国铸造标准化技术委员会(SAC/TC 54)提出并归口。

本标准负责起草单位:莱州新忠耀机械有限公司、安徽省机械科学研究所。

本标准参与起草单位:常州华德机械有限公司、合肥江淮铸造有限责任公司、杭州佳力风能科技有限公司、上海圣德曼铸造有限公司、佛山市顺德区中天创展球铁有限公司、共享装备有限公司、慈溪市汇丽机电有限公司、日月重工股份有限公司、江苏吉鑫风能科技股份有限公司。

本标准主要起草人:杨忠耀、宋量、丁建中、赵永征、苟华强、金永锡、陈培忠、陈永成、徐国强、李林徽、罗宇、尤国庆、周益中、傅明康。

低温铁素体球墨铸铁件

1 范围

本标准规定了使用温度在−40 ℃～−60 ℃的铁素体球墨铸铁件的生产方法、化学成分和热处理，技术要求，取样，试验方法，检验规则，铸件的其他检验，质量记录，标志和质量证明书，防锈、包装、运输和贮存等要求。

本标准适用于砂型或导热性与砂型相当的其他铸型铸造的低温铁素体球墨铸铁件，其他铸造方法生产的低温铁素体球墨铸铁件可参照使用。

2 规范性引用文件

下列文件对于本文件的应用是必不可少的。凡是注日期的引用文件，仅注日期的版本适用于本文件。凡是不注日期的引用文件，其最新版本(包括所有的修改单)适用于本文件。

GB/T 228.1 金属材料 拉伸试验 第1部分：室温试验方法

GB/T 229 金属材料 夏比摆锤冲击试验方法

GB/T 231.1 金属材料 布氏硬度试验 第1部分：试验方法

GB/T 1348 球墨铸铁件

GB/T 5677 铸钢件射线照相检测

GB/T 6060.1 表面粗糙度比较样块 铸造表面

GB/T 6414 铸件 尺寸公差与机械加工余量

GB/T 9441 球墨铸铁金相检验

GB/T 9444 铸钢件磁粉检测

GB/T 11351 铸件重量公差

GB/T 18851.1 无损检测 渗透检测 第1部分：总则

3 生产方法、化学成分和热处理

3.1 低温铁素体球墨铸铁件的生产方法、化学成分和热处理工艺，可由供方自行决定，但应满足本标准规定的力学性能指标。化学成分不作为铸件验收的依据。

3.2 当需方对铸件的化学成分、热处理方法有特殊要求时由供需双方商定。

4 技术要求

4.1 材料牌号和力学性能

4.1.1 低温铁素体球墨铸铁件的材料牌号见表1～表4。

4.1.2 QT350-22L、QT400-18L单铸试样的力学性能见表1。

4.1.3 QT350-22L、QT400-18L单铸试样的冲击吸收能量见表2。

表 1　单铸试样的力学性能

材料牌号	抗拉强度 R_m/MPa (min)	屈服强度 $R_{p0.2}$/MPa (min)	断后伸长率 A/% (min)	布氏硬度/HBW
QT350-22L (−50 ℃、−60 ℃)	350	220	22	≤160
QT400-18L (−40 ℃、−50 ℃、−60 ℃)	400	240	18	≤170

表 2　单铸试样 V 型缺口冲击吸收能量

材料牌号	最小冲击吸收能量 KV/J					
	−40 ℃±2 ℃		−50 ℃±2 ℃		−60 ℃±2 ℃	
	三个试样平均值	单个试样	三个试样平均值	单个试样	三个试样平均值	单个试样
QT350-22L(−50 ℃)	—	—	12	9	—	—
QT350-22L(−60 ℃)	—	—	—	—	12	9
QT400-18L(−40 ℃)	12	9	—	—	—	—
QT400-18L(−50 ℃)	—	—	12	9	—	—
QT400-18L(−60 ℃)	—	—	—	—	12	9
注：牌号后的温度表示该牌号的适用温度。						

4.1.4　需方要求提供附铸试样性能时，其附铸试样的力学性能见表 3，附铸试样的冲击吸收能量见表 4。

表 3　附铸试样的力学性能

材料牌号	铸件厚度/mm	试块厚度/mm	抗拉强度 R_m/MPa (min)	屈服强度 $R_{p0.2}$/MPa (min)	断后伸长率 A/% (min)	布氏硬度/HBW
QT350-22AL (−50 ℃、−60 ℃)	≤30	25	350	220	22	≤160
	>30～60	40	330	210	18	
	>60～200	70	由供需双方商定			
QT400-18AL (−40 ℃、−50 ℃、−60 ℃)	≤30	25	390	240	18	≤170
	>30～60	40	370	230	15	
	>60～200	70	由供需双方商定			

表 4　附铸试样 V 型缺口冲击吸收能量

材料牌号	铸件壁厚/mm	试块厚度/mm	最小冲击吸收能量 *KV*/J					
			−40 ℃±2 ℃		−50 ℃±2 ℃		−60 ℃±2 ℃	
			三个试样平均值	单个试样	三个试样平均值	单个试样	三个试样平均值	单个试样
QT350-22AL（−50 ℃）	≤30	25	—	—	12	9	—	—
	>30～60	40	—	—	12	9	—	—
	>60～200	70	—	—	—	—	—	—
QT350-22AL（−60 ℃）	≤30	25	—	—	—	—	12	9
	>30～60	40	—	—	—	—	12	9
	>60～200	70	—	—	—	—	—	—
QT400-18AL（−40 ℃）	≤30	25	12	9	—	—	—	—
	>30～60	40	12	9	—	—	—	—
	>60～200	70	—	—	—	—	—	—
QT400-18AL（−50 ℃）	≤30	25	—	—	12	9	—	—
	>30～60	40	—	—	12	9	—	—
	>60～200	70	—	—	—	—	—	—
QT400-18AL（−60 ℃）	≤30	25	—	—	—	—	12	9
	>30～60	40	—	—	—	—	12	9
	>60～200	70	—	—	—	—	—	—

4.1.5　铸件力学性能一般以试样的 V 型缺口冲击吸收能量、抗拉强度、屈服强度和断后伸长率作为验收依据。

4.1.6　如在铸件的本体上取样，取样部位及力学性能指标，由供需双方商定。本体试样的力学性能指标一般低于单铸试块。

4.1.7　从附铸试样上测得的力学性能并不能准确地反映铸件本体的力学性能，但与单铸试样上测得的值相比更接近于铸件的实际性能值；本体性能值也许等于或低于表 1～表 4 所给定的值。

4.1.8　冲击试样的表面粗糙度 $Ra \leqslant 0.4$。

4.2　金相组织

4.2.1　基体组织以铁素体为主。如需方有特殊要求，由供需双方商定。

4.2.2　石墨形态以球状为主。球化级别一般不低于 GB/T 9441 规定的 2 级；石墨大小≥5 级。如需方有特殊要求，球化级别由供需双方商定。

4.3　几何形状及尺寸公差

4.3.1　铸件几何形状及其尺寸公差应符合铸件图样的规定。

4.3.2　铸件的尺寸公差按 GB/T 6414 的有关规定执行。有特殊要求的可按图样或有关技术协议要求执行。

4.4 重量偏差

铸件的重量偏差按 GB/T 11351 的有关规定执行。有特殊要求的可按图样或有关技术协议要求执行。

4.5 表面质量

4.5.1 铸件应清理干净，修整多余部分。

4.5.2 应去除残留的浇冒口、飞刺、多肉等，粘砂、氧化皮、夹渣等应清除干净。

4.5.3 表面粗糙度应符合 GB/T 6060.1 的规定，标准等级由供需双方商定。

4.6 铸件的缺陷及修补

4.6.1 不允许有影响铸件使用性能的铸造缺陷(如裂纹、冷隔等)存在。

4.6.2 铸件允许存在能加工去除的表面缺陷。

4.6.3 除非需方许可，铸件不得用胶粘、焊补或者其他的方式修补。

4.7 无损检测

当需方对射线探伤、磁粉探伤、超声探伤和渗透探伤有特殊要求时，按需方要求进行检测，检测频次和检测部位由供需双方共同商定。

5 取样

5.1 总则

试样应尽可能代表铸件的主要部位，取样方法(单铸、附铸、本体试样)由供需双方商定。

5.2 单铸试块

单铸试块的选择按 GB/T 1348 有关规定执行。

5.3 附铸试块

5.3.1 附铸试块的位置

附铸试块在铸件上的位置应由供需双方商定，以不影响铸件的结构性能、铸件的外观质量以及试块致密性为原则，需要热处理的铸件，附铸试块应在热处理后切取。

5.3.2 附铸试块的形状尺寸

附铸试块的形状尺寸按 GB/T 1348 的有关规定执行。

5.4 本体试样

按 GB/T 1348 的有关规定执行。

5.5 试样

拉伸试样和冲击试样的形状尺寸按 GB/T 1348 的有关规定执行。

5.6 取样批次的构成和检验数量

取样批次的构成和检验数量按 GB/T 1348 的有关规定执行。

6 试验方法

6.1 拉伸试验

拉伸试验应按 GB/T 228.1 的有关规定进行。

6.2 冲击试验

冲击试验应按 GB/T 229 的有关规定进行。

6.3 硬度试验

硬度试验应按 GB/T 231.1 的有关规定进行。硬度试验的部位、频次和数量由供需双方商定。

6.4 金相组织检验

金相组织检验按 GB/T 9441 中的有关规定进行。金相组织检测部位和频次由供需双方商定。

7 检验规则

7.1 复验的条件

按 GB/T 1348 的有关规定执行。

7.2 试验的有效性

按 GB/T 1348 的有关规定执行。

7.3 试验结果的评定与复验

7.3.1 检验力学性能时，先用一根拉伸试棒和一组(3 块)冲击试样进行试验，如试验结果符合要求，则该批铸件在材质上即为合格；如果试验结果达不到要求，而不是由于 GB/T 1348 所列原因引起的，则可从同一批的试样中双倍取样进行重复试验。

7.3.2 复验结果都能达到要求时，则该批铸件判定为合格。如果复验结果中仍有一根(组)达不到要求，则该批铸件初步判定为不合格。这时，可从该批铸件中随机抽取一件，在供需双方商定部位切取本体试样再进行力学性能检测。若检测结果达到要求，则仍可判定该批铸件合格；若本体试样检测结果仍然达不到要求，则最终判定该批铸件不合格。

7.4 试块和铸件的热处理

7.4.1 试块与铸件应同炉进行热处理。

7.4.2 如果一次热处理后铸件的力学性能不合格，可以将试块与铸件同炉进行再次热处理，重新取样检测力学性能，重新检测结果都能达到要求时，则该批铸件仍为合格。

7.4.3 重复热处理的次数不得超过 2 次。

8 铸件的其他检验

8.1 首批铸件表面、外观、几何尺寸、重量应按图样规定进行全检。

8.2 批量生产的铸件表面、外观、重要几何尺寸、重量可进行抽检。抽检的频次和数量由供需双方商定。

8.3 抽样方法采用随机抽样。

8.4 对抽检不合格铸件的该批次应全检。

8.5 化学成分分析按 GB/T 1348 的规定执行。

8.6 无损检测按下列规定执行：

a) 射线探伤按 GB/T 5677 的规定执行。

b) 磁粉探伤按 GB/T 9444 的规定执行，磁粉探伤不可及的部位可用渗透检测来代替。

c) 超声探伤按需方要求执行。

d) 渗透探伤按 GB/T 18851.1 的规定执行。

e) 无损检测的验收级别由供需双方商定。

8.7 缺陷按 GB/T 1348 的有关规定执行。

9 质量记录

化学成分分析、力学性能试验、金相分析以及无损检测等均应按照本标准的要求作详细记录并保存，根据需方要求提供相关检测报告。

10 标志和质量证明书

10.1 铸件应有制造商代号、产品代号、制造日期等供方标志。铸件的标识方式、位置、尺寸，由供需双方商定。

10.2 铸件出厂时应附有相关的质量证明书，具体提供的证明可由供需双方商定。一般应包括下列文件：

a) 供方名称或标识；

b) 零件号或订货合同号；

c) 材质牌号；

d) 各项检验结果；

e) 标准编号；

f) 客户要求的其他检验报告。

11 防锈、包装、运输和贮存

11.1 铸件经检验合格后，按双方议定的材料及包装方法进行防锈包装处理，并贮存在通风、干燥的库房内。

11.2 根据双方商定的运输方式进行运输。运输过程中应防雨、防潮，避免磕碰。

ICS 77.140.85
J 32

中华人民共和国国家标准

GB/T 32248—2015

超高强度合金钢锻件　通用技术条件

Superstrength alloy steel forgings—General specifications

2015-12-10 发布　　2016-07-01 实施

中华人民共和国国家质量监督检验检疫总局
中国国家标准化管理委员会　发布

前　言

本标准按照 GB/T 1.1—2009 给出的规则起草。

本标准由全国锻压标准化技术委员会(SAC/TC 74)提出并归口。

本标准负责起草单位:第一拖拉机股份有限公司锻造厂、北京机电研究所、贵州安大航空锻造有限责任公司。

本标准主要起草人:王云飞、于宜洛、周林、阮艳静、陈祖祥、陈文敬、胡志高、杨孝荣、魏巍。

超高强度合金钢锻件　通用技术条件

1　范围

本标准规定了屈服强度大于 965 MPa 超高强度合金钢锻件(以下简称“锻件”)的订货内容、材料和制造方法、化学成分要求、力学性能、无损检验要求、返修及产品标识等。

本标准适用于超高强度合金钢锻件。

本标准不适合在受蠕变变形限制的情况下使用。

注：本标准涵盖了 27 个等级,等级的选择基于所要求的设计、使用条件及力学性能。

2　规范性引用文件

下列文件对于本文件的应用是必不可少的。凡是注日期的引用文件,仅注日期的版本适用于本文件。凡是不注日期的引用文件,其最新版本(包括所有的修改单)适用于本文件。

GB/T 6394　金属平均晶粒度测定法

ASTM A255　测定钢的淬硬性的标准试验方法(Standard test methods for determining hardenability of steel)

ASTM A275/275M　钢锻件磁粉检查的标准实施规程(Standard practice for magnetic particle examination of steel forgings)

ASTM A370—2012　钢制品机械测试的标准试验方法和定义(Standard test methods and definitions for mechanical testing of steel products)

ASTM A388/388M　钢锻件超声检验用标准实施规程(Standard practice for ultrasonic examination of steel forgings)

ASTM A788/A788M—2013　普通要求钢锻件的标准规范(Standard specification for steel forgings,general requirements)

ASTM E3　金相试样制备标准指南(Standard guide for preparation of metallographic specimens)

ASTM E21　金属材料升温拉伸试验用标准试验方法(Standard test methods for elevated temperature tension tests of metallic materials)

ASTM E45　钢中杂质含量的标准试验方法(Standard test methods for determining the inclusion content of steel)

ASTM E165　液体渗透检验的标准试验方法(Standard test method for liquid penetrate examination)

3　订货内容和一般要求

3.1　除了 ASTM A788/A788M—2013 中要求的订单信息外,需方的询价单和订货单还应包括锻件的详细图样及说明书。

3.2　按照本标准提供的锻件应符合标准 ASTM A788/A788M—2013 的要求,包含额外的订货信息、制造要求、测试、复检方法和步骤、标识、证明书、产品分析偏差及额外的补充要求。

3.3　如果本标准与 ASTM A788/A788M—2013 的要求有冲突,以本标准为准。

3.4 当需要附录 A 中额外的测试或检查时，应提供附加要求，这些要求应在订单上由需方特别规定才能采用。

4 材料和制造方法

4.1 钢坯应按 ASTM A788/A788M—2013 中的熔炼工艺进行熔炼，预留充分的切头以保证无缩孔和过度偏析。

4.2 锻件应符合 ASTM A788/A788M—2013 规定的热轧钢加工锻件要求。

4.3 由供方进行的热处理——锻件应按照询价单和订单中规定的如下热处理条件之一供货（有些热处理不适用于所有的钢号）：

a) 去应力退火；

b) 退火；

c) 固溶热处理；

d) 固溶热处理并时效处理；

e) 正火；

f) 正火和回火；

g) 调质。

4.4 由需方进行的热处理——如需要由需方在机械加工或制造（或两者）以后，进行最终热处理，则应由供方按照需方最终热处理的条件，对样品（见 6.3）进行一次热处理并检测性能，以检验锻件是否合格。这些性能试验的结果应符合表 1、表 2 和表 3 的要求。

表 1 最低拉伸测试要求

类别	钢号	屈服强度($R_{p0.2}$) MPa	抗拉强度(R_m) MPa	伸长率(A)[a] %	断面收缩率(Z)[a] %
调质	13,21,22,23,12,12a	965	1 035	13	40
	13,21,22,23,11	1 100	1 210	12	36
	13,21,22,23,31	1 240[b]	1 310	10	32
	13,21,22,23	1 380[b]	1 450	9	28
	22[c],23,32,33	1 550[b]	1 720	6	25
空气淬火	41	1 380[b]	1 790	9	30
	41	1 550[b]	1 930	8	25
马氏体不锈钢	51,52,53	965	1 210	12	45
	52	1 100	1 520	10	40
1 号沉淀硬化不锈钢	61	965	1 140	12	50
	61	1 100	1 240	10	45
	61	1 240[b]	1 380	8	40
2 号沉淀硬化不锈钢	64	965	1 140	12	25
	64	1 100	1 275	10	25
	64	1 240[b]	1 450	10	25

表 1（续）

类别	钢号	屈服强度($R_{p0.2}$) MPa	抗拉强度(R_m) MPa	伸长率(A)[a] %	断面收缩率(Z)[a] %
3 号沉淀硬化不锈钢	62	965	1 140	6	25
	62,63	1 100	1 240	6	25
	63	1 240[b]	1 380	6	25
	63	1 380[b]	1 550	5	25
马氏体时效钢	74	1 100	1 170	15	65
	75	1 240[b]	1 310	14	60
	71	1 380[b]	1 450	12	55
	72	1 720[b]	1 760	10	45
	73	1 895[b]	1 930	9	40
其他	81	1 240[d]	1 310	13	45
	82	1 380[d]	1 450	10	30
	83[d]	1 550[d]	1 790	7	20
	83[e]	1 720[d]	1 930	4	15
	84	1 240[d]	1 275	14	45

[a] 见表 3 注。
[b] 通常要求真空熔炼以达到表中性能。
[c] 需经协商。
[d] 贝氏体。
[e] 马氏体。

表 2　室温下不同屈服强度级别钢的夏比 V 形缺口冲击能量吸收值[a]　J

钢号	屈服强度						
	965 MPa	1 100 MPa	1 240[b] MPa	1 380[b] MPa	1 550[b] MPa	1 720[b] MPa	1 900[b] MPa
11	—	≥60	—	—	—	—	—
12,12a	≥70	—	—	—	—	—	—
13	≥25	≥15	[c]	—	—	—	—
21	≥45	≥40	≥25	≥20	—	—	—
22	≥40	≥35	≥25	≥20	—	—	—
23	≥45	≥35	≥25	≥20	≥15	—	—
31	—	—	≥35	—	—	—	—
32	—	—	—	—	≥17	—	—
33	—	—	—	—	≥20	—	—

表 2（续）

钢号	屈服强度						
	965 MPa	1 100 MPa	1 240[b] MPa	1 380[b] MPa	1 550[b] MPa	1 720[b] MPa	1 900[b] MPa
41	—	—	—	≥20	[c]	—	—
51	≥20	—	—	—	—	—	—
52	[c]	[c]	—	—	—	—	—
53	[c]	—	—	—	—	—	—
61	≥35	—	[c]	—	—	—	—
62	[c]	[c]	—	—	—	—	—
63	[c]	[c]	[c]	—	—	—	—
64	≥35	≥20	≥20	—	—	—	—
71	—	—	—	≥45	—	—	—
72	—	—	—	—	—	≥25	—
73	—	—	—	—	—	—	≥20
74	—	≥80	≥70	—	—	—	—
81	—	—	≥35	—	—	—	—
82	—	—	—	≥25	—	—	—
83	—	—	—	—	≥20	≥15	—
84	—	—	≥35	—	—	—	—

[a] 见表 3 注。

[b] 通常要求真空熔炼以达到表中性能。

[c] 需经协商。

表 3　不同屈服强度级别钢的最大退火硬度(HBW)和截面尺寸(mm)

钢号	最大退火硬度 HBW	屈服强度						
		965 MPa	1 100 MPa	1 240 MPa	1 380 MPa	1 550 MPa	1 720 MPa	1 900 MPa
		截面尺寸/mm						
11	321	—	165	—	—	—	—	—
12,12a	—	100	—	—	—	—	—	—
13	229	25	25	25	—	—	—	—
21	285	115	115	100	100	—	—	—
22	302	115	115	100	100	90	—	—
23	302	200	200	200	200	200	—	—
31	262	—	—	75	—	—	—	—
32	302	—	—	—	—	140	—	—

表 3（续）

钢号	最大退火硬度 HBW	屈服强度						
		965 MPa	1 100 MPa	1 240 MPa	1 380 MPa	1 550 MPa	1 720 MPa	1 900 MPa
		截面尺寸/mm						
33	302	—	—	—	—	50	—	—
41	235	—	—	—	150	150	—	—
51	197	50	—	—	—	—	—	—
52	255	50	50	—	—	—	—	—
53	285	100	—	—	—	—	—	—
61	375	200	200	25	—	—	—	—
62	207	150	150	—	—	—	—	—
63	241	—	150	150	150	—	—	—
64	321	150	150	150	—	—	—	—
71	321	—	—	—	300	—	—	—
72	321	—	—	—	—	—	300	—
73	321	—	—	—	—	—	—	300
74	321	—	300	—	—	—	—	—
75	321	—	—	300	—	—	—	—
81	341	—	—	150	—	—	—	—
82	341	—	—	—	125	—	—	—
83	341	—	—	—	—	75	75	—
84	341	—	—	150	—	—	—	—

注：表 1 到表 3 列出了各种钢号和最大截面尺寸，在此条件下，在最大工作方向上深度为厚度的 1/4 处，屈服强度通常能够达到规定水平。由于锻件外形偏差和加工原因，表 1 和表 2 中所列延展性能和冲击强度总能在这种深度下获得。除非另有规定，表中所列数据为最小值。

5 化学成分要求

5.1 熔炼分析—样品的熔炼分析应依据 ASTM A788/A788M—2013 进行，并与表 4 的化学成分要求一致。

5.2 产品分析—需方可依据 ASTM A788/A788M—2013 关于产品分析部分的要求对产品进行分析。

表 4 化学成分要求

钢号	化学成分/%																
	C	Mn	P	S	Si	Ni	Cr	Mo	Cu	Ti	V	Co	Al	W	Sn	Nb	N
11	0.23～0.28	≤0.20	≤0.010	≤0.01	≤0.10	2.75～3.25	1.40～1.65	0.80～1.00								0.03～0.07	
12	≤0.12	0.60～0.90	≤0.010	≤0.01	0.20～0.35	4.75～5.25	0.40～0.70	0.30～0.65			0.05～0.10						
12a	≤0.2	0.60～0.90	≤0.015	≤0.015	0.20～0.35	4.75～5.25	0.40～0.70	0.30～0.65			0.05～0.10						
13	0.27～0.33	0.40～0.60	≤0.025	≤0.025	0.20～0.35		0.80～1.10	0.15～0.25			0.05～0.10						
21	0.31～0.38	0.60～0.90	≤0.025	≤0.025	0.20～0.35	1.65～2.00	0.65～0.90	0.30～0.60			0.17～0.23						
22	0.38～0.43	0.60～0.90	≤0.025	≤0.025	0.20～0.35	1.65～2.00	0.70～0.90	0.30～0.60			0.05～0.10						
23	0.45～0.50	0.60～0.90	≤0.015	≤0.015	0.15～0.30	0.40～0.70	0.90～1.20	0.90～1.10			0.08～0.15						
31	0.23～0.28	1.20～1.50	≤0.025	≤0.025	1.30～1.70	1.65～2.00	0.20～0.40	0.35～0.45									
32	0.40～0.45	0.65～0.90	≤0.025	≤0.025	1.45～1.80	1.65～2.00	0.65～0.90	0.35～0.45									
33	0.41～0.46	0.75～1.00	≤0.025	≤0.025	1.40～1.75		1.90～2.25	0.45～0.60			0.03～0.08						
41	0.38～0.43	0.20～0.40	≤0.015	≤0.015	0.80～1.00		4.75～5.25	1.20～1.40			0.40～0.60						
51	≤0.15	≤1.00	≤0.025	≤0.025	≤1.00	≤0.75	11.50～13.50	≤0.50	≤0.50				≤0.05		≤0.05		
52	0.20～0.25	0.50～1.00	≤0.025	≤0.025	≤0.50	0.50～1.00	11.00～12.50	0.90～1.25		≤0.05	0.20～0.30	≤0.25	≤0.05	0.90～1.25	≤0.04		
53[a]	≤0.20	≤1.00	≤0.025	≤0.025	≤1.00	1.25～2.50	15.00～17.00										

表 4（续）

钢号	化学成分/%																
	C	Mn	P	S	Si	Ni	Cr	Mo	Cu	Ti	V	Co	Al	W	Sn	Nb	N
61[a,b]	≤0.07	≤1.00	≤0.025	≤0.025	≤1.00	3.00～5.00	15.50～17.50		3.0～5.0							0.15～0.45	
62[a,b]	≤0.09	≤1.00	≤0.025	≤0.025	≤1.00	6.50～7.75	16.00～18.00						0.75～1.50				
63[a,b]	≤0.09	≤1.00	≤0.025	≤0.025	≤0.50	6.50～7.75	14.00～15.25	2.00～2.75					0.75～1.25				
64[a,b]	0.10～0.15	0.50～1.25	≤0.025	≤0.025	≤0.50	4.00～5.00	15.00～16.00	2.50～3.25									0.07～0.13
71[a,b]	≤0.03	≤0.10	≤0.010	≤0.010	≤0.10	17.00～19.00		3.00～3.50		0.15～0.25		8.00～9.00	0.05～0.15				
72[a,b]	≤0.03	≤0.10	≤0.010	≤0.010	≤0.10	17.00～19.00		4.60～5.20		0.30～0.50		7.00～8.50	0.05～0.15				
73[a,b]	≤0.03	≤0.10	≤0.010	≤0.010	≤0.10	18.00～19.00		4.60～5.20		0.50～0.80		8.50～9.50	0.05～0.15				
74[a,b]	≤0.03	≤0.10	≤0.010	≤0.010	≤0.12	11.50～12.50	4.75～5.25	2.75～3.25		0.05～0.15			0.25～0.40				
75[a,b]	≤0.03	≤0.10	≤0.010	≤0.010	≤0.12	11.50～12.50	4.75～5.25	2.75～3.25		0.10～0.25			0.35～0.50				
81[a,b]	0.24～0.30	0.10～0.35	≤0.010	≤0.010	≤0.10	7.00～9.00	0.35～0.60	0.35～0.60			0.06～0.12	3.50～4.50					
82[a,b]	0.28～0.34	0.10～0.35	≤0.010	≤0.010	≤0.10	7.00～8.50	0.90～1.10	0.90～1.10			0.06～0.12	4.00～5.00					
83[a,b]	0.42～0.47	0.10～0.35	≤0.010	≤0.010	≤0.10	7.00～8.50	0.20～0.35	0.20～0.35			0.06～0.12	3.50～4.50					
84[a,b]	0.16～0.23	0.20～0.40	≤0.010	≤0.005	≤0.20	8.50～9.50	0.65～0.85	0.95～1.10			0.06～0.15	4.25～4.75	≤0.02				

[a] 硫和磷的成品分析要符合表 4 的要求。

[b] 另加 0.06%的钙，0.003%的硼和 0.02%的锆。

6 力学性能

6.1 按4.3中d)或g)订货时，锻件应符合表1规定的力学性能要求。按4.3中规定的其他热处理方法应按4.4中的规定执行。

6.2 按本标准订货的所有材料，均要进行拉伸试验。仅对表2中有最小冲击强度要求的钢号进行室温夏比V形缺口冲击试验。

6.3 力学性能测试应按照ASTM A370—2012测试方法和规定进行，拉伸试样采用ASTM A370—2012测试方法和定义中可获取的最大规格。冲击试样应为标准尺寸，即ASTM A370—2012测试方法和定义中夏比冲击(简支梁)图示的V型槽。选用替代冲击试样应提前得到需方的批准。

6.4 试样的通用要求

6.4.1 试样的纵轴应平行于锻件主要工作方向，对于镦粗的盘形锻件试样的纵轴方向应为切线方向。

6.4.2 如果圆盘外圆尺寸增加，试样的纵轴应位于增加部分的两平行平面之间，对于实心锻件应位于中心和表面之间。对于中空锻件，试样的纵轴应位于壁的中心和外表面之间。当采用6.4.3中规定的单独锻造试块时，拉伸试样应从试块最大截面的中间部位获取。当需要从两端头获取试样时，应在轴平面的对角获取，取样图示见附录B。

6.4.3 若无其他规定，测试应在热处理完成后进行。

6.4.4 当供需双方协商一致，试样可以从一个经过适当锻造和热处理的样块中机加工获得，该样块应与产品锻件是同一炉的钢锭、板坯或块坯，并经过与产品锻件相同的锻造和热处理过程。尺寸不小于宽(T)、高(T)、长($3T$)的锻棒可用于代替环形锻，尺寸T代表锻件的最大有效横截面厚度。对于调质锻件，同时应按照6.5.2.3和6.5.2.4在两端进行测试，不允许采用单独的锻造试块。

6.4.5 采用单独的锻造试块时，应特别注意产品锻件和测试试块之间的质量差异。

6.5 特别要求——试样的数量和位置根据锻件的长度、质量和热处理按如下规定确定：

a) 经过去应力退火、固溶退火处理、固溶处理、时效处理、正火或正火回火处理的锻件：
   1) 对每个质量不大于2 250 kg的热处理状态锻件，每个热处理批次，每炉取一个锻件样品进行试验。在使用温度控制器和记录高温计(能实现热处理完整记录)的连续式热处理炉时，连续生产不超过8 h应取样进行试验。
   2) 对于质量大于2 250 kg的热处理状态的锻件，每个锻件应取样进行试验。

b) 调质锻件：
   1) 对每个质量不大于2 250 kg、长度不超过3.7 m的调质状态锻件，每个热处理批次，每炉取一个锻件样品进行试验。在使用温度控制器和记录高温计(能实现热处理完整记录)的连续式热处理炉时，连续生产不超过8 h应取样进行试验。
   2) 对于质量大于2 250 kg、小于等于4 500 kg、长度不超过3.7 m的热处理状态的锻件，每个锻件应取样进行试验。
   3) 对于长度大于3.7 m的调质钢锻件，每个锻件的每个端面应取样进行试验。
   4) 对于质量大于4 500 kg的调质锻件，每个锻件应取样进行2次试验，试样彼此应相差180°，若测试延长部分的长度大于直径或等效厚度的3倍，锻件的每一端应取样进行一次测试，并彼此间隔180°。对于圆形锻件，直径是指除了法兰部分锻件的最大直径；对于其他形状，等效厚度是指横截面最大对角线或长轴。

注：长度和质量是指单个锻件的长度和质量或者从复杂锻件分割所有块的总长度和总质量。

7 无损检测要求

7.1 一般要求：锻件应无裂纹、裂缝、折叠、缩孔和其他有害缺陷。

7.2 磁粉检验要求:所有按本标准生产的铁磁性锻件要由供方按 ASTM A275/275M 进行磁粉检验。需方可将标准 ASTM A788/A788M—2013 中的补充性要求 S18 作为验收准则。

7.3 液体渗透检验要求:所有按本标准生产的非铁磁性锻件应按照 ASTM E165 进行液体渗透检验。需方可将 ASTM A788/A788M—2013 中的补充性要求 S19 作为验收准则。

7.4 超声波检验要求:所有按本标准生产的锻件应按照 ASTM A388/A388M 方法进行超声波检验。需方可将 ASTM A788/A788M—2013 中的补充性要求 S20 作为验收准则。

8 返修

锻件返修只有在需方允许的情况下进行。

9 产品标识

如需方不同意使用压模印记,可以使用电笔印记或电蚀刻印记。

附 录 A
（规范性附录）
补充要求

A.1 应用要求

本规范性附录的一项或多项补充要求的实施只是在需方询价、合同和定货单中有规定时才使用。此补充条件的细节，要由供方和需方协商。

A.2 夏比 V 型缺口冲击转变曲线

A.2.1 锻件试验材料需进行充分的冲击试验，以下列的一个或几个条件绘制一条转变温度曲线：

a） 吸收的能量(J)；

b） 断口外观(见标准 ASTM A370—2012 补充要求 5)；

c） 侧膨胀量。

A.2.2 需方应向供方提供取样位置的细节、试样数目、热处理和试验信息。

A.3 取样方案、试样方位、力学性能要求或截面尺寸

没有包括在本标准中的取样方法、试样方位和可选择的力学性能、截面尺寸，可由供方和需方协商决定。

A.4 酸浸低倍试验

A.4.1 若无其他规定，酸浸低倍试验要在代表每个钢锭头部和尾部的每块钢坯端部进行取样。如果锻件直接由钢锭锻成，或者不宜对钢坯进行酸浸低倍试验，取样部位要根据供方和需方协商决定。

A.4.2 需方应规定是否需要低倍评级图片。

A.5 显微纯洁度

显微纯洁度试验要按照 ASTM E45 进行。需方应根据验收准则提供取样方法和等级要求。

A.6 晶粒度

A.6.1 晶粒度应按照 GB/T 6394 来确定。需方应提供工序和晶粒度要求。

A.6.2 制备试样应按照 ASTM E3 进行。

A.7 脱碳

A.7.1 在规定要进行脱碳试验时，需方应提供下列项目：

a） 试样数量；

b） 取样位置；

c） 必要时，应提供脱碳深度极限值；

d） 特殊的金相准备、腐蚀或评级步骤。

A.7.2 应按标准 ASTM E3 方法准备脱碳评定用试样。

A.7.3 此试验通常只适用于由于在锻制时公差超过成品尺寸，或是由于对精加工部件进行热处理出现的表面氧化而造成易于脱碳的锻件。

A.8 断裂韧性

断裂韧性的试验步骤，包括试样的类型和尺寸、试验步骤和极限值应由供需双方协商决定。

A.9 低温和高温性能

A.9.1 当规定在低温和高温下进行力学性能试验时，试验程序的细节，包括试样类型、尺寸、试验温度和极限值应由供需双方协商决定。

A.9.2 短时间高温拉伸试验应按照 ASTM E21 来进行。

A.10 淬透性

若无其他规定，淬透性试验应按照 ASTM A255 进行。

附　录　B
（规范性附录）
取样图示

图 B.1～图 B.5 为 6.4.2 中的取样图示。

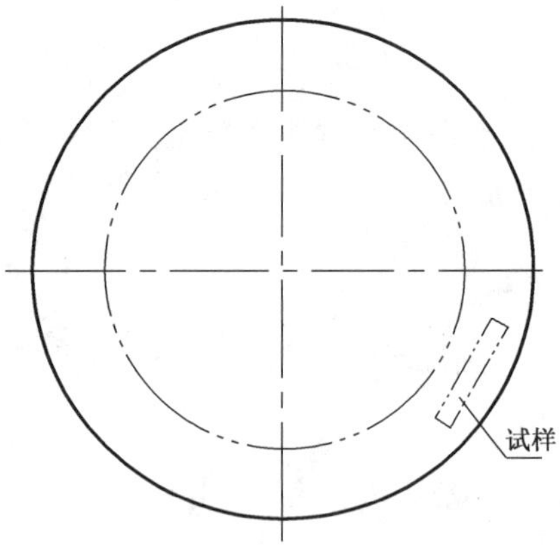

图 B.1　圆盘件取样

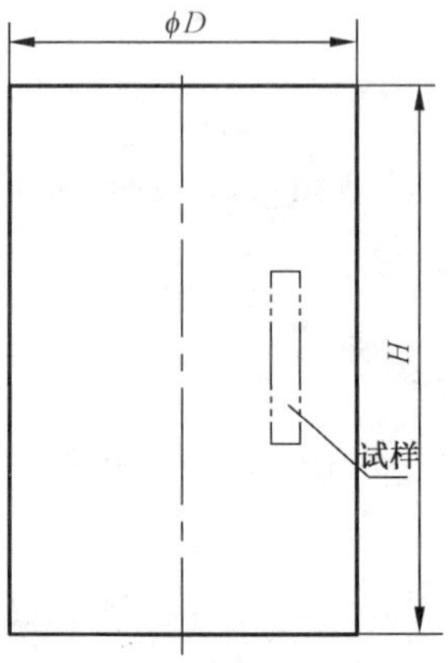

图 B.2　实心锻件取样

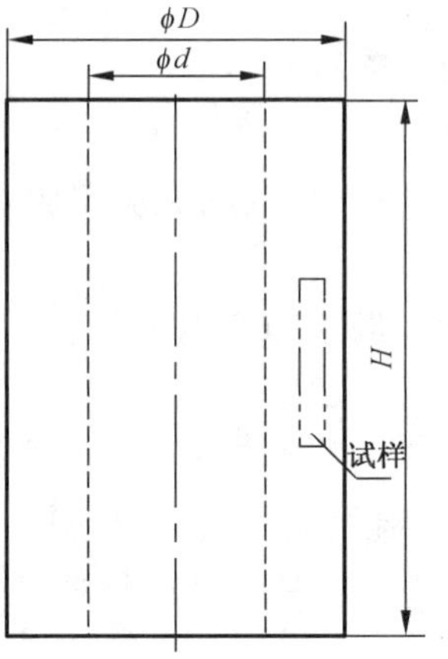

图 B.3　空心锻件取样

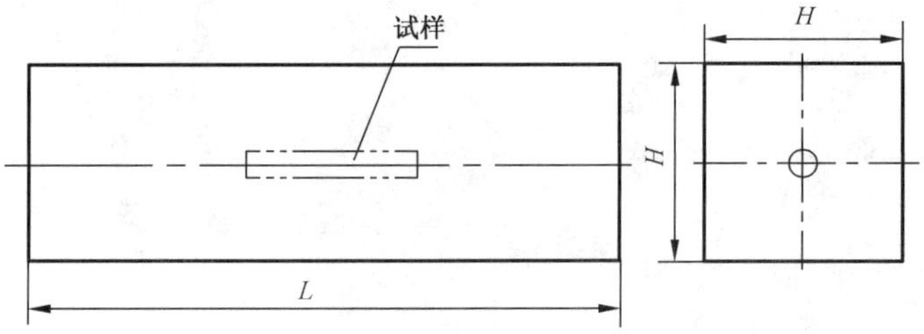

图 B.4　试块取样

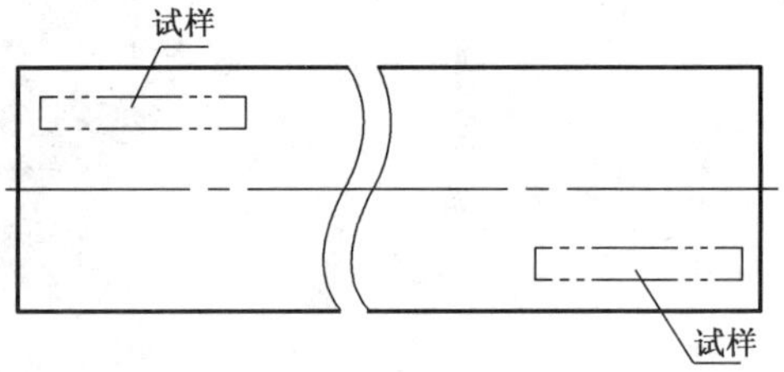

图 B.5　两端头取样

ICS 77.120.10
J 32

中华人民共和国国家标准

GB/T 32249—2015

铝及铝合金模锻件、自由锻件和轧制环形锻件　通用技术条件

Aluminum and aluminum-alloy die forgings, hand forgings and rolled ring forgings—General specification

2015-12-10 发布　　　　2016-07-01 实施

中华人民共和国国家质量监督检验检疫总局
中国国家标准化管理委员会　发布

前　言

本标准按照GB/T 1.1—2009给出的规则起草。

本标准由全国锻压标准化技术委员会(SAC/TC 74)提出。

本标准由全国锻压标准化技术委员会(SAC/TC 74)和全国有色金属标准化技术委员会(SAC/TC 243)归口。

本标准负责起草单位:贵州航宇科技发展股份有限公司、北京机电研究所。

本标准主要起草人:张华、杨良会、陈文敬、周林、魏巍、杨家典。

铝及铝合金模锻件、自由锻件和轧制环形锻件 通用技术条件

1 范围

本标准规定了铝及铝合金模锻件、自由锻件和轧制环形锻件的原材料、化学成分检测、力学性能测试、热处理状态、耐应力腐蚀性能测试、尺寸公差、内部及通用质量检测、复检和拒收规则、合格证、标识、防护和包装等要求。

本标准适用于铝及铝合金模锻件、自由锻件和轧制环形锻件。

注 1：本标准全文使用的术语合金一般指铝及铝合金。

注 2：以国际单位制为单位的数值为标准数值，圆括号内为英制单位数值。

2 规范性引用文件

下列文件对于本文件的应用是必不可少的。凡是注日期的引用文件，仅注日期的版本适用于本文件。凡是不注日期的引用文件，其最新版本(包括所有的修改单)适用于本文件。

ASTM E 10 金属材料布氏硬度的标准试验方法(Test method for Brinell hardness of metallic materials)

ASTM E 29 使用有效数字确定试验数据与规范符合性做法(Practice for using significant digits in test data to determine conformance with specifications)

ASTM E 34 铝和铝基合金化学成分分析的试验方法(Test methods for chemical analysis of aluminum and aluminum-base alloys)

ASTM G 47 测定 2××× 和 7××× 铝合金制品的应力腐蚀断裂敏感性的标准试验方法(Test method for determining susceptibility to stress-corrosion cracking of 2××× and 7××× aluminum alloy products)

ASTM E 165 一般工业的液体渗透检查的标准实施规程(Practice for liquid penetrant examination for general industry)

ASTM B 211 铝及铝合金棒材、条材和线材标准规范(Specification for aluminum and aluminum-alloy bar, rod, and wire)

ASTM B 221 铝及铝合金挤压制条、棒、线、管和型材标准规范(Specification for aluminum and aluminum-alloy extruded bars, rods, wire, profiles, and tubes)

NAS 410 无损检测人员资格鉴定与认证(Certification and qualification of nondestructive test personnel)

ASTM B 557—2010 锻造和铸造铝和镁合金抗拉性能的标准试验方法(Test methods for tension testing wrought and cast aluminum-and magnesium-alloy products)

ASTM B 594—2013 航空设备用铝合金锻造制品超声波检验的标准操作规程(Practice for ultrasonic inspection of aluminum-alloy wrought products for aerospace applications)

ASTM E 607 在氮气氛围中用点对面技术作铝合金的原子辐射光谱测定分析的标准试验方法(Test method for atomic emission spectrometric analysis aluminum alloys by the point to plane technique nitrogen atmosphere)

ASTM B 660 铝及镁制品的封装/包装的标准规范(Practices for packaging/packing of aluminum and magnesium products)

ASTM E 716 光谱化学分析法测定化学成分用铝和铝合金的抽样及样品制备的标准操作规程(Practices for sampling aluminum and aluminum alloys for spectrochemical analysis)

ASTM B 881 铝和镁合金产品的标准术语(Terminology relating to aluminum-and magnesium-alloy products)

ASTM B 918 锻造铝合金的热处理用标准实施规程(Practice for heat treatment of wrought aluminum alloys)

ASTM E 1004 用电磁(涡流)法测定电导率的标准试验方法(Test method for determining electrical conductivity using the electromagnetic (eddy-current) method)

ASTM E 1251 用原子发射光谱法分析铝和铝合金的标准试验方法(Test method for analysis of aluminum and aluminum alloys by atomic emission spectrometry)

AMS 2772 铝合金原材料的热处理(Heat treatment of aluminum alloys raw materials)

CEN EN 14242 铝及铝合金化学分析、电感耦合等离子体光发射光谱分析(Aluminum and aluminum alloys. Chemical Analysis. Inductively coupled plasma optical emission spectral analysis)

3 术语和定义

ASTM B 881 界定的术语和定义适用于本文件。

4 采购信息

4.1 依据本标准形成的采购订单应包含如下信息：

a) 标准编号(含标准代号、顺序号和年号)；

b) 数量或质量；

c) 材料牌号(见第 7 章和表 1)；

d) 供应状态(见第 8 章和表 2、表 3)；

e) 尺寸(见第 13 章),形状为非简单矩形的模锻件和自由锻件应提供图纸。

4.2 根据需方要求,订单可包含以下信息：

a) 模锻件拉伸性能测试和锻造流线检查(见 8.2)；

b) 模锻件非流线方向的拉伸性能测试和试样制备的特殊要求(见 8.3.1)；

c) 自由锻件除长横向与短横向外的拉伸性能测试要求(见 8.3.3)；

d) 轧制环锻件径向拉伸性能测试(见 8.3.4)；

e) 拉伸测试中小伸长率测量的特殊方法(见 8.4.2)；

f) 热处理符合 ASTM B 918 的要求(见 9.2)；

g) 对 7075-F 材料进行 T73 热处理(见 10.3)；

h) 超声检查(见第 14 章和表 4)；

i) 液体渗透检查(见 15.3)；

j) 材料发货前,需方代表检验或对检验和试验进行核实(见第 16 章)；

k) 合格证(见第 18 章)；

l) 自由锻件产品标识(见第 19 章)；

m) 如 ASTM B 660 适用,指出防护等级、包装/封装要求。

4.3 锻件按轧制、冷加工棒材供货时见 ASTM B 211,锻件按挤压棒材供货时见 ASTM B 221。

5 锻件生产

锻件可采用模锻、自由锻或轧制的方法生产。

6 质量保证

6.1 除非合同或订单中另有说明，供方应按本标准进行检验和试验。需方可进行任何本标准指定的、保证材料符合要求而应进行的检验和试验。

6.2 一个检验批次应按以下要求定义：

a) 经热处理的锻件，一个检验批应由同形状(或尺寸及形状近似)、同材料的、同炉热处理的锻件组成。如锻件在连续炉内热处理，锻件装炉连续、炉子操作连续可视为一炉锻件；对质量≤2.27 kg(5 lb)的锻件，一批锻件最大总质量可达908 kg(2 000 lb)，对质量>2.27 kg(5 lb)的锻件，一批锻件最大总质量可达2 724 kg(6 000 lb)；

b) 未经热处理的锻件，一个检验批应由一批数量明确、尺寸相近、同材料牌号、同熔炼炉次和热处理状态、一次提交检验的锻件组成。

7 化学成分

7.1 化学成分——锻件的化学成分应符合表1要求。铸锭浇铸时应按 ASTM E 716 取样，按 ASTM E 607、ASTM E 1251、ASTM E 34 或 EN 14242 要求分析成分是否符合要求。若在铸锭浇铸时进行了化学成分分析，则不要求对成品进行取样分析。

表1 化学成分(质量分数)[a,b,c] %

合金	Si	Fe	Cu	Mn	Mg	Cr	Ni	Zn	Ti	Zr	其他[d]		Al
											单一	总和[e]	
1100	0.95 (Si+Fe)		0.05～0.20	0.05	—	—	—	0.10	—	—	0.05	0.15	≥99.00[f]
2014	0.50～1.20	0.70	3.90～5.00	0.40～1.20	0.20～0.80	0.10	—	0.25	0.15[g]	—	0.05	0.15	余量
2018	0.90	1.00	3.50～4.50	0.20	0.45～0.90	0.10	1.70～2.30	0.25	—	—	0.05	0.15	余量
2025	0.50～1.20	1.00	3.90～5.00	0.40～1.20	0.05	0.10	—	0.25	0.15	—	0.05	0.15	余量
2218	0.90	1.00	3.5～4.5	0.20	1.20～1.80	0.10	1.70～2.30	0.25	—	—	0.05	0.15	余量
2219	0.20	0.30	5.80～6.80	0.20～0.40	0.02	—	—	0.10	0.02～0.10	0.10～0.25	0.05[h]	0.15[h]	余量
2618	0.10～0.25	0.90～1.30	1.90～2.70	—	1.30～1.80	—	0.90～1.20	0.10	0.04～0.10	—	0.05	0.15	余量
3003	0.60	0.70	0.50～0.20	1.00～1.50	—	—	—	0.10	—	—	0.05	0.15	余量
4032	11.0～13.5	1.00	0.50～1.30	—	0.80～1.30	0.10	0.50～1.30	0.25	—	—	0.05	0.15	余量
5083	0.40	0.40	0.10	0.40～1.00	4.00～4.90	0.05～0.25	—	0.25	0.15	—	0.05	0.15	余量
6061	0.40～0.80	0.70	0.15～0.40	0.15	0.80～1.20	0.04～0.35	—	0.25	0.15	—	0.05	0.15	余量
6066	0.90～1.80	0.50	0.70～1.20	0.60～1.10	0.80～1.40	0.40	—	0.25	0.20	—	0.05	0.15	余量

表 1（续）　　%

合金	Si	Fe	Cu	Mn	Mg	Cr	Ni	Zn	Ti	Zr	其他[d]		Al
											单一	总和[e]	
6151	0.60～1.20	1.00	0.35	0.20	0.45～0.80	0.15～0.35	—	0.25	0.15	—	0.05	0.15	余量
7049	0.25	0.35	1.20～1.90	0.20	2.00～2.90	0.10～0.22	—	7.20～8.20	0.10	—	0.05	0.15	余量
7050	0.12	0.15	2.00～2.60	0.10	1.90～2.60	0.04	—	5.70～6.70	0.06	0.08～0.15	0.05	0.15	余量
7075	0.40	0.50	1.20～2.00	0.30	2.10～2.90	0.18～0.28	—	5.10～6.10	0.20[i]	—	0.05	0.15	余量
7076	0.40	0.60	0.30～1.00	0.30～0.80	1.20～2.00	—	—	7.00～8.00	0.20	—	0.05	0.15	余量
7175	0.15	0.20	1.20～2.00	0.10	2.10～2.90	0.18～0.28	—	5.10～6.10	0.10	—	0.05	0.15	余量

[a] 含量指最大质量百分比，除非表示的是一个范围或另有说明。

[b] 本表已列出含量范围的元素应进行化学成分分析。

[c] 为判定元素是否符合含量要求，化学成分分析的测量值和计算值按上表所给数值的右一位修约，符合 ASTM E 29 要求。

[d] “其他”包括本表列出但未指定含量的元素及未列出的金属元素。为了追溯本表未列出的元素，供方可对样品进行分析。但此分析是不作要求的、且可不涵盖所有其他金属元素。供方或需方宜对材料进行分析，若其他元素的单一或几种元素的总和超过了本表所给范围，材料应视为不合格。

[e] 其他（元素）——总和是指本表未规定的、含量≥0.01％的金属元素含量的总和，求和前将含量应修约至小数点后两位。

[f] 铝含量应用 100％减去所有其他金属元素含量计算，其他金属元素包含质量分数≥0.01％的金属元素含量的总和，含量修约至小数点后两位。

[g] 根据供需双方的协议，Zr＋Ti 含量最大可至 0.20％。

[h] V 含量 0.05％～0.15％，其他元素含量的总和不包含 V 元素含量。

[i] 根据供需双方的协议，Zr＋Ti 含量最大可至 0.25％。

7.2　铸锭浇铸过程取样——试样在铸锭浇铸时取样，每同一熔次液体金属同时浇铸的一组铸锭至少要取一个试样。

注：铝工业的普遍惯例是在铸锭进一步加工成锻造产品前应进行化学成分分析。由于工艺的连续性，不必对铸锭与锻件再进行分析。

7.3　若需分析锻件化学成分是否符合要求，其分析方法应由供需双方协商确定。化学分析应符合 ASTM E 607、ASTM E 1251、ASTM E 34 或 EN 14242（ICP 方法）的要求，用于分析的试样数量满足以下要求：

a）　锻件质量≤2.27 kg(5 lb)时，每批质量≤908 kg(2 000 lb)时锻件应取一个试样。

b）　锻件质量＞2.27 kg 时，每批质量≤2 724 kg(6 000 lb)时锻件应取一个试样。

7.4　供需双方有争议时可协商采用其他分析方法。

8　供货产品力学性能

8.1　要求

8.1.1　模锻件应符合表 2 的拉伸性能要求。供方应保证模锻件表面或接近表面的硬度满足表 2 中的布氏硬度要求，如有疑议，锻件以表 2 规定的拉伸性能作为接收依据。

表 2 模锻件力学性能[a,b]

合金牌号和供货状态	厚度		顺锻造流线方向试样拉伸性能[c](≥)						非顺锻造流线方向试样拉伸性能[c](≥)					布氏硬度[d](≥)
			抗拉强度 R_m[e]		规定非比例延伸强度 $R_{p0.2}$[e]		断后伸长率 A[e](标距 50 mm 或 4 倍直径)		抗拉强度 R_m[e]		规定非比例延伸强度 $R_{p0.2}$[e]		断后伸长率 A[e](标距 50 mm 或 4 倍直径)	
							锻件	单独测试样(取自锻坯或试样)[f]						
	mm	(in)	MPa	(ksi)	MPa	(ksi)	%	%	MPa	(ksi)	MPa	(ksi)	%	HBW
1100-H112	≤100	(≤4.000)	76	(11)	28	(4)	18	25	—	(—)	—	(—)	—	20
2014-T4	≤100	(≤4.000)	379	(55)	207	(30)	11	16	—	(—)	—	(—)	—	100
2014-T6	≤25	(≤1.000)	448	(65)	386	(56)	6	8	441	(64)	379	(55)	3	125
	>25~50	(1.001~2.000)	448	(65)	386	(56)	6	—	441	(64)	379	(55)	2	125
	>50~75	(2.001~3.000)	448	(65)	379	(55)	6	—	434	(63)	372	(54)	2	125
	>75~100	(3.001~4.000)	434	(63)	379	(55)	6	—	434	(63)	372	(54)	2	125
2018-T61	≤100	(≤4.000)	379	(55)	276	(40)	7	10	—	(—)	—	(—)	—	100
2025-T6	≤100	(≤4.000)	359	(52)	228	(33)	11	16	—	(—)	—	(—)	—	100
2218-T61	≤100	(≤4.000)	379	(55)	276	(40)	7	10	—	(—)	—	(—)	—	100
2219-T6	≤100	(≤4.000)	400	(58)	262	(38)	8	10	386	(56)	248	(36)	4	100
2618-T61	≤100	(≤4.000)	400	(58)	310	(45)	4	6	379	(55)	290	(42)	4	115
3003-H112	≤100	(≤4.000)	97	(14)	34	(5)	18	25	—	(—)	—	(—)	—	25
4032-T6	≤100	(≤4.000)	359	(52)	290	(42)	3	5	—	(—)	—	(—)	—	115
5083-H111	≤100	(≤4.000)	290	(42)	152	(22)	14	14	269	(39)	138	(20)	12	—

表 2（续）

合金牌号和供货状态	厚度		顺锻造流线方向试样拉伸性能[c]（≥）						非顺锻造流线方向试样拉伸性能[c]（≥）					布氏硬度[d]（≥）
			抗拉强度 R_m^e		规定非比例延伸强度 $R_{p0.2}^e$		断后伸长率 A^e（标距 50 mm 或 4 倍直径）		抗拉强度 R_m^e		规定非比例延伸强度 $R_{p0.2}^e$		断后伸长率 A^e（标距 50 mm 或 4 倍直径）	
							锻件	单独测试样(取自锻坯或试样)[f]						
	mm	(in)	MPa	(ksi)	MPa	(ksi)	%	%	MPa	(ksi)	MPa	(ksi)	%	HBW
5083-H112	≤100	(≤4.000)	276	(40)	124	(18)	16	16	269	(39)	110	(16)	14	—
6061-T6	≤100	(≤4.000)	262	(38)	241	(35)	7	10	262	(38)	241	(35)	5	80
6066-T6	≤100	(≤4.000)	345	(50)	310	(45)	8	12	—	(—)	—	(—)	—	100
6151-T6	≤100	(≤4.000)	303	(44)	255	(37)	10	14	303	(44)	255	(37)	6	90
7049-T73	≤25	(≤1.000)	496	(72)	427	(62)	7	10	490	(71)	421	(61)	3	135
	>25～50	(1.001～2.000)	496	(72)	427	(62)	7	10	483	(70)	414	(60)	3	135
	>50～75	(2.001～3.000)	490	(71)	421	(61)	7	10	483	(70)	414	(60)	3	135
	>75～100	(3.001～4.000)	490	(71)	421	(61)	7	10	483	(70)	414	(60)	2	135
	>75～125	(4.001～5.000)	483	(70)	414	(60)	7	10	469	(68)	400	(58)	2	135
7050-T74[g]	≤50	(≤2.000)	496	(72)	427	(62)	7	10	469	(68)	386	(56)	5	135
	>50～100	(2.001～4.000)	490	(71)	421	(61)	7	10	462	(67)	379	(55)	4	135
	>100～125	(4.001～5.000)	483	(70)	414	(60)	7	10	455	(66)	372	(54)	3	135
	>125～150	(5.001～6.000)	483	(70)	407	(59)	7	10	455	(66)	372	(54)	3	135
7075-T6	≤25	(≤1.000)	517	(75)	441	(64)	7	10	490	(71)	421	(61)	3	135
	>25～50	(1.001～2.000)	510	(74)	434	(63)	7	—	490	(71)	421	(61)	3	135
	>50～75	(2.001～3.000)	510	(74)	434	(63)	7	—	483	(70)	414	(60)	3	135
	>75～100	(3.001～4.000)	503	(73)	427	(62)	7	—	483	(70)	414	(60)	2	135

表 2（续）

合金牌号和供货状态	厚度		顺锻造流线方向试样拉伸性能[c]（≥）						非顺锻造流线方向试样拉伸性能[c]（≥）					布氏硬度[d]（≥）
			抗拉强度 R_m[e]		规定非比例延伸强度 $R_{p0.2}$[e]		断后伸长率 A[e]（标距 50 mm 或 4 倍直径）		抗拉强度 R_m[e]		规定非比例延伸强度 $R_{p0.2}$[e]		断后伸长率 A[e]（标距 50 mm 或 4 倍直径）	
							锻件	单独测试样（取自锻坯或试样）[f]						
	mm	（in）	MPa	（ksi）	MPa	（ksi）	%	%	MPa	（ksi）	MPa	（ksi）	%	HBW
7075-T73	≤75	（≤3.000）	455	（66）	386	（56）	7	—	427	（62）	365	（53）	3	125
	＞75～100	（3.001～4.000）	441	（64）	379	（55）	7	—	421	（61）	359	（52）	2	125
7075-T7352	≤75	（≤3.000）	455	（66）	386	（56）	7	—	427	（62）	352	（51）	3	125
	＞75～100	（3.001～4.000）	441	（64）	365	（53）	7	—	421	（61）	338	（49）	2	125
7076-T61	≤100	（≤4.000）	483	（70）	414	（60）	10	14	462	（67）	400	（58）	3	140
7175-T74[g]	≤75	（≤3.000）	524	（76）	455	（66）	7	10	490	（71）	427	（62）	4	—
7175-T7452[g]	≤75	（≤3.000）	503	（73）	434	（63）	7	10	469	（68）	379	（55）	4	—
7175-T7454[g]	≤75	（≤3.000）	517	（75）	448	（65）	7	10	483	（70）	421	（61）	4	—

[a] 为判定是否符合本标准，拉伸强度和屈服强度应修约至整数 MPa，伸长率修约至 0.5%（按 ASTM B557—2010 测试方法中 7.8.4 规定测量时修约至 0.1%），符合修约方法规范 ASTM E 29。

[b] 确定力学性能的基本依据见附录 A。

[c] 此数据适用于标准试样。适用于热处理时最大厚度不超过表中规定的可热处理强化合金锻件；提供的锻态产品厚度不超过表中所示厚度的 2 倍时，可机加至合适的热处理厚度后热处理。

[d] 仅供参考，布氏硬度检查通常采用 4 900 N 试验力和 10 mm 硬质合金钢球在锻件表面测量。

[e] 锻件的拉伸性能测试要求受尺寸≥50 mm（2.000 in）的限制，因为锻件小于该尺寸难取得适用于常规试验使用的拉伸试样。

[f] 此数据适用于锻件原材料或代表锻件的单独试样中直径为 12.5 mm（1/2 in）的标准测试样，试样取自锻件用原材料或用以代表锻件的独立试样。

[g] 自 1985 年始，应用于 7050 和 7175 合金的热处理状态代号 T736、T73652 及 T73654 分别被 T74、T7452 及 T7454 代替。

8.1.2 自由锻件的拉伸性能应符合表5要求。

8.1.3 环锻件应符合表3的拉伸性能要求。

表3 轧制环锻件的力学性能[a,b,c]

合金牌号和供货状态	最大热处理截面厚度		方向	抗拉强度 R_m[d] ≥		规定非比例延伸强度 $R_{p0.2}$[d] ≥		断后伸长率 A(标距 50 mm 或 4 倍直径) ≥
	mm	(in)		MPa	(ksi)	MPa	(ksi)	%
2014-T6 和 2014-T652[e]	≤63	(≤2.500)	切向	448	(65)	379	(55)	7
			轴向	427	(62)	379	(55)	3
			径向[f]	414	(60)	359	(52)	2
	>63～75	(2.501～3.000)	切向	448	(65)	379	(55)	6
			轴向	427	(62)	359	(52)	2
			径向[f]	—	(—)	—	(—)	—
2219-T6	≤63	(≤2.500)	切向	386	(56)	276	(40)	6
			轴向	379	(55)	255	(37)	4
			径向[f]	365	(53)	241	(35)	2
2618-T61	≤63	(≤2.500)	切向	379	(55)	283	(41)	6
			轴向	379	(55)	283	(41)	5
			径向[f]	—	(—)	—	(—)	—
6061-T6 和 6061-T652[e]	≤63	(≤2.500)	切向	262	(38)	241	(35)	10
			轴向	262	(38)	241	(35)	8
			径向[f]	255	(37)	228	(33)	5
	>63～90	(2.501～3.500)	切向	262	(38)	241	(35)	8
			轴向	262	(38)	241	(35)	6
			径向[f]	255	(37)	228	(33)	4
6151-T6 和 6151-T652[e]	≤63	(≤2.500)	切向	303	(44)	255	(37)	5
			轴向	303	(44)	241	(35)	4
			径向[f]	290	(42)	241	(35)	2
7075-T6 和 7075-T652[e]	≤50	(≤2.000)	切向	503	(73)	427	(62)	7
			轴向	496	(72)	421	(61)	3
			径向[f]	469	(68)	400	(58)	2
	>50～90	(2.001～3.500)	切向	490	(71)	414	(60)	6
			轴向	483	(70)	407	(59)	3
			径向[f]	—	(—)	—	(—)	—

表 3（续）

合金牌号和供货状态	最大热处理截面厚度		方向	抗拉强度 R_m[d] ≥		规定非比例延伸强度 $R_{p0.2}$[d] ≥		断后伸长率 A（标距 50 mm 或 4 倍直径）≥
	mm	(in)		MPa	(ksi)	MPa	(ksi)	%

[a] 为判定是否符合本标准，拉伸强度服强度应修约至整数 MPa，伸长率修约至 0.5%（测量时按 ASTM B557—2010 测试方法中 7.8.4 修约至 0.1%），符合修约方法规范 ASTM E29。

[b] 锻件的拉伸性能测试要求受尺寸≥50 mm(2.000 in)的限制，因为锻件小于该尺寸难取得适用于常规试验使用的拉伸试样。

[c] 仅适用于外径与壁厚比≥10 的环件，比值<10 的环件由供需双方协商决定。

[d] 确定力学性能的基本依据见附录 A。

[e] 锻件可用 T651 热处理但应由供需双方协商确定。

[f] 径向性能不属于规定要求。厚度≥50 mm(2.000 in)的环件，仅特别要求时需测试以供参考。

表 4　模锻和自由锻的超声不连续性范围[a]

合金	厚度		产品	每个锻件的最大质量		不持续性等级[b]
	mm	(in)		kg	(lb)	
2014	12.5～100	0.500—4.000	模锻件	136	300	B
2219	12.5～100	0.500—4.000				
7049	12.5～100	0.500—4.000				
7050	12.5～100	0.500—4.000				
7075	12.5～100	0.500—4.000				
7175	12.5～100	0.500—4.000				
2014	25～203	1.000—8.000	自由锻件	272	600	A
2219	25～203	1.000—8.000				
7049	25～203	1.000—8.000				
7050	25～203	1.000—8.000				
7075	25～203	1.000—8.000				
7175	25～203	1.000—8.000				

[a] 材料的不连续性若能被机加去除或在非关键区域，可超出本表所列范围值的不连续性存在。

[b] ASTM B 594—2013 中 11 规定了不连续性的等级范围。

表 5　自由锻件力学性能[a,b]

合金牌号及供货状态	厚度[c]		方向	抗拉强度 R_m(≥)		规定非比例延伸强度 $R_{p0.2}$(≥)		断后伸长率 A(标距 50 mm 或 4 倍直径)(≥)
	mm	(in)		MPa	(ksi)	MPa	(ksi)	%
2014-T6	≤50	(≤2.000)	纵向	448	(65)	386	(56)	8
			长横向	448	(65)	386	(56)	3
	>50～75	(2.001～3.000)	纵向	441	(64)	386	(56)	8
			长横向	441	(64)	379	(55)	3
			短横向	427	(62)	379	(55)	2
	>75～100	(3.001～4.000)	纵向	434	(63)	379	(55)	8
			长横向	434	(63)	379	(55)	3
			短横向	421	(61)	372	(54)	2
	>100～125	(4.001～5.000)	纵向	427	(62)	372	(54)	7
			长横向	427	(62)	372	(54)	2
			短横向	414	(60)	365	(53)	1
	>125～150	(5.001～6.000)	纵向	421	(61)	365	(53)	7
			长横向	421	(61)	365	(53)	2
			短横向	407	(59)	365	(53)	1
	>152～178	(6.001～7.000)	纵向	414	(60)	359	(52)	6
			长横向	414	(60)	359	(52)	2
			短横向	400	(58)	359	(52)	1
	>178～203	(7.001～8.000)	纵向	407	(59)	352	(51)	6
			长横向	407	(59)	352	(51)	2
			短横向	393	(57)	352	(51)	1
2014-T652	≤50	(≤2.000)	纵向	448	(65)	386	(56)	8
			长横向	448	(65)	386	(56)	3
	>50～75	(2.001～3.000)	纵向	441	(64)	386	(56)	8
			长横向	441	(64)	379	(55)	3
			短横向	427	(62)	359	(52)	2
	>75～100	(3.001～4.000)	纵向	434	(63)	379	(55)	8
			长横向	434	(63)	379	(55)	3
			短横向	421	(61)	352	(51)	2
	>100～127	(4.001～5.000)	纵向	427	(62)	372	(54)	7
			长横向	427	(62)	372	(54)	2
			短横向	414	(60)	345	(50)	1

表 5（续）

合金牌号及供货状态	厚度[c]		方向	抗拉强度 R_m(≥)		规定非比例延伸强度 $R_{p0.2}$(≥)		断后伸长率 A(标距 50 mm 或 4 倍直径)(≥)
	mm	(in)		MPa	(ksi)	MPa	(ksi)	%
2014-T652	>127～152	(5.001～6.000)	纵向	421	(61)	365	(53)	7
			长横向	421	(61)	365	(53)	2
			短横向	407	(59)	345	(50)	1
	>152～178	(6.001～7.000)	纵向	414	(60)	359	(52)	6
			长横向	414	(60)	359	(52)	2
			短横向	400	(58)	338	(49)	1
	>178～203	(7.001～8.000)	纵向	407	(59)	352	(51)	6
			长横向	407	(59)	352	(51)	2
			短横向	393	(57)	331	(48)	1
2219-T6	≤100	(≤4.000)	纵向	400	(58)	276	(40)	6
			长横向	379	(55)	255	(37)	4
			短横向[d]	365	(53)	241	(35)	2
2219-T852	≤100	(≤4.000)	纵向	427	(62)	345	(50)	6
			长横向	427	(62)	338	(49)	4
			短横向[d]	414	(60)	317	(46)	3
2618-T61	≤50	(≤2.000)	纵向	400	(58)	324	(47)	7
			长横向	379	(55)	290	(42)	5
			短横向[d]	359	(52)	290	(42)	4
	>50～75	(2.001～3.000)	纵向	393	(57)	317	(46)	7
			长横向	379	(55)	290	(42)	5
			短横向	359	(52)	290	(42)	4
	>75～100	(3.001～4.000)	纵向	386	(56)	310	(45)	7
			长横向	365	(53)	276	(40)	5
			短横向	352	(51)	269	(39)	4
5083-H111	≤100	(≤4.000)	纵向	290	(42)	152	(22)	14
			长横向	269	(39)	138	(20)	12
5083-H112	≤100	(≤4.000)	纵向	276	(40)	124	(18)	16
			长横向	269	(39)	110	(16)	14
6061-T6 或 6061-T652	≤100	(≤4.000)	纵向	262	(38)	241	(35)	10
			长横向	262	(38)	241	(35)	8
			短横向[d]	255	(37)	228	(33)	5

表 5（续）

合金牌号及供货状态	厚度[c]		方向	抗拉强度 R_m(≥)		规定非比例延伸强度 $R_{p0.2}$(≥)		断后伸长率 A(标距 50 mm 或 4 倍直径)(≥)
	mm	(in)		MPa	(ksi)	MPa	(ksi)	%
6061-T6 或 6061-T652	>100～203	(4.001～8.000)	纵向	255	(37)	234	(34)	8
			长横向	255	(37)	234	(34)	6
			短横向	241	(35)	221	(32)	4
7049-T73	>50～75	(2.001～3.000)	纵向	490	(71)	421	(61)	9
			长横向	490	(71)	407	(59)	4
			短横向	476	(69)	400	(58)	3
	>75～100	(3.001～4.000)	纵向	476	(69)	407	(59)	8
			长横向	476	(69)	393	(57)	3
			短横向	462	(67)	386	(56)	2
	>100～127	(4.001～5.000)	纵向	462	(67)	386	(56)	7
			长横向	462	(67)	386	(56)	3
			短横向	455	(66)	379	(55)	2
7049-T7352	>25～75	(1.001～3.000)	纵向	490	(71)	407	(59)	9
			纵横向	490	(71)	393	(57)	4
			短横向[d]	476	(69)	386	(56)	3
	>75～100	(3.001～4.000)	纵向	476	(69)	393	(57)	8
			长横向	476	(69)	372	(54)	3
			短横向	462	(67)	365	(53)	2
	>100～127	(4.001～5.000)	纵向	462	(67)	372	(54)	7
			长横向	462	(67)	365	(53)	3
			短横向	455	(66)	352	(51)	2
7050-T7452[e]	≤50	(≤2.000)	纵向	496	(72)	434	(63)	9
			长横向	490	(71)	421	(61)	5
	>50～75	(2.001～3.000)	纵向	496	(72)	427	(62)	9
			长横向	483	(70)	414	(60)	5
			短横向	462	(67)	379	(55)	4
	>75～100	(3.001～4.000)	纵向	490	(71)	421	(61)	9
			长横向	483	(70)	407	(59)	5
			短横向	462	(67)	379	(55)	4
	>100～127	(4.001～5.000)	纵向	483	(70)	414	(60)	9
			长横向	476	(69)	400	(58)	4
			短横向	455	(66)	372	(54)	3

表 5（续）

合金牌号及供货状态	厚度[c]		方向	抗拉强度 R_m(≥)		规定非比例延伸强度 $R_{p0.2}$(≥)		断后伸长率 A(标距 50 mm 或 4 倍直径)(≥)
	mm	(in)		MPa	(ksi)	MPa	(ksi)	%
7050-T7452[e]	>127～152	(5.001～6.000)	纵向	476	(69)	407	(59)	9
			长横向	469	(68)	386	(56)	4
			短横向	455	(66)	365	(53)	3
	>152～178	(6.001～7.000)	纵向	469	(68)	400	(58)	9
			长横向	462	(67)	386	(56)	4
			短横向	448	(65)	359	(52)	3
	>178～203	(7.001～8.000)	纵向	462	(67)	393	(57)	9
			长横向	455	(66)	359	(52)	4
			短横向	441	(64)	345	(50)	3
7075-T6	≤50	(≤2.000)	纵向	510	(74)	434	(63)	9
			长横向	503	(73)	421	(61)	4
	>50～75	(2.001～3.000)	纵向	503	(73)	421	(61)	9
			长横向	490	(71)	407	(59)	4
			短横向	476	(69)	400	(58)	3
	>75～100	(3.001～4.000)	纵向	490	(71)	414	(60)	8
			长横向	483	(70)	400	(58)	3
			短横向	469	(68)	393	(57)	2
	>100～127	(4.001～5.000)	纵向	476	(69)	400	(58)	7
			长横向	469	(68)	386	(56)	3
			短横向	455	(66)	386	(56)	2
	>127～152	(5.001～6.000)	纵向	469	(68)	386	(56)	6
			长横向	455	(66)	379	(55)	3
			短横向	448	(65)	379	(55)	2
7075-T652	≤50	(≤2.000)	纵向	510	(74)	434	(63)	9
			长横向	503	(73)	421	(61)	4
	>50～75	(2.001～3.000)	纵向	503	(73)	421	(61)	9
			长横向	490	(71)	407	(59)	4
			短横向	476	(69)	393	(57)	2
	>75～100	(3.001～4.000)	纵向	490	(71)	414	(60)	8
			长横向	483	(70)	400	(58)	3
			短横向	469	(68)	386	(56)	1

表 5（续）

合金牌号及供货状态	厚度[c]		方向	抗拉强度 R_m(≥)		规定非比例延伸强度 $R_{p0.2}$(≥)		断后伸长率 A(标距 50 mm 或 4 倍直径)(≥)
	mm	(in)		MPa	(ksi)	MPa	(ksi)	%
7075-T652	>100～127	(4.001～5.000)	纵向	476	(69)	400	(58)	7
			长横向	469	(68)	386	(56)	3
			短横向	455	(66)	379	(55)	1
	>127～152	(5.001～6.000)	纵向	469	(68)	386	(56)	6
			长横向	455	(66)	379	(55)	3
			短横向	448	(65)	372	(54)	1
7075-T73	≤75	(≤3.000)	纵向	455	(66)	386	(56)	7
			长横向	441	(64)	372	(54)	4
			短横向[d]	421	(61)	359	(52)	3
	>75～100	(3.001～4.000)	纵向	441	(64)	379	(55)	7
			长横向	434	(63)	365	(53)	3
			短横向	414	(60)	352	(51)	2
	>100～127	(4.001～5.000)	纵向	427	(62)	365	(53)	7
			长横向	421	(61)	352	(51)	3
			短横向	400	(58)	345	(50)	2
	>127～152	(5.001～6.000)	纵向	421	(61)	352	(51)	6
			长横向	407	(59)	345	(50)	3
			短横向	393	(57)	338	(49)	2
7075-T7352	≤75	(≤3.000)	纵向	455	(66)	372	(54)	7
			长横向	441	(64)	359	(52)	4
			短横向[d]	421	(61)	345	(50)	3
	>75～100	(3.001～4.000)	纵向	441	(64)	365	(53)	7
			长横向	434	(63)	345	(50)	3
			短横向	414	(60)	331	(48)	2
	>100～127	(4.001～5.000)	纵向	427	(62)	352	(51)	7
			长横向	421	(61)	331	(48)	3
			短横向	400	(58)	317	(46)	2
	>127～152	(5.001～6.000)	纵向	421	(61)	338	(49)	6
			长横向	407	(59)	317	(46)	3
			短横向	393	(57)	303	(44)	2

表 5（续）

合金牌号及供货状态	厚度[c]		方向	抗拉强度 R_m(≥)		规定非比例延伸强度 $R_{p0.2}$(≥)		断后伸长率 A(标距 50 mm 或 4 倍直径)(≥)
	mm	(in)		MPa	(ksi)	MPa	(ksi)	%
7175-T74[e]	≤75	(≤3.000)	纵向	503	(73)	434	(63)	9
			长横向	490	(71)	414	(60)	5
			短横向[d]	476	(69)	414	(60)	4
	>75～100	(3.001～4.000)	纵向	490	(71)	421	(61)	9
			长横向	483	(70)	400	(58)	5
			短横向	469	(68)	393	(57)	4
	>100～127	(4.001～5.000)	纵向	469	(68)	393	(57)	8
			长横向	462	(67)	386	(56)	5
			短横向	455	(66)	379	(55)	4
	>127～152	(5.001～6.000)	纵向	448	(65)	372	(54)	8
			长横向	441	(64)	359	(52)	5
			短横向	434	(63)	359	(52)	4
7175-T7452[e]	≤75	(≤3.000)	纵向	490	(71)	421	(61)	9
			长横向	476	(69)	400	(58)	5
			短横向[d]	462	(67)	372	(54)	4
	>75～100	(3.001～4.000)	纵向	469	(68)	393	(57)	9
			长横向	462	(67)	379	(55)	5
			短横向	448	(65)	352	(51)	4
	>100～127	(4.001～5.000)	纵向	448	(65)	372	(54)	8
			长横向	441	(64)	359	(52)	5
			短横向	434	(63)	338	(49)	4
	>127～152	(5.001～6.000)	纵向	434	(63)	352	(51)	8
			长横向	421	(61)	338	(49)	5
			短横向	414	(60)	317	(46)	2

[a] 为判定是否符合本标准，拉伸强度和屈服强度应修约至整数(0.1 ksi)，伸长率修约至 0.5%(或按 ASTM B 557—2010 测试方法中 7.8.4 要求修约至 0.1%)，符合修约方法规范 ASTM E 29。

[b] 确定力学性能的基本依据见附录 A。

[c] 除 2618-T61 的最大横截面积为 92 903 mm^2(144 in^2)外，其他均为 165 160 mm^2(256 in^2)。热处理时测量短横向厚度，且适用于黑皮锻件及任意机加工前的尺寸测量。

[d] 锻件的拉伸性能测试要求受尺寸≥50 mm(2.000 in)的限制，因为锻件小于该尺寸难取得适用于常规试验使用的拉伸试样。

[e] 自 1985 年始，7050 和 7175 合金的热处理状态号 T736、T73652 及 T73654 分别被 T74、T7452 及 T7454 替代。

8.2 取样数量

模锻件、自由锻件、环锻件的每批次产品中至少取一个拉伸试样(见6.2)。当需方要求时,应对模锻件首批产品中的代表性锻件进行锻造流线检查和拉伸性能检测(见8.3.2)。锻造工艺发生重大变化时,应重新检验。

8.3 试验试样

8.3.1 对于模锻件,除非需方在下订单时另有规定,模锻件应沿锻造流线取样,供方可任选以下方法:

a) 方法1——锻件生产用坯料上采用机加工方式取样;

b) 方法2——从锻造试样上采用机加工方式取样;

c) 方法3——从锻件的延长部分采用机加工方式取样;

d) 方法4——从一批锻件中的一个锻件采用机加工方式取样。

注1:采用方法1、2或3所取试样通常与方法4所取试样的性能有差异。通过合适的热处理工艺,采用方法1、2或3所取锻件试样可达到常规的力学性能。

注2:代表锻件的样件或试样应随锻件热处理后再取样。

8.3.2 如有需要,锻造工艺确定后可对模锻件首批产品中的代表件按以下要求进行试验:

a) 在两个方向切取拉伸试样:(1)锻造流线方向;(2)非锻造流线方向。取样位置应在锻件图上注明,如未注明,通常在具有代表性的区域取样;

b) 沿取样位置剖开锻件检查锻造流线。

8.3.3 自由锻件的试样应取自于锻件的延长部分或代表整批锻件的样件上切取。通常只需进行长横向与短横向试验,需方要求时进行纵向试验。

8.3.4 环锻件的试样应取自于加高件或代表整批锻件的样件。除非另有规定,环锻件的试样应截取自尺寸许可的最具代表性的中间区域。试验通常只进行切向和轴向,但如需方要求,作为参考,也可进行径向试验。

8.4 试验方法

8.4.1 拉伸试验应按ASTM B 557—2010要求进行。

8.4.2 当规定的伸长率<3%、或常规方法测得伸长率<4%时,应按ASTM B 557—2010中7.8.4的要求测量圆形拉伸试样的伸长率。

8.4.3 布氏硬度测试应按ASTM E 10进行,用10 mm硬质合金钢球在4 900 N载荷下保持10 s~15 s;采用其他等效载荷和钢球或替代试验方法,存在争议时,应以4 900 N载荷和10 mm硬质合金钢球的检测结果为可接收依据。

9 热处理

9.1 锻件应根据AMS 2772的要求按表2和表3进行热处理。

9.2 如需方要求,表2和表3的热处理工艺应符合ASTM B 918的要求。

10 供方保证热处理后的性能

10.1 除第8章的要求外,O1或F状态2014、2018、2025、2218、2219、2618、4032、6061、6066、6151、

7075 和 7076 合金模锻件(尺寸应符合表 2 的要求)经固溶、时效后,除 2018、2218、2618 和 7076 合金模锻件的拉伸性能应符合表 2 中 T61 状态的要求外,其他合金锻件的拉伸性能应符合表 2 中 T6 状态的要求。

10.2 除第 8 章的要求外,经固溶、时效后,O1 和 F 状态 2014、2219、2618、6061 和 7075 合金自由锻件(尺寸应符合表 5 的要求)经固溶、时效后,除 2618 合金自由锻件的拉伸性能应符合表 5 中 T61 状态的要求外,其他合金锻件的拉伸性能应符合表 5 中 T6 状态的要求。

10.3 如需方要求,经固溶、时效后,F 和 O 状态 7049 合金以及 O1 和 F 状态 7075 合金模锻件和自由锻件(尺寸应分别符合表 2 和表 5 的要求)的拉伸性能应符合表 2 和表 5 中 T73 状态以及第 12 章的要求。

10.4 经固溶、时效后,F 和 O 状态 7050 和 7175 合金自由锻件和模锻件(尺寸应分别符合表 2 和表 5 的要求)的拉伸性能应符合表 2 和表 5 中 T74 状态以及第 12 章的要求。

10.5 除第 8 章的要求外,F 和 O1 状态 2014、2219、2618、6061、6151 和 7075 合金环锻件(尺寸应符合表 3 要求)经固溶、时效后,除 2618 合金环锻件的拉伸性能应符合表 3 中 T61 状态的要求外,其他合金锻件的拉伸性能应符合表 3 中 T6 状态的要求。

10.6 每批次 O1 和 F 状态的模锻件、自由锻件和环锻件应取一个试样,以检验是否符合第 10.1~10.5 的要求。

11 热处理后性能

11.1 以 O1 和 F 状态交付的 2014、2018、2025、2218、2219、2618、4032、6061、6066、6151、7075 和 7076 合金模锻件和自由锻件(尺寸符合表 2 和表 5 要求)经固溶、时效后,除 2018、2218、2618 和 7076 合金模锻件和自由锻件的拉伸性能符合表 2 和表 5 中 T61 状态的要求外,其他合金锻件的拉伸性能符合表 2 和表 5 中 T6 状态的要求。

11.2 T6、T652、T73、T7352 状态的 7075 合金模锻件及自由锻件经固溶、时效后,拉伸性能符合表 2 和表 5 中 T6 状态的要求。

11.3 2014-T4 合金模锻件经时效后,拉伸性能符合表 2 中 T6 状态的要求。

11.4 供方保证,以 F 和 O1 状态交付的 2014、2219、2618、6061、6151 和 7075 合金环锻件(尺寸符合表 3 要求)经固溶、时效后,除 2618 合金环锻件的拉伸性能应符合表 3 中 T61 状态的要求外,其他合金锻件的拉伸性能符合表 3 中 T6 状态的要求。

12 耐应力腐蚀性能

12.1 7049-T73、7075-T73 与 7050-T74、7175-T74 合金锻件按 12.2 测试,试样应无应力腐蚀裂纹,且检测要求如下:

a) 对每批次 7049、7050、7075 和 7175 合金锻件的拉伸试样进行耐应力腐蚀性能检验,且应符合表 6 的要求;

b) 对于厚度≥19 mm(0.750 in)、每种合金状态的锻件,供方应按 12.2.2 要求当月至少进行一次耐应力腐蚀试验。从符合表 6 批次接收要求的锻件中选取试样,每次应至少取 3 个相邻试样。供方应保留所有批次测试记录以备检查。

表 6 T73 状态 7049、7075 合金和 T74 状态 7050、7175 合金耐应力腐蚀性能的批次验收标准

合金及状态	批次验收标准		
	电导率/% IACS[a]	力学性能等级	批次验收状态
7049-T73 和 7049-T7352	≥40.0	按指定要求	可接收
	38.0～39.9	按指定要求且纵向屈服强度不超过最小值 68 MPa(9.9 ksi)	可接收
	38.0～39.9	按指定要求但纵向屈服强度超过最小值 69 MPa(10 ksi)或更多	拒收[b]
	<38.0	任意等级	拒收[b]
7050-T74[c] 模锻件及 7050-T7452[c] 自由锻件	≥38.0[d]	按指定要求且 SCF[e]≤32.0	可接收
	≥38.0	按指定要求但 SCF[e]>32.0	拒收[b]
	<38.0	任意等级	拒收[b]
7075-T73 和 7075-T7352,7175-T74[c]、7175-T7452[c] 和 7175-T7454[c]	≥40.0	按指定要求	可接收
	38.0～39.9	按指定要求且纵向屈服强度不超过最小值 82 MPa(11.9 ksi)	可接收
	38.0～39.9	按指定要求但纵向屈服强度超过最小值 83 MPa(12 ksi)或更多	拒收[b]
	<38.0	任意等级	拒收[b]

[a] 电导率测量应按 ASTM E 1004 试验方法在拉伸试样表面进行。

[b] 当 T73 和 T7352 状态 7049 合金锻件、T74 和 T7452 状态 7050 合金锻件、T73 和 T7352 状态 7075 合金锻件以及 T74、T7452 和 T7454 状态 7175 合金锻件根据批次验收标准为拒收时，应再次进行时效处理或重新固溶、时效处理，并进行复检。

[c] 自 1985 年始，7050 和 7175 合金的热处理状态代号 T736、T73652 及 T73654 分别被 T74、T7452 及 T7454 所替代。

[d] 7050-T74 合金模锻件顺锻造流线的屈服强度应≤496 MPa(72 ksi)。

[e] 应力腐蚀敏感性因子(SCF)＝屈服强度(××.×ksi)-电导率(××.×% IACS)。

12.2 应力腐蚀裂试验用厚度≥19 mm(0.750 in)的材料按以下要求进行：

a) 试样在相对于晶粒流向的短横向受力并保持固定的应变，应力级别如下：

1) T73 状态锻件：75%的最小屈服强度或最小纵向屈服强度应符合表 2 或表 5 要求。

2) T74 状态锻件：≤75 mm(3.0 in)的模锻件及自由锻件要求最小屈服强度为 241 MPa(35.0 ksi)，>75 mm(3.0 in)的自由锻件最小屈服强度应达到表 5 中最小纵向屈服强度的 50%。

b) 按 ASTM G 47 检测方法进行应力腐蚀试验。

c) 试样上应无任何目视可见的应力腐蚀裂纹，否则按 17.2 重复试验。

13 尺寸公差

锻件应符合合同或订单中规定的形状和尺寸，其公差不超过合同、订单或引用的图纸的规定。

14 内部质量

需方下订单时应明确指出：质量≤136 kg(300 lb)、厚度 12.5～100 mm(0.500 in～4.000 in)、合金牌号为 2014、2219、7049、7050、7075 和 7175 的模锻件，质量≤272 kg(600 lb)、厚度 25 mm～103 mm (1.000 in～8.000 in)、合金牌号为 2014、2219、7049、7050、7075 和 7175 的自由锻件应按 ASTM B 594—2013 进行超声检测，且不连续性的验收范围见表 4。环锻件的超声检验要求及可接受的不连续范围由供需双方协商决定，符合 ASTM B 594—2013 的要求。

15 通用质量要求

15.1 锻件质量和供货状态与本文件一致。供需双方应就任何未涵盖的要求达成协议。

15.2 目测检查前，将模锻件和环锻件在 NaOH 水溶液中进行腐蚀，以获得适于目测检查或渗透检查的表面。供方可视需要在 NaOH 溶液中加入缓蚀剂。

注：NaOH 溶液中使用缓蚀剂可防止含铜合金发生晶间腐蚀。溶液由 NaOH 50 g 和 Na_2S 2.5 g 在 1 L 水中溶解而成。腐蚀温度为 66～71 ℃(150～160 ℉)，腐蚀时间为 1 min；其他经缓释处理的溶液可提供同样的腐蚀效果。随后，将零件完全浸入流动水中洗净，用 HNO_3 或含 Cr 的 H_2SO_4 溶液或其他等效溶液生成适于目视检查或渗透检查的表面。

15.3 除非另有规定，每个经腐蚀的锻件目视检查应无缝隙、折叠、破裂及淬火裂纹等缺陷。需方要求时，每个经腐蚀的锻件应按 ASTM E 165 的试验方法使用乳化或水洗型渗透剂进行渗透检测，以检测是否存在有害的表面缺陷，且渗透检测人员应具有 NAS 410 的无损检测Ⅱ级资格证(或水平等同的其他证书)。

注：渗透检验前所有零件或零件待检表面应清洁、干燥。

16 采购检验

16.1 若需方希望锻件发货前由其代表检验或见证锻件检验和试验，应由供需双方在合同中注明。

16.2 供方应向需方代表提供必要的便利条件，使其确信锻件符合标准要求，检验和试验应以不妨碍供方的生产来安排。

17 复检和拒收

17.1 如锻件化学成分不符合本标准的要求，则整个检验批拒收。

17.2 试样不合格不应代表整个检验批不合格，需方在订单或合同中未提出其他抽样计划时，取双倍试样重新进行试验，所有试样都应符合本文件的要求，否则整批拒收。

17.3 若检验后发现锻件中有缺陷可拒收。

17.4 若需方拒收锻件，供方有责任为需方换货。

18 合格证

供方应按要求向需方提供证明每批次锻件符合本标准抽样、测试和检验要求的合格证。

19 产品追溯性标识

19.1 每个模锻件都应按锻件图纸的要求进行标识。

19.2 若事先指定，自由锻件应标记供方名称或商标、适用合金、状态代号和标准号。标识字符高度至少 6.5 mm(1/4 in)，且带标识的产品在正常的转运过程中标识不应丢失。

20 包装及标识

20.1 锻件应进行包装，以提供正常转运过程中的防护，除非另有协议，一个包装应只装同一尺寸、同一材料、同一热处理状态的锻件。供方决定包装方式和总重，并在承运方许可的情况下、以最低费用安全运输至交付地点。

20.2 每一包装箱应标识采购合同号(订单号)、锻件尺寸、标准号、材料牌号和热处理状态、毛重和净重、供方名称或商标。

20.3 当合同或订单中指出锻件应做防护和包装要求时，且包装要求应符合 ASTM B 660 的规定，并在合同或订单中指明包装等级。

附 录 A
（规范性附录）
性能范围制定依据

基于统计数据建立性能范围，统计数据表明，99%符合标准要求的锻件满足性能范围的置信度为95%。为了描述产品，各尺寸范围锻件的性能基于至少100个数据，数据取自符合标准要求的锻件，每批锻件的数据不超过10个。所有测试应符合相应的ASTM测试方法要求，引用ASTM标准年鉴中Vol 02.02的相关材料章节“力学性能保证的统计特性”。

ICS 65.060.40
B 91

中华人民共和国国家标准

GB/T 32250.2—2015

在用喷雾机的检测 第2部分：大田作物喷雾机

Inspection of sprayers in use—Part 2: Field crop sprayers

2015-12-10 发布 2016-07-01 实施

中华人民共和国国家质量监督检验检疫总局
中国国家标准化管理委员会 发布

前　言

GB/T 32250—2015《在用喷雾机的检测》分为5个部分：

——第1部分：总则；

——第2部分：大田作物喷雾机；

——第3部分：灌木与乔木作物用风送式喷雾机；

——第4部分：固定式和半移动式喷雾机；

——第5部分：航空喷雾系统　环境保护。

本部分为GB/T 32250—2015的第2部分。

本部分按照GB/T 1.1—2009给出的规则起草。

本部分由中国机械工业联合会提出。

本部分由全国农业机械标准化技术委员会(SAC/TC 201)归口。

本部分起草单位：农业部南京农业机械化研究所、中国农业机械化科学研究院、浙江大农实业有限公司。

本部分主要起草人：王忠群、胡桧、陈长松、严荷荣、陈俊宝、王洪仁。

在用喷雾机的检测
第2部分:大田作物喷雾机

1 范围

GB/T 32250的本部分规定了在用的大田作物喷雾机的技术要求和检测方法。

本部分适用于在用的大田作物喷雾机(以下简称喷雾机)。

2 规范性引用文件

下列文件对于本文件的应用是必不可少的。凡是注日期的引用文件,仅注日期的版本适用于本文件。凡是不注日期的引用文件,其最新版本(包括所有的修改单)适用于本文件。

GB/T 1226—2010 一般压力表

GB/T 1227—2010 精密压力表

GB/T 20183.2—2006 植物保护机械 喷雾设备 第2部分:液力喷雾机试验方法(ISO 5682-2:1997,IDT)

3 一般要求

喷雾机应该通过检测、功能试验和测量以检查是否符合下列条款的要求。

注:标准规定的某些试验涉及可能导致危险的情况,试验人员都应经过与其岗位相适应的专业培训,并遵守国家法规以及健康和安全要求。

4 技术要求和检测方式

4.1 传动部件

4.1.1 动力输出轴和动力输入连接(PIC)应安装防护装置,防护装置应状态良好:

——轴的各种零件、万向节和锁定系统不应出现过度磨损的痕迹,并应能正常工作;

——防护功能应显著,且防护装置不应出现磨损迹象(如穿孔、变形或裂缝);

——应有可靠的限制动力输出轴防护装置转动的装置。

防护装置及所有运动或转动的传动部件的功能不应受到影响。

检测方式:目测和功能检查。

4.1.2 应提供固定不在使用的动力输出轴的装置,固定装置应状态良好。不应将用于限制动力输出轴的链条或其他装置当作固定装置使用。

4.2 液泵

4.2.1 液泵的流量应满足设备的需要。

a) 液泵的流量不应小于喷雾机制造商给出的初始流量的90%。

检测方式:按照5.2.1a)测量;或者:

b) 液泵应提供足够的流量,以保证喷杆上安装喷雾量最大的喷头时,能以喷雾机或喷头制造商推荐的最大压力喷雾,并保证4.3规定的清晰的回流搅拌。

检测方式:按照5.2.1b)测量。

4.2.2 液泵运转过程中不应有明显的压力脉动。

检测方式:目测和功能检查。

4.2.3 液泵的出口端装有压力安全阀时,安全阀应工作可靠。

检测方式:目测和功能检查。

4.2.4 液泵不应泄漏(例如:滴漏)。

检测方式:目测。

4.3 搅拌

当药液箱加液到其额定容量一半时,以动力输出轴额定转速运转进行喷雾时,回流搅拌应清晰可见。

检测方式:目测。

4.4 药液箱

4.4.1 当药液箱盖盖紧后,药液箱或加药口不应有渗漏。

检测方式:目测。

4.4.2 加药口应有一个状况良好的过滤网。

检测方式:目测。

4.4.3 如果提供吸入式药剂箱,吸入式药剂箱内应有网栅。

检测方式:目测。

4.4.4 药液箱应有压力补偿装置(避免药液箱内超压或欠压)。

检测方式:目测。

4.4.5 药液箱上应有清晰可读的液位指示,能从操作者位置和加液时看清液位。

检测方式:目测。

4.4.6 应能在不用工具、可靠并没有洒落的情况下方便地收集排出的药液(例如使用开关)。

检测方式:功能检查。

4.4.7 如果在药液箱的加水装置上设有止回阀,止回阀应工作可靠。

检测方式:目测和功能检查。

4.4.8 如果提供吸入式药剂箱,吸入式药剂箱应工作可靠。

检测方式:功能检查。

4.4.9 如果有清洗药剂箱的装置,该清洁装置应工作可靠。

检测方式:功能检查。

4.5 计量、控制和调节系统

4.5.1 所有计量装置、开关、调节压力和/或流量的装置应工作可靠,并不应有渗漏。

检测方式:目测和功能检查。

4.5.2 控制装置应安装操作喷雾机时能够方便触及和控制的位置,并能方便地读出显示器上显示的信息。

应能同时打开和关闭所有的喷头。

检测方式:目测。

4.5.3 压力表的刻度应清晰可读,并与喷雾机工作压力范围相适应。

检测方式:目测。

4.5.4 压力表应符合 GB/T 1226—2010 或 GB/T 1227—2010 的规定，标出的刻度应符合：

——工作压力低于 0.5 MPa 的，至少每 0.02 MPa 有一个刻度；

——工作压力在 0.5 MPa～2 MPa 的，至少每 0.1 MPa 有一个刻度；

——工作压力大于 2 MPa 的，至少每 0.2 MPa 有一个刻度。

检测方式：目测。

4.5.5 对于模拟式压力表，压力表外壳的最小直径应为 63 mm。

检测方式：测量。

4.5.6 工作压力在 0.1 MPa(含)～0.2 MPa(含)之间的，压力表的精度应为±0.02 MPa。

从 0.2 MPa 起，即工作压力大于 0.2 MPa 的，压力表的精度应在实测值的±10%之内。

压力表的指针应保持稳定，以便读取工作压力值。

检测方式：按照 5.2.2 进行。

4.5.7 其他的计量装置，特别是流量计(用于控制每公顷的施液量)，测量的最大误差不应超过实测值的 5%。

检测方式：按照 5.2.3 进行。

4.6 硬管和软管

4.6.1 以喷雾系统能达到的最大压力试验时，硬管和软管不应有渗漏。

检测方式：目测和功能检查。

4.6.2 软管不应有锐弯和露出机织物的磨损。

检测方式：目测。

4.7 过滤器

4.7.1 液泵的出口端至少应有一个过滤器。如果是容积式液泵，在液泵的吸入端也应有一个过滤器。

注：不可将喷头过滤器用作液泵出口端的过滤器。

过滤器应工作正常，网孔尺寸应与按制造厂说明书规定安装的喷头相适应。

检测方式：目测和功能检查。

4.7.2 如果装有截止阀，药液箱内注入药液到额定容量时，在清洗过滤器时不应有药液泄漏出去，过滤器外壳和吸入管内除外。

检测方式：目测。

4.7.3 滤芯应能更换。

检测方式：目测。

4.8 喷杆

4.8.1 喷杆在各个方向上都应保持稳定，即所有联接处无松动和弯曲。

喷杆的左右两部分的长度应相等。

检测方式：目测。

4.8.2 当有喷杆装有自动复位装置时，喷杆在接触障碍物时向前和向后运动后应能自动复位。

检测方式：目测和功能检查。

4.8.3 在运输位置时喷杆应能可靠地锁定。

检测方式：目测。

4.8.4 除了边界喷雾之类特殊情况，喷杆上喷头的间距和方向应均匀一致。在折叠或展开喷杆的情况下，不应出现无意中可能改变喷头工作状态时位置的现象。

检测方式：目测和测量。

4.8.5 静置于水平面上测量时，喷头下边缘到基准面距离的变化量不应大于 10 cm 或者半个工作幅宽的 1%。

检测方法：目测和测量。

4.8.6 喷杆在距地面的任意高度上，药液都不应能喷到喷雾机上(因功能要求和滴落量极少的情况除外)。

检测方式：目测。

4.8.7 如果喷杆触地或喷杆的工作宽度大于 10 m，应安装防止喷头触地损坏的保护装置。

检测方式：目测。

4.8.8 单节喷杆应能独立地展开和折叠。

检测方式：目测和功能检查。

4.8.9 高度调节装置应工作可靠。

检测方式：目测。

4.8.10 喷杆减振装置和倾斜平衡装置应工作可靠。

检测方式：目测。

4.8.11 逐个关闭各节喷杆药液，在每节喷杆的入口处测得的压力变化量不应大于 10%。

检测方式：按照 5.2.7 所述。

4.9 喷头

4.9.1 喷杆上的所有喷头的种类、型号、材料和来源都应相同(具有特殊功能的喷头除外，例如边界喷雾用的末端喷头)。

喷杆上的其他元件(喷嘴过滤器、防滴装置等)也应保持种类、型号、材料和来源一致。

检测方式：目测。

4.9.2 液流关闭后喷头不应滴漏。喷头雾流停止 5 s 后，应没有滴漏。

检测方式：目测。

4.10 雾量横向分布

4.10.1 通过集雾槽的测量

a) 在整个雾流相叠加的范围内，雾量横向分布应均匀。雾量横向分布均匀性变异系数不应超过 10%和；

b) 在整个雾流相叠加的范围内，每个集雾槽收集的雾量偏差不应超过总平均值的±20%。

检测方式：按照 5.2.4 测量。

4.10.2 喷雾量的测量

4.10.2.1 相同型号的每个喷头的喷雾量偏差不应超过制造商明示的额定喷雾量的±10%。

检测方式：按照 5.2.5 测量。

4.10.2.2 在喷雾机压力测量点和每节喷杆末端之间的压力降不应超过压力表显示压力值的 10%。

检测方式：按照 5.2.6 测量。

注：4.10.1 或 4.10.2 给出的要求和试验方法适用于雾量横向分布。如果喷杆上使用的喷头形成均匀雾流，则 4.10.1 或 4.10.2 适用。在其他情况下，仅 4.10.2 适用。

5 试验设备与方法

5.1 喷雾机的准备

如果喷雾机不符合 4.1.1 规定的要求，则不应进行试验。

试验前，应先仔细清洗喷雾机。应特别注意清洗包括过滤器和滤芯等的喷雾机内部零部件，以及喷雾时暴露于农药最多的喷雾机外部零部件。

试验前，应先修补好显而易见的以及其他已知的缺陷。应在常规检测现场先进行预备性检测，以避免浪费时间对存在明显严重缺陷的喷雾机进行检测。

喷雾机的所有者/操作者最好在检测现场。

5.2 试验设备和试验方法

5.2.1 液泵流量的测量

a) 当液泵的流量大于 100 L/min(含)时，流量计的误差不应大于测量值的 2%；当液泵的流量小于 100 L/min 时，流量计的误差不应大于 2 L/min。液泵流量的测量应在出口完全打开和在 0.8 MPa～1.0 MPa 之间的一个压力下测量，或者低于此压力的液泵最高允许工作压力下测量。

b) 未装压力检测接口的喷雾机或最高工作压力未知的液泵(见 4.2.1)，应在喷杆一侧末端喷头处安装一个校准用压力表，以确认试验时达到喷雾机或喷头制造商所推荐的最高工作压力。

5.2.2 喷雾机压力表的校验

5.2.2.1 用于校验的压力指示器技术规范

用于校验的模拟式压力表直径不应小于 100 mm，其他技术指标不应低于表 1 给出的要求。

表 1 校验用压力表技术要求

压力范围 ΔP MPa	最大刻度单位 MPa	准确度 MPa	压力表等级要求	量程 MPa
$0<\Delta P\leqslant 0.6$	0.01	0.010	1.6 1.0 0.4	0.6 1.0 1.6
$0.6<\Delta P\leqslant 1.6$	0.02	0.025	1.6 1.0	1.6 2.5
$\Delta P>1.6$	0.10	0.100	2.5 1.6 1.0	4.0 6.0 10.0

压力表每年应至少校准一次。

5.2.2.2 喷雾机压力表的校准方式

喷雾机压力表应在喷雾机或试验台上试验，分别用压力由小到大和由大到小的方式进行测量。

5.2.3 用于控制每公顷施药量的流量计

试验设备中的测量仪表误差不应超过测量值的 1.5%。

5.2.4 用集雾槽测量雾量横向分布的均匀性

使用槽宽 100 mm、槽顶和槽底之间深度不小于 80 mm 的多槽集雾槽，测量雾量横向分布的均匀性(变异系数 CV)。

集雾槽总长不应小于1.5 m，各槽宽的允许偏差为±2.5 mm，试验前应采用合适的方式（例如模板）检查各槽宽是否符合要求。所有带刻度的集液量筒应具有相同的型号和大小，且容量不小于500 mL，分度值最大为10 mL，其误差不应大于10 mL或测量值的2%。

采用以电子数据采样系统（例如扫描装置）分段采样的集雾槽，其槽宽允许偏差为±1 mm。当沿着测量轨道测量时，每个测量行程的定位精度为±20 mm。单个集雾槽在300 mL/min的流量下，其流量测量误差应小于4%。说明书应给出集雾槽的调节方法。

应采取措施避免测量结果受气候条件件的影响。

如果能获得至少相同的测量结果和精度，可以使用不同型号的集雾槽。

试验台的大小应适合于被试喷杆的尺寸、喷雾类型，并确保雾流重叠区完全覆盖。

5.2.5 喷雾量的测量

喷头安装在喷杆上或者从喷杆上卸下喷头都可以进行试验。应保证喷雾雾形完整。

测量误差不应超过测量值的2.5%。

5.2.5.1 安装在喷杆上喷头的测量

按照GB/T 20183.2—2006的第8章测量每个喷头的喷雾量。

5.2.5.2 喷杆上卸下喷头的测量

在试验台上测量每个喷头的喷雾量。

5.2.6 压力降的测量

应将标准压力表安装在每节喷杆末端喷头相同的位置。用喷雾机压力表测量不少于两个参考压力，将喷雾机压力表指示值与标准压力表测得的值进行比较。

5.2.7 关闭喷杆液流时压力变化量的测量

应将标准压力表安装在每节喷杆进液端喷头相同的位置。当逐个关闭各节喷杆的液流时，观察压力值的变化量。

5.2.8 其他试验仪器

转速表（动力输出轴）、卷尺（喷头间距和高度）、秒表（喷雾量、分布）、量筒（测量范围2 L，刻度值20 mL，误差20 mL）或流量计（喷头喷量）和空气压力表（带压力脉动阻尼装置）。

6 检测汇总表

附录A给出了检测汇总表的参考格式。

7 检测报告

检测后应在检测现场将检测报告直接交给用户。检测报告应描述喷雾机的所有不正常情况，并应将喷雾机需要修理情况的告知用户。检测报告应包括测量结果。

附录B给出了检测报告的参考格式。

附　录　A
（资料性附录）
检测汇总表

检测汇总表见表 A.1。

表 A.1　检测汇总表

条款号	要求	目测/功能检查	测量	备注
4.1	传动部件	√		
4.2	液泵			
4.2.1	——流量		√	
4.2.2	——脉动	√		在压力表上显示
4.2.3	——压力安全阀(如果适用)	√		
4.2.4	——渗漏	√		
4.3	搅拌	√		加液至半药液箱
4.4	药液箱			
4.4.1	——渗漏	√		
4.4.2	——过滤网	√		在加液口内
4.4.3	——网栅(如果适用)	√		在吸入式药剂箱内
4.4.4	——压力补偿	√		
4.4.5	——液位指示	√		
4.4.6	——排空	√		
4.4.7	——止回阀(如果适用)	√		
4.4.8	——吸入式药剂箱(如果适用)	√		可靠
4.4.9	——药剂箱清洗装置(如果适用)	√		可靠
4.5	计量、控制和调节系统			
4.5.1	——可靠性/渗漏	√		可靠
4.5.2	——控制器的操作	√		
4.5.3～4.5.6	——压力表	√	√	
4.5.7	——其他计量装置		√	
4.6	硬管和软管			
4.6.1	——渗漏	√		喷雾系统能达到的最大压力
4.6.2	——弯曲/磨损	√		
4.7	过滤器			
4.7.1	——有无过滤器	√		
4.7.2	——清洁(如果适用)	√		
4.7.3	——滤芯的可换性	√		
4.8	喷杆			
4.8.1	——稳定/平直	√		
4.8.2	——自动复位	√		
4.8.3	——锁定可靠	√		在运输位置

表 A.1（续）

条款号	要求	目测/功能检查	测量	备注
4.8.4	——喷头间距/朝向	√	√	均匀
4.8.5	——喷头高度	√	√	
4.8.6	——喷雾机被喷雾污染	√		
4.8.7	——防止喷头损坏	√		
4.8.8	——喷杆分段控制	√		
4.8.9	——高度调节	√		
4.8.10	——减振、平衡	√		在喷雾状态
4.8.11	——压力波动		√	喷杆/关闭段
4.9	喷头			
4.9.1	——同一性	√		
4.9.2	——滴漏	√		
4.10	横向分布			
4.10.1	——在集雾槽上的测量		√	
4.10.2	——喷雾量测量		√	
注：目测(检查)是指查看机器是否达到要求； 功能测试是指在机器/零部件正常作业条件下检查功能是否达到规定的要求； 测量是指通过使用装置或仪表的方式，测定一个数值； “√”是指采用的检测方法(目测/功能检查，或测量)。				

附 录 B
(资料性附录)
检 测 报 告

大田作物喷雾机检测报告
按照 GB/T 32250.2—2015 进行

试验地点：

机具所有者身份：

机具所有者地址：

制造商____________ 型　号____________
编　号____________ 制造年份____________
□悬挂式 □牵引式 □自走式喷雾机
机具所有者为 □农场主 □服务组织 □制造公司

备注：

检测结果　　　　签字：

□无缺陷 □轻度缺陷 □严重缺陷 贴标签 □是 □否 日期____________

项目	描述	要求[a]	缺陷：无	缺陷：轻度缺陷	缺陷：严重缺陷	缺陷：修理过	喷雾机状态总体评价
1. 传动部件		防护装置	□	□	□	□	
2. 液泵	□活塞	流量	□	□	□	□	
	□隔膜	压力脉动	□	□	□	□	
	□…….	压力安全阀[a]	□	□	□	□	
	在__ MPa 下__ L/min	渗漏	□	□	□	□	
3. 搅拌	□机械；□液力	回流搅拌	□	□	□	□	
4. 药液箱	容积____ L	渗漏	□	□	□	□	
		过滤网	□	□	□	□	
		网栅(吸入式药剂箱)[a]	□	□	□	□	
		压力补偿	□	□	□	□	
		液位指示器	□	□	□	□	
		排空	□	□	□	□	
		止回阀[a]	□	□	□	□	
		吸入式药剂箱[a]	□	□	□	□	
		药剂箱清洗装置[a]	□	□	□	□	

5. 计量、控制和调节系统		功能	☐	☐	☐	☐	
		渗漏	☐	☐	☐	☐	
		控制器操作	☐	☐	☐	☐	
		压力表	☐	☐	☐	☐	
		—可读性	☐	☐	☐	☐	
		—刻度	☐	☐	☐	☐	
		—直径	☐	☐	☐	☐	
		—精度	☐	☐	☐	☐	
		—指针稳定性	☐	☐	☐	☐	
		—其他测量装置(误差<5%)	☐	☐	☐	☐	
6. 硬管和软管		渗漏	☐	☐	☐	☐	
		弯曲/磨损	☐	☐	☐	☐	
7. 过滤器		有过滤器	☐	☐	☐	☐	
		清洗[a]	☐	☐	☐	☐	
		滤芯可换性	☐	☐	☐	☐	
8. 喷杆	工作宽度__ m 喷头间距__ cm 节数________	稳定性/平直度	☐	☐	☐	☐	
		对称性	☐	☐	☐	☐	
		自动复位	☐	☐	☐	☐	
		锁定可靠	☐	☐	☐	☐	
		喷头间距/朝向	☐	☐	☐	☐	
		喷头高度(10 cm 或 1%)	☐	☐	☐	☐	
		喷雾污染	☐	☐	☐	☐	
		防止喷头损坏	☐	☐	☐	☐	
		喷杆分段控制	☐	☐	☐	☐	
		高度调节	☐	☐	☐	☐	
		减振	☐	☐	☐	☐	
		倾斜平衡	☐	☐	☐	☐	
		每节入口的压力差(<10%)	☐	☐	☐	☐	
9. 喷头	喷头的数量____ 型号____	同一性	☐	☐	☐	☐	
		滴漏	☐	☐	☐	☐	
10. 横向分布	实际 CV ____%	变异系数(≤10%)	☐	☐	☐	☐	
		与平均值的最大偏差(≤20%)	☐	☐	☐	☐	
		或者					
		喷雾量与额定喷雾量的偏差(≤10%)	☐	☐	☐	☐	
		压力降(测量点与节端之间,≤10%)	☐	☐	☐	☐	
[a] 如果适用。							

ICS 65.060.40
B 91

中华人民共和国国家标准

GB/T 32250.3—2015

在用喷雾机的检测 第3部分:灌木与乔木作物用风送式喷雾机

Inspection of sprayers in use—
Part 3: Air-assisted sprayers for bush and tree crops

2015-12-10 发布　　2016-07-01 实施

中华人民共和国国家质量监督检验检疫总局
中国国家标准化管理委员会　发布

前　　言

GB/T 32250—2015《在用喷雾机的检测》分为5个部分：

——第1部分：总则；

——第2部分：大田作物喷雾机；

——第3部分：灌木与乔木作物用风送式喷雾机；

——第4部分：固定式和半移动式喷雾机；

——第5部分：航空喷雾系统　环境保护。

本部分为GB/T 32250—2015的第3部分。

本部分按照GB/T 1.1—2009给出的规则起草。

本部分由中国机械工业联合会提出。

本部分由全国农业机械标准化技术委员会(SAC/TC 201)归口。

本部分起草单位：农业部南京农业机械化研究所、中国农业机械化科学研究院、浙江大农实业有限公司。

本部分主要起草人：王忠群、胡桧、陈长松、严荷荣、陈俊宝、王洪仁。

在用喷雾机的检测 第3部分:灌木与乔木作物用风送式喷雾机

1 范围

GB/T 32250的本部分规定了在用的灌木与乔木作物用风送式喷雾机的技术要求和检测方法。

本部分适用于在用的灌木与乔木作物用风送式喷雾机(以下简称喷雾机)。

2 规范性引用文件

下列文件对于本文件的应用是必不可少的。凡是注日期的引用文件,仅注日期的版本适用于本文件。凡是不注日期的文件,其最新版本(包括所有的修改单)适用于本文件。

GB/T 1226—2010 一般压力表

GB/T 1227—2010 精密压力表

GB/T 20183.2—2006 植物保护机械 喷雾设备 第2部分:液力喷雾机试验方法(ISO 5682-2:1997,IDT)

GB/T 32250.2—2015 在用喷雾机的检测 第2部分:大田作物喷雾机

3 一般要求

喷雾机应该通过检测、功能试验和测量以检查是否符合下列条款的要求。

注:标准规定的某些试验涉及可能导致危险的情况,试验人员都应经过与其岗位相适应的专业培训,并遵守国家法规以及健康和安全要求。

4 技术要求和检测方式

4.1 传动部件

4.1.1 动力输出轴和动力输入连接(PIC)应安装防护装置,防护装置应状态良好:

——轴的各种零件、万向节和锁定系统不应出现过度磨损的痕迹,并应能正常工作;

——防护功能应显著,且防护装置不应出现磨损迹象(如穿孔、变形或裂缝);

——应有可靠的限制动力输出轴防护装置转动的装置。

防护装置及所有运动或转动的传动部件的功能不应受到影响。

检测方式:目测和功能检查。

4.1.2 应提供固定不在使用的动力输出轴的装置,固定装置应状态良好。不应将用于限制动力输出轴的链条或其他装置当作固定装置使用。

4.1.3 应提供风机(包括风扇、外壳、空气导流板等),且应安装成良好的工作状态:

——所有零件都应没有机械变形、磨损、撕裂、腐蚀和振动。

——应提供防止进入风机内部的防护装置。

检测方式：目测和功能检查。

4.2 液泵

4.2.1 液泵的流量应满足设备的需要。

a) 液泵的流量不应小于喷雾机制造商给出的初始流量的90%。

检测方式：按照5.2.1a)测量；或者：

b) 液泵应提供足够的流量，以保证喷杆上安装喷雾量最大的喷头时，能以喷雾机或喷头制造商推荐的最大压力喷雾，并保证4.3规定的清晰的回流搅拌。

检测方式：按照5.2.1b)测量。

4.2.2 液泵运转过程中不应有明显的压力脉动。

检测方式：目测和功能检查。

4.2.3 液泵的出口端装有压力安全阀时，安全阀应工作可靠。

检测方式：目测和功能检查。

4.2.4 液泵不应泄漏(例如：滴漏)。

检测方式：目测。

4.3 搅拌

当药液箱加液到其额定容量一半时，以动力输出轴额定转速运转进行喷雾时，回流搅拌应清晰可见。

检测方式：目测。

4.4 药液箱

4.4.1 当药液箱盖盖紧后，药液箱或加药口不应有渗漏。

检测方式：目测。

4.4.2 加药口应有一个状况良好的过滤网。

检测方式：目测。

4.4.3 如果提供吸入式药剂箱，吸入式药剂箱内应有网栅。

检测方式：目测。

4.4.4 药液箱应有压力补偿装置(避免药液箱内超压或欠压)。

检测方式：目测。

4.4.5 药液箱上应有清晰可读的液位指示，能从操作者位置和加液时看清液位。

检测方式：目测。

4.4.6 应能在不用工具、可靠并没有洒落的情况下方便地收集排出的药液(例如使用开关)。

检测方式：功能检查。

4.4.7 如果在药液箱的加水装置上设有止回阀，止回阀应工作可靠。

检测方式：目测和功能检查。

4.4.8 如果提供吸入式药剂箱，吸入式药剂箱应工作可靠。

检测方式：功能检查。

4.4.9 如果有清洗药剂箱的装置，该清洁装置应工作可靠。

检测方式：功能检查。

4.5 计量、控制和调节系统

4.5.1 所有计量装置、开关、调节压力和/或流量的装置应工作可靠，并不应有渗漏。

检测方式：目测和功能检查。

4.5.2 压力调节装置应保证泵在稳定转速下保持稳定的工作压力，其压力变化量不应大于±10%。在关闭并再次接通液流后，应能到达相同的工作压力。

检测方式：目测和功能检查。

4.5.3 控制装置应安装操作喷雾机时能够方便触及和控制的位置，并能方便地读出显示器上显示的信息。

应能同时打开和关闭所有的喷头。

检测方式：目测。

4.5.4 应能关闭一侧喷头，而由另一侧单独喷洒药液。

检测方式：目测。

4.5.5 压力表的刻度应清晰可读，并与喷雾机工作压力范围相适应。

检测方式：目测。

4.5.6 压力表应符合 GB/T 1226—2010 或 GB/T 1227—2010 的规定，标出的刻度应符合：

——工作压力低于 0.5 MPa 的，至少每 0.02 MPa 有 1 个刻度；

——工作压力在 0.5 MPa 至 2 MPa 的，至少每 0.1 MPa 有 1 个刻度；

——工作压力大于 2 MPa 的，至少每 0.2 MPa 有 1 个刻度。

检测方式：目测。

4.5.7 对于模拟式压力表，压力表外壳的最小直径应为 63 mm。

检测方式：测量。

4.5.8 工作压力在 0.1 MPa（含）～0.2 MPa（含）之间的，压力表的精度应为±0.02 MPa。

从 0.2 MPa 起，即工作压力大于 0.2 MPa 的，压力表的精度应在实测值的±10%之内。

压力表的指针应保持稳定，以便读取工作压力值。

检测方式：按照 5.2.2 进行。

4.5.9 其他的计量装置，特别是流量计（用于控制每公顷的施液量），测量的最大误差不应超过实测值的 5%。

检测方式：按照 5.2.3 进行。

4.6 硬管和软管

4.6.1 以喷雾系统能达到的最大压力试验时，硬管和软管不应有渗漏。

检测方式：目测和功能检查。

4.6.2 软管不应有锐弯和露出机织物的磨损。

检测方式：目测。

4.6.3 处于工作状态的软管不应悬置在雾流范围中。

检测方式：目测。

4.7 过滤器

4.7.1 液泵的出口端至少应有 1 个过滤器。如果是容积式液泵，在液泵的吸入端也应有 1 个过滤器。

注：不可将喷头过滤器用作液泵出口端的过滤器。

过滤器应工作正常，网孔尺寸应与按制造厂说明书规定安装的喷头相适应。

检测方式：目测和功能检查。

4.7.2 如果装有截止阀，药液箱内注入药液到额定容量时，在清洗过滤器时不应有药液泄漏出去，过滤器外壳和吸入管内除外。

检测方式：目测。

4.7.3 滤芯应能更换。

检测方式:目测。

4.8 喷头

4.8.1 喷头应与农药的施用量相适应。

检测方式:目测。

4.8.2 除了特殊功能的要求(例如:单侧喷雾,安装喷头以弥补风送引起的不对称等)以外,左右两侧的喷头应(喷头的种类、型号等)对称布置。

检测方式:目测。

4.8.3 液流关闭后喷头不应滴漏。喷头雾流停止 5 s 后,应没有滴漏。

检测方式:目测。

4.8.4 每一个喷头应能单独关闭。如果是多头喷头,每个多头喷头应能单独关闭。

检测方式:目测和功能检查。

4.8.5 应能将喷头的位置调节到一个对称且可重现的状态。

检测方式:目测和功能检查。

4.9 雾量分布

4.9.1 雾流的一致性

每个喷头都应形成一致的雾流(一致的雾型,均匀的雾流等)。

检测方式:如果是液力喷头,目测和功能检查在切断风机的情况下进行;如果是其他喷头(例如气力喷头),则目测和功能检查在转动风机的情况下进行。

4.9.2 喷头喷雾量

具有相同标识的每个喷头的喷雾量相对于额定喷雾量的偏差不应大于 15%,或者相对于所有相同喷头平均喷雾量的偏差不应大于 10%。

对于对称的喷雾,左右两侧的平均喷雾量的偏差不应大于 10%。

检测方式:按照 5.2.4 测量。

4.9.3 压力差

每一节喷管进口处的压力相差不应大于 15%。

检测方式:按照 5.2.5 进行测量。

4.9.4 可选的集雾槽测量

注:为了给喷雾机的所有者或操作者提供 4.9.1~4.9.3 之外更多的信息,可以按照 GB/T 32250.2—2015 中 4.10.1 的规定,使用一个垂直布置的集雾槽试验台测试雾量分布。

4.10 风机

4.10.1 风机应按制造商规定的速度旋转。

检测方法:功能试验。

4.10.2 如果风机可以从机器的其他驱动部件处单独分离,其离合器应工作可靠。

检测方法:功能试验。

4.10.3 风机上以及附加风机壳上的可调式空气导流板应正常工作。

检测方法:检测和功能试验。

4.10.4 除了因风机的功能需要且不致引起滴落，喷雾机的各零部件不应被雾流喷到。

检测方法：检测和功能试验。

5 试验设备与方法

5.1 喷雾机的准备

如果喷雾机不符合4.1.1规定的要求，则不应进行试验。

试验前，应先仔细清洗喷雾机。应特别注意清洗包括过滤器和滤芯等的喷雾机内部零部件，以及喷雾时暴露于农药最多的喷雾机外部零部件。

试验前，应先修补好显而易见的以及其他已知的缺陷。应在常规检测现场先进行预备性检测，以避免浪费时间对存在明显严重缺陷的喷雾机进行检测。

喷雾机的所有者/操作者最好在检测现场。

5.2 试验设备和试验方法

5.2.1 液泵流量的测量

a) 当液泵的流量大于100 L/min(含)时，流量计的误差不应大于测量值的2%；当液泵的流量小于100 L/min时，流量计的误差不应大于2 L/min。液泵流量的测量应在出口完全打开和在0.8 MPa～1.0 MPa之间的一个压力下测量，或者低于此压力的液泵最高允许工作压力下测量。

b) 未装压力检测接口的喷雾机或最高工作压力未知的液泵(见4.2.1)，应在喷杆一侧末端喷头处安装一个校准用压力表，以确认试验时达到喷雾机或喷头制造商所推荐的最高工作压力。

5.2.2 喷雾机压力表的校验

5.2.2.1 用于校验的压力指示器技术规范

用于校验的模拟式压力表直径不应小于100 mm，其他技术指标不应低于表1给出的要求。

表1 校验用压力表技术要求

压力范围 ΔP MPa	最大刻度单位 MPa	准确度 MPa	压力表等级要求	量程 MPa
$0<\Delta P\leqslant 0.6$	0.01	0.010	1.6 1.0 0.4	0.6 1.0 1.6
$0.6<\Delta P\leqslant 1.6$	0.02	0.025	1.6 1.0	1.6 2.5
$\Delta P>1.6$	0.10	0.100	2.5 1.6 1.0	4.0 6.0 10.0

压力表每年应至少校准一次。

5.2.2.2 喷雾机压力表的校准方式

喷雾机压力表应在喷雾机或试验台上试验，分别用压力由小到大和由大到小的方式进行测量。

5.2.3 用于控制每公顷施药量的流量计

试验设备中的测量仪表误差不应超过测量值的1.5%。

5.2.4 喷头喷雾量的测量

应采用喷头制造商给出的基准压力，按照GB/T 20183.2—2006中的第8章给出的方法或其他适当的方法测量喷头的喷雾量。

5.2.5 压力降的测量

应将标准压力表安装在每段喷管的进口段，用喷雾机压力表测量不少于两个参考压力，将喷雾机压力表指示值与标准压力表测得的值进行比较。

5.2.6 其他试验仪器

转速表(动力输出轴)、卷尺(喷头间距和高度)、秒表(喷雾量、分布)、量筒(测量范围2 L，刻度值20 mL，误差20 mL)或流量计(喷头喷量)和空气压力表(带压力脉动阻尼装置)。

6 检测汇总表

附录A给出了检测汇总表的参考格式。

7 检测报告

检测后应在检测现场将检测报告直接交给用户。检测报告应描述喷雾机的所有不正常情况，并应将喷雾机需要修理情况的告知用户。检测报告应包括测量结果。

附录B给出了检测报告的参考格式。

附 录 A
（资料性附录）
检测汇总表

检测汇总表见表 A.1。

表 A.1 检测汇总表

条款号	要求	目测/功能检查	测量	备注
4.1	传动部件	√		
4.2	液泵			
4.2.1	——流量		√	
4.2.2	——脉动	√		在压力表上显示
4.2.3	——压力安全阀(如果适用)	√		
4.2.4	——渗漏	√		
4.3	搅拌	√		加液至半药液箱
4.4	药液箱			
4.4.1	——渗漏	√		
4.4.2	——过滤网	√		在加液口内
4.4.3	——网栅(如果适用)	√		在吸入式药剂箱内
4.4.4	——压力补偿	√		
4.4.5	——液位指示	√		
4.4.6	——排空	√		
4.4.7	——止回阀(如果适用)	√		
4.4.8	——吸入式药剂箱(如果适用)	√		可靠
4.4.9	——药剂箱清洗装置(如果适用)	√		可靠
4.5	计量、控制和调节系统			
4.5.1	——可靠性/渗漏	√		可靠
4.5.2	——稳定的工作压力		√	
4.5.3	——控制器的操作	√		
4.5.4	——只由一侧喷雾	√		
4.5.5,4.5.8	——压力表	√	√	
4.5.7	——其他计量装置		√	
4.6	硬管和软管			
4.6.1	——渗漏	√		喷雾系统能达到的最大压力
4.6.2	——弯曲/磨损	√		
4.6.3	——处于雾流之外	√		
4.7	过滤器			
4.7.1	——有无过滤器	√		
4.7.2	——清洁(如果适用)	√		
4.7.3	——滤芯的可换性	√		

表 A.1（续）

条款号	要求	目测/功能检查	测量	备注
4.8	喷头			
4.8.1	——适应性	√		
4.8.2	——对称性	√		
4.8.3	——滴漏	√		
4.8.4	——关闭	√		
4.8.5	——调节	√		
4.9	雾流分布			
4.9.1	——雾流一致性	√		
4.9.2	——喷头喷雾量/喷管总喷雾量		√	
4.9.3	——压力差		√	
4.10	风机			
4.10.1	——转速	√		
4.10.2	——动力分离	√		
4.10.3	——导流板	√		
4.10.4	——滴漏	√		

注：目测(检查)是指查看机器是否达到要求；
功能测试是指在机器/零部件正常作业条件下检查功能是否达到规定的要求；
测量是指通过使用装置或仪表的方式，测定一个数值；
“√”是指采用的检测方法(目测/功能检查，或测量)。

附 录 B
（资料性附录）
检测报告

试验地点：	灌木与乔木作物用风送式喷雾机检测报告 按照 GB/T 32250.3—2015 进行
机具所有者身份：	
机具所有者地址：	制造商______ 型 号______ 编 号______ 制造年份______ ☐悬挂式 ☐牵引式 ☐自走式喷雾机 机具所有者为 ☐农场主 ☐服务组织 ☐制造公司

备注：

检测结果　　签字：
☐无缺陷 ☐轻度缺陷 ☐严重缺陷 贴标签 ☐是 ☐否 日期______

项目	描述	要求[a]	缺陷 无	轻度缺陷	严重缺陷	修理过	喷雾机状态总体评价
1. 传动部件/风机		防护装置	☐	☐	☐	☐	
2. 液泵	☐活塞	流量	☐	☐	☐	☐	
	☐隔膜	压力脉动	☐	☐	☐	☐	
	☐…….	压力安全阀[a]	☐	☐	☐	☐	
	在____MPa 下____L/min	渗漏	☐	☐	☐	☐	
3. 搅拌	☐机械；☐液力	回流搅拌	☐	☐	☐	☐	
4. 药液箱	容积____L	渗漏	☐	☐	☐	☐	
		过滤网	☐	☐	☐	☐	
		网栅(吸入式药剂箱)[a]	☐	☐	☐	☐	
		压力补偿	☐	☐	☐	☐	
		液位指示器	☐	☐	☐	☐	
		排空	☐	☐	☐	☐	
		止回阀[a]	☐	☐	☐	☐	
		吸入式药剂箱[a]	☐	☐	☐	☐	
		药剂箱清洗装置[a]	☐	☐	☐	☐	

5. 计量、控制和调节系统		功能	☐	☐	☐	☐	
		渗漏	☐	☐	☐	☐	
		稳定工作压力	☐	☐	☐	☐	
		控制器操作	☐	☐	☐	☐	
		只由一侧喷雾	☐	☐	☐	☐	
		压力表					
		—可读性	☐	☐	☐	☐	
		—刻度	☐	☐	☐	☐	
		—直径	☐	☐	☐	☐	
		—精度	☐	☐	☐	☐	
		—指针稳定性	☐	☐	☐	☐	
		—其他测量装置（误差<5%）	☐	☐	☐	☐	
6. 硬管和软管		渗漏	☐	☐	☐	☐	
		弯曲/磨损	☐	☐	☐	☐	
		处于雾流之外	☐	☐	☐	☐	
7. 过滤器		有过滤器	☐	☐	☐	☐	
		清洗[a]	☐	☐	☐	☐	
		滤芯可换性	☐	☐	☐	☐	
8. 喷头	喷头的数量____ 型号____	适应性	☐	☐	☐	☐	
		对称性	☐	☐	☐	☐	
		滴漏	☐	☐	☐	☐	
		关闭	☐	☐	☐	☐	
		调节	☐	☐	☐	☐	
9. 雾量分布		雾流一致性	☐	☐	☐	☐	
		每个喷头的喷雾量偏差	☐	☐	☐	☐	
		(相对于额定喷雾量的偏差不大于15%，或相对于平均喷雾量不大于10%)	☐	☐	☐	☐	
		左右两侧的平均喷雾量的偏差（不大于10%）	☐	☐	☐	☐	
		喷管进口处的压力差（不大于10%）	☐	☐	☐	☐	
10. 风机		转速	☐	☐	☐	☐	
		动力分离	☐	☐	☐	☐	
		导流板	☐	☐	☐	☐	
		滴漏	☐	☐	☐	☐	

[a] 如果适用。

ICS 77.140.80
J 31

中华人民共和国国家标准

GB/T 32251—2015

熔模铸造工艺　污染物的控制

Investment casting process—Pollutants control

2015-12-10 发布　　2016-07-01 实施

中华人民共和国国家质量监督检验检疫总局
中国国家标准化管理委员会　发布

前　言

本标准按照 GB/T 1.1—2009 给出的规则起草。

本标准由全国铸造标准化技术委员会(SAC/TC 54)提出并归口。

本标准负责起草单位:浙江中一检测研究院股份有限公司、沈阳铸造研究所。

本标准参加起草单位:东营嘉扬精密金属有限公司、中国航空工业集团公司北京航空材料研究院、沈阳黎明航空发动机(集团)有限责任公司。

本标准主要起草人:陈云飞、何莲、潘继勇、段继东、南海、孙长波、黄金勇、吴小春、迟连功。

熔模铸造工艺　污染物的控制

1　范围

本标准规定了熔模铸造过程中可能会产生的污染物的种类、危害及防护措施。

本标准适用于熔模铸造过程中对污染物的控制。

2　规范性引用文件

下列文件对于本文件的应用是必不可少的。凡是注日期的引用文件，仅注日期的版本适用于本文件。凡是不注日期的引用文件，其最新版本(包括所有的修改单)适用于本文件。

GBZ 2.1　工作场所有害因素职业接触限值　第1部分：化学有害因素

GBZ 2.2　工作场所有害因素职业接触限值　第2部分：物理因素

GB 8959　铸造防尘技术规程

GB 8978　污水综合排放标准

GB 9078—1996　工业炉窑大气污染物排放标准

GB 12348　工业企业厂界环境噪声排放标准

GB 16297　大气污染物综合排放标准

GB 18599　一般工业固体废物贮存、处置场污染控制标准

GB 18871　电离辐射防护与辐射源安全基本标准

3　技术要求

3.1　模具材料

熔模铸造所用模具应优先选用金属材料，也可选用非金属材料。对易燃、易爆、有毒材料，应采取相应防护措施。

3.2　模料的准备、熔化及回收

3.2.1　模料在熔化、回收过程中可能会产生有害气体，其工作环境应符合 GBZ 2.1 的规定。

3.2.2　低温模料在酸处理回收过程中可能会残留酸，在排放过程中应中和处理。

3.2.3　模料处理场所废气排放应符合 GB 16297 的规定，废水排放应符合 GB 8978 的规定。

3.3　型芯的制备

型芯制备过程中会产生废水、废气、固体废物，应增加防护措施，废水排放应符合 GB 8978(三级)的规定，废气排放应符合 GB 16297(二级)的规定，固体废物排放应符合 GB 18599 的规定，工作环境应符合 GBZ 2.1 的规定。

3.4　熔模的组合、清洗

3.4.1　在熔模组合过程中可能会产生刺激性气体。工作场所应有排风等工程防护措施，工人应佩戴防尘防毒口罩等用具，工作环境应符合 GBZ 2.1 的规定。

3.4.2 组模、熔模清洗工作场地应有通风、除尘、防火等措施，工作环境应符合 GBZ 2.1 的规定。

3.5 型壳的制造

3.5.1 熔模铸造型壳制备中会产生有害物质，如粉尘、挥发性有害气体等，工作中应有除尘、除湿等防护措施，工作环境应符合 GBZ 2.1 的规定。

3.5.2 脱蜡过程中会产生废气、废水等，废气排放应符合 GB 16297(二级)的规定，废水排放应符合 GB 8978的规定，工作环境应符合 GBZ 2.1 的规定。

3.5.3 型壳在焙烧过程中会产生大量的废气、颗粒灰尘等，废气排放应符合 GB 9078(二级)的规定。

3.5.4 模具、模料处理、制壳、焙烧等工艺环节中会产生的有害物质及防护措施见表 1。

表 1 模具、模料处理、制壳、焙烧等工艺环节中会产生的有害物质及防护措施

工艺环节	有害物质	对人体的危害	呼吸性防护用具
模具	乙二胺、β-羟基乙基乙二胺、邻苯二甲酸二丁酯等	中毒	防尘防毒口罩等
模料处理	甲酸等低分子酸、低分子醇、低分子酯、低分子烃等	中毒	防尘防毒口罩等
组模	蜡烟等	中毒	防尘防毒口罩等
撒砂	粉尘等	尘肺	防尘防毒口罩等
硬化干燥	氨气等有害、有刺激性气体等	中毒	防尘防毒口罩等
焙烧	NH_3、HCl 等	中毒	防尘防毒口罩等
熔炼与浇注	气体、金属粉尘等	中毒	防尘防毒口罩等

3.6 熔炼与浇注

熔炼与浇注过程中的高温、气体及粉尘会对环境及工作场所造成一定的污染，熔化炉应有通风、除尘系统，操作人员应穿戴防热辐射等安全防护用具，熔化炉大气污染物排放应符合表 2 的规定，工作环境应符合 GBZ 2.1、GBZ 2.2 的规定。

表 2 熔模铸造用炉窑设备产生的大气污染物排放控制

<table>
<tr><th rowspan="2">序号</th><th rowspan="2">设备名称</th><th rowspan="2">工艺环节</th><th rowspan="2">标准级别</th><th colspan="2">排放限值</th><th rowspan="2">说明</th></tr>
<tr><th>污染物，烟(粉)尘浓度/($mg\cdot m^{-3}$)</th><th>烟气黑度</th></tr>
<tr><td rowspan="3">1</td><td rowspan="3">钛合金熔炼炉</td><td rowspan="3">合金的熔炼与浇注</td><td>一</td><td>禁排</td><td>—</td><td rowspan="3"></td></tr>
<tr><td>二</td><td>100</td><td>—</td></tr>
<tr><td>三</td><td>200</td><td>—</td></tr>
<tr><td rowspan="3">2</td><td rowspan="3">有色金属熔炼炉</td><td rowspan="3">合金的熔炼与浇注</td><td>一</td><td>禁排</td><td>—</td><td rowspan="3"></td></tr>
<tr><td>二</td><td>100</td><td>—</td></tr>
<tr><td>三</td><td>200</td><td>—</td></tr>
<tr><td rowspan="3">3</td><td rowspan="3">型壳焙烧炉</td><td rowspan="3">制壳</td><td>一</td><td>禁排</td><td>—</td><td rowspan="3"></td></tr>
<tr><td>二</td><td>200</td><td>1</td></tr>
<tr><td>三</td><td>300</td><td>1</td></tr>
</table>

表 2（续）

序号	设备名称	工艺环节	标准级别	排放限值		说明
				污染物，烟(粉)尘浓度/($mg \cdot m^{-3}$)	烟气黑度	
4	其他有害金属熔炼					参见 GB 9078—1996
5	熔炼	有车间厂房(无组织排放)		25		
6	焙烧			5		
注：本表中的控制指标依据 GB 9078—1996。“—”指不监测项目。						

3.7 清理及修整

3.7.1 脱壳会产生较大的噪声和颗粒粉尘污染，脱壳间应尽量采用隔声措施，工作人员应佩戴防护用具，工作环境应有除尘措施，工作环境应符合 GBZ 2.1 及 GBZ 2.2 的规定，固体废物排放应符合 GB 18599的规定。碱爆、水力清砂工作人员应佩戴防护用具，废水排放应符合 GB 8978(三级)的规定。

3.7.2 气(切)割会产生颗粒粉尘污染，工作人员应佩戴防护用具，工作环境应有除尘措施，并符合 GBZ 2.1及 GBZ 2.2 的规定。

3.7.3 抛(喷)丸、喷砂会产生较大的噪声、颗粒粉尘污染，工作人员应佩戴防护用具，工作环境应有除尘措施，并符合 GBZ 2.1 及 GBZ 2.2 的规定。

3.7.4 熔模铸件化学清理中会用到一些腐蚀性、挥发性的有毒物质，其废水排放应符合 GB 8978(三级)的规定，工作环境应符合 GBZ 2.1 的规定。

3.7.5 熔模铸件的焊补会产生辐射等污染，操作现场应有防护措施，工作人员应佩戴防护用具，工作环境应符合 GBZ 2.1 及 GBZ 2.2 的规定。

3.7.6 修磨、抛光会产生噪声、颗粒粉尘和废水，工作场所和工作人员应有安全防护措施。废水排放应符合 GB 8978(三级)的规定，工作环境应符合 GBZ 2.1 和 GBZ 2.2 规定。

3.8 铸件质量的检测

熔模铸件无损检测过程中产生的放射性污染、废水等，防护不当会对人体产生危害。铸件清理环节产生的有害物质及防护措施见表 3。

表 3 铸件清理环节产生的有害物质及防护措施

工艺环节	有害物质	对人体的危害	防护用具
脱壳	振动、噪声、粉尘等	尘肺等	手套、眼镜、口罩等
脱芯	氟化氢、硫酸、盐酸等	中毒等	防毒面具、手套、眼镜、口罩等
气(切)割	噪声、粉尘、高温、弧光等	尘肺等	手套、眼镜、电焊面罩等
抛(喷)丸、喷砂	噪声、粉尘等	尘肺等	手套、眼镜、口罩等
检测	X 射线、超声波等	放射病等	防护服等
粗精磨	电焊烟尘、金属粉尘等	尘肺等	防尘口罩等
焊修(补)	电焊烟尘等	尘肺等	防尘口罩、电焊面罩等
碱爆	氢氧化钠等	腐蚀等	防毒口罩等

3.9 污染物的排放

生产中的废水、废气、固体废物、噪声、辐射的排放应分别符合 GB 8959、GB 9078、GB 12348、GB 18599、GB 16297 和 GB 18871 的规定。

ICS 77.140.80
J 31

GB

中华人民共和国国家标准

GB/T 32252—2015

熔模铸造工艺　通用技术导则

Investment casting process—General technology guidelines

2015-12-10 发布　　2016-07-01 实施

中华人民共和国国家质量监督检验检疫总局
中国国家标准化管理委员会　发布

前　言

本标准按照 GB/T 1.1—2009 给出的规则起草。

本标准由全国铸造标准化技术委员会(SAC/TC 54)提出并归口。

本标准负责起草单位:沈阳铸造研究所。

本标准参加起草单位:东营嘉扬精密金属有限公司、中国兵器科学研究院宁波分院。

本标准主要起草人:张寅、段继东、谭锁奎、迟连功。

熔模铸造工艺　通用技术导则

1　范围

本标准规定了熔模铸造工艺设计的总体目标、基本原则、通用技术要求和工艺管理。

本标准适用于熔模铸造工艺设计、生产和管理。

2　规范性引用文件

下列文件对于本文件的应用是必不可少的。凡是注日期的引用文件，仅注日期的版本适用于本文件。凡是不注日期的引用文件，其最新版本(包括所有的修改单)适用于本文件。

GBZ 2.1　工作场所有害因素职业接触限值　第1部分：化学有害因素

GBZ 2.2　工作场所有害因素职业接触限值　第2部分：物理因素

GB 8959　铸造防尘技术规程

GB 8978　污水综合排放标准

GB 12348　工业企业厂界环境噪声排放标准

GB 16297　大气污染物综合排放标准

GB 18599　一般工业固体废物贮存、处置场污染控制标准

GB 18871　电离辐射防护与辐射源安全基本标准

3　工艺设计总体目标

工艺设计的总体目标是满足铸件质量要求，降低制造成本，提高生产率，持续不断地改进工艺、优化结构、提高性能；在降低铸造工艺难度的基础上，尽可能减少原、辅材料及能源的消耗；降低生产过程中对生态环境的污染及对人身安全与健康的危害。

4　工艺设计基本原则

4.1　适用性原则

工艺设计应尽量采用先进、实用的新技术、新材料、新工艺、新装备，以实现高效、低耗、清洁、安全生产的目的。

4.2　高效原则

应逐步淘汰低效率的工艺技术和生产装备，使用先进的工艺技术和装备，采用新材料，提高工艺出品率和产品合格品率。

4.3　低耗原则

4.3.1　合理设计铸件铸造工艺，在满足铸件质量要求的前提下，使铸件能耗、材料消耗、人工成本最经济。

4.3.2　推广回用技术提高资源利用率，降低单位产品资源消耗量(包括所消耗的原材料、辅助材料、水、

电等）。

4.4　近净成形原则

采用近净成形技术，实现无加工余量或极少加工余量，实现铸件的轻量化。

4.5　清洁生产原则

4.5.1　优先使用清洁、可再生能源，降低生产过程中的资源消耗。

4.5.2　应淘汰高污染、危害健康和影响安全的工艺技术和生产装备，减少或控制生产过程中的粉尘、噪声、固体废弃物、废液、废气和辐射等。

4.6　安全原则

4.6.1　优先采用安全性高的工艺和装备，减少或消除生产过程中有毒有害物质的排放及其对人身健康与安全的危害。

4.6.2　采取必要的防错、自动保护等安全措施。

5　通用技术要求

5.1　原、辅材料的选择与使用

5.1.1　安全性要求

5.1.1.1　选用的原辅材料应符合相关标准，优先选择通过了环境管理体系认证或符合要求的材料。

5.1.1.2　应优先使用无毒、无害材料。

5.1.1.3　慎重选用尚不清楚毒副作用的化学物质，应要求供方提供化学品安全技术说明书和人体健康安全数据。

5.1.1.4　制壳材料尽量少用或不用含有硅石粉的耐火材料。采用锆英粉等，供方应提供其放射性合格证明。

5.1.1.5　不可避免使用对人身和环境有害的材料时应：

a）新（或改进）产品用量比原产品减少；

b）用量不超过相关法律法规或者标准的限值要求；

c）提出进一步改进方案和措施，例如提出替代技术（或材料）的研究计划。

5.1.1.6　逐步淘汰硅酸乙酯型壳工艺。

注：产品材料包括构成产品的原材料、产品加工使用过程中的辅助材料和产品包装材料。

5.1.2　经济性要求

5.1.2.1　在不影响产品质量的前提下，减少材料的使用种类，降低材料的单位消耗量或降低材料综合成本。

5.1.2.2　提高材料的利用率，在工艺设计上尽量减少铸件重量。

5.1.3　可再生性要求

5.1.3.1　优先选用来源丰富和可再生的材料，尽量不使用或少使用稀有材料。

5.1.3.2　优先选用再生材料（标准和政策法规禁止的除外）。

5.1.3.3　优先选用可循环利用的材料（易于回收再利用的材料）。

5.1.3.4　在需要两种或两种以上材料制造零件时，优先选用能够或者容易分离的材料。

5.2 铸造工艺性审查

5.2.1 铸件结构的工艺性

铸件结构的铸造工艺性审查时应考虑生产便捷,检测方便,利于成形,避免形成铸造缺陷等,还应考虑(但不局限于)下列因素:

a) 在保证铸件使用技术要求和内在质量的前提下,优先选用易成型的设计方案;
b) 铸件尽量避免出现窄缝、细长孔的结构;
c) 铸件设计尽量避免出现大平面结构,必要时可增加筋板或增加孔,以减少大平面的面积;
d) 铸件两面的结合部不应急剧变化,在结构、技术要求允许的情况下尽量加大铸造圆角;
e) 在保证铸件强度的情况下,优先考虑铸件的轻量化,建议合理选用铸件材料。

5.2.2 铸造过程的工艺性

5.2.2.1 熔模铸造工艺总体设计应充分考虑制模、制壳、熔炼与后处理等工艺过程与装备的协调性。

5.2.2.2 铸造工艺设计应充分考虑铸造的难易程度和经济性。

5.3 铸造过程

5.3.1 减少对环境的污染

在保证铸件质量的前提下,铸造工艺应充分考虑铸造过程中的污染排放、资源利用、人身健康与安全等因素;对于生产中的粉尘、固体废物、噪声、废水、废气、电离辐射的排放应分别符合 GB 8959、GB 18599、GB 12348、GB 8978、GB 16297 和 GB 18871 的规定。工作环境应符合 GBZ 2.1 和 GBZ 2.2 的规定。

5.3.2 资源的使用

5.3.2.1 优先利用清洁能源和可再生能源。

5.3.2.2 配备能源计量、降低产品能耗或能量回收等辅助设施。

5.3.2.3 减少使用过程辅助资源的消耗等。

5.3.3 职业安全健康

5.3.3.1 铸造工艺过程所使用的工具、工装和装备等应符合人机工程学要求,易于操作。

5.3.3.2 减少生产过程中的噪声、振动、辐射、高温、高空坠落、飞溅物等对人身的伤害,必要时,安装消声、降噪、防护罩等安全防护设施。

5.3.3.3 减少粉尘、烟尘、有毒有害气体的产生,必要时采用封闭式设计或配备回收、净化装置。

5.3.3.4 设置避免误操作的自动保护措施。

5.4 过程废弃物的回收再利用及最终处置

5.4.1 减少废弃物回收处理时对环境的影响,提出废弃物的处理方案。

5.4.2 提高材料的回收利用率,回收利用时尽可能不降低材料的原有使用性能。

5.4.3 对不可回收物尽可能实现无害化处置,避免产生危险废弃物。

5.4.4 应充分考虑脱蜡、型壳焙烧产生的余热利用,废蜡、废水、废壳的再生、再利用的可能。

5.4.5 避免材料回收时对操作者的伤害,如锋利的棱边或毛刺等。

5.5 铸件的防锈、包装、运输

5.5.1 优先选用无毒、无害的防锈方法。

5.5.2 防锈处理后的废液应实现无害化处理。
5.5.3 优先选用可回收利用、可以生物降解的包装材料。
5.5.4 同一种产品尽量使用同一种包装材料。
5.5.5 包装废弃物应实现无害化处理。
5.5.6 在满足包装要求的前提下,尽量减少包装材料的使用量。
5.5.7 优先使用可重复使用的包装设计。
5.5.8 保证搬运和运输的方便、安全。
5.5.9 搬运应进行人性化设计,充分考虑搬运过程中的安全可靠性。

6 工艺管理

6.1 工艺过程管理

6.1.1 对产品技术性指标、经济性指标和清洁性指标进行综合评审,增加清洁生产性评价内容及要求。
6.1.2 工艺过程管理应严格执行企业的质量管理体系,关键的工艺过程应有相应的作业指导书、作业标准、安全操作规程等工艺技术文件,工艺过程必须遵守生产过程控制文件。
6.1.3 对涉及产品重要质量特性的工艺过程应标识清晰,识别产品重要的环境、能源、健康与安全因素,明确重要的工艺参数;建立核查清单,明确检测的频次,并保存检测记录。

6.2 技术文件管理

6.2.1 技术文件管理应严格执行企业的质量管理体系,生产过程中各主要工序应有工序作业指导书、设备安全操作规程、设备状态标识、产品标识及产品状态标识。生产过程应有相应的工艺、试验、检测记录,做到产品制造、设备、安全生产、环境控制的可追溯性。
6.2.2 在工艺文件(作业指导书、质量控制文件等)中应增加有关清洁环保材料、清洁化、轻量化及特殊工艺要求等内容。
6.2.3 对于使用不当可能对环境或人身安全造成危害的材料,应有详细的操作说明,必要时在明显位置给出警示标识。

6.3 工艺和材料数据库管理

企业应建立并不断更新、完善工艺和材料数据库,数据库应包含(但不限于):
a) 与企业产品和生产过程相关的政策、法规、标准;
b) 提高铸件质量的工艺方法及预防、纠正、持续改进措施;
c) 工艺材料及能源的环境特性;
d) 工艺过程能耗、排放数据;
e) 工艺设备能效、安全信息;
f) 工艺工装设计、试验、检验数据等。

ICS 77.140.85
J 32

中华人民共和国国家标准

GB/T 32253—2015

直齿锥齿轮精密热锻件　结构设计规范

Precision hot forging of straight bevel gear—Structural design specification

2015-12-10 发布　　2016-07-01 实施

中华人民共和国国家质量监督检验检疫总局
中国国家标准化管理委员会　发布

前 言

本标准按照GB/T 1.1—2009给出的规则起草。

本标准由全国锻压标准化技术委员会(SAC/TC 74)提出并归口。

本标准起草单位:江苏太平洋精锻科技股份有限公司、上海汽车变速器有限公司、北京机电研究所。

本标准主要起草人:夏汉关、黄泽培、金红、陶立平、张海英、魏巍、张勇、申加圣、周林、周煊、孙华标。

直齿锥齿轮精密热锻件　结构设计规范

1　范围

本标准规定了齿部为热精密锻造成形的直齿锥齿轮锻件(以下简称“热锻件”)的术语和定义、结构要素以及热精锻直齿锥齿轮的优化结构形式。

本标准适用于齿部最终采用精密热锻工艺成形的直齿锥齿轮锻件,其质量≤20 kg,端面模数≤20 mm,齿部直径≤250 mm。

2　规范性引用文件

下列文件对于本文件的应用是必不可少的。凡是注日期的引用文件,仅注日期的版本适用于本文件。凡是不注日期的引用文件,其最新版本(包括所有的修改单)适用于本文件。

GB/T 11365—1989　锥齿轮和准双曲面齿轮　精度

GB/T 32254—2015　直齿锥齿轮精密热锻件　通用技术条件

3　术语和定义

下列术语和定义适用于本文件。

3.1

直齿锥齿轮精密热锻件　precision hot forging of straight bevel gear

采用精密热模锻工艺获得的直齿锥齿轮带齿锻件,其齿轮表面不再进行切削加工,精度不低于GB/T 11365—1989 所规定的 10 级。

3.2

轮辐板　spoke plate

热锻件上连接轮缘与轮毂之间的环形板,称轮辐板。

4　结构要素

4.1　分模面

热锻件的分模面,是一个垂直于轴心线,且包含着热锻件最大直径的一个平面(图 1、图 2)。

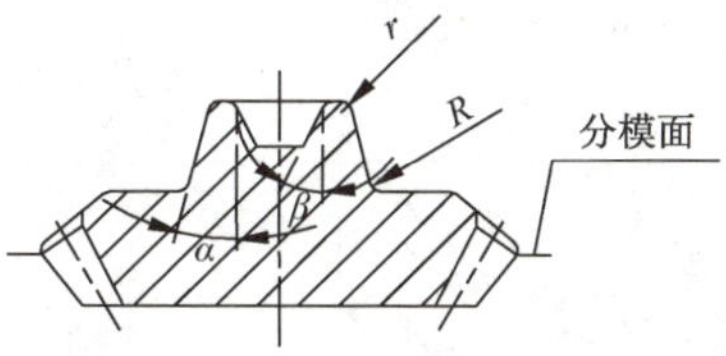

图 1

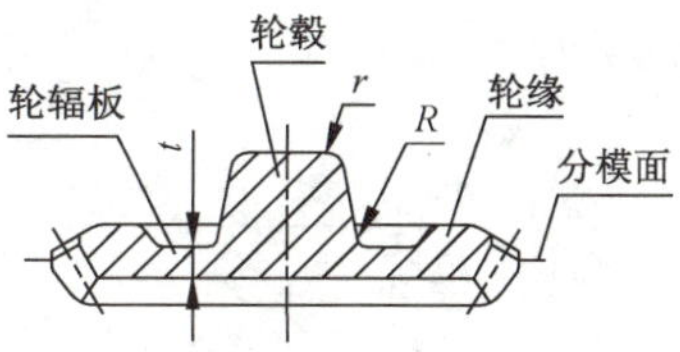

图 2

4.2　模锻斜度及其公差

热锻件的模锻斜度(如图 1 中的 α、β)及其公差,按 GB/T 32254—2015 的规定。

4.3 圆角半径及其公差

热锻件上的圆角半径(如图 1 中的 R、r)及其公差,按 GB/T 32254—2015 的规定。

4.4 轮辐板厚度

热锻件轮辐板的最小厚度 t(图 2),可根据热锻件在分模面上的投影面积 S 按表 1 选择。

表 1 投影面积 S

S/mm^2	≤25	>25~50	>50~100	>100~200	>200~400	>400~800
t[a]/mm	4	5	6	8	10	12
[a] t 值可根据设备、工艺等条件协商变动。						

4.5 余块

当热锻件在背锥面上的齿根与背面 E 的距离 C_1 小于 3 mm 时,则背面上需放余块 C_2。C_1 与 C_2 之和应大于 3 mm(图 3)。

4.6 飞边或倒角

热锻件的背锥面上,各齿间有飞边相连,呈伞状或齿状,其厚度 C_3 不应小于 1 mm(图 3)。

切除飞边后的热锻件,背锥面上具有一个与分模面垂直的倒角 γ(图 4)。

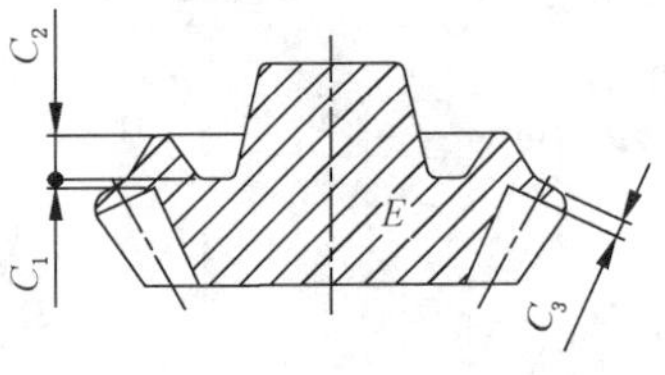

图 3

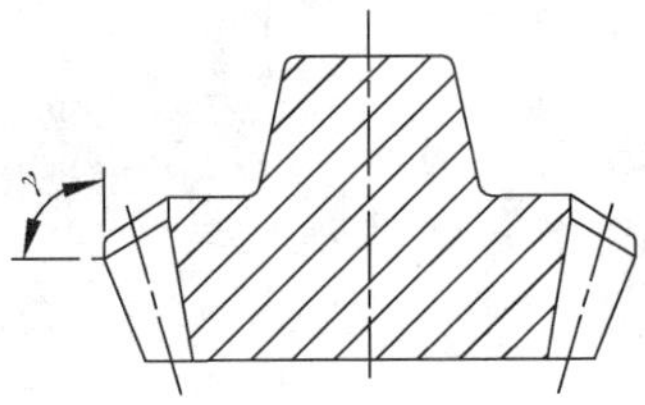

图 4

4.7 盲孔、通孔和冲孔

4.7.1 盲孔

盲孔呈截锥体,分单向盲孔(图 5)和双向盲孔(图 6)两种。盲孔深度(h_1;h_2)分别与对应截锥体理论交点大端直径(D_1;D_2)之比应小于 0.7。

双向盲孔间的厚度 t_1,不应小于表 1 中规定的轮辐板最小厚度 t。

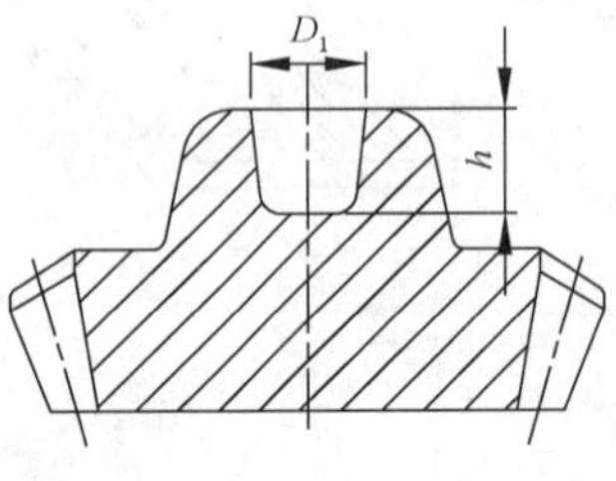

图 5

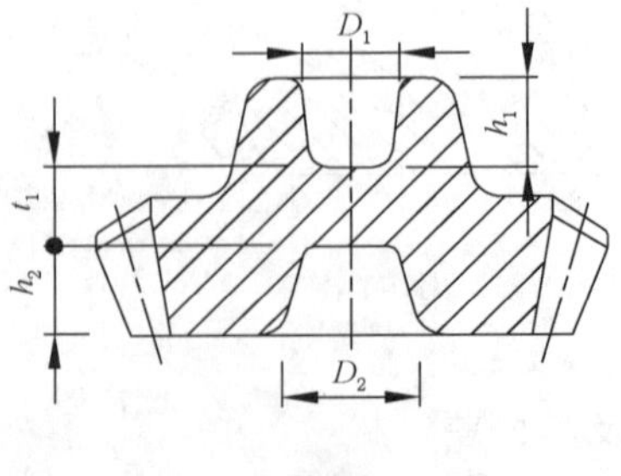

图 6

4.7.2 通孔

通孔呈截锥体，其大端直径 D_2 不小于 30 mm(图 7)。

4.7.3 冲孔

冲孔直径 D_0 不小于 25 mm(图 8)。

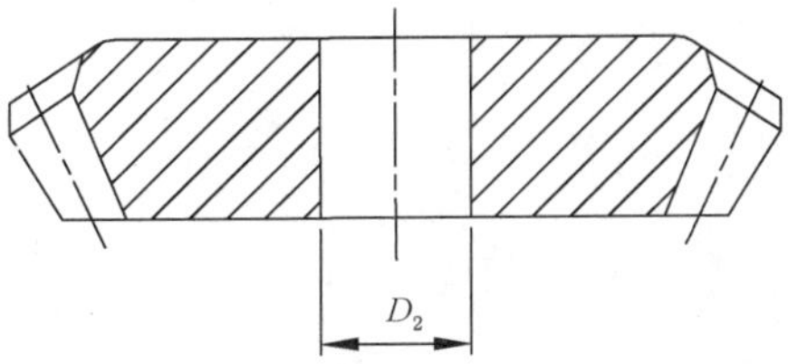

图 7

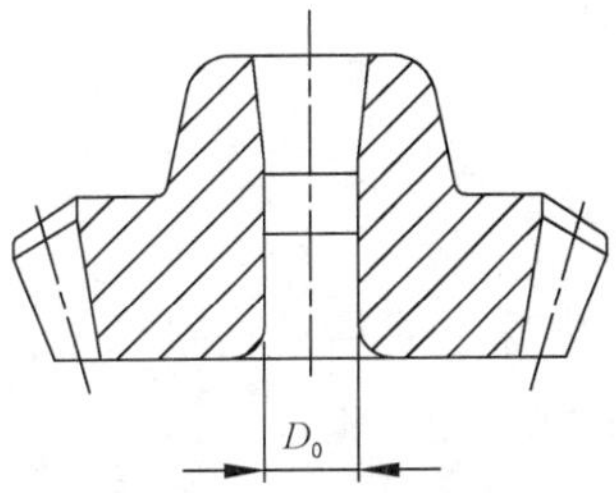

图 8

4.8 标识

根据需要，应在热锻件齿端面或齿槽内锻出凸起或凹陷标识，标识为公司标志、用户标志或零件图号、代号以及模号等，字体及大小按供需双方协商确定。如可标识区域过小，可与需方协商，采用凸点或凹点标识。应注意使零件待加工表面及齿面不受变形损伤，并保证标志在热锻件的整个使用期间保持完整，经协商也可采用不标识的方案。

5 热锻件的优化结构

5.1 端面封闭结构

热锻件的齿间，可设计成后端面封闭(图 9、图 10)或前端面封闭(图 11)的结构型式。这种结构型式不能用切齿法制造。

具有一般使用要求的热锻件，特别是对机械强度有较高要求的精锻齿轮，均宜采用这种结构型式，如千斤顶齿轮(图 9)、增速器齿轮(图 10)和重型机械齿轮(图 11)等，但其配偶齿轮不能采用端面封闭结构。

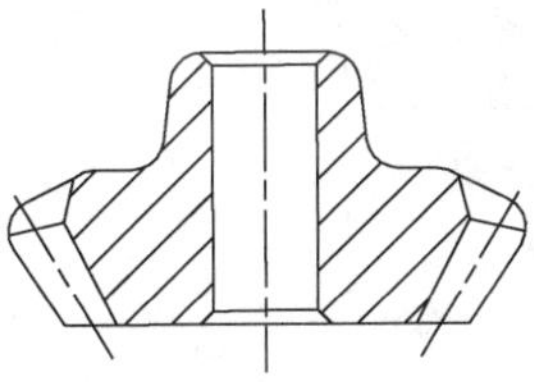

图 9

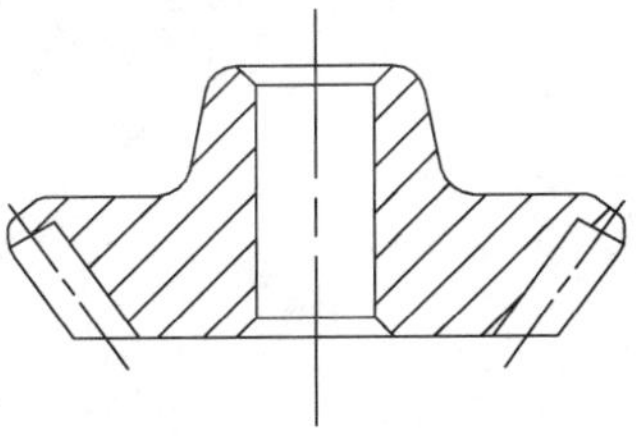

图 10

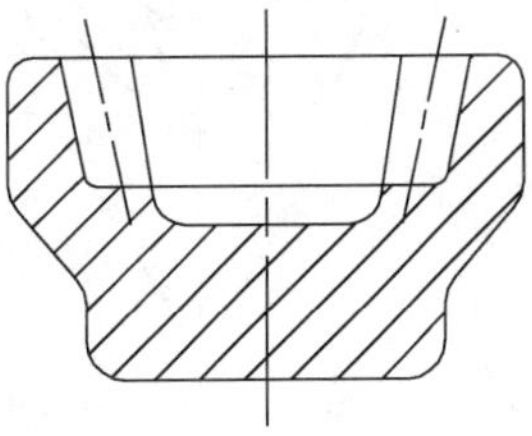

图 11

5.2 垂直倒角结构

按 4.6 的规定，在热锻件的背锥面上设计出垂直于分模面的倒角，即成为垂直倒角结构。

具有背锥面的非端面封闭结构的热锻件，均应采用这种结构。

5.3 无前锥面结构

在热锻件的结构设计中，宜采用无前锥面的结构型式(图 12)。

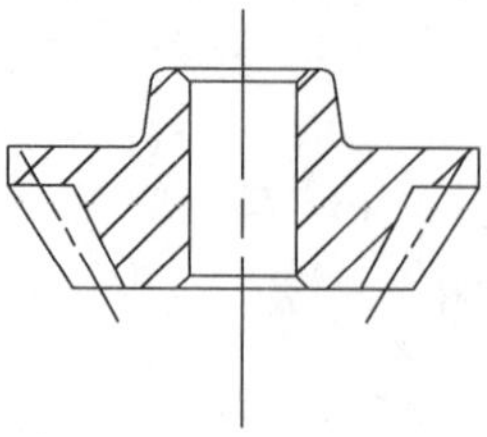

图 12

5.4 无背锥结构

外形接近扁球形或接近柱锥状的热锻件，均宜采用这种无背锥结构，如差速器齿轮(图 13)、卡盘齿轮(图 14)及半轴齿轮(图 15)等。

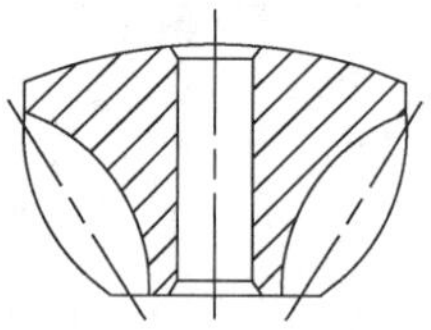

图 13

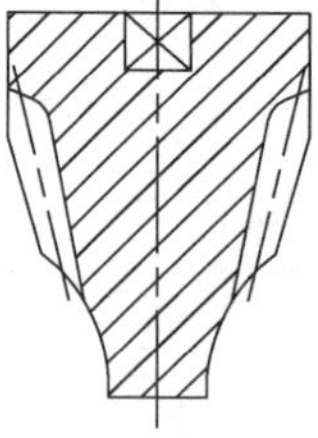

图 14

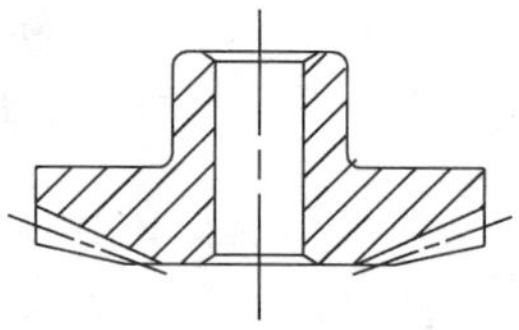

图 15

5.5 带内球面结构

带内球面结构具有金属成形及钻孔时的引导作用、外球面机加工余量均匀性好(图 16)。

5.6 齿大外圆带台阶凸肩结构

齿大外圆带台阶凸肩结构，这种结构增加了定位面的直径尺寸(图 17)。

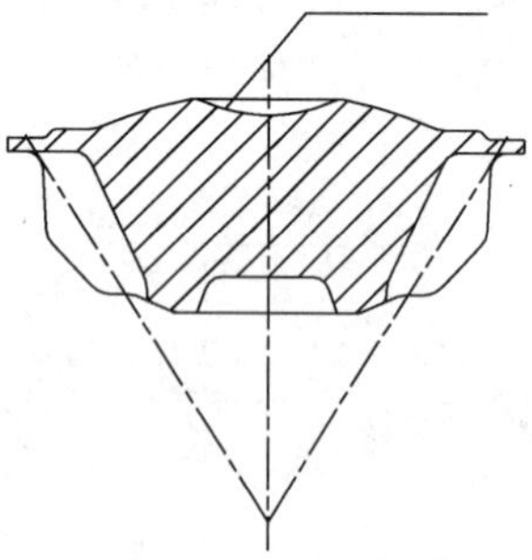

图 16

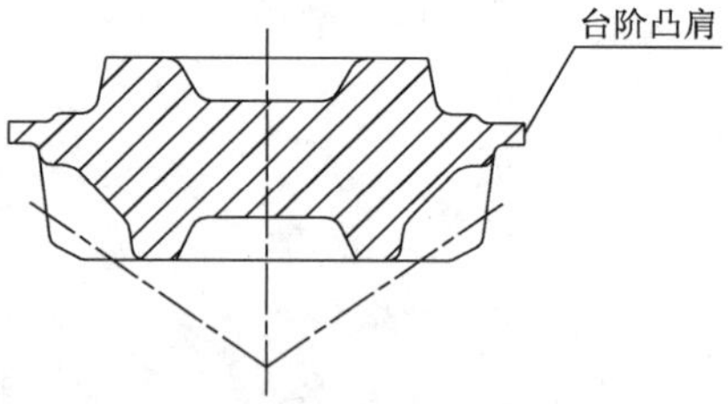

图 17

5.7 齿小端长凸台结构

齿小端增加长凸台结构，在结构尺寸限制的条件下，满足了增加内止口长度，同时又能确保内花键有效长度(图 18)。

5.8 球面带凸台结构

带凸台球面结构解决了带球面热锻件安装时外圆导向及装配时径向支撑问题(图 19)。

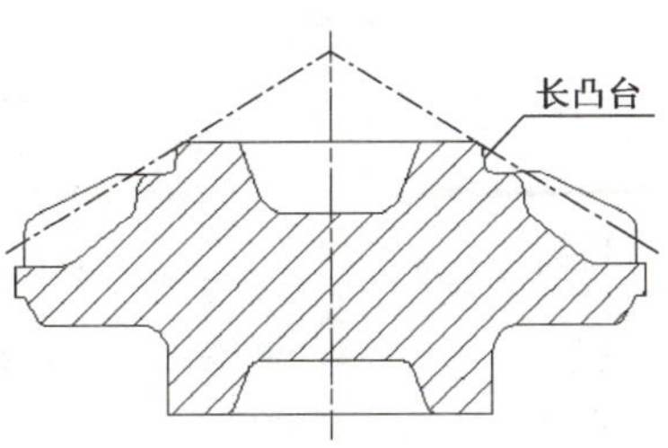

图 18

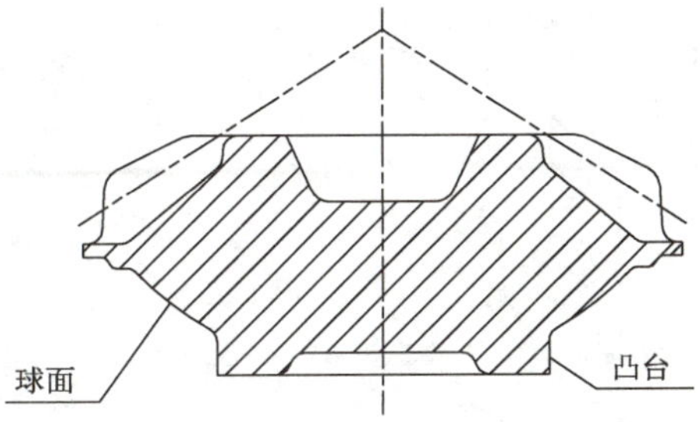

图 19

5.9 带前锥结构

对于大模数锥齿轮，根据需要可以设计成带前锥面结构，并可在锻造时直接成形(图 20)。

5.10 背锥全封闭结构

通过改变传统的开放式背锥结构，省去了车背锥及切边工序，提高了锥齿轮大端的强度(图 21)。

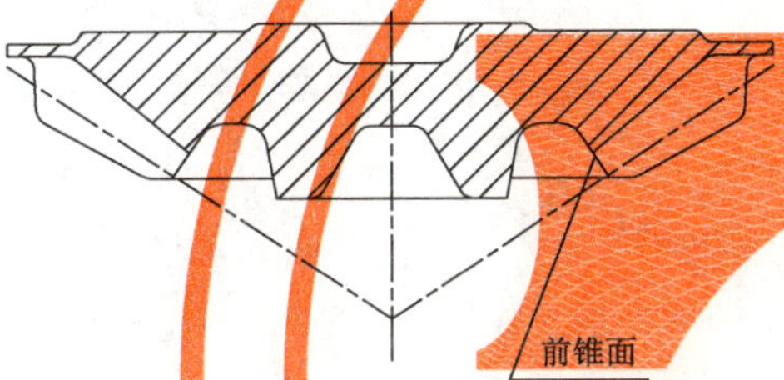

图 20

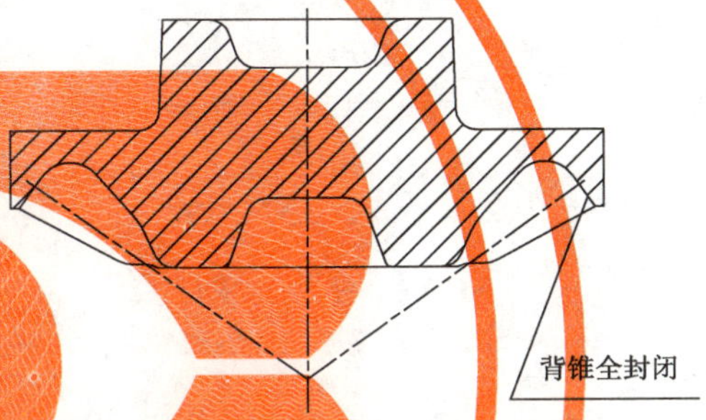

图 21

5.11 齿廓修形和齿向修形结构

热锻件在成批生产中，宜采用切削方法难于制造的齿廓修形(图 22)和齿向修形(图 23)结构。

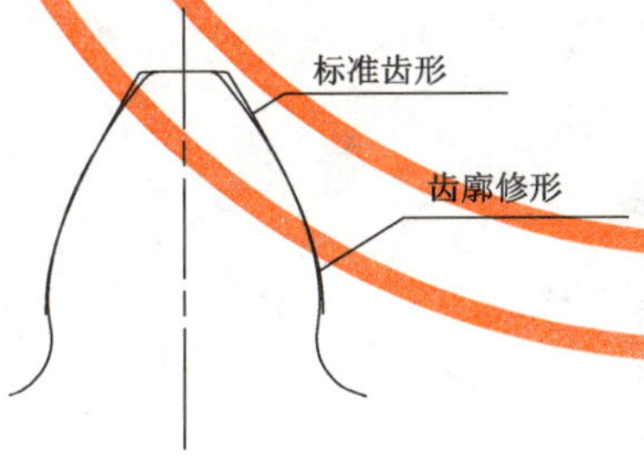

图 22

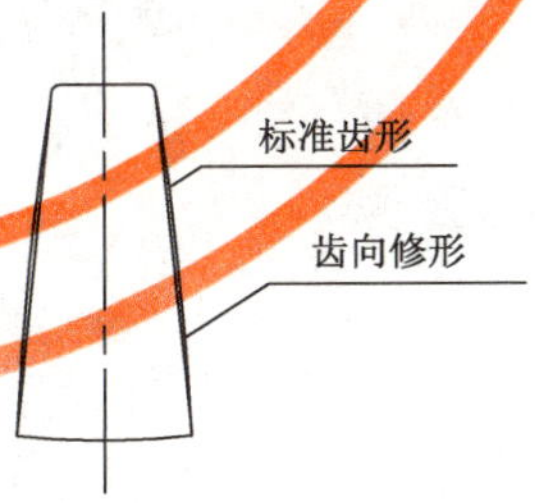

图 23

5.12 组合结构

在机械传动中，热锻件的前端或(和)后端常与其他零件相连接，此时可设计为一个整体，成为组合结构(图 24、图 25、图 26)。

具有可锻性和有利于机械制造工艺的精锻齿轮，特别是对各组合件间的连接强度有较高要求的精锻齿轮，均宜采用这种结构型式，如挂浆齿轮(图 24)、纺织机械齿轮(图 25)和坦克齿轮(图 26)等。但图 23 和图 24 中的锥齿轮的配偶齿轮不能采用端面封闭结构。

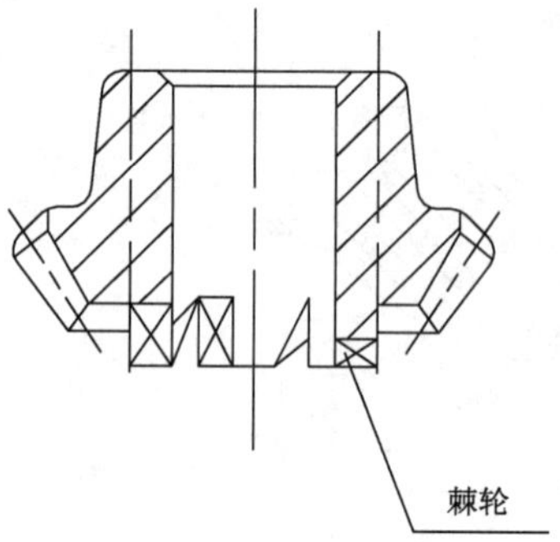

图 24

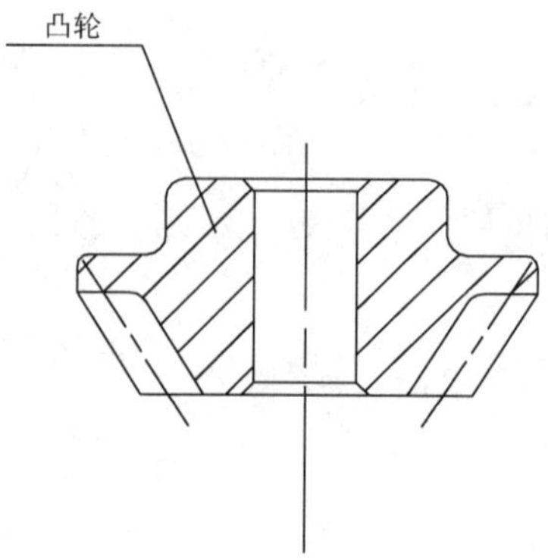

图 25

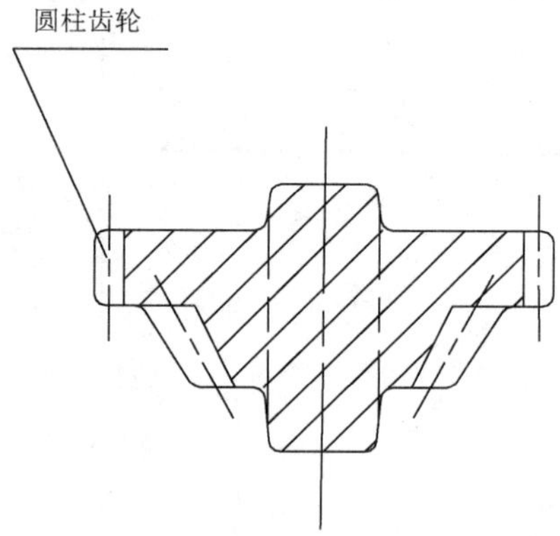

图 26

ICS 77.140.85
J 32

中华人民共和国国家标准

GB/T 32254—2015

直齿锥齿轮精密热锻件 通用技术条件

Precision hot forging of straight bevel gear—General specifications

2015-12-10 发布

2016-07-01 实施

中华人民共和国国家质量监督检验检疫总局
中国国家标准化管理委员会 发布

前　言

本标准按照 GB/T 1.1—2009 给出的规则起草。

本标准由全国锻压标准化技术委员会(SAC/TC 74)提出并归口。

本标准主要起草单位:江苏太平洋精锻科技股份有限公司、上海汽车变速器有限公司、北京机电研究所。

本标准主要起草人:夏汉关、陶立平、金红、黄泽培、张海英、周林、董义、徐骥、魏巍、周煊、孙华标。

直齿锥齿轮精密热锻件　通用技术条件

1　范围

本标准规定了齿部为热精密锻造成形的直齿锥齿轮锻件(以下简称“热锻件”)的要求、试验方法、检验规则,以及包装、搬运、贮存、标志等方面的要求。

本标准适用于齿部最终采用精密热锻工艺成形的直齿锥齿轮锻件,其质量≤20 kg,端面模数≤20 mm,齿部直径≤250 mm。

2　规范性引用文件

下列文件对于本文件的应用是必不可少的。凡是注日期的引用文件,仅注日期的版本适用于本文件。凡是不注日期的引用文件,其最新版本(包括所有的修改单)适用于本文件。

GB/T 191　包装储运图示标志

GB/T 226　钢的低倍组织及缺陷酸蚀检验法

GB/T 228.1　金属材料　拉伸试验　第1部分:室温试验方法

GB/T 231.1　金属材料　布氏硬度试验　第1部分:试验方法

GB/T 1979　结构钢低倍组织缺陷评级图

GB/T 2822　标准尺寸

GB/T 2828.1　计数抽样检验程序　第1部分:按接收质量限(AQL)检索的逐批检验抽样计划

GB/T 3077　合金结构钢

GB/T 5216　保证淬透性结构钢

GB/T 6394　金属平均晶粒度测定法

GB/T 11365—1989　锥齿轮和准双曲面齿轮　精度

GB/T 12362—2003　钢质模锻件　公差及机械加工余量

3　术语和定义

下列术语和定义适用于本文件。

3.1

直齿锥齿轮精密热锻件　precision hot forging of straight bevel gear

采用精密热模锻工艺获得的直齿锥齿轮带齿锻件,其齿轮表面不再进行切削加工,精度不低于GB/T 11365—1989所规定的10级。

4　要求

4.1　一般规定

4.1.1　热锻件使用的原材料应为含碳量≤0.65%的碳素结构钢材或合金元素总含量≤5.0%的合金结构钢材,符合GB/T 3077或GB/T 5216的规定,也可使用由供、需双方商定的其他材料。

4.1.2　热锻件的原材料应附有出厂产品质量证明书,热锻件生产企业可按技术要求进行复检,其内容可以包括：化学成分，尺寸、外形及表面质量，低倍组织，非金属夹杂物，晶粒度，末端淬透性和探伤等。

4.1.3 首件锻造成形后，按照工艺文件对热锻件进行检验，检验合格后，方可进行批量生产。

4.2 机械加工余量

4.2.1 外径的双面加工余量 Δa ，根据外径 D 和总厚度 H 选择，见表 1。

表 1 外径的双面加工余量

单位为毫米

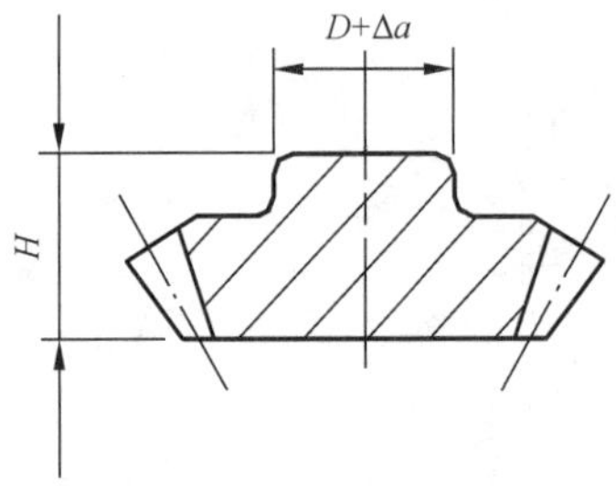

总厚度 H	外 径 D				
	≤40	>40~63	>63~100	>100~160	>160
	双面加工余量 Δa				
≤50	1.0	1.3	1.6	1.9	2.2
>50~125	1.2	1.5	1.8	2.1	2.4
>125~250	1.4	1.7	2.0	2.3	2.6

4.2.2 内径的双面加工余量 Δb，根据内径 d 和总厚度 H 选择，见表 2。

表 2 内径的双面加工余量

单位为毫米

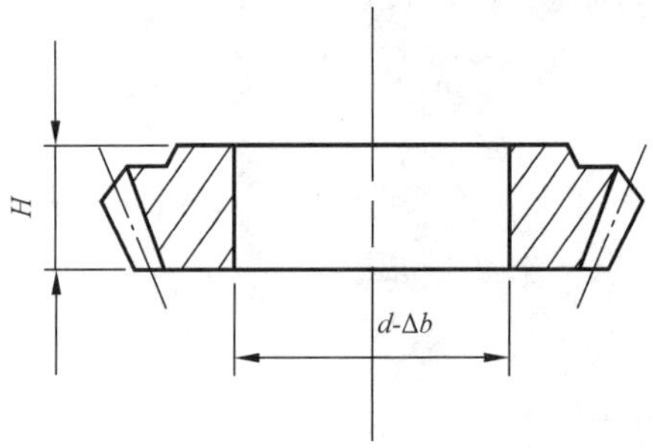

总厚度 H	内 径 d				
	≤40	>40~63	>63~100	>100~160	>160
	双面加工余量 Δb				
≤50	3.0	3.4	3.8	4.2	4.6
>50~125	3.4	3.8	4.2	4.6	5.0
>125~250	3.8	4.2	4.6	5.0	5.4

4.2.3 端面的加工余量 Δc，根据端面外径 D 和厚度 H 选择，见表 3。

表 3 端面的加工余量

单位为毫米

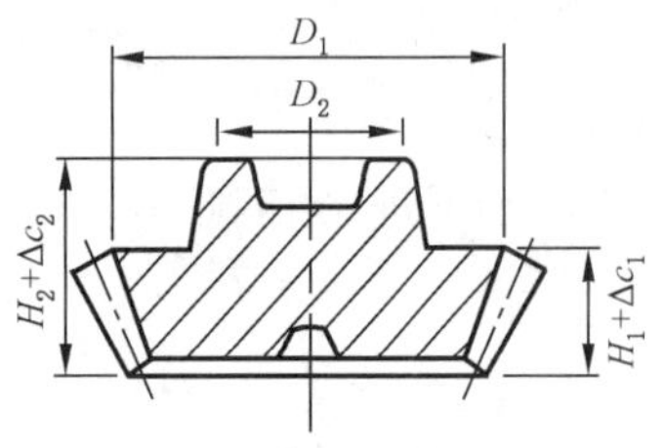

厚度 H_1；H_2	端面直径 D_1；D_2				
	≤40	>40~63	>63~100	>100~160	>160
	端面加工余量 Δc_1；Δc_2				
≤50	0.8	0.9	1.0	1.1	1.2
>50~125	1.0	1.1	1.2	1.3	1.4
>125~250	1.2	1.3	1.4	1.5	1.6

4.3 公差与极限值

4.3.1 直径、厚度公差及横向残余毛边、切入热锻件深度、错差、顶料杆压痕深度极限值

4.3.1.1 直径、厚度公差根据下列三要素，从表 4 和表 5 中查得：

a） 热锻件的最大尺寸、总厚度；

b） 热锻件的质量；

c） 热锻件的形状复杂系数（其计算和分级均按 GB/T 12362—2003 中 3.1.2 的规定）。

4.3.1.2 机械加工面与非机械加工面（不包括轮齿表面，以下同）的公差值相同。

4.3.1.3 顶料杆压痕的直径和位置应在热锻件图上标注。

4.3.1.4 横向残余毛边、切入热锻件深度、错差及顶料杆压痕深度极限值的应用与任何其他公差无关。在确定机械加工余量时应加上这些项目的实际偏差值。

表 4 齿部直径、厚度公差及横向残余毛边、切入热锻件深度、错差极限值 单位为毫米

错差	横向残余毛边	切入热锻件深度	热锻件质量 kg	热锻件形状复杂系数	齿部直径和总厚度尺寸									
					≤40		>40～63		>63～100		>100～160		>160	
极限值				S_1 S_2 S_3 S_4	公差值									
					直径	厚度	直径	厚度	直径	厚度	直径	厚度	直径	厚度
0.3	+0.3	−0.15	≤0.4		+0.5 −0.2	±0.35	+0.5 −0.3	±0.40	+0.6 −0.3	±0.45	+0.7 −0.3	±0.50	+0.8 −0.4	±0.60
0.4	+0.4	−0.30	>0.4～1.0		+0.5 −0.3	±0.40	+0.6 −0.3	±0.45	+0.7 −0.3	±0.50	+0.8 −0.4	±0.60	+0.9 −0.5	±0.70
0.5	+0.5	−0.25	>1.0～1.6		+0.6 −0.3	±0.45	+0.7 −0.3	±0.50	+0.8 −0.4	±0.60	+0.9 −0.5	±0.70	+1.1 −0.5	±0.80
0.6	+0.6	−0.3	>1.6～2.5		+0.7 −0.3	±0.50	+0.8 −0.4	±0.60	+0.9 −0.5	±0.70	+1.1 −0.5	±0.80	+1.2 −0.6	±0.90
0.7	+0.7	−0.35	>2.5～5.0		+0.8 −0.4	±0.60	+0.9 −0.5	±0.70	+1.1 −0.5	±0.80	+1.2 −0.6	±0.90	+1.3 −0.7	±1.0
0.8	+0.8	−0.4	>5.0～10		+0.9 −0.5	±0.70	+1.1 −0.5	±0.80	+1.2 −0.6	±0.90	+1.3 −0.7	±1.0	+1.5 −0.7	±1.1
1.0	+1.0	−0.5	>10～20		+1.1 −0.5	±0.80	+1.2 −0.6	±0.90	+1.3 −0.7	±1.0	+1.5 −0.7	±1.1	+1.7 −0.8	±1.25
					+1.2 −0.6	±0.90	+1.3 −0.7	±1.0	+1.5 −0.7	±1.1	+1.7 −0.8	±1.25	+1.9 −0.9	±1.40
					+1.3 −0.7	±1.0	+1.5 −0.7	±1.1	+1.9 −0.8	±1.15	+1.9 −0.9	±1.40	+2.1 −1.1	±1.60
					+1.5 −0.7	±1.1	+1.7 −0.8	±1.25	+1.9 −0.9	±1.40	+2.1 −1.1	±1.60	+2.4 −1.2	±1.80

注：热锻件内径尺寸公差的正负符号与表中相反。

表 5　厚度公差及顶料杆压痕深度极限值　　单位为毫米

顶料杆压痕深度极限值	热锻件质量 kg	热锻件形状复杂系数 S1 S2 S3 S4	总厚度 ≤40	>40~63	>63~100	>100~160	>160
			公差值				
±0.6	≤0.4		+0.5 −0.1	+0.7 −0.2	+0.9 −0.3	+1.0 −0.4	+1.2 −0.4
±0.8	>0.4~1.0		+0.6 −0.2	+0.8 −0.2	+1.0 −0.4	+1.2 −0.4	+1.4 −0.4
±1.0	>1.0~1.6		+0.7 −0.2	+0.9 −0.3	+1.2 −0.4	+1.4 −0.4	+1.5 −0.5
±1.2	>1.6~2.5		+0.8 −0.2	+1.0 −0.4	+1.4 −0.4	+1.5 −0.5	+1.7 −0.5
±1.6	>2.5~5.0		+0.9 −0.3	+1.2 −0.4	+1.5 −0.5	+1.7 −0.5	+2.0 −0.5
±1.8	>5.0~10		+1.0 −0.4	+1.4 −0.4	+1.7 −0.5	+2.0 −0.5	+2.1 −0.7
±2.2	>10~20		+1.2 −0.4	+1.5 −0.5	+2.0 −0.5	+2.1 −0.7	+2.4 −0.8
			+1.7 −0.5	+2.1 −0.7	+2.7 −0.9	+2.4 −0.8	+2.7 −0.9
			+2.0 −0.5	+2.4 −0.8	+3.0 −1.0	+2.7 −0.9	+3.0 −1.0
			+1.7 −0.5	+2.1 −0.7	+2.7 −0.9	+3.0 −1.0	+3.4 −1.1

4.3.2　圆角半径及其偏差

4.3.2.1　当与某圆角相连接的面均不做机械加工时，该圆角半径可通过表 6 计算得到。

表 6　非机械加工部位的圆角半径计算表　　单位为毫米

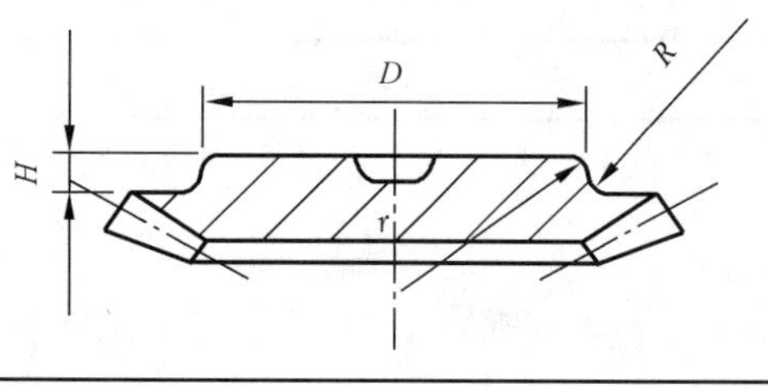

H/D	r	R
≤2	$0.05H+0.5$	$2.5r+0.5$
>2~4	$0.06H+0.5$	$3.0r+0.5$
≤4	$0.07H+0.5$	$3.5r+0.5$

4.3.2.2 当与某圆角相连接的两个面中，有一个面或两个面需要机械加工时，该圆角半径 r 及其相应的内圆角半径 R 可分别通过式(1)、式(2)计算得到：

$$外圆角半径\ r=机械加工余量+产品倒角值 \quad \cdots\cdots(1)$$

$$R=r+(2\sim5)\text{mm} \quad \cdots\cdots(2)$$

4.3.2.3 通过上述计算所得的圆角半径按 GB/T 2822 圆整至表 7 中的数值。

表 7 圆角半径系列

单位为毫米

圆角半径													
1.0	1.2	1.6	2.0	2.5	3.0	4.0	5.0	6.0	8.0	10.0	12.0	16.0	20.0

4.3.2.4 圆角半径的偏差值以相应尺寸的百分比表示，见表 8。

表 8 圆角半径偏差的计算

偏差	R	r	R	r
	≤10 mm		>10 mm～20 mm	
上(+)	40%	30%	30%	20%
下(−)	20%	15%	15%	10%

4.3.3 模锻斜度及其公差

模锻斜度应根据热锻件的有关高度与直径的比值 H/D 和有无顶料装置，通过表 9 确定。

表 9 模锻斜度

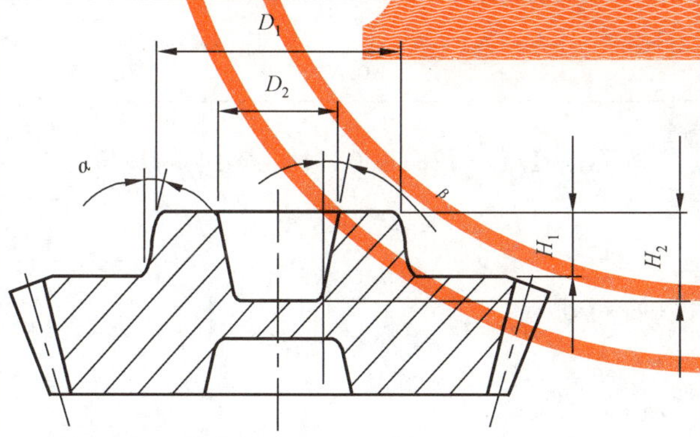

H_1/D_1	H_2/D_2	外模锻斜度 α		内模锻斜度 β	
		顶料装置			
		有	无	有	无
≤1		0°30′	3°00′	1°00′	5°00′
>1～3		1°00′	5°00′	1°15′	7°00′
>3～5		1°15′	7°00′	1°30′	10°0′
>5		1°30′	10°0′	2°00′	12°0′

模锻斜度公差按 GB/T 12362—2003 表 10 中的精密级确定。

4.3.4 纵向毛刺极限值

纵向毛刺系指锻造时留在热锻件与模腔分模面及顶杆顶出面上的毛刺，切边、冲孔以及顶料杆与型腔模孔间的配合间隙等，都会在热锻件上造成纵向毛刺，其极限值根据热锻件质量由表 10 查得。它与其他公差无关。

纵向毛刺应在机械加工过程中去除。

表 10　纵向毛刺极限值

单位为毫米

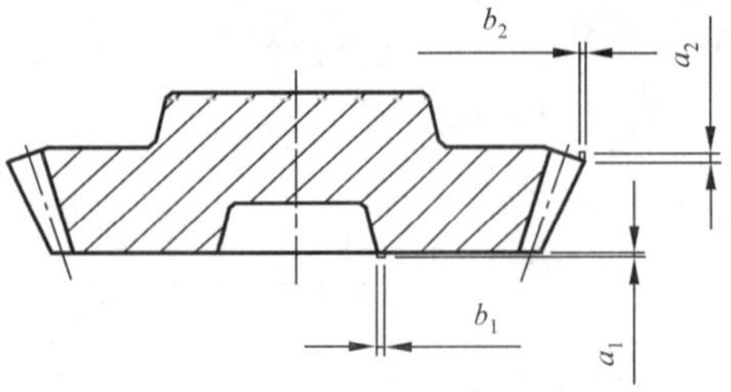

热锻件质量 kg	极限值	
	轴向长度	径向长度
	a_1;a_2	b_1;b_2
≤1	0.5	0.3
>1～5	1.0	0.5
>5～20	1.6	0.8

4.4　质量要求

4.4.1　表面质量

4.4.1.1　齿面的质量要求如下：

齿面粗糙度不应大于 *Ra*6.3。有效齿面允许有少量不影响齿轮精度的微小凹坑等缺陷，但缺陷处不应有影响齿轮啮合的凸起，有效齿面缺陷极限值见表 11。非啮合区域可产生磕碰，但不可产生延伸到啮合区域的重叠磕碰及引起齿面塑性变形的磕碰。

表 11　有效齿面缺陷极限值

极限值		齿部直径				
		≤40 mm	>40 mm～63 mm	>63 mm～100 mm	>100 mm～160 mm	>160 mm～250 mm
1	单一齿面缺陷数/处	2	2	2	3	3
2	全部齿面缺陷数/处	4	5	5	6	6
3	每一缺陷最大长度/mm	1.0	1.2	1.4	1.6	1.8
4	每一缺陷深度/mm	0.12	0.15	0.18	0.21	0.24

4.4.1.2　机械加工表面的缺陷及非机械加工表面的缺陷按 GB/T 12362—2003 中 3.2.14 的规定。

4.4.2　内在质量

4.4.2.1　热锻件表面硬度及其测量位置等可由供需双方协商确定，并在技术文件上注明。

4.4.2.2　热锻件晶粒度应达到 3 级以上，视材料而定。

4.4.2.3　除本章规定外，如有其他要求时，可由供需双方协商确定。

5　试验方法

5.1　原材料的检验部位及试验方法应符合 GB/T 3077 或 GB/T 5216 的规定，原材料拉伸试验方法按 GB/T 228 执行，原材料低倍组织试验按 GB/T 226 及 GB/T 1979 执行。热锻件表面布氏硬度试验按 GB/T 231.1 执行，热锻件晶粒度试验按 GB/T 6394 执行。

5.2　齿轮单项精度检测：以轮齿定位，加工出外圆或内孔作为基准，在齿轮跳动检查仪或三坐标测量机上检测。

5.3　齿轮副接触斑点检验：按 GB/T 11365—1989 表 1 的规定执行。

5.4　齿轮副侧隙变动公差检验：将配偶齿轮分别按图纸要求加工至成品，在综合检查仪上按理论安装距要求单面啮合检验侧隙变动量。

5.5 热锻件若为偶数齿，其齿部外圆直径可用外径量具直接测量。若为奇数齿，可用齿形检具与外圆样件比较测量。

5.6 圆角半径可用R规或轮廓仪检测。

5.7 模锻斜度可用三坐标检测。

5.8 错差、横向残余毛边、切入热锻件深度、厚度、纵向毛刺极限值可用游标卡尺检测。

5.9 端面加工余量用齿形定位检具定位，用百分表比较热锻件端面相对样件的高度变化值。

5.10 表面缺陷可用目测法或极限样件对比法检查。齿面粗糙度可用粗糙度比较样块或粗糙度样件对比。

6 检验规则

6.1 热锻件应由质量检验部门按热锻件图样和技术文件检验入库。出厂时应附有产品质量合格证明书。

6.2 制造企业应提交钢厂的产品质量证明书，并出具本厂原材料复检报告。

6.3 热锻件检验组批应由同一零件号、同一原材料炉号、同一预备热处理工艺、同一生产批次、同一副模具的热锻件组成。

6.4 检查项目的规定，见表12。检验水平由供需双方协商确定，无协商时按GB/T 2828.1规定的方案抽样。

6.5 用户有特殊要求时，需由供需双方协商确定并在技术文件上注明。

表12 检查项目

序号	检查项目
1	材料的化学成分
2	材料的非金属夹杂物
3	材料的顶端淬透性
4	热锻件表面硬度
5	热锻件晶粒度
6	外径
7	厚度
8	错差
9	横向残余毛边
10	切入热锻件深度
11	顶料杆压痕深度
12	圆角半径
13	模锻斜度
14	纵向毛刺
15	齿圈跳动公差
16	齿距极限偏差

表 12（续）

序　号	检　查　项　目
17	齿距累积公差
18	接触精度
19	侧隙变动公差
20	齿面粗糙度
21	有效齿面缺陷

7　包装、搬运、贮存、标志

7.1　包装箱可采用木箱、瓦楞纸箱、钙塑瓦楞箱、金属包装箱等，如需方同意也可采用简易包装。

7.2　热锻件出厂运输过程中注意防雨，避免碰撞摔打，保证在正常运输中不致损伤。

7.3　包装的热锻件应按品种、型号整齐存放在通风和干燥的仓库内，在正常保管条件下，防锈期由供需双方协商确定。

7.4　由供需双方协商确认标识内容，标识区域为齿端或齿槽等非工作面。包装箱储运图示标志应符合 GB/T 191 的规定，主要应标注以下内容：

a）　生产企业名称及商标；

b）　产品名称、图号、数量；

c）　顾客单位及地址；

d）　生产批号；

e）　包装日期及防锈有效期。

ICS 77.140.80
J 31

中华人民共和国国家标准

GB/T 32255—2015

高温承压马氏体不锈钢和合金钢通用铸件

General martensitic stainless steel and alloy steel castings suitable for high temperature and high pressure service

2015-12-10 发布 2016-07-01 实施

中华人民共和国国家质量监督检验检疫总局
中国国家标准化管理委员会 发布

前　言

本标准按照 GB/T 1.1—2009 给定的规则起草。

本标准由全国铸造标准化技术委员会(SAC/TC 54)提出并归口。

本标准起草单位:中核苏阀横店机械有限公司、上海宏钢电站设备铸锻有限公司、中国科学院金属研究所、安徽应流集团霍山铸造有限公司、共享铸钢有限公司、沈阳铸造研究所。

本标准主要起草人:刘小冬、吴铁明、胡小强、杜应流、唐钟雪、顾丽丽、马进、于波。

高温承压马氏体不锈钢和合金钢通用铸件

1 范围

本标准规定了高温承压马氏体不锈钢和合金钢通用铸件的技术要求、试验方法、检验规则、标志、贮存、包装和运输等要求。

本标准适用于工作温度不高于600℃条件下使用的铸造阀门、法兰、管件,其他高温承压铸件可参考使用。

2 规范性引用文件

下列文件对于本文件的应用是必不可少的。凡是注日期的引用文件,仅注日期的版本适用于本文件。凡是不注日期的引用文件,其最新版本(包括所有的修改单)适用于本文件。

GB/T 222 钢的成品化学成分允许偏差

GB/T 223.4 钢铁及合金 锰含量的测定 电位滴定或可视滴定法

GB/T 223.5 钢铁 酸溶硅和全硅含量的测定 还原型硅钼酸盐分光光度法

GB/T 223.9 钢铁及合金 铝含量的测定 铬天青S分光光度法

GB/T 223.11 钢铁及合金 铬含量的测定 可视滴定或电位滴定法

GB/T 223.14 钢铁及合金 钒含量的测定 钽试剂萃取光度法

GB/T 223.23 钢铁及合金 镍含量的测定 丁二酮肟分光光度法

GB/T 223.26 钢铁及合金 钼含量的测定 硫氰酸盐分光光度法

GB/T 223.36 钢铁及合金 氮含量的测定 蒸馏分离-中和滴定法

GB/T 223.40 钢铁及合金 铌含量的测定 氯磺酚S分光光度法

GB/T 223.43 钢铁及合金 钨含量的测定 重量法和分光光度法

GB/T 223.59 钢铁及合金 磷含量的测定 铋磷钼蓝分光光度法和锑磷钼蓝分光光度法

GB/T 223.67 钢铁及合金 硫含量的测定 次甲基蓝分光光度法

GB/T 223.69 钢铁及合金 碳含量的测定 管式炉内燃烧后气体容量法

GB/T 228.1 金属材料 拉伸试验 第1部分:室温试验方法

GB/T 229 金属材料 夏比摆锤冲击试验方法

GB/T 4336 碳素钢和中低合金钢 火花源原子发射光谱分析方法(常规法)

GB/T 5677 铸钢件射线照相检测

GB/T 6060.1 表面粗糙度比较样块 铸造表面

GB/T 6414 铸件 尺寸公差与机械加工余量

GB/T 7233.2 铸钢件 超声检测 第2部分:高承压铸钢件

GB/T 8170 数值修约规则与极限数值的表示和判定

GB/T 9443 铸钢件渗透检测

GB/T 9444 铸钢件磁粉检测

GB/T 15056 铸造表面粗糙度 评定方法

GB/T 20066 钢和铁 化学成分测定用试样的取样和制样方法

3 技术要求

3.1 制造

除另有规定外，冶炼和铸造方法由供方自行决定。

3.2 化学成分

3.2.1 各牌号的化学成分应符合表1的规定。各牌号对应的部分国外牌号参见附录A。

表1 铸件材料牌号及其化学成分

序号	牌号	化学成分(质量分数)/%										
		C	Si	Mn	P	S	Cr	Mo	Ni	V	Cu	其他
1	ZG19Mo	0.15～0.23	0.60	0.50～1.00	0.025	0.020[a]	0.30	0.40～0.60	0.40	0.05	0.30	—
2	ZG17Cr1Mo	0.15～0.20	0.60	0.50～1.00	0.025	0.020[a]	1.00～1.50	0.45～0.65	0.40	0.05	0.30	—
3	ZG17Cr2Mo1	0.13～0.20	0.60	0.50～0.90	0.025	0.020[a]	2.00～2.50	0.90～1.20	0.40	0.05	0.30	—
4	ZG13MoCrV	0.10～0.15	0.45	0.40～0.70	0.030	0.020[a]	0.30～0.50	0.40～0.60	0.40	0.22～0.30	0.30	Sn0.025
5	ZG17Cr1Mo1V	0.15～0.20	0.60	0.50～0.90	0.020	0.015	1.20～1.50	0.90～1.10	0.40	0.20～0.30	0.30	Sn0.025
6	ZG16Cr5Mo	0.12～0.19	0.80	0.50～0.80	0.025	0.025	4.00～6.00	0.45～0.65	0.40	0.05	0.30	—
7	ZG16Cr9Mo1	0.12～0.19	1.00	0.35～0.65	0.030	0.030	8.00～10.00	0.90～1.20	0.40	0.05	0.30	—
8	ZG10Cr9Mo1VNbN	0.08～0.12	0.20～0.50	0.30～0.60	0.030	0.010	8.00～9.50	0.85～1.05	0.40	0.18～0.25	—	Nb0.06～0.10 N0.03～0.07 Al0.02，Ti0.01 Zr0.01
9	ZG12Cr9Mo1VNbN	0.11～0.14	0.20～0.50	0.40～0.80	0.020	0.010	8.00～9.50	0.85～1.05	0.40	0.18～0.25	—	Nb0.05～0.08 N0.04～0.06 Al0.02
10	ZG08Cr12Ni1Mo	0.05～0.10	0.40	0.50～0.80	0.030	0.020	11.50～12.50	0.50	0.80～1.50	0.08	0.30	—
11	ZG06Cr13Ni4Mo	0.06	1.00	1.00	0.035	0.025	12.00～13.50	0.70	3.50～5.00	0.08	0.30	—
12	ZG23Cr12Mo1NiV	0.20～0.26	0.40	0.50～0.80	0.030	0.020	11.30～12.20	1.00～1.20	1.00	0.25～0.35	0.30	W0.50

[a] 对于测量壁厚<28 mm的铸件，允许S含量为0.030%。

3.2.2 钢的成品化学成分允许偏差应符合 GB/T 222 的规定。

3.3 力学性能

铸件的力学性能应符合表 2 的规定。不同热处理温度下的屈服强度参见附录 B。

表 2 室温力学性能

序号	牌号	热处理状态		厚度 t mm ≤	屈服强度 $R_{p0.2}$ MPa ≥	抗拉强度 R_m MPa	断后伸长率 A % ≥	冲击吸收能量 KV_2 J ≥
		正火或淬火温度 ℃	回火温度 ℃					
1	ZG19Mo	920～980	650～730	100	245	440～590	22	27
2	ZG17Cr1Mo	920～960	680～730	100	315	490～690	20	27
3	ZG17Cr2Mo1	930～970	680～740	150	400	590～740	18	40
4	ZG13MoCrV	950～1 000	680～720	100	295	510～660	17	27
5	ZG17Cr1Mo1V	1 020～1 070	680～740	150	440	590～780	15	27
6	ZG16Cr5Mo	930～990	680～730	150	420	630～760	16	27
7	ZG16Cr9Mo1	960～1 020	680～730	150	415	620～795	18	27
8	ZG10Cr9Mo1VNbN	1 040～1 080	730～800	100	415	585～760	16	27
9	ZG12Cr9Mo1VNbN	1 040～1 090	730～780	100	450	630～750	16	35
10	ZG08Cr12Ni1Mo	1 000～1 060	680～730	300	355	540～690	18	45
		1 000～1 060	600～680	300	500	600～800	16	40
11	ZG06Cr13Ni4Mo	1 000～1 060	630～680 + 590～620	300	550	760～960	15	27
12	ZG23Cr12Mo1NiV	1 030～1 080	700～750	150	540	740～880	15	27

3.4 热处理

3.4.1 所有铸件均应进行热处理，表 2 中的热处理温度仅供参考。

3.4.2 铸件应以正火＋回火或淬火＋回火状态供货。

3.5 外观质量

3.5.1 铸件不允许有裂纹和影响使用性能的夹渣、夹砂、冷隔、气孔、缩孔、缩松、缺肉等铸造缺陷。

3.5.2 铸件浇冒口、毛刺、粘砂等应清除干净，浇冒口打磨残余量应符合供需双方认可的规定。

3.5.3 铸件表面粗糙度应按 GB/T 6060.1 选定，并在图样或订货合同中规定。

3.6 几何形状、尺寸和公差

铸件的几何形状，尺寸和公差应符合图样或订货合同规定。如图样和订货合同中无规定，铸件尺寸偏差按 GB/T 6414 选定，但铸件承压部位的壁厚不允许负偏差。

3.7 焊补

3.7.1 铸件缺陷允许焊补，焊补前须将铸件缺陷部位清理干净，焊补后应不影响铸件的使用和外观质量。

3.7.2 铸件的焊补规范应符合表3规定。

表3 铸件焊补规范

序号	材料牌号	预热温度[a]/℃	最高道间温度/℃	焊后热处理/℃
1	ZG19Mo	20～200	350	≥650
2	ZG17Cr1Mo	150～250	350	≥650
3	ZG17Cr2Mo1	150～250	350	≥680
4	ZG13MoCrV	200～300	400	≥680
5	ZG17Cr1Mo1V	200～300	400	≥680
6	ZG16Cr5Mo	150～250	350	≥650
7	ZG16Cr9Mo1	200～300	350	≥680
8	ZG10Cr9Mo1VNbN	200～300	350	不大于回火温度
9	ZG12Cr9Mo1VNbN	200～300	350	不大于回火温度
10	ZG08Cr12Ni1Mo	100～200	350	不大于回火温度
11	ZG06Cr13Ni4Mo	20～450	450	不大于回火温度
12	ZG23Cr12Mo1NiV	100～200	300	不大于回火温度
[a] 预热温度涉及到几何尺寸、铸件的厚度和气候条件。				

3.7.3 焊补铸件的焊工应具有相应的资质。

3.7.4 除供需双方另有商定外，焊接坡口(凹坑)深度超过壁厚的40%或25 mm(二者中取较小者)，属于重大焊补。重大焊补须经需方事先同意，并且应有施焊条件、焊补位置、范围等记录。

3.7.5 应选用适合的焊材并进行焊补工艺评定后方可施焊，对重大焊补的铸件，均应进行焊后进行回火处理。

3.7.6 铸件焊补后，均应按照检验铸件的同一标准进行检验。

3.8 矫正

铸件如产生变形，允许对铸件矫正，矫正后铸件应进行消除应力处理。

4 试验方法

4.1 化学分析

4.1.1 化学成分仲裁分析方法按GB/T 223.4、GB/T 223.5、GB/T 223.9、GB/T 223.11、GB/T 223.14、GB/T 223.23、GB/T 223.26、GB/T 223.36、GB/T 223.40、GB/T 223.43、GB/T 223.59、GB/T 223.67、GB/T 223.69的规定执行。

4.1.2 光谱分析按GB/T 4336的规定执行。

4.2 力学性能试验

4.2.1 拉伸试验按 GB/T 228.1 的规定执行。
4.2.2 冲击试验按 GB/T 229 的规定执行。

4.3 无损检测

4.3.1 除另有规定外，铸件表面磁粉检测按 GB/T 9444 的规定执行。
4.3.2 除另有规定外，铸件渗透检测按 GB/T 9443 的规定执行。
4.3.3 除另有规定外，铸件超声波检测按 GB/T 7233.2 的规定执行。
4.3.4 除另有规定外，铸件射线照相检测按 GB/T 5677 的规定执行。

4.4 表面粗糙度

表面粗糙度检验方法按 GB/T 15056 的规定执行。

4.5 铸件几何形状和尺寸

铸件几何形状和尺寸检验应选择相应精度的检测工具、量块、样板或划线检验。

4.6 检验结果的修约

力学性能和化学成分试验结果，可以按照规定的试验方法中的原则或 GB/T 8170 的规定加以修约。

5 检验规则

5.1 化学成分

5.1.1 铸件化学成分应按冶炼炉次逐炉进行检验。
5.1.2 化学分析用试样的取样和制样方法按照 GB/T 20066 的规定执行。
5.1.3 化学分析用试样取自同一熔炼炉次单独浇注的单铸试块或附铸试块，也可以在铸件本体上取样。化学分析样品的取样部位应低于试块或铸件表层以下至少 6 mm 处。

5.2 力学性能

5.2.1 力学性能试验用试样应取自同一同一批钢水浇注并同炉热处理的单铸试块或附铸试块。试块应始终与其所代表的铸件同炉内进行热处理。单铸试块的主要尺寸和切取试样的位置见图 1。
5.2.2 附铸试块的附铸部位、尺寸和数量，由供方决定。如需方有特殊要求，由供需双方商定。

单位为毫米

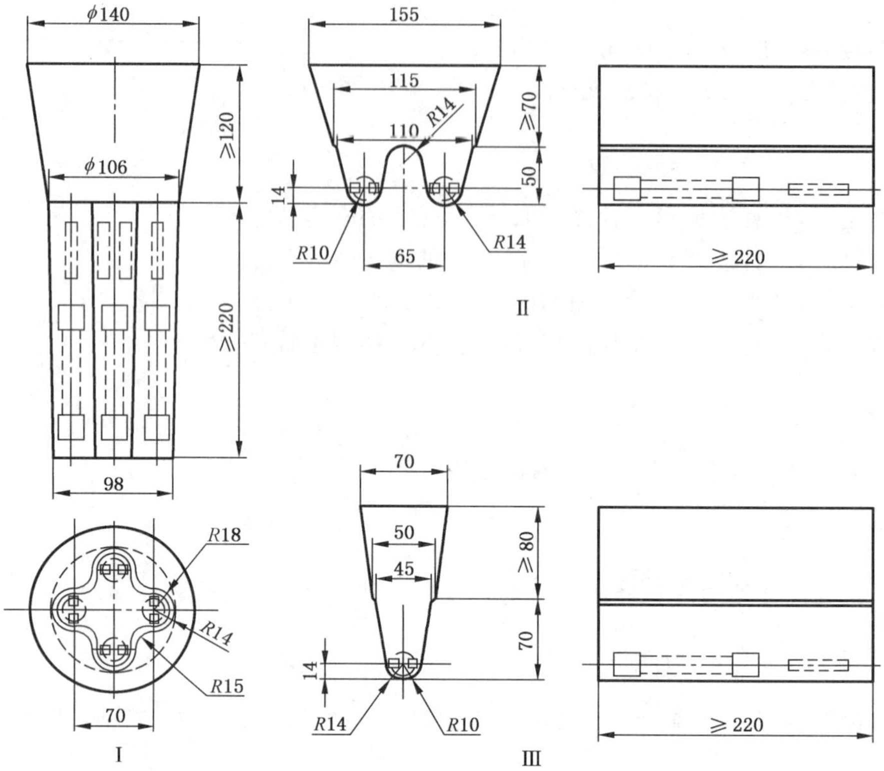

图 1　力学性能单铸试块图

5.2.3　力学性能试验用试块厚度应≥28 mm(包括经双方商定,在铸件上切取的试块)。

5.2.4　拉伸试验每一批次取一个拉伸试样进行试验,结果应符合表 2 规定。

5.2.5　当需方需要做冲击试验时,每一批次取 3 个冲击试样进行试验,3 个冲击试样的平均值应符合表 2 规定。3 个冲击试样中,只允许其中一个试样冲击数值低于表 2 规定值,但不能低于规定值的 2/3。

5.2.6　因下列原因而不符合规定的力学性能试验结果视为无效:

a）试样安装不当或试验机功能不正常;

b）拉伸试样在标距之外断裂;

c）试样制备不当;

d）试样中存在异常。

发生上述情况之一时,应在同一试块(铸件)或同批次的另一试块(铸件)中制取试样重新试验,其试验结果可以代替不良试样的试验结果。

5.2.7　当力学性能试验结果不符合要求,并且不是由于 5.2.6 所列原因引起的,允许采用同炉次备用试样进行复验。拉伸试验取 2 个试样进行复验,如果 2 个复验试样的试验结果均合格,则可判定拉伸试验结果合格,否则为不合格。冲击试验取 3 个试样进行复验,如果 3 个复验试样的试验结果均合格,并且初试和复试共 6 个试样算术平均值也合格,则可判定冲击试验结果合格,否则为不合格。

5.2.8　当力学性能复验结果仍不符合表 2 规定时,可以将铸件和试块重新进行热处理,然后按 5.2.4 或 5.2.5 重新试验。未经需方同意,重新热处理次数不得超过两次(回火除外)。

5.3　外观质量

铸件的外观质量按 3.5 要求逐件检验。

5.4 无损检测

根据需方订货要求，对铸件可采用渗透、磁粉、超声波或射线照相检验。所需检验方法、部位及验收标准由供需双方商定。

6 标志、贮存、包装和运输

6.1 标志和合格证

6.1.1 每个铸件表面应做下列标志：

a) 铸件名称、规格和牌号；

b) 铸件炉次批号；

c) 毛重量与净重量；

d) 供方名称和地址。

当无法在铸件上做出标志时，标志可打印在附于每批铸件的标牌上。

6.1.2 出厂铸件应附有检验部门出具的产品合格证或质量合格证明书，包括：

a) 供方名称和地址；

b) 商标；

c) 铸件名称和牌号；

d) 铸件炉次批号；

e) 检验结果(检验报告)；

f) 铸件图号或订货合同号；

g) 标准号；

h) 出厂日期。

6.2 贮存、包装和运输

6.2.1 铸件在检验合格后应进行防护处理和包装。

6.2.2 铸件防护、贮存、包装和运输应符合订货合同的规定。

附 录 A
（资料性附录）
本标准铸钢牌号与 BS EN 10213:2007、ASTM A217—2012 铸钢牌号对照

各牌号对应的部分国外牌号见表 A.1。

表 A.1　本标准铸钢牌号与 BS EN 10213:2007、ASTM A217—2012 牌号的近似对照表

序号	本标准牌号	BS EN 10213:2007 铸钢牌号	ASTM A217—2012 铸钢牌号
1	ZG19Mo	G20Mo5	WC1
2	ZG17Cr1Mo	G17CrMo5-5	WC6
3	ZG17Cr2Mo1	G17CrMo9-10	WC9
4	ZG13MoCrV	G12MoCrV5-2	—
5	ZG17Cr1Mo1V	G17CrMoV5-10	—
6	ZG16Cr5Mo	GX15CrMo5	C5
7	ZG16Cr9Mo1	GX15CrMo9-1	C12
8	ZG10Cr9Mo1VNbN	GX10CrMoV9-1	C12A
9	ZG12Cr9Mo1VNbN	—	—
10	ZG08Cr12Ni1Mo	GX8CrNi12-1	CA15
11	ZG06Cr13Ni4Mo	GX4CrNi13-4	—
12	ZG23Cr12Mo1NiV	GX23CrMoV12-1	—

附　录　B
（资料性附录）
高温承压马氏体不锈钢和合金钢通用铸件不同温度的强度

不同热处理温度下的屈服强度见表 B.1。

表 B.1　高温承压马氏体不锈钢和合金钢通用铸件不同热处理温度下的最小屈服强度对比

序号	牌号	热处理状态	下列温度(℃)的屈服强度 $R_{p0.2}$/MPa,≥								
			100	200	300	350	400	450	500	550	600
1	ZG19Mo	正火＋回火，淬火＋回火	—	190	165	155	150	145	135	—	—
2	ZG17Cr1Mo	正火＋回火，淬火＋回火	—	250	230	215	200	190	175	160	—
3	ZG17Cr2Mo1	正火＋回火，淬火＋回火	264	244	230	—	214	—	194	144	—
4	ZG13MoCrV	淬火＋回火	—	385	365	350	335	320	300	260	—
5	ZG17Cr1Mo1V	淬火＋回火	—	355	345	330	315	305	280	240	—
6	ZG16Cr5Mo	正火＋回火	—	390	380	—	370	—	305	250	—
7	ZG16Cr9Mo1	正火＋回火	—	375	355	345	320	295	265	—	—
8	ZG10Cr9Mo1VNbN	正火＋回火	410	380	360	350	340	320	300	270	215
9	ZG12Cr9Mo1VNbN	正火＋回火-1	—	275	265	—	255	—	—	—	—
10	ZG08Cr12Ni1Mo	正火＋回火-2	—	410	390	—	370	—	—	—	—
11	ZG06Cr13Ni4Mo	正火＋回火	—	450	430	410	390	370	340	290	—
12	ZG23Cr12Mo1NiV	淬火＋回火	515	485	465	440	—	—	—	—	—

ICS 77.140.85
J 32

中华人民共和国国家标准

GB/T 32256—2015

钢质减速齿环锻件 通用技术条件

Steel forgings for rings for reduction gears—General specification

2015-12-10 发布 2016-07-01 实施

中华人民共和国国家质量监督检验检疫总局
中国国家标准化管理委员会 发布

前　言

本标准按照GB/T 1.1—2009给出的规则起草。

本标准由全国锻压标准化技术委员会(SAC/TC 74)提出并归口。

本标准起草单位:北京机电研究所、江苏太平洋精锻科技股份有限公司、浙江黄岩江鑫锻造有限公司。

本标准主要起草人:魏巍、金红、陶立平、黄泽培、卢秀富、卢鑫、周林、陈文敬、张立平。

钢质减速齿环锻件　通用技术条件

1　范围

本标准规定了减速齿环用碳素钢和合金钢锻件(以下简称“锻件”)的订货信息和一般要求、材料和制造、化学成分、力学性能、质量证明书、产品标识、拒收等。

本标准适用于经正火加回火和淬火加回火处理的减速齿环用、可焊的碳素钢和合金钢锻件。

2　规范性引用文件

下列文件对于本文件的应用是必不可少的。凡是注日期的引用文件,仅注日期的版本适用于本文件。凡是不注日期的引用文件,其最新版本(包括所有的修改单)适用于本文件。

GB/T 8541　锻压术语(Terminology of forging and stamping)

ASTM A275/A275M　钢锻件磁粉检查的标准实施规程(Test method for magnetic particle examination of steel forgings)

ASTM A370　钢制品机械测试的标准试验方法和定义(Test methods and definitions for mechanical testing of steel products)

ASTM A388/A388M　钢锻件超声检验用标准实施规程(Practice for ultrasonic examination of heavy steel forgings)

ASTM A788　钢锻件的标准规格　通用要求(Specification for steel forgings, general requirements)

3　术语和定义

GB/T 8541 界定的术语和定义适用于本文件。

4　订货信息和一般要求

4.1　订货信息应按 ASTM A788 的规定执行,此外,需方应在订货合同中规定所要求的材料等级和分类以及必要的补充要求,见附录 A。

4.2　本标准中所使用的材料应符合 ASTM A788 的规定。

5　材料和制造

5.1　熔炼

熔炼过程应符合 ASTM A788 的规定,其中真空除气过程应符合附录 A 中 A.7 的规定。

5.2　残液

应充分清理残液,以保证钢锭浇铸过程中的畅通并避免产生偏析。

5.3　锻造

锻件的热力学性能应符合 ASTM A788 的要求。

5.4 热处理

5.4.1 本标准中涉及的钢的等级和分类如下：

a) 碳素钢包括：等级 1(A 类和 B 类)，等级 2(C 类和 D 类)；

b) 合金钢包括：等级 3(E 类和 F 类)，等级 4(G 类、H 类、I 类、J 类、K 类和 L 类)，等级 5(M 类和 P 类)，等级 6(T 类)。

5.4.2 锻件在锻造之后和热处理重新加热之前，应采用适当方法进行冷却，以完成相变、防止裂纹并避免白点。

5.4.3 等级 1 中 A 类和 B 类钢应进行正火加回火处理，其他等级和分类的钢应进行淬火加回火处理。正火：经正火处理过的坯料称为正火坯料。淬火：锻件应完全奥氏体化，然后在合适的介质中淬火，淬火处理过的坯料称为淬火坯料。回火：经回火处理过的坯料称为回火坯料，最低回火温度见表 1。

表 1 最低回火温度

等级	分类	温度 ℃
1	A、B	650
2	C、D	595
3	E、F	595
4	G、H	595
5	M、P	595
4	I、J、K、L	565
6	T	540

5.5 机械加工

5.5.1 为了锻件的力学性能，在热处理前可以进行粗加工，可以由生产制造方安排粗加工。

5.5.2 锻件的尺寸和形状应符合需方的要求。

6 化学成分

6.1 一般要求

锻件用钢的化学成分应符合表 2 的规定。钢种代替，可以由供需双方共同商定。

表 2 化学成分要求

元素	质量分数 %					
	等级 1 A 类、B 类	等级 2 C 类、D 类	等级 3 E 类、F 类	等级 4 G 类、H 类、I 类、J 类、K 类、L 类	等级 5 M 类、P 类	等级 6 T 类
C	≥0.35～0.50	≥0.40～0.50	≥0.35～0.45	≥0.35～0.45	≥0.38～0.45	≥0.25～0.39
Mn	≥0.60～0.90	≥0.60～0.90	≥0.70～1.00	≥0.60～0.90	≥0.40～0.70	≥0.20～0.60
P	≤0.040	≤0.040	≤0.040	≤0.040	≤0.040	≤0.015

表 2（续）

元素	质量分数 %					
	等级 1 A 类、B 类	等级 2 C 类、D 类	等级 3 E 类、F 类	等级 4 G 类、H 类、I 类、J 类、K 类、L 类	等级 5 M 类、P 类	等级 6 T 类
S	≤0.040	≤0.040	≤0.040	≤0.040	≤0.040	≤0.015
Si[a]	≤0.35	≤0.35	≤0.35	≤0.35	≤0.40	≤0.35
Ni	≤0.30	≤0.30	≤0.50	1.65～2.00	≤0.30	3.25～4.00
Cr	≤0.25	≤0.25	0.80～1.15	0.60～0.90	1.40～1.80	1.25～1.75
Mo	≤0.10	≤0.10	0.15～0.25	0.20～0.50	0.30～0.45	0.30～0.70
V	≤0.06	≤0.06	≤0.06	≤0.10	≤0.03	0.05～0.15
Cu	≤0.35	≤0.35	≤0.35	≤0.35	≤0.35	≤0.35
Al	—	—	—	—	0.85～1.30	—

[a] 使用真空碳脱氧时，Si 的最大含量为 0.10%。

6.2 熔炼分析

取样进行熔炼分析，应按 ASTM A788 的规定执行，分析结果应满足表 2。

6.3 成品分析

需方可以进行成品分析，应对代表每炉钢的锻件进行分析。分析试样可以取自齿环锻件本体或其全尺寸的延长段，取样位置在其壁厚二分之一处的任一点上。分析试样也可以取自测试过的力学性能试样。检测到的化学成分应符合表 2 的规定，其允许偏差不得大于 ASTM A788 中规定的量。

7 力学性能

7.1 拉伸和冲击试验要求

7.1.1 一般要求

拉伸和冲击性能应符合表 3 的规定。

表 3 力学性能要求

等级	分类	抗拉强度 MPa	屈服强度 $R_{p0.2}$ MPa	伸长率 %	断面收缩率 %	布氏硬度 HBW	夏比冲击功（V 型）（21 ℃～27 ℃） J
1	A	≥550	≥310	≥22	≥45	≥163～202	14
	B	—	—	—	—	≥163～202	—
2	C	≥655	≥450	≥20	≥40	≥197～241	14
	D	—	—	—	—	≥197～241	—
3	E	≥725	≥515	≥20	≥45	≥223～269	41
	F	—	—	—	—	≥223～269	—

表 3（续）

等级	分类	抗拉强度 MPa	屈服强度 $R_{p0.2}$ MPa	伸长率 %	断面收缩率 %	布氏硬度 HBW	夏比冲击功(V 型)(21 ℃～27 ℃) J
4	G	≥860	≥690	≥15	≥42	≥262～311	41
	H	—	—	—	—	≥262～311	—
	I	≥1 000	≥825	≥14	≥40	≥302～352	34
	J	—	—	—	—	≥302～352	—
	K	≥1 175	≥1 000	≥10	≥35	≥341～401	27
	L	—	—	—	—	≥341～401	—
5	M	≥825	≥585	≥15	≥40	≥255～302	11
	P	—	—	—	—	≥255～302	—
6	T	≥1 175	≥960	≥10	≥30	≥352～401	34

7.1.2 试样的数量、取样位置和方向

对需要做拉伸试验的各个分类的锻件，两个拉伸试样和两个冲击试样应错开 180°，应在单个锻件的一端或者倍尺锻件的两端的全尺寸的延长段取样。应切取切向试样，其位置在齿环壁厚的二分之一处，端面去除粗加工余量。单个锻件的取样位置如图 1 所示。

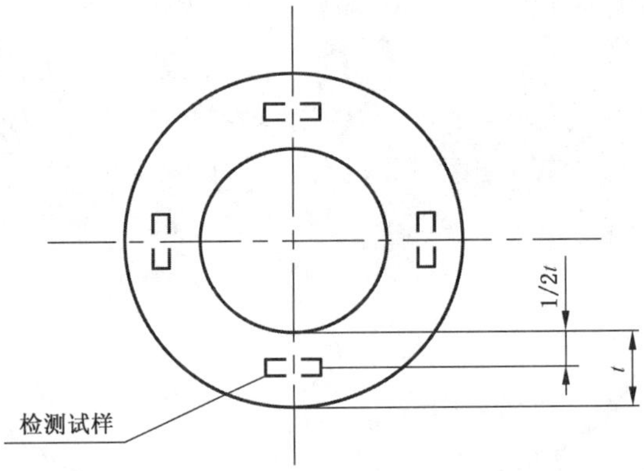

图 1 单个锻件取样位置

7.1.3 试验方法

采用全尺寸拉伸试验和夏比 V 型缺口冲击试验，试验应按 ASTM A370 的规定执行。

7.2 布氏硬度

7.2.1 一般要求

锻件的硬度范围应符合表 3 的规定。K 类和 L 类的允许偏差不应超过 40 HBW，除 K 类和 L 类外的所有分类的允许偏差不应超过 30 HBW。

7.2.2 试验的次数和位置

每个锻件，无论质量和分类，在最终热处理和机加工到需方要求的尺寸后，都应进行布氏硬度试验。

试验位置应在锻件端面距离外圆近似为壁厚的 1/4 处。硬度试验的次数和具体位置见表 4。

表 4 硬度试验的次数和具体位置

外径 mm	试验次数
≤1 000	在每个端面上各试验 1 次，并相互间隔 180°
≥1 000～2 000	在每个端面上各试验 2 次，并分别间隔 180°
≥2 000～3 000	在每个端面上各试验 3 次，并分别间隔 120°
≥3 000	在每个端面上各试验 4 次，并分别间隔 90°

7.2.3 试验方法

试验应按 ASTM A370 的规定执行。

8 质量证明书

应符合 ASTM A788 的规定，且供方应按要求向需方提供质量证明书，说明锻件已按本标准生产和检验并符合本标准的要求。

9 产品标识

应符合 ASTM A788 的规定，且每个锻件上都应清晰地打印上识别标识。需方可以指定打印识别标识的位置。

10 拒收

除另有规定外，需方根据第 6 章的规定对不合格的锻件进行拒收，需方应从收到试样后的 60 个工作日内向供方提出拒收请求。

附　录　A
（规范性附录）
补 充 要 求

A.1　一般要求

本附录只在订货合同中有要求时考虑。此时，A.2～A.4 中要求的附加测试应在工厂进行，除非另有约定，在材料装运前，需方检查员可在现场给予确认。

A.2　化学成分要求

需要以某一成分的钢种代替时，可以由供需双方共同商定。

A.3　机加工

力学性能热处理前的粗加工，可以由需方规定。

A.4　无损检测

A.4.1　磁粉探伤可以由供需双方商定，如需要，应按 ASTM A275/A275M 执行。

A.4.2　超声波测试可以由供需双方商定，如需要，应按 ASTM A388/A388M 执行。

A.5　限制化学成分 V

在按 A.2 测定时，A 类、B 类、C 类、D 类钢的 V 含量不应超过 0.03%。

A.6　限制化学成分 P 和 S

在按 6.2 规定测定或在 6.3 规定的位置测定时，所有分类的 P 含量不应超过 0.015%，S 含量不应超过 0.018%。

A.7　真空除气

在注锭之前或在注锭过程中，应对钢水进行真空处理，以去除有害气体，特别是氢气。

ICS 25.160.10
J 33

GB

中华人民共和国国家标准

GB/T 32257—2015

镍及镍合金熔化焊焊工技能评定

Qualification testing of welders for fusion welding on nickel and nickel alloys

(ISO 9606-4:1999, Approval testing of welders—Fusion welding—
Part 4: Nickel and nickel alloys, MOD)

2015-12-10 发布 2016-07-01 实施

中华人民共和国国家质量监督检验检疫总局
中国国家标准化管理委员会 发布

前　言

本标准按照 GB/T 1.1—2009 给出的规则起草。

本标准使用重新起草法修改采用 ISO 9606-4:1999《焊工考试　熔化焊　第 4 部分:镍及镍合金》。

本标准与 ISO 9606-4:1999 的主要技术性差异及其原因如下:

——增加了焊工资格证书推荐格式、焊工考试认可标记、证书延期需确认的内容和镍及镍合金材料分类指南,并以附录的形式给出以便于操作;

——统一规定了焊工考试的主要参数及认可范围,并对焊接位置和母材的认可范围进行了必要调整,使之更清晰、明确、合理,易于使用;

——将 ISO 9606-4:1999 中引用的国外标准根据我国实际情况进行了调整。术语、定义、焊接工艺规程、无损检验及破坏性试验方法部分用我国相应标准代替,以便于执行。

本标准做了下列编辑性修改:

——增加了附录 A(资料性附录)"焊工资格证书";

——增加了附录 B(资料性附录)"焊工考试认可标记示例";

——增加了附录 C(资料性附录)"专业知识";

——增加了附录 D(资料性附录)"延期需确认及可追溯的参数";

——增加了附录 E(资料性附录)"镍及镍合金分类指南"。

本标准由全国焊接标准化技术委员会(SAC/TC 55)提出并归口。

本标准起草单位:哈尔滨焊接研究所、上海市安装工程集团有限公司、中船圣汇装备有限公司。

本标准起草人:苏金花、王克楠、陆欢军、张连伟、朴东光。

镍及镍合金熔化焊焊工技能评定

1 范围

本标准规定了镍及镍合金熔化焊的焊工考试方法。
本标准适用于手工焊操作方法。

2 规范性引用文件

下列文件对于本文件的应用是必不可少的。凡是注日期的引用文件,仅注日期的版本适用于本文件。凡是不注日期的引用文件,其最新版本(包括所有的修改单)适用于本文件。

GB/T 2653 焊接接头弯曲试验方法(GB/T 2653—2008, ISO 5173:2000,IDT)

GB/T 3323 金属熔化焊焊接接头射线照相(GB/T 3323—2005,EN 1435:2003,IDT)

GB/T 3375 焊接术语

GB/T 5185 焊接及相关工艺方法代号(GB/T 5185—2005, ISO 4063:1998,IDT)

GB/T 15169 钢熔化焊焊工技能评定

GB/T 16672 焊缝 工作位置 倾角和转角的定义(GB/T 16672—1996, ISO 6947: 1993, IDT)

GB/T 19418 钢的弧焊接头 缺陷质量分级指南

GB/T 26955 金属材料焊缝破坏性试验 焊缝宏观和微观检验(GB/T 26955—2011,ISO 17639, MOD)

GB/T 27551 金属材料焊缝破坏性试验 断裂试验(GB/T 27551—2011,ISO 9017:2001,IDT)

ISO 17637 焊缝的无损检验 熔化焊接头外观检验(Non-destructive testing of welds-Visual testing of fusion-welded joints)

ISO/TR 15608 焊接 金属材料分类指南(Welding-Guidelines for a metallic materials grouping system)

3 术语和定义

GB/T 3375、GB/T 15169 界定的术语和定义适用于本文件。

4 符号及缩略语

4.1 概述

填写焊工资格证书时,可使用下列符号及缩略语。

4.2 试件

a ——焊缝计算厚度;
BW——对接焊缝;
D ——管外径;

FW——角焊缝；
P ——板；
t ——板厚或管壁厚；
T ——管；
z ——焊脚尺寸。

4.3 焊接材料

nm——无填充金属；
wm——有填充金属。

4.4 其他

bs ——双面焊；
gg ——焊缝背面清根；
mb——带衬垫焊接；
nb ——无衬垫焊接；
ng ——焊缝背面不清根；
ss ——单面焊；
sl ——单层焊；
ml ——多层焊。

5 主要参数及认可范围

5.1 概述

焊工的技能评定以主要参数为基础，本标准规定了每个主要参数的认可范围。如果焊工从事认可范围之外的焊接，则需要进行新的考试。

应采用对实际结构有代表性的标准试件进行考试。

5.2 焊接方法

本标准的手工焊接方法按 GB/T 3375 规定，其代号参见 GB/T 5185。

111——焊条电弧焊；
131——熔化极惰性气体保护电弧焊(MIG 焊)；
135——熔化极非惰性气体保护电弧焊(MAG 焊)；
136——非惰性气体保护的药芯焊丝电弧焊；
141——钨极惰性气体保护电弧焊(TIG 焊)；
15 ——等离子弧焊。

每项考试一般只认可一种焊接方法。改变焊接方法需要进行新的考试。

允许焊工通过焊接一个组合焊接工艺接头试件，取得多种焊接工艺的认可。

如：TIG 焊(141)打底，焊条电弧焊(111)填充的单面焊对接接头，可以采用下列任一方式考试：

a) 组合认可：根部焊道用 TIG 焊，填充焊道用焊条电弧焊的组合焊接，各种工艺方法各自按其厚度认可；
b) 单独认可：根部焊道采用 TIG 焊认可，后续焊道采用带衬垫的焊条电弧焊(或双面焊)认可。

5.3 接头种类(对接焊缝和角焊缝)

考试的焊缝为对接焊缝和角焊缝两类。焊缝的认可范围见表 1,且符合下列准则:

a) 管对接焊缝(外径 $D>25$ mm)适合于板对接焊缝。

b) 板对接焊缝在下列条件下适合于管对接焊缝:

——管外径 $D\geqslant500$ mm,对应的焊接位置;

——管外径 $D\geqslant150$ mm,仅平焊(PA)或横焊(PC)位置。

c) 一般对接焊缝的认可适用于角焊缝,如果实际生产多为角焊的情况下,应对焊工做相应的角焊考试。

d) 支接管焊接的认可范围以支管外径为准,不带衬垫的管对接焊缝适用于支接管焊接。

e) 实际生产主要以支管连接或包含复杂支接管的情况下,焊工应接受特殊培训,并接受支管接头试件考试。

表 1 对接接头试件的认可范围

试件的焊缝种类				认可范围					
				板对接焊缝				管对接焊缝	
				单面焊 ss		双面焊 bs		单面焊 ss	
				带衬垫 mb	不带衬垫 nb	清根 gg	不清根 ng	带衬垫 mb	不带衬垫 nb
板对接焊缝	单面焊 ss	带衬垫	mb	★	—	×	—	[a]	—
		不带衬垫	nb	×	★	×	×	[a]	[a]
	双面焊 bs	清根	gg	×	—	★	—	[a]	—
		不清根	ng	×	—	×	★	[a]	—
管对接焊缝	单面焊 ss	带衬垫	mb	×	—	×	—	★	—
		不带衬垫	nb	×	×	×	×	×	★

注:“★”为考试焊缝;“×”为认可的焊缝;“—”为未认可的焊缝。

[a] 认可范围参见 5.3b)。

5.4 材料类组

5.4.1 概述

为了减少考试数量,根据 ISO/TR 15608 对镍及镍合金进行类组划分(参见附录 E)。

5.4.2 认可范围

母材的认可范围如表 2 所示。

分类体系之外的特殊镍合金母材应做单独考试。

表 2 母材的认可范围

试件母材类组	认可范围							
	41	42	43	44	45	46	47	48
41	★	×	×	×	×	×	×	×
42	—	★	×	×	×	×	×	×
43	—	×	★	×	×	×	×	×
44	—	×	×	★	×	×	×	×
45	—	×	×	×	★	×	×	×
46	—	×	×	×	×	★	×	×
47	—	×	×	×	×	×	★	×
48	—	×	×	×	×	×	×	★
注：★为试验母材；×为认可的母材；—为未认可的母材。								

5.5 焊接材料

考试所用的填充金属、保护气体(包括等离子气)应与母材相匹配,并符合焊接工艺预规程(或焊接工艺规程)要求。

考试合格的填充金属及保护气体适用于同类组母材相匹配的其他填充金属和保护气体,其前提条件是焊接方法相同、保护气体的改变对焊工的操作技能无要求。

焊接材料变化(如焊条类型改变、活性气体改为惰性气体或反之等)对焊工技能有不同要求时,需要做新的考试。

5.6 尺寸

工件尺寸的认可范围以试件的厚度(板厚或管壁厚)和管外径为准。表 3 和表 4 规定了考试的认可范围。

表 3 试件厚度的认可范围

试件厚度 t/mm	认可范围
$t \leqslant 3$	$t \sim 2t$
$3 < t \leqslant 12$	3 mm～$2t$
$t > 12$	≥5 mm

表 4 试件直径的认可范围

试件直径 D/mm	认可范围
$D \leqslant 25$	$D \sim 2D$
$D > 25$	$\geqslant 0.5D$ (最小 25 mm)

5.7 焊接位置

试件应在 GB/T 16672 规定的焊接位置上施焊。表 5 给出了每个焊接位置的认可范围。

管 H-L045 位置适合所有的位置(但向下立焊位置除外)。

管外径 $D \geqslant 150$ mm 时，允许在一个管材试件上进行两个焊接位置(2/3 周长的 PF ，1/3 周长的 PC)的焊接。

表 5　焊接位置的认可范围

考试位置	认可范围[a]									
	PA	PB[b]	PC	PD[b]	PE	PF(板)	PH(管)	PG(板)	PJ(管)	H-L045
PA	×	×	—	—	—	—	—	—	—	—
PB[b]	×	×	—	—	—	—	—	—	—	—
PC	×	×	×	—	—	—	—	—	—	—
PD[b]	×	×	×	×	×	×	—	—	—	—
PE	×	×	×	×	×	×	—	—	—	—
PF(板)	×	×	—	—	—	×	—	—	—	—
PH(管)	×	×	—	×	×	×	×	—	—	—
PG(板)	—	—	—	—	—	—	—	×	—	—
PJ(管)	×	×	—	×	×	—	—	×	×	—
H-L045	×	×	×	×	×	×	×	—	—	×

注：“×”为认可的焊接位置；“—”为未认可焊接位置。

[a] 此外还应符合 5.3b)的要求。

[b] PB 和 PD 为角焊位置，仅适用于其他位置上的角焊缝。

6　试验和检验

6.1　监督

试件的焊接及检验应在考官或考试机构的监督下进行。

焊工在焊接开始之前，应在试件上做考官和焊工的标记。

如果焊接条件不正确或者发现焊工不具备满足要求的技能，例如返修过多，则考官可以终止考试。

6.2　试件的形状和尺寸

试件的形状和尺寸要求如图 1～图 4 所示。

单位为毫米

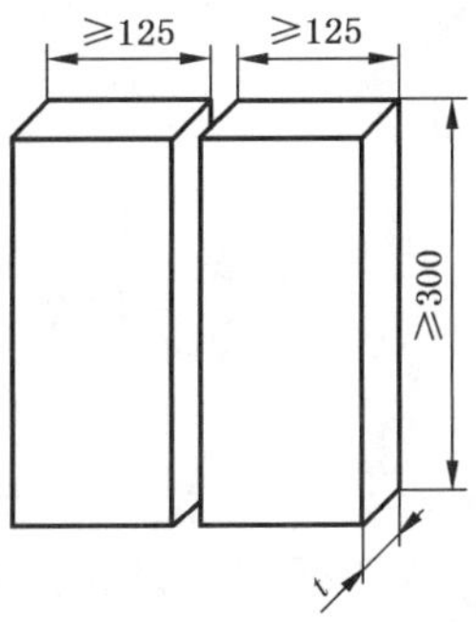

图 1　板对接焊缝试件的尺寸

单位为毫米

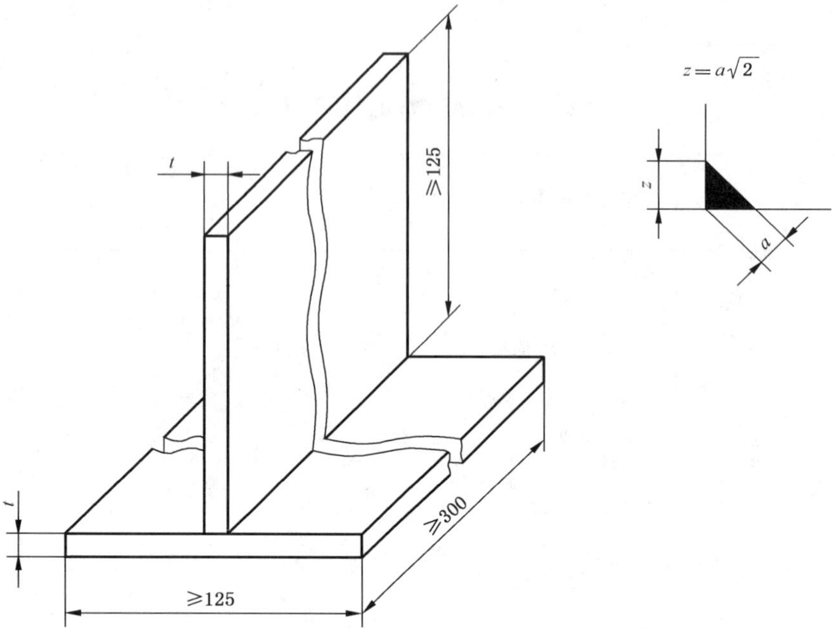

说明：
$t \geqslant 6$ mm，$a \leqslant 0.5\ t$；
$t < 6$ mm，$0.5\ t \leqslant a \leqslant t$；
$z \approx 0.7\ t$。

图 2　板角焊缝试件的尺寸

单位为毫米

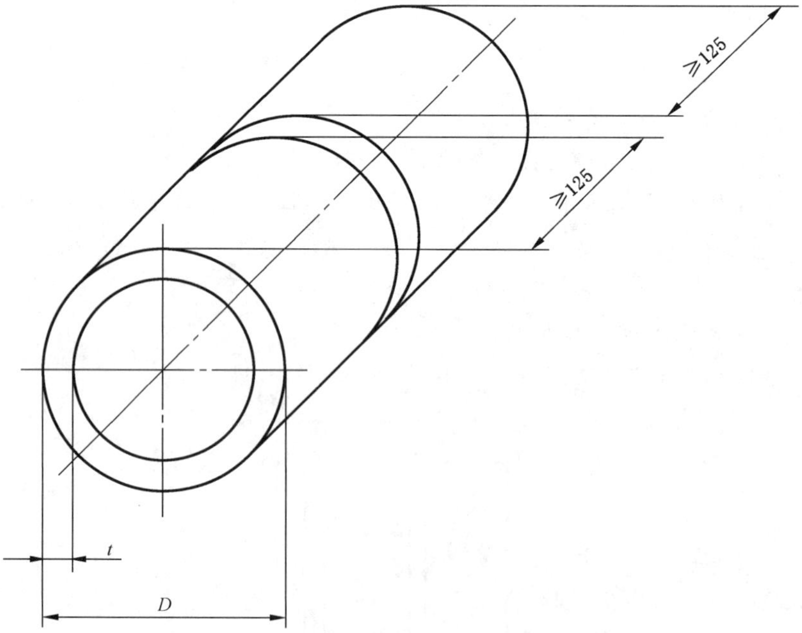

图 3　管对接焊缝试件的尺寸

单位为毫米

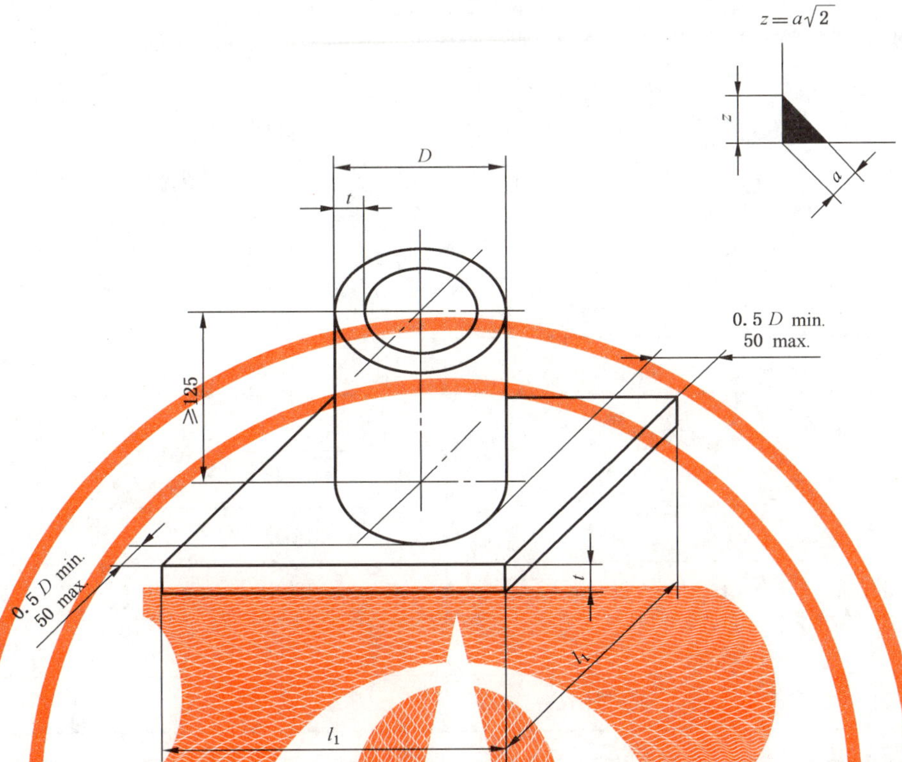

说明：

t 取较小值；

t≥6 mm，a≤0.5 t；

t<6 mm，0.5 t≤a≤t；

z≈0.7 t。

图 4　管角焊缝试件的尺寸

6.3　焊接条件

技能考试的焊接条件应与实际生产相适应，并符合焊接工艺规程（或焊接工艺预规程）要求（参见 GB/T 19867.1）。

考试时的焊接应满足下述要求：

a）试件的焊接时间应与通常生产条件下的焊接时间一致；

b）试件必须在受检范围内的根部焊道和盖面焊道上至少有一次停弧和再起弧，并作出标记；

c）应按照产品要求进行预热（或控制热输入）；

d）应按照产品要求进行焊后热处理，如无弯曲要求时，考试时可省略焊后热处理；

e）试件的标记符合 6.1 和附录 B 的规定；

f）除盖面焊缝外，允许焊工在征得考官同意的条件下，通过打磨方法或其他生产中使用的工艺去除轻微的缺陷。

6.4　检验方法

每条焊完的焊缝应在焊态下进行外观检测（具体参见 ISO 17637）。必要时，外观检测可附加渗透检测或其他检测。

外观检测合格后，应做规定的其他检验（见表6，射线检验按照GB/T 3323；弯曲试验按照GB/T 2653；断裂试验按照GB/T 27551；宏观检验按照GB/T 26955）。

为了清晰地显示焊缝，应在宏观试样的一侧制备并腐蚀，一般不要求抛光。

进行射线探伤时，MIG/MAG(131/135)对接焊缝应附加弯曲试验(参见GB/T 2653)。

考试试件带有衬垫时，应在破坏性试验之前将其去除。试件应采用机械加工方法截取，试件两端25 mm部位应舍弃(见图5和图6)。

表6 检验方法

检验方法	板对接焊缝	管对接焊缝	角焊缝
目视检测	强制	强制	强制
射线检测	强制[a,b]	强制[a,b]	非强制
弯曲试验	强制[c]	强制[c]	非强制
断裂试验	强制[a]	强制[a]	强制[d,e]
宏观检验	非强制	非强制	强制[e]
渗透检验	非强制	非强制	强制

[a] 应采用射线或断裂试验，两者任选其一。

[b] 厚度超过8 mm的镍及镍合金，可用超声检测代替射线检测。

[c] 采用射线检测时，131/135对接焊缝应做弯曲试验。

[d] 考官或考试机构有要求时，断裂试验还应补做磁粉或渗透检测。

[e] 允许用低倍金相检验代替断裂试验，至少要做四个截面的宏观检验，其中之一应取自起弧或熄弧处。

6.5 试件和试样

6.5.1 概述

6.5.2～6.5.5规定了不同试件和试样的尺寸、制备和试验要求。

6.5.2 板对接焊缝

做射线检测时，试件上焊缝的受检部位[见图5a)]应在焊态下，按照GB/T 3323采用B级工艺进行检测。

断裂试验应按照GB/T 27551进行。应做两个断裂试验(正面断裂和背面断裂各一)。试样的受检长度约为50 mm。

进行横向弯曲试验时，应做面弯和背弯各一个。一般而言，弯心直径为$4t$，弯曲角度为180°。低塑性材料可采用其他参数限值。

厚度大于(或等于)12 mm时，面弯和背弯试验可由两组侧弯试验代替。

单位为毫米

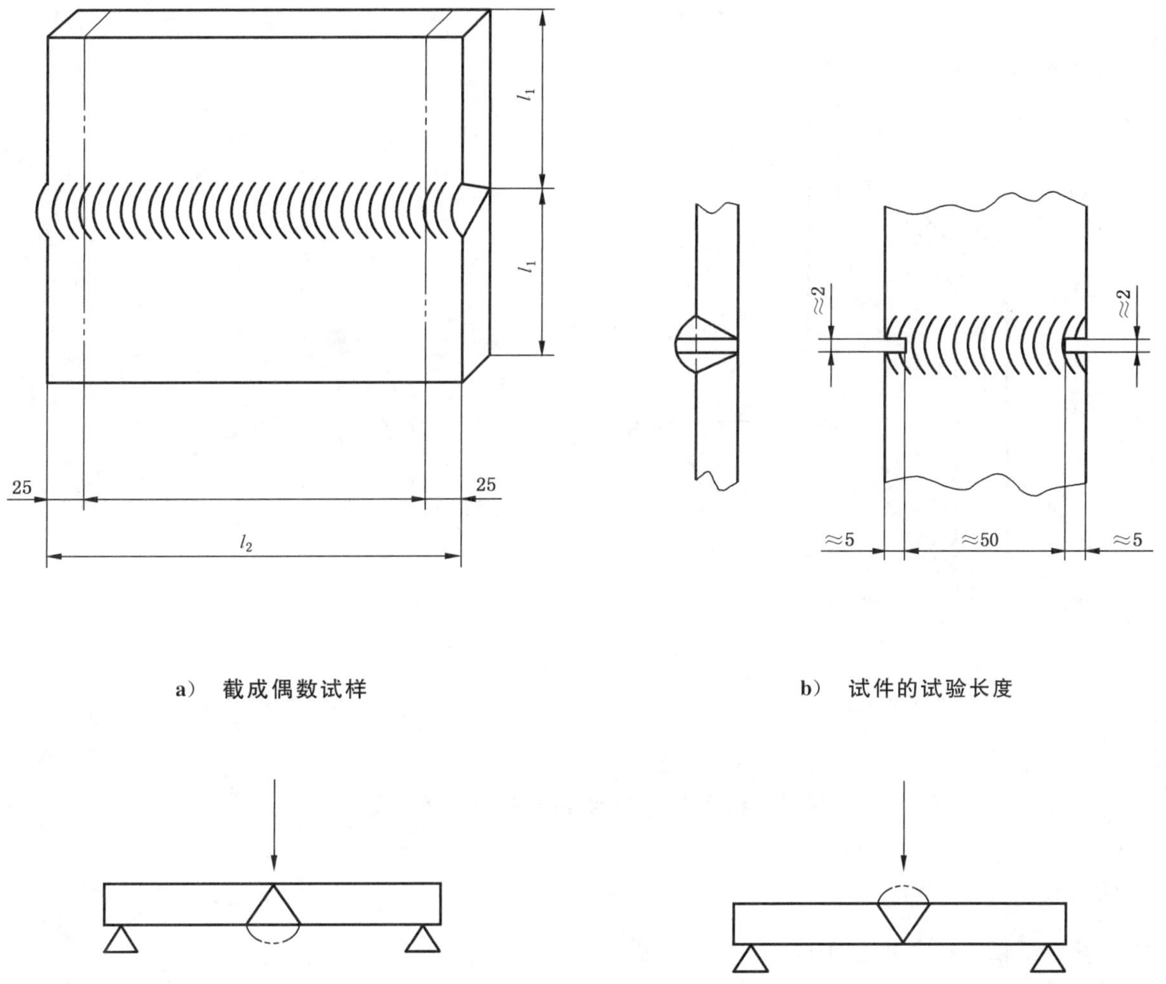

a） 截成偶数试样　　b） 试件的试验长度

c） 断裂试验（正面）　　d） 断裂试验（背面）

图 5　板对接焊缝试件的制备及断裂试验

6.5.3　板角焊缝

做角焊缝断裂试验时，可按需要将试件分割成若干个试样。每个试样的破断如图 6 所示，并在破断后检查。

进行宏观检验时，应在受检长度内均匀地截取至少 4 个试样。

单位为毫米

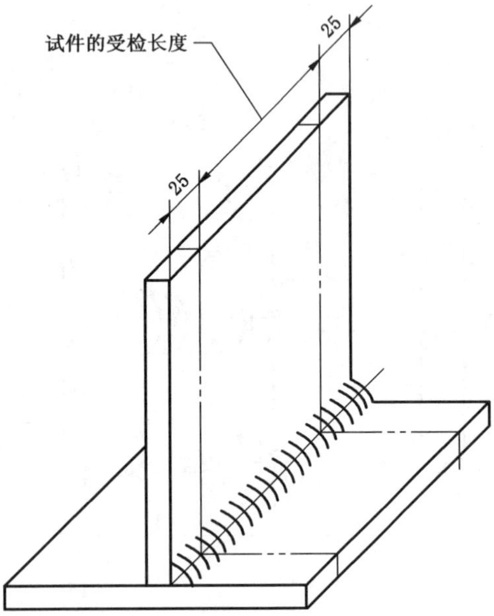

a) 角焊缝的试验长度

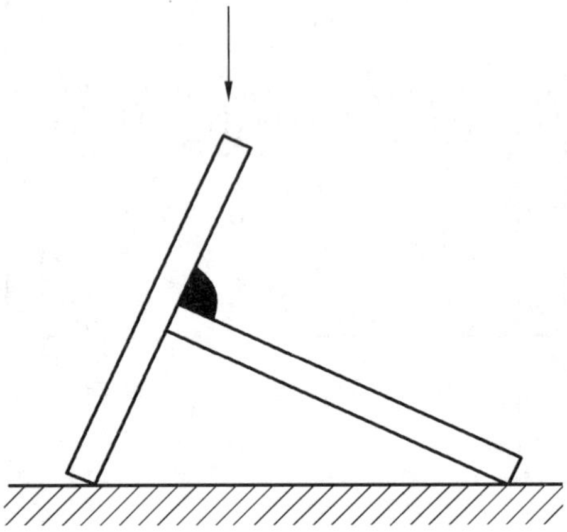

注：必要时，试件焊缝中线处可开纵向缺口。

b) 断裂试验

图 6 板角焊缝试件的制备及断裂试验

6.5.4 管对接焊缝

管对接焊缝的受检长度至少要 150 mm。周长小于 150 mm 时，应增加试件数量。

做射线检测时，试件上焊缝的受检部位应在焊态下[见图 7a)和图 7b)]，按照 GB/T 3323 采用 B 级工艺进行检测。

断裂试验应按照 GB/T 27551 进行。试样的受检长度约为 40 mm。

进行横向弯曲试验时，应做面弯和背弯各一个。一般而言，弯心直径为 $4t$，弯曲角度为 180°。低塑性材料可采用其他参数限值。

断裂试样(或横向弯曲试样)的数量按照焊接位置确定。PA 或 PC 位置，取一个面弯和背弯试样[见图 7a)]。其他焊接位置，取两个面弯和背弯试样[见图 7b)]。

厚度大于(或等于)12 mm 时，横弯试验可由侧弯试验代替。

单位:mm

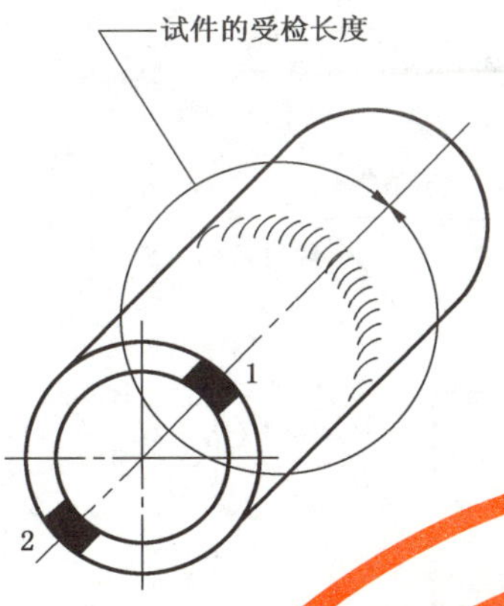

部位1:取一个根部断裂试样,或一个横向背弯(或侧弯)试样。

部位2:取一个正面断裂试样,或一个横向面弯(或侧弯)试样。

a) 至少取两个试样

部位1+3:每个位置取一个根部断裂试样,或一个横向背弯(或侧弯)试样。

部位2+4:每个位置取一个正面断裂试样,或一个横向面弯(或侧弯)试样。

b) 至少取四个试样

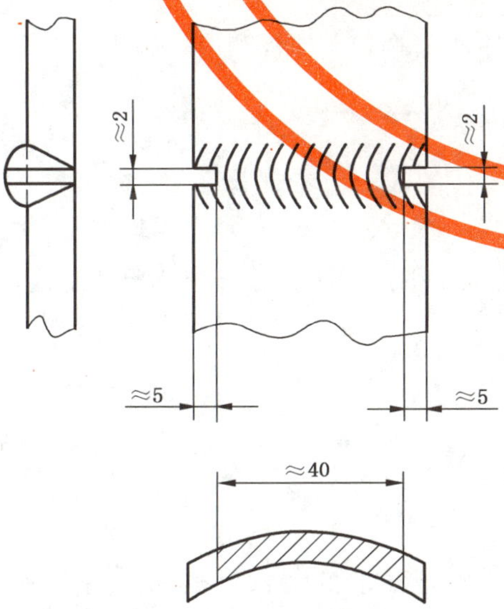

c) 试样的受检度

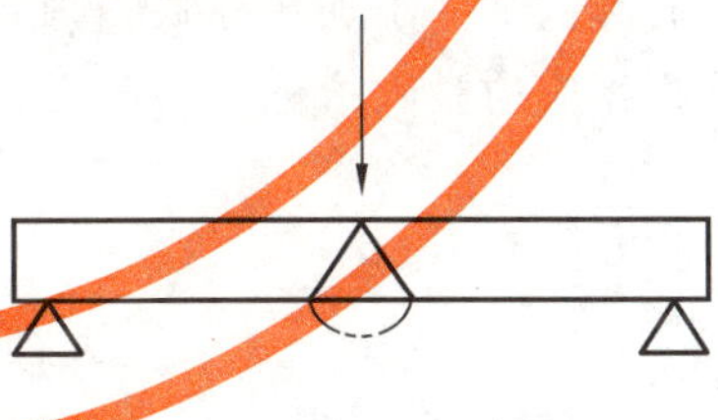

d) 断裂试验(正面)

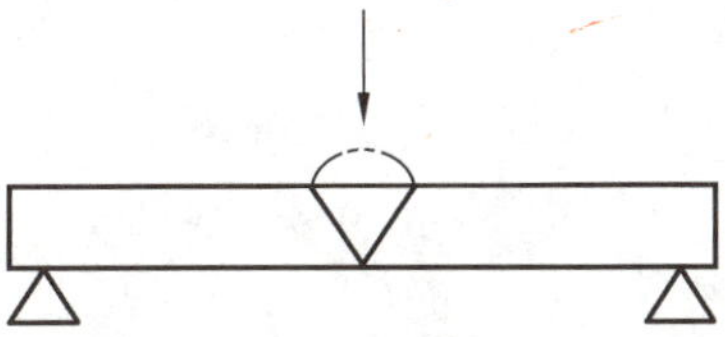

e) 断裂试验(背面)

图7 管对接焊缝试样的制备及断裂试验

6.5.5 管角焊缝

进行断裂试验时，应将试件切成 4 块(或更多)试样并破断(见图 8)。

做宏观检验时，应沿着管圆周等距离截取至少 4 个试样。

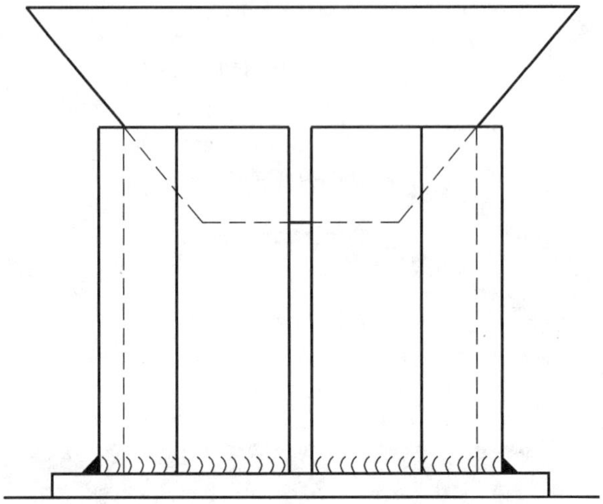

图 8 管角焊缝试件的制备及断裂试验

7 试件验收要求

试件可参照 GB/T 19418 按相应缺欠种类所规定的验收要求，进行评估。

一般的焊缝内部缺欠应按照 GB/T 19418 的 B 级验收，但外形尺寸缺欠(如焊缝余高过大、凸度过大、焊缝厚度过大和塌陷等)可按 C 级验收。

如焊工的考试试件出现超标缺陷，则考试为不合格。

无损检测相应的验收指标应参照有关标准。所有的破坏性试验和无损检测应采用规定的程序。

8 补考

如果考试不合格，允许焊工补考。

如果确认考试不合格是由于冶金的或其他外界因素，而不是由于焊工操作技能不足所造成的，应允许焊工重新考试。

9 有效期

9.1 初始认可

焊工认可的有效期从试件的焊接之日开始。其前提条件是要求的考试已经完成而且考试结果合格。

9.2 有效期确认

颁发的焊工资格证书有效期为两年。前提条件是企业的焊接责任人员或负责人员每六个月做一次确认，确认该焊工在最初认可范围内持续工作。

9.3 延期

考官/考试机构可按本标准要求，将焊工资格证书每两年延期一次。

证书延期之前，应满足9.2的要求而且确认下列条件：

a) 在实际生产中，焊工焊接的焊缝质量符合要求；

b) 焊工档案中支持延期的归档资料(如每半年的无损探伤报告或断裂检验报告)齐全。

10 证书

如果焊工成功地通过了技能考试，应授予证书。所有相关的考试条件应记录在证书上。

焊工资格证书应由考试机构单独负责颁发，资格证书的推荐格式参见附录A。

原则上应针对每一种试件颁发一个证书。

11 焊工考试认可标记

焊工考试认可的标记应包括下列内容，具体格式参见附录B：

a) 本标准编号；

b) 主要参数：

  1) 焊接工艺方法；
  2) 试件类型：板(P)、管(T)；
  3) 焊缝种类：对接焊缝(BW)、角焊缝(FW)；
  4) 材料类组；
  5) 焊接材料；
  6) 试件尺寸：材料厚度(t)和管外径(D)；
  7) 焊接位置；
  8) 其他焊接因素。

附 录 A
（资料性附录）
焊工资格证书

标记：________________

焊接工艺规程（WPS）编号：　　　　　　考官或考试机构编号：

焊工姓名：

识别代码：

识别方式：

企业：

规程/考试标准：

专业知识：合格/未考试（可按需要删除）

照片

项　目	试　件	认可范围
焊接方法		
试件类型（板或管）		
焊缝种类		
母材类组		
填充金属种类（型号）		
保护气体		
辅助材料（如背面保护气体）		
母材厚度/mm		
管外径/mm		
焊接位置		
其他焊接因素		

检验项目	检验并通过	未检验
外观检验		
射线检验		
断裂试验		
弯曲试验		
渗透检验		
宏观检验		

考官姓名或考试机构名称：

考官或考试机构签名、地点、日期：

焊接日期：

有效期：

延期确认

日　期	签　名	职务或职称

附 录 B
(资料性附录)
焊工考试认可标记示例

焊工证书 GB/T 32257 141 T BW 41 wm t02 D30 PA ss nb

说明			认可范围
141	焊接方法	TIG 焊	141
T	管	—	P、T
BW	对接焊缝	—	FW
41	材料类组 (按 ISO/TR 15608)	41	41、42、43、44、45、46、47、48
wm	焊接填充材料	有	wm
t02	厚度	2 mm	2 mm～4 mm
D30	管直径	30 mm	≥25 mm
PA	焊接位置	平焊	PA,PB
ss	单面焊	—	ss
nb	无衬垫	—	nb、mb

附 录 C
（资料性附录）
专 业 知 识

C.1 概述

建议对焊工进行专业知识考核，但并不做硬性规定。

如果进行了专业知识考核，应在焊工资格证书上予以记录。

本附录概括了焊工应该掌握、以确保其遵循工艺规程并完成实际工作所需的专业知识。本附录仅对总体目标或专业知识的类别做了规定，这些内容只是最基本的要求。

专业知识考核可按下列某种方式（或这些方式的组合）进行：

a） 笔试（多项选择）；

b） 按一组书面题做口试；

c） 计算机考试；

d） 按照书面的规程做示范/观察考核。

专业知识考核针对所使用焊接方法的有关内容。

C.2 要求

C.2.1 焊接设备

a） 主要部件和设备的辨别和连接；

b） 焊接电流的种类；

c） 焊接回路的正确连接。

C.2.2 焊接方法

a） 电极的种类和尺寸；

b） 保护气体标识和流速的标识；

c） 喷咀和导电咀的种类、规格和维护；

d） 焊接电弧的防风保护；

e） 熔化金属过渡形式的选择和限制。

C.2.3 母材

a） 材料的标识；

b） 预热方式和控制；

c） 道间温度的控制。

C.2.4 焊接材料

a） 焊接材料的标识；

b） 焊接填充材料的存储、使用及状态；

c） 规格尺寸的正确选择；

d） 焊条和填充焊丝的清洁；
e） 焊丝盘的控制；
f） 气体流速和质量控制。

C.2.5 安全防护

a） 安全装置的建立及去除；
b） 焊接烟气的安全控制；
c） 个人防护；
d） 火灾；
e） 狭窄空间内的焊接；
f） 焊接环境的知识；
g） 高触电危险的环境；
h） 电弧辐射；
i） 散射弧光的影响；
j） 压缩气体的安全储存、搬运和使用；
k） 气体软管和接头的泄露检查。

C.2.6 焊接顺序/规程

了解焊接工艺要求和焊接参数的影响。

C.2.7 坡口制备和焊缝符号

a） 焊缝坡口制备符合焊接工艺规程(WPS)；
b） 焊缝坡口表面的清洁。

C.2.8 焊接缺欠

a） 缺欠的识别；
b） 原因；
c） 防止及纠正。

C.2.9 焊工认可

焊工应当了解认可的范围。

附 录 D
（资料性附录）
延期需确认及可追溯的参数

为了延长焊工资格证书的期限，应当确认该焊工从事了与其考试相关的焊接工作，有关参数如表 D.1 所示。

表 D.1 延期需确认及可追溯的参数

参 数	需要确认
焊接方法	×
试件类型(管材、板材、支管)	×
焊缝种类	×
母材	×
焊接材料(型号)	×
材料厚度[a]	×
管材外径[b]	×
焊接位置	×
其他焊接因素	×

[a] 材料厚度可在原始试件的±25%范围内变化。

[b] 管材外径可在原始试件的±25%范围内变化。

附　录　E
（资料性附录）
镍及镍合金分类指南

根据 ISO/TR 15608，镍及镍合金分类见表 E.1。

表 E.1　镍及镍合金的分类

类别	镍及镍合金种类
41	纯镍
42	w(Ni)≥45%，w(Cu)≥10%的镍铜合金
43	w(Ni)≥40%的镍铬合金
44	w(Ni)≥45%，w(Mo)≤32%的镍钼合金
45	w(Ni)≥31%的镍铁铬合金
46	w(Ni)≥45%，w(Co)≥10%的镍铬钴合金
47	w(Ni)≥45%的镍铁铬铜合金
48	31%≤w(Ni)≥45%，w(Fe)≥20%的镍铁铬合金

ICS 77.140.85
J 32

中华人民共和国国家标准

GB/T 32258—2015

钢质楔横轧件　通用技术条件

Steel cross wedge rollings—General specification

2015-12-10 发布　　　　2016-07-01 实施

中华人民共和国国家质量监督检验检疫总局
中国国家标准化管理委员会　发布

前　言

本标准按照 GB/T 1.1—2009 给出的规则起草。

本标准由全国锻压标准化技术委员会(SAC/TC 74)提出并归口。

本标准起草单位:北京科大机翔科技有限公司、河北东安精工股份有限公司、北京机电研究所、北京科技大学。

本标准主要起草人:张军改、张康生、金红、刘博、李昱、任荣文、陈文敬。

钢质楔横轧件　通用技术条件

1　范围

本标准规定了钢质楔横轧件技术要求、试验方法、检验规则和交付条件。

本标准适用于在楔横轧机上生产的钢质热轧件。

2　规范性引用文件

下列文件对于本文件的应用是必不可少的。凡是注日期的引用文件，仅注日期的版本适用于本文件。凡是不注日期的引用文件，其最新版本(包括所有的修改单)适用于本文件。

GB/T 226　钢的低倍组织及缺陷酸蚀检验法

GB/T 231.1　金属材料　布氏硬度试验　第1部分：试验方法

GB/T 699　优质碳素结构钢

GB/T 700　碳素结构钢

GB/T 702—2008　热轧钢棒尺寸、外形、重量及允许偏差

GB/T 1979　结构钢低倍组织缺陷评级图

GB/T 3077　合金结构钢

GB/T 4162　锻轧钢棒超声检测方法

GB/T 5216　保证淬透性结构钢

GB/T 6394　金属平均晶粒度测定法

GB/T 10561—2005　钢中非金属夹杂物含量的测定　标准评级图显微检验法

GB/T 13298　金属显微组织检验方法

GB/T 13299—1991　钢的显微组织评定方法

GB/T 13320　钢质模锻件　金相组织评级图及评定方法

GB/T 15822(所有部分)　无损检测　磁粉检测

JB/T 6728.2　内燃机　凸轮轴　第2部分：楔横轧毛坯

JB/T 11761　齿轮轴毛坯楔横轧　技术条件

3　要求

3.1　验收依据

经供需双方共同签署的图纸、技术协议、检查方法和供货合同为钢质楔横轧件成品检验、交付的主要依据。

3.2　原材料

3.2.1　楔横轧件所选用的原材料应符合 GB/T 699、GB/T 700、GB/T 3077、GB/T 5216 等标准的规定。

3.2.2　优质碳素结构钢疏松等级应符合 GB/T 699 的规定，合金结构钢、保证淬透性结构钢疏松等级应分别符合 GB/T 3077、GB/T 5216 高级优质钢的规定。

3.2.3 非金属夹杂物含量的级别应不超过 GB/T 10561—2005 规定的 2.5 级。

3.2.4 弯曲度应不超过 GB/T 702—2008 表 10 中 1 组的要求。

3.2.5 带状组织应不超过 GB/T 13299—1991 规定的 2.5 级。

3.2.6 其他指标应符合 GB/T 702 规定。

3.2.7 钢材应附有出厂产品质量证明书。

3.2.8 除按 3.2.1～3.2.7 的要求外,所用钢材也可由供需双方协商确定。

3.3 楔横轧件质量

3.3.1 表面缺陷

3.3.1.1 楔横轧件表面缺陷深度应不超过实际加工余量的 1/3。但非加工表面存在折叠和裂纹时,应清除。清除的表面必须圆滑过渡,打磨宽度不小于深度的 6 倍,长度应在两端超出缺陷长度 3 mm 以上,打磨深度不应超过实际偏差 1/3。

3.3.1.2 表面裂纹探伤可按 GB/T 15822 进行。

3.3.2 内部质量

3.3.2.1 超声波探伤可按 GB/T 4162 进行,其质量等级≥B 级。

3.3.2.2 不应有过烧、宏观裂纹和肉眼可视的孔洞。

3.3.2.3 中心疏松≤3 级,按 GB/T 1979 进行评定。

3.3.3 热处理

3.3.3.1 一般要求

根据客户要求进行热处理,热处理供货状态有:

a) 正火;

b) 等温正火;

c) 控制冷却;

d) 不热处理。

3.3.3.2 硬度

硬度按 JB/T 11761 执行,JB/T 11761 没有规定的,按下列要求执行:

a) 经正火后硬度为 156 HBW～230 HBW;

b) 经等温正火后硬度为 150 HBW～207 HBW;

c) 控制冷却硬度为 165 HBW～240 HBW;

d) 客户有要求时,可按客户要求执行。

3.3.3.3 金相组织

经正火、等温正火处理的楔横轧件金相组织应符合 JB/T 11761 的规定或按客户要求执行。

3.3.4 尺寸公差、形位公差

尺寸公差和形位公差应符合以下规定:

a) 楔横轧凸轮轴毛坯尺寸及形位公差应符合 JB/T 6728.2;

b) 其他楔横轧件尺寸及形位公差可按 JB/T 11761 执行。

4 试验方法

4.1 各项检验的试验方法按表1规定进行。

表1 楔横轧件试验方法标准

检验项目	抽检频次	试验方法标准
低倍组织	1件/批	GB/T 226 GB/T 1979
布氏硬度	1件/批	GB/T 231.1
晶粒度	1件/批	GB/T 6394
金相组织	1件/批	GB/T 13298 GB/T 13320
魏氏组织、带状组织	1件/批	GB/T 13299
中空、疏松、夹杂等内部缺陷超声波探伤	全检	GB/T 4162
表面裂纹	10%	GB/T 15822
非金属夹杂物	1件/批	GB/T 10561

4.2 各检验项目的试验部位、试样切取方向按表1中所列国家标准执行，如客户有特殊要求时，按客户要求执行。

5 检验规则

5.1 出厂检验项目按3.3的规定。

5.2 抽样方法在供需双方签订的检验方法中规定。

6 交付条件

6.1 标识

6.1.1 供方应按需方要求在楔横轧件指定部位或外包装的指定位置做好标识。

6.1.2 标识方式有：涂漆、挂标签等。

6.2 质量合格书

每批楔横轧件应附有质量检验部门签发的质量合格证书，证书内容包括：

a) 供方名称、代码；
b) 产品名称、零件号；
c) 材料牌号；
d) 批次；
e) 本批发货数量；
f) 检验试验结果；
g) 标准编号。

6.3 包装、运输

6.3.1 楔横轧件的包装可为箱装或根据客户要求进行包装。箱装外部应标明：

a） 供方名称、代码；

b） 产品名称、零件号；

c） 材料牌号；

d） 批次；

e） 本批发货数量；

f） 装箱日期；

g） “防潮”等标志。

6.3.2 楔横轧件防锈、防磕碰及运输方法等要求应在供需双方协议中规定。

ICS 25.160.40
J 33

中华人民共和国国家标准

GB/T 32259—2015

焊缝无损检测　熔焊接头目视检测

Non-destructive testing of welds—Visual testing of fusion-welded joints

(ISO 17637:2003,MOD)

2015-12-10 发布　　2016-07-01 实施

中华人民共和国国家质量监督检验检疫总局
中国国家标准化管理委员会　发布

前　言

本标准按照 GB/T 1.1—2009 给出的规则起草。

本标准使用重新起草法修改采用 ISO 17637:2003《焊缝无损检测　熔焊接头目视检测》。

本标准与 ISO 17637:2003 的技术性差异及其原因如下:

——为适应我国的技术条件,增加了第 2 章“规范性引用文件”,包括 GB/T 9445、GB/T 19418、GB/T 22087,并同时在“参考文献中”删除了 ISO 5817、ISO 9712、ISO 10042。

本标准由全国焊接标准化技术委员会(SAC/TC 55)归口。

本标准起草单位:上海材料研究所、济南新吉尔机械有限公司、上海中远川崎重工钢结构有限公司、洛阳 lyc 轴承有限公司、哈尔滨焊接研究所。

本标准主要起草人:姜炜、袁兆富、丁杰、金宇飞、庄志强、刘绪明、陈翠丽、苏金花。

焊缝无损检测　熔焊接头目视检测

1　范围

本标准适用于金属材料熔焊接头的目视检测，也可用于接头的焊前目视检测。

2　规范性引用文件

下列文件对于本文件的应用是必不可少的。凡是注日期的引用文件，仅注日期的版本适用于本文件。凡是不注日期的引用文件，其最新版本(包括所有的修改单)适用于本文件。

GB/T 9445　无损检测人员资格鉴定与认证(GB/T 9445—2008，ISO 9712:2005，IDT)

GB/T 19418　钢的弧焊接头　缺陷质量分级指南(GB/T 19418—2003，ISO 5817:1992，IDT)

GB/T 22087　铝及铝合金的弧焊接头　缺欠质量分级指南(GB/T 22087—2008，ISO 10042:2005，IDT)

3　检测条件和设备

表面光照度应至少达到 350 lx，但推荐光照度为 500 lx。

对于直接目视检测，在待检表面 600 mm 之内，应提供人眼足够的观测空间，且检测视角不小于 30°(见图 1)。

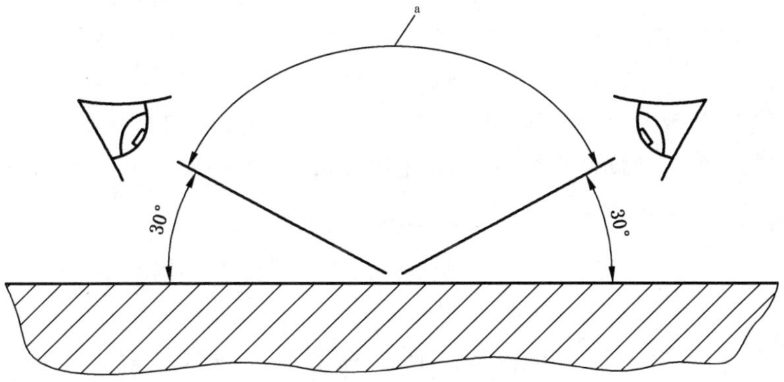

a 范围。

图 1　检测方式

当不能满足图 1 的检测方式或相关应用标准规定时，应考虑采用镜子、内窥镜、光纤电缆或相机进行间接目视检测。

可采用辅助光源以提高缺欠和背景之间的对比度和锐度。

目视检测结果存在疑义时，宜附做其他表面无损检测方法。

目视检测用设备的示例参见附录 A。

4 人员资格

焊缝目视检测和最终验收结果评定，应由有资格和能力的人员执行。推荐检测人员按照 GB/T 9445 或相关工业门类合适水平的等同标准进行资格鉴定。

5 目视检测

5.1 概述

本标准不定义目视检测范围。但检测范围宜在检测前约定，例如参照对应的应用或产品标准。

检测人员应获取所需的检测和生产文件。

在物理方式可行的情况下，宜执行焊前、焊接过程中或成型焊缝的任何目视检测。该检测可包含表面处理的目视检测。

5.2 接头准备的目视检测

当要求进行焊前目视检测时，应检测接头，核查如下内容：

a) 焊缝坡口的型式和尺寸满足焊接工艺规程的要求；

b) 熔合面及其相邻表面清洁，并且根据应用或产品标准进行任何所需的表面处理；

c) 待焊部件根据图纸或规程要求相互装配正确。

5.3 焊接过程中的目视检测

如需要，焊接过程中应检测焊缝，核查如下内容：

a) 每条焊道或焊层在下一道焊层覆盖前应清理干净，特别要注意焊缝金属和熔合面的结合处；

b) 无可见的缺欠，如裂纹或孔穴；如发现缺欠，应报告，以便在下一步焊接前采取补修措施；

c) 焊道之间、焊缝与母材之间的过渡成型良好，便于完成下一道焊接；

d) 为确保焊缝金属按规定完全去除，根据 WPS 或比较原先坡口形状，确定清除的深度和外形；

e) 在任何必要的返修/补修措施后，焊缝需符合原先 WPS 的要求。

5.4 成型焊缝的目视检测

5.4.1 概述

成型焊缝检测应判定焊缝是否满足应用或产品标准要求或其他双方协商认可的验收条件，如 GB/T 19418 或 GB/T 22087。成型焊缝应至少根据 5.4.2～5.4.5 给出的要求进行检测。

5.4.2 清理和修磨

应检测焊缝，核查如下内容：

a) 以人工或机械方式去除所有焊渣，为避免掩盖任何缺欠；

b) 无工具印记或敲击迹痕；

c) 当需要修磨焊缝时，避免因打磨引起的接头过热，修磨痕迹和不平整的表面；

d) 对于修磨角焊缝和对接焊缝，接头和母材圆滑平整过渡。

如果发现缺欠（因修磨或其他原因引起），应报告，以便采取修补措施。

5.4.3 外形和尺寸

应检测焊缝，核查如下内容：

a） 焊缝外形和焊缝余高满足验收标准要求（见 5.4.1）；

b） 焊缝表面规整；焊波形状和间距呈现均匀一致和满意的目视表现；如 WPS 要求，测量最后一层焊道和母材的距离和各焊道的位置；

c） 整个接头的焊缝宽度基本一致，满足焊接图纸或验收标准（见 5.4.1）；对于对接焊缝，应核查焊缝坡口，确保其是否完全焊满。

5.4.4 焊缝根部和表面

目视可及的焊缝部位，如单面对接焊缝根部和焊缝表面，应检测以确定与验收标准的偏离（见 5.4.1）。

应检测焊缝，核查如下内容：

a） 对于单面对接焊缝，整个接头的熔透性、根部凹陷、烧穿或缩沟符合验收标准规定的范围；

b） 任何咬边符合验收标准要求；

c） 位于焊缝表面或热影响区的任何缺欠如裂纹或气孔，符合适当的验收条件，如需要采用光学辅助检测；

d） 去除任何便于构件拼装或装配而临时焊接到工件上，和完成焊接后影响工件使用或检测工作的辅件；应核查安装辅件的部位，确保无裂纹；

e） 任何弧击符合验收标准规定。

5.4.5 焊后热处理

焊后热处理后可要求进一步检测。

5.5 返修焊缝的目视检测

5.5.1 概述

当整条或部分焊缝不符合验收条件且需要返修时，焊接接头应在补焊前根据 5.5.2 和 5.5.3 要求进行检测。

每条返修焊缝应按原先焊缝的相同要求进行复检。

5.5.2 部分返修焊缝

焊缝金属挖补应足够深和长，以便去除所有缺欠。补挖口的侧面和底部应有一定的坡度。挖补部分的宽度和外形应适于补焊要求。

5.5.3 完全返修焊缝

当有缺陷焊缝完全去除后，不论是否需要增加新的衬垫，焊接坡口的形状和尺寸应满足原先焊缝的规定要求。

6 检测记录

当需检测记录时，检测报告中宜至少包含如下信息：

a） 构件生产商的名称；

b） 检测主体的名称，如与 a）不同；

c) 检测对象的标识；

d) 材质；

e) 接头类型；

f) 材料厚度；

g) 焊接工艺；

h) 验收条件；

i) 超过验收条件的缺欠及其位置；

j) 参照图纸要求的检测范围；

k) 使用的检测设备；

l) 参照验收条件的检测结果；

m) 检测人员的姓名和检测日期。

检测完毕并合格的焊缝宜在合适的部位标记或标识。

如需被检焊缝的永久目视检测记录，宜对任何缺欠进行拍照或绘制准确的草图进行记录，或两种方式都采用。

附 录 A
（资料性附录）
检测设备示例

A.1 用于焊接接头目视检测的典型设备清单如下：

a） 1 mm 或更高精度的直尺或测量带；

b） 满足 ISO 3599 要求的游标卡尺；

c） 测量范围在 0.1 mm～3 mm 之间，精度不小于 0.1 mm 的塞尺；

d） 半径量规；

e） 2 倍～5 倍放大镜，放大镜上宜有明确的测量比例范围，见 GB/T 20968；

f） 灯具。

A.2 也可需要的设备如下：

a） 外形测量装置，线径或宽度≤1 mm，线端为圆形；

b） 焊缝印记材料，如冷作塑料或泥土；

c） 对于焊缝目视检测有限制条件时，可使用镜子、内窥镜、内孔表面检查仪、光纤电缆或摄像机；

d） 其他测量装置，如特殊设计的焊接量规，高度/深度量规，尺子或量角器。

A.3 典型的测量装置和量规如表 A.1 所示。

注：这些装置和量规是检测设备的示例。有些设计可能已经注册或是专利项目。

表 A.1 测量装置和焊缝量规的测量范围及读数精度

焊缝量规	说 明	焊缝类型				测量范围 mm	读数精度 mm	坡口角度或圆角(°)	坡口角度或圆角允许偏差
		角焊缝			对接焊缝				
		平面焊缝	凹面焊缝	凸面焊缝					
	简易焊缝量规： a) 测量厚度在 3 mm～15 mm 之间的角焊缝。量规的曲线部分放置在熔合面上，为了有三个点可与工件和角焊缝相接触； b) 用直线部分测量对接焊缝的余高。 因为量规是用相对较软的铝制作的，所以会快速地遭到磨损	×	×	—	×	3～15	≈0.5	90	小
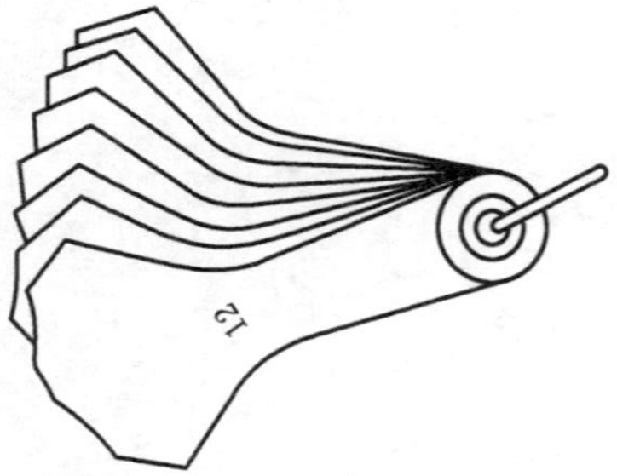	一套焊接量规： 测量厚度在 3 mm～12 mm 之间的角焊缝； 从 3 mm～7 mm，刻度为 0.5 mm；之后是 8 mm，10 mm 和 12 mm。该量规用其三点接触的原理进行测量	×	×	—	—	3～12	依据扇状部分	90	无
	有游标的焊缝量规： 可测角焊缝，也可用测对接焊缝余高。 利用量规角部测量 V 型和单面 V 型对接焊缝的 60°、70°、80°和 90°的夹角。由于测量造成的轻微偏差会导致重大错误	×	×	—	×	0～20	0.1	90	无

表 A.1（续）

焊缝量规	说 明	焊缝类型				测量范围 mm	读数精度 mm	坡口角度或圆角(°)	坡口角度或圆角允许偏差
		角焊缝			对接焊缝				
		平面焊缝	凹面焊缝	凸面焊缝					
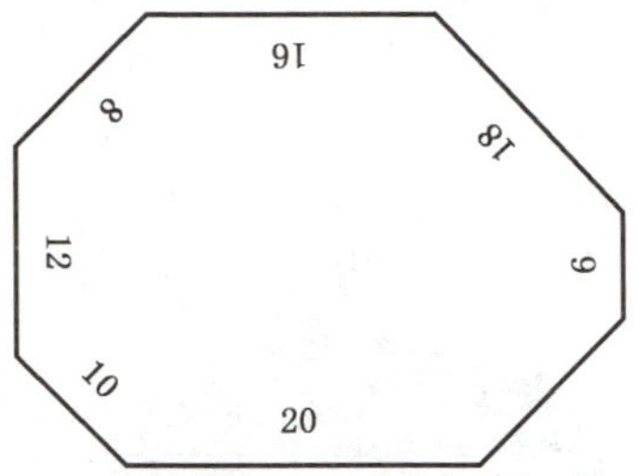	自制焊缝量规： 利用90°的坡口角度，测量7个角焊缝焊喉厚度	×	—	—	—	0～20	0.2	90	无
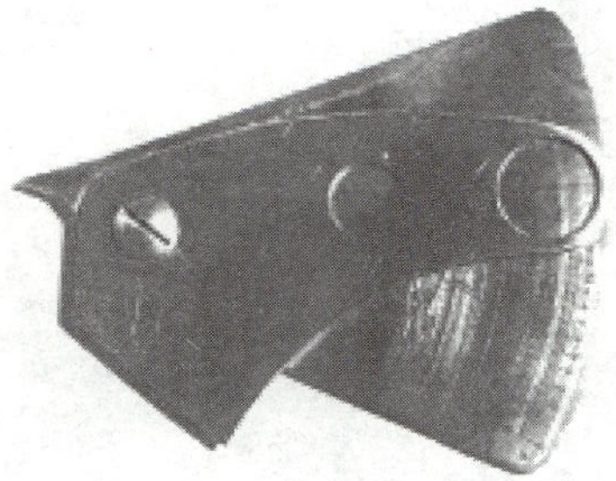	三刻度焊缝量规： 测量焊喉厚度和焊角长度。也可测对接焊缝余高。易于使用，也适用于不均匀角焊缝	×	×	×	×	0～15	0.1	90	小
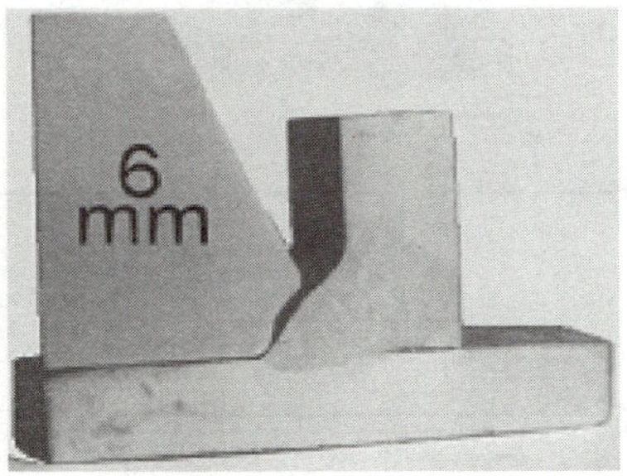	核查角焊缝外形的量规： 核查某一尺寸角焊缝的一外形。对于每一尺寸角焊缝，这种量规都需某一模型	—	—	—	—	—	—	—	—

表 A.1（续）

焊缝量规	说 明	焊缝类型				测量范围 mm	读数精度 mm	坡口角度或圆角(°)	坡口角度或圆角允许偏差
		角焊缝			对接焊缝				
		平面焊缝	凹面焊缝	凸面焊缝					
	多用途量规： 用于测量倒角角度，角焊缝焊角长度、咬边、焊角不对称、焊喉厚度和焊缝余高	×	×	×	×	0～50	0.3	0～45 （倒角角度）	无
	万用焊接量规： 测量任务 ——角焊缝：外形和尺寸； ——对接焊缝：错边量、接头准备（角度）、焊缝余高、焊缝宽度、咬边	×	×	×	×	0～30	0.1	—	±25%
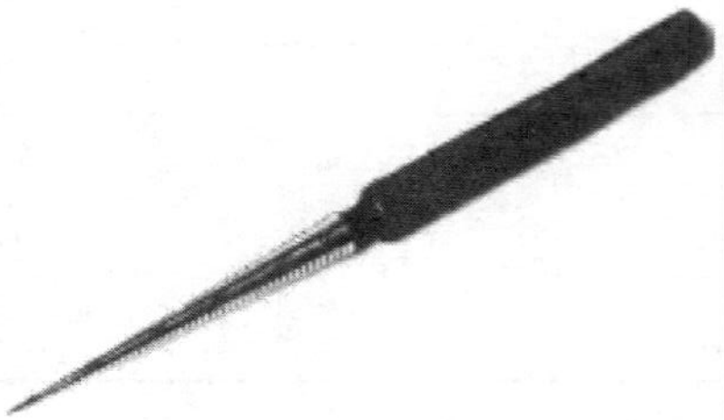	间隙量规： 测量间隙宽	—	—	—	×	0～6	0.1	—	—

表 A.1（续）

焊缝量规	说 明	焊缝类型				测量范围 mm	读数精度 mm	坡口角度或圆角(°)	坡口角度或圆角允许偏差
		角焊缝			对接焊缝				
		平面焊缝	凹面焊缝	凸面焊缝					
	错边量钩状量规： 测量板材和管材对接焊缝坡口错边量	—	—	—	×	0～100	0.05	—	—
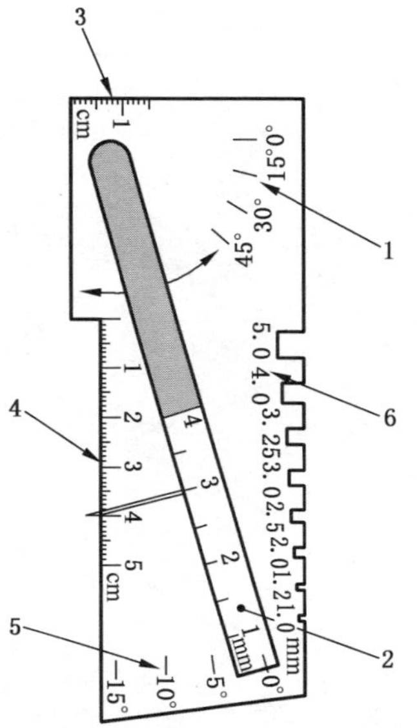	万用对接焊缝量规： 测量坡口和成型焊缝。 1——坡口角度； 2——根部间隙宽度； 3——焊缝余高； 4——焊缝表面宽度； 5——咬边的深度； 6——填充材料的直径	×	×	×	×	0～30	0.1	—	±25%
注：×表示适用。 —表示不适用。									

参 考 文 献

［1］ GB/T 20968 无损检测 目视检测辅助工具 低倍放大镜的选用
［2］ ISO 3599 Vernier callipers reading to 0.1 and 0.05 mm
［3］ ISO 17635 Non-destructive testing of welds—General rules for fusion welds in metallic materials

ICS 25.160.40
J 33

中华人民共和国国家标准

GB/T 32260.1—2015

金属材料焊缝的破坏性试验 焊件的冷裂纹试验 弧焊方法 第1部分：总则

Destructive tests on welds in metallic materials—Cold cracking tests for weldments—Arc welding processes—Part 1: General

(ISO 17642-1:2004, MOD)

2015-12-10 发布 2016-07-01 实施

中华人民共和国国家质量监督检验检疫总局
中国国家标准化管理委员会 发布

前　言

GB/T 32260《金属材料焊缝的破坏性试验　焊件的冷裂纹试验　弧焊方法》分为3个部分：

——第1部分：总则；

——第2部分：自拘束试验；

——第3部分：外载荷试验。

本部分为GB/T 32260的第1部分。

本部分按照GB/T 1.1—2009给出的规则起草。

本部分使用重新起草法修改采用ISO 17642-1:2004《金属材料焊缝的破坏性试验　焊件的冷裂纹试验　弧焊方法　第1部分：总则》。

本部分与ISO 17642-1:2004的技术性差异及其原因如下：

——关于规范性引用文件，本部分做了具有技术性差异的调整，以适应我国的技术条件。调整的情况集中反映在第2章“规范性引用文件”中，具体调整如下：

- 增加了GB/T 3375《焊接术语》；
- 将ISO 17642-1:2005中引用的部分国际标准和欧洲标准，用我国对应的标准代替。

本部分由全国焊接标准化技术委员会(SAC/TC 55)提出并归口。

本部分起草单位：上海市特种设备监督检验技术研究院、哈尔滨焊接研究所、东莞前程激光科技有限公司、中国特种设备检测研究院、天津市金桥焊材集团有限公司、中国石油天然气管道科学研究院。

本部分起草人：徐彬、苏金花、欧小军、王克楠、石坤、杨咏梅、隋永莉、朴东光。

金属材料焊缝的破坏性试验　焊件的冷裂纹试验　弧焊方法　第1部分:总则

1　范围

GB/T 32260的本部分规定了冷裂纹试验的基本术语、定义及原理。

本部分适用于评定焊接材料、母材和焊接接头的冷裂纹敏感性。

2　规范性引用文件

下列文件对于本文件的应用是必不可少的。凡是注日期的引用文件,仅注日期的版本适用于本文件。凡是不注日期的引用文件,其最新版本(包括所有的修改单)适用于本文件。

GB/T 3375　焊接术语

GB/T 32260.2　金属材料焊缝的破坏性试验　焊件的冷裂纹试验　弧焊方法　第2部分:自拘束试验(GB/T 32260.2—2015,ISO 17642-2:2005,MOD)

GB/T 32260.3　金属材料焊缝的破坏性试验　焊件的冷裂纹试验　弧焊方法　第3部分:外载荷试验(GB/T 32260.3—2015,ISO 17642-3:2005,MOD)

3　术语和定义

GB/T 3375界定的以及下列术语和定义适用于本文件。

3.1

冷裂纹　cold cracks

焊接接头冷却到较低温度下(对于钢来说,在Ms温度以下)时产生的焊接裂纹。冷裂纹是由于显微组织、应力和氢含量综合作用而导致的局部开裂(晶内或穿晶开裂)。

注:冷裂纹又称氢致裂纹或延迟裂纹。

3.2

冷裂纹试验程序　cold cracking test procedures

与所使用焊接规程相关,用于确定母材、焊缝金属和焊接接头冷裂纹敏感性的程序。

3.3

自拘束试验　self restraint tests

试验时,试验载荷来源于试件的拘束焊缝。

3.4

外载荷试验　externally loaded tests

试验时,试验载荷来源于试验过程中试件外部施加的载荷。

4　基本原理

完全冷却后,显微组织、附加应力和氢含量等条件达到临界状态的焊件会出现冷裂纹:

——显微组织主要由化学成分和$t_{8/5}$(800 ℃～500 ℃之间的冷却时间)决定;

——附加应力主要受潜在的应力水平(即材料的屈服强度),拘束应力和焊接操作后在焊缝附近产生的收缩应力影响;

——氢含量取决于由于药皮或焊剂受潮,预热、道间温度和保温温度下扩散等导致的吸氢。

注:对于转变温度 A_{c1} 远低于 500 ℃的钢材,通常考虑 700 ℃~300 ℃之间的冷却时间。

在冷裂纹试验程序中,自拘束试验的试验应力完全由拘束焊缝提供。试验类型及主要应用见表 1。

外载荷试验的试验应力通过一个适当的外部加载装置施加。其试验及应用见表 2。

表 1　自拘束试验(见 GB/T 32260.2)及其应用

试验类型	应用
控制热强度试验 (CTS 试验) 铁研试验 (斜 Y 型坡口试验) 里海试验 (U 型坡口试验)	评定焊接材料、母材和焊接工艺。 确定: ——最低焊接热输入; ——最低预热温度; ——最低后热温度; ——扩散氢含量上限
注:这些程序给出了定性(开裂/不裂)或定量(裂纹率/不裂的极限值)评定。	

表 2　外载荷试验(见 GB/T 32260.3)及其应用

试验类型	应用
插销试验	焊接材料、母材的评定试验。 确定: ——最低焊接热输入; ——最低预热温度; ——最低道间温度; ——最低后热温度; ——扩散氢含量上限; ——临界应力
注:这些程序给出了定性(开裂/不裂)或定量(裂纹率/不裂的极限值)评定。	

ICS 25.160.40
J 33

中华人民共和国国家标准

GB/T 32260.2—2015

金属材料焊缝的破坏性试验 焊件的冷裂纹试验 弧焊方法 第2部分:自拘束试验

Destructive tests on welds in metallic materials—Cold cracking tests for weldments—Arc welding processes—Part 2:Self-restraint tests

(ISO 17642-2:2005,MOD)

2015-12-10 发布 2016-07-01 实施

中华人民共和国国家质量监督检验检疫总局
中国国家标准化管理委员会 发布

前　言

GB/T 32260《金属材料焊缝的破坏性试验　焊件的冷裂纹试验　弧焊方法》分为3个部分：

——第1部分：总则；

——第2部分：自拘束试验；

——第3部分：外载荷试验。

本部分为GB/T 32260的第2部分。

本部分按照GB/T 1.1—2009给出的规则起草。

本部分使用重新起草法修改采用ISO 17642-2:2005《金属材料焊缝的破坏性试验　焊件的冷裂纹试验　弧焊方法　第2部分：自拘束试验》。

本部分与ISO 17642-2:2005的技术性差异及其原因如下：

——关于规范性引用文件，本部分做了具有技术性差异的调整，以适应我国的技术条件。调整的情况集中反映在第2章“规范性引用文件”中，具体调整如下：

- 增加了GB/T 3375《焊接术语》；
- 将ISO 17642-2:2005中引用的部分国际标准和欧洲标准，用我国对应的标准代替。

本部分与ISO 17642-2:2005相比，在结构上减少了附录ZA。

本部分由全国焊接标准化技术委员会(SAC/TC 55)提出并归口。

本部分起草单位：哈尔滨焊接研究所、中船圣汇装备有限公司、东莞前程激光科技有限公司、上海市特种设备监督检验技术研究院、中国石油天然气管道科学研究院、中国特种设备检测研究院、天津市金桥焊材集团有限公司。

本部分起草人：王克楠、苏金花、张连伟、戴海、徐彬、隋永莉、石坤、杨咏梅、朴东光。

金属材料焊缝的破坏性试验 焊件的冷裂纹试验 弧焊方法 第2部分:自拘束试验

1 范围

GB/T 32260 的本部分规定了下列自拘束冷裂纹试验的试件尺寸、取样要求、试验程序和评定方法:

——CTS(控制热强度)试验;

——铁研(斜 Y 型坡口)或里海(U 型坡口)试验。

本部分主要适用于(但不限于)碳钢和低合金钢焊接冷裂纹敏感性评定。

2 规范性引用文件

下列文件对于本文件的应用是必不可少的。凡是注日期的引用文件,仅注日期的版本适用于本文件。凡是不注日期的引用文件,其最新版本(包括所有的修改单)适用于本文件。

GB/T 2654 焊接接头硬度试验方法(GB/T 2654—2008,ISO 9015-1:2001,IDT)

GB/T 3375 焊接术语

GB/T 3965 熔敷金属中扩散氢测定方法(GB/T 3965—2012,ISO 3690:2000,MOD)

GB/T 26955 金属材料焊缝破坏性试验 焊缝宏观和微观检验(GB/T 26955—2011,ISO 17639:2003,MOD)

GB/T 32260.1 金属材料焊缝的破坏性试验 焊件的冷裂纹试验 弧焊方法 第1部分:总则(GB/T 32260.1—2015,ISO 17642-1:2004,MOD)

3 术语和定义

GB/T 3375 和 GB/T 32260.1 界定的术语和定义适用于本文件。

4 试验参数的名称及符号

试验参数的名称及符号见表 1。

表 1 名称及符号

符号	名　　称	单位
CTS(控制热强度)试验		
t	材料厚度	mm
L_V	焊脚尺寸(垂向)	mm
L_H	焊脚尺寸(横向)	mm
L	试验焊道长度	mm

表 1（续）

符号	名　　称	单位
铁研(斜Y型坡口)和里海(U型坡口)试验		
t	材料厚度	mm
g	根部间隙	mm
W	钻孔直径和坡口宽度	mm
C_f	表面裂纹率	%
C_r	根部裂纹率	%
C_s	断面裂纹率	%
l_f	表面裂纹长度	mm
l_r	根部裂纹长度	mm
H_c	根部裂纹高度	mm
H	试验焊道的最小厚度	mm
L	试验焊道长度	mm

5 原则

5.1 概述

自拘束试验用于评定电弧焊母材及焊接材料的冷裂纹敏感性。试验内容为：在拘束条件下的两块试板上熔敷试验焊道，然后将焊道解剖、检验横截面上焊缝金属或热影响区内的开裂状况。

5.2 定性评估

可使用成熟工艺焊接对某一材料时，可进行一个简单的评定试验。如CTS试验时，检验两条焊缝。

5.3 定量评估

确定裂纹的临界条件时，应做一系列的试验。试验未发现裂纹时应持续进行直至产生裂纹为止。

6 试验

6.1 CTS试验

6.1.1 试件尺寸

试件尺寸应符合图1。

单位为毫米

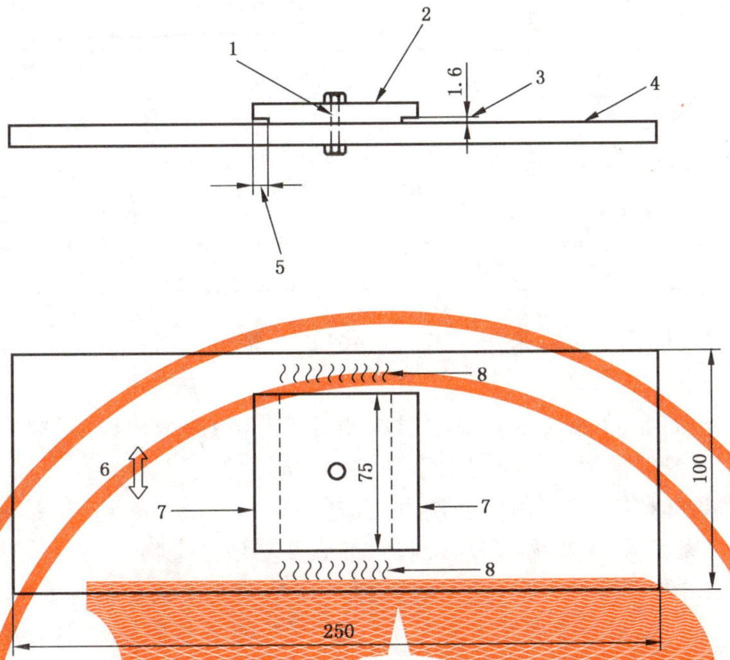

说明：

1——中孔(直径为 13 mm)；

2——上板；

3——根部缺口间隙；

4——下板；

5——根部缺口深度；

6——板材的轧制方向；

7——试验焊缝；

8——拘束焊缝。

图 1 CTS 试件

6.1.2 试件的制备

试件应使用待试母材和焊材焊制而成，见图 2。

采用锯割、铣削或磨削方式加工试验材料，保证被焊表面打磨光滑。在加工过程中，注意减少材料的受热及变形。

图 1 给出了试件的一般要求，表 2 规定了公差和表面加工要求。

表 2 CTS 试件尺寸、条件及公差

尺寸/条件	参 数
材料厚度 t	≥6 mm
上板	(75±1)mm×(75±1)mm×t
下板	(250±3)mm×(100±3)mm×t
根部缺口深度	(10±0.5)mm

表 2（续）

尺寸/条件	参　数
根部缺口间隙	(1.6±0.1)mm
螺栓扭矩	(100±5)N·m
贴合面的表面加工要求	Ra≤3.2 μm
被焊面的表面加工要求	Ra≤6.3 μm
贴合间隙	≤0.05 mm

上板和下板厚度应相同。上板应采用机械方法加工，下板可采用机械加工或火焰加工而成。上、下板材质应相同。

在某些特殊情况下，如上、下板无法用试验材料制备，则上板应采用试验材料，下板可采用强度等级相同的其他材料制备，但要保证下板材料对氢致裂纹的敏感性低于上板。

能确定板材的轧制方向时，上、下板的轧制方向应一致(见图 1)。

应确保被焊表面打磨光滑，无划痕、灰尘、油污、油脂及其他污染物。

上、下板应用 12 mm 直径的螺栓固定。螺栓、螺母和垫圈在使用前应做去污处理。不得使用经电镀加工处理的螺栓、螺母。将螺栓穿过上、下板，加上垫圈和螺母紧固至规定的扭矩(见表 2)。焊前应检查扭矩大小，如不合适应按要求进行调整。

6.1.3 拘束焊缝

用与母材强度等级(母材屈服强度一般不超过 895 N/mm^2)相同或更高的焊接材料焊接拘束焊缝，如图 1 所示。

注： 母材屈服强度超过 895 N/mm^2 时，可选择强度低于母材的焊材，但焊材强度应高于 895 N/mm^2，或者堆敷奥氏体不锈钢焊缝金属。

拘束角焊缝应从上板的边角 10 mm 处(误差范围为±3 mm)开始和结束。拘束焊缝的有效厚度如下：

——板厚≤15 mm 时，(6±1)mm；

——板厚>15 mm 时，(13±1)mm。

焊缝的熔敷应避免产生氢致裂纹，必要时可采用预热、控制道间温度和后热等措施。

焊接拘束焊缝的焊接材料应按材料说明书烘干，控制尽可能低的氢含量。

检查螺栓的扭矩，并按要求紧固。试验装置在焊接试验焊缝前应放置 12 h。

6.1.4 试验焊缝

6.1.4.1 预热

试件预热时，应将组件整体置于炉内并放置足够时间，使其均匀热透。炉温可设置一定的过热度，以补偿组件移出或组对时温度的降低。

焊接之前，应使用温度表或热电偶检查试板的表面温度。试验区域内，上板和下板的温度差不应超过 5 ℃。试件应达到预热要求后才可施焊。

6.1.4.2 熔敷

应采用定位卡具，焊条相对试板的位置应使试验焊缝能在一个焊道中沿一个方向的试板边缘均匀熔敷(见图 2)，并确保试验焊缝不超出试板边缘。

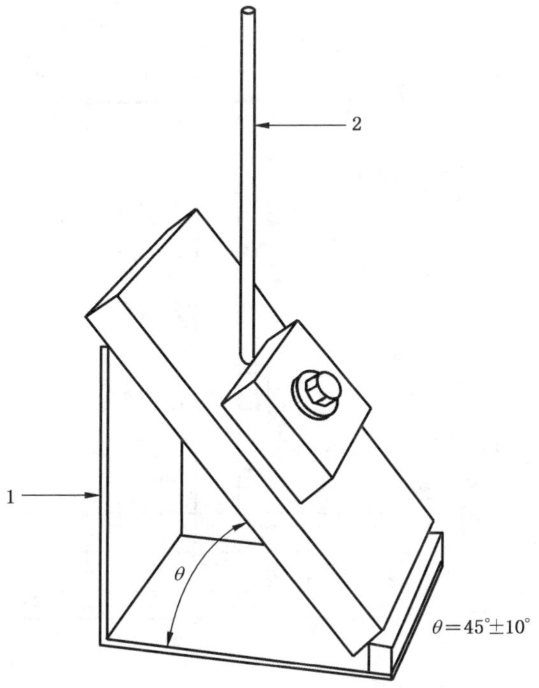

说明：
1——试验卡具；
2——焊接材料。

图 2 用于试件定位的卡具

按图 3 所示，测量焊缝长度（从焊缝起点至弧坑中心点的距离），计算热输入（单位为 kJ/mm）。

注：手工焊的过程控制和测量比较困难，推荐采用机械化焊接装置。

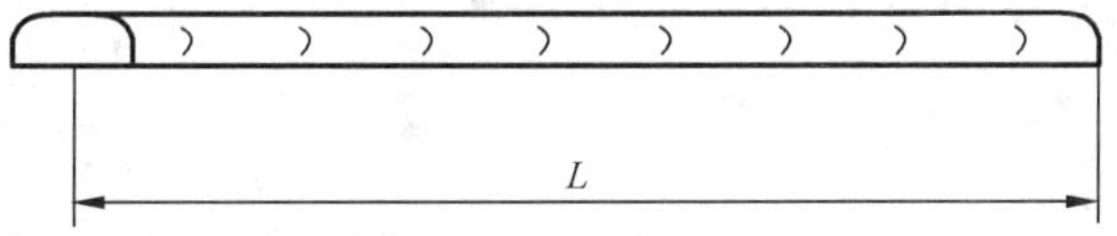

图 3 焊缝长度的测量

6.1.4.3 后热

进行后热时，第一道试验焊缝完成后应立即将组件送进炉内。后热的监控应采用经校准的表面温度计或热电偶。

6.1.4.4 冷却

第一道试验焊缝熔敷并完成后热之后，应在 60 s 内将试验组件移至冷却槽中，试件未焊一侧应没入水中(60±5)mm 深，见图 4。

试验过程中，冷却槽出口的水温不应超过 30 ℃。

试件应在冷却槽中冷却至室温后移出。

单位为毫米

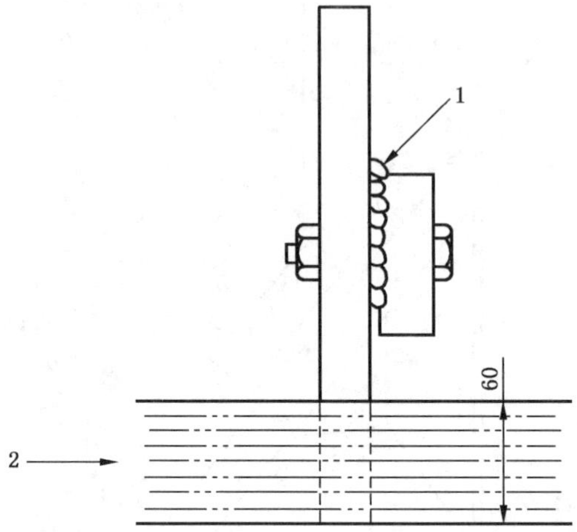

说明：
1——试验焊缝；
2——冷却水。

图4 冷却槽的设置

6.1.4.5 第二道焊缝的熔敷

试件从冷却槽中移出至少48 h后，才可熔敷第二道焊缝。

第二道焊缝的冷却方式与第一道焊缝的冷却相同。

后续试验应在试件冷却至室温至少48 h后才可进行。

6.1.4.6 氢量测定

焊接材料扩散氢含量的测定应按照GB/T 3965进行，测氢的环境条件应与裂纹试验条件相同。

6.1.5 试验结果

6.1.5.1 金相检验

6.1.5.1.1 试样制备

试件应按GB/T 26955的规定切取成尺寸同样的金相试样，见图5。

注：切取试样时不宜过度用力，避免试样振动和受热。

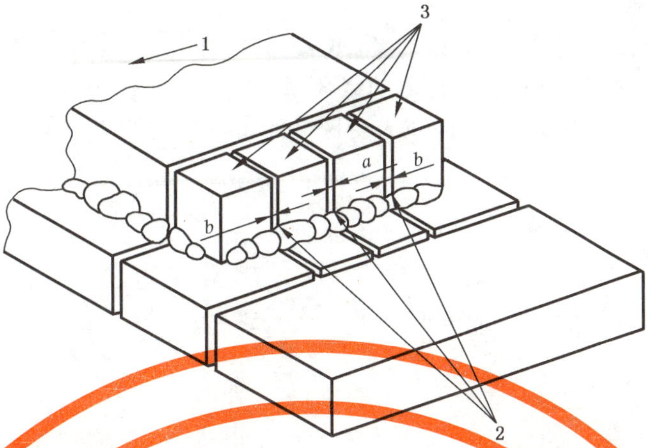

说明：

1 ——焊接方向；

2 ——抛光面及裂纹检测面；

3 ——试样；

a、*b* ——抛光面和裂纹检测面。

图 5 CTS 试样的切取

6.1.5.1.2 试样观察

制备 6 个显微金相试面。用 50 倍以上的显微镜进行试面上焊缝金属和热影响区的裂纹观察，首先按照 GB/T 26955 规定观察试面 2b 或 3a（见图 5）。未开裂试验结果应采用倍数合适的（一般推荐 200 倍）显微镜进行观察确认。

6.1.5.1.3 测量

在焊缝金属中如果发现根部裂纹的总长度超过了焊缝有效厚度的 5%，则试件无效，试验终止。

如热影响区裂纹超过焊脚尺寸的 5%，试验结果可定为“开裂”。焊脚尺寸的测量参照图 6。如果未发现裂纹，则检查所有的 6 个试面。

上、下板材料不同时，如仅在下板出现热影响区裂纹，则试验无效。

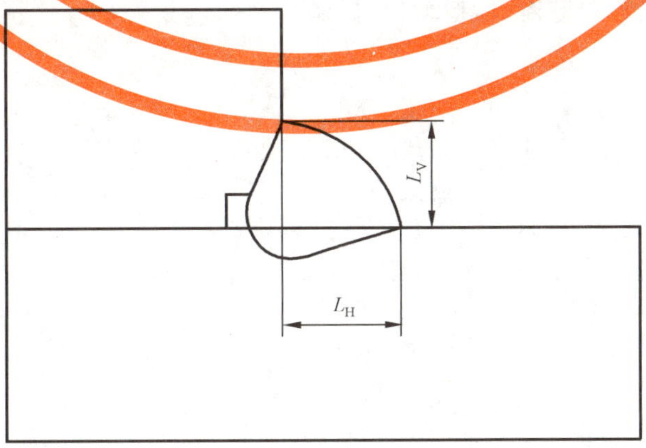

$$焊脚尺寸=\frac{L_V+L_H}{2}$$

图 6 焊脚尺寸的测量

6.1.5.2 硬度试验

每条焊缝选择中心的一个剖面(图 5 中的 2b 或 3a)进行维氏硬度试验(具体方法见 GB/T 2654)。

根据热影响区中粗晶区的大小,选择合适的载荷(2.5 kg、5 kg 或 10 kg)进行 10 个测点的维氏硬度试验(参见图 7)。热影响区向焊缝、细晶区或未受影响的母材区的测点可减少,以便其他区域能有更多的测点。

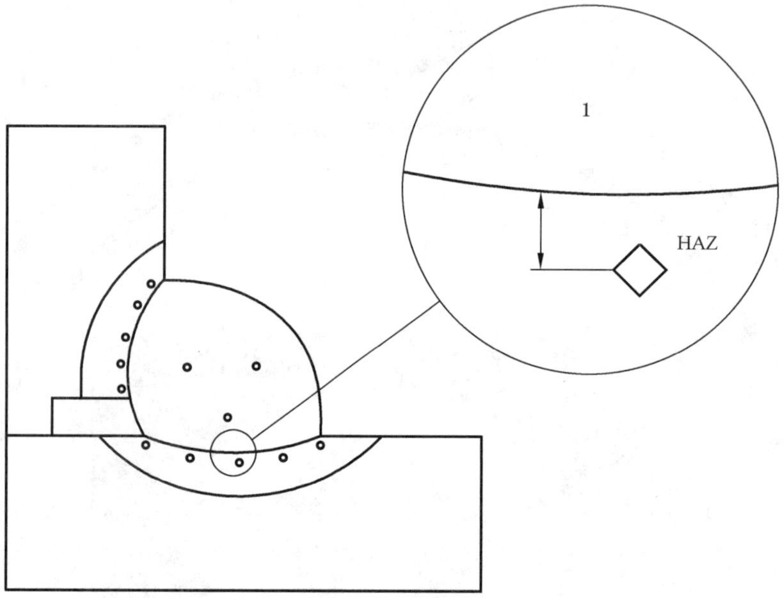

说明:
1——焊缝。
注:压痕之间的距离按照 GB/T 2654 规定。

图 7 硬度试验压痕的典型位置

6.2 铁研(斜 Y 型坡口)试验和里海(U 型坡口)试验

6.2.1 概述

斜 Y 型坡口试验条件较为苛刻,推荐为母材试验项目。U 型坡口试验条件较宽松,推荐为焊缝金属试验项目。

6.2.2 试件尺寸

试件尺寸如图 8 所示。

单位为毫米

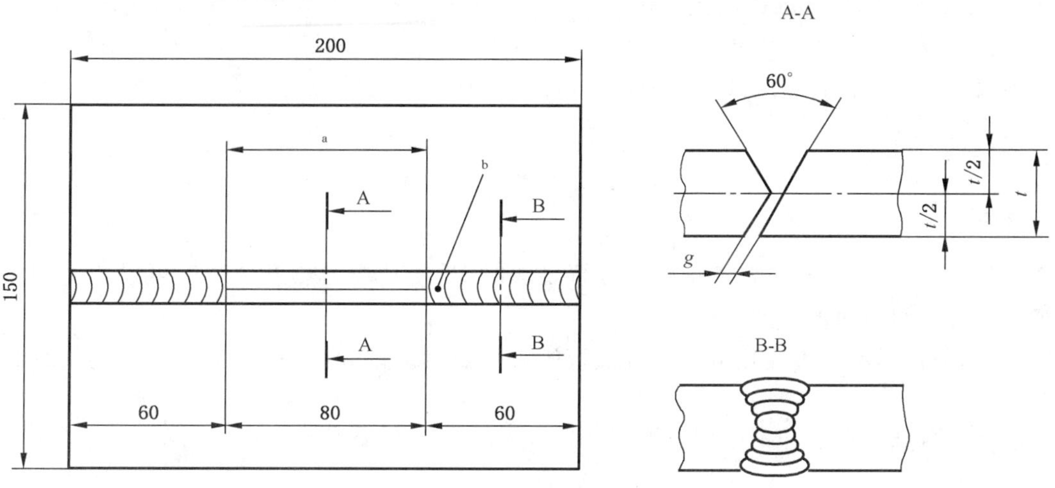

a） 斜Y型坡口试验试件

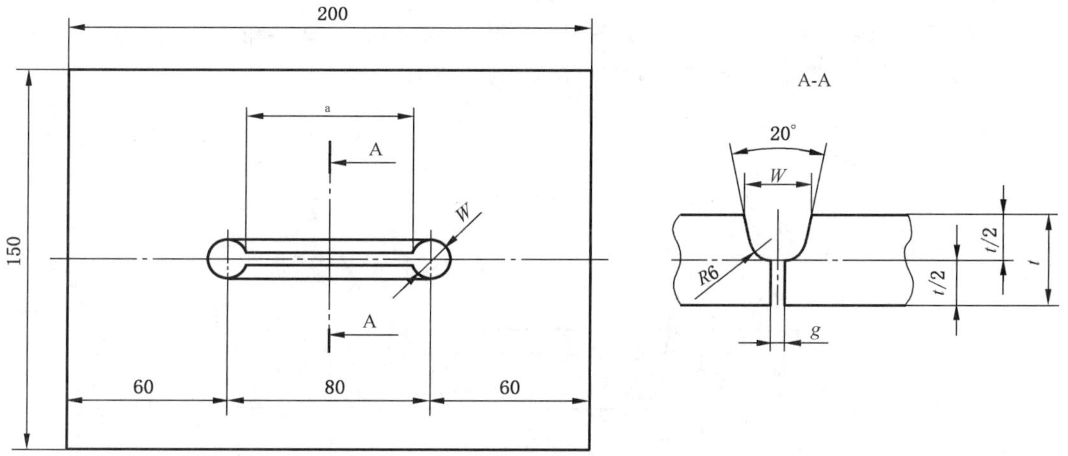

b） U型坡口试验试件

说明：

t ——试件厚度；

g ——根部间隙，2 mm±0.2 mm；

W——孔径及坡口宽度。

[a] 试验焊缝（斜Y型坡口或U型坡口）；

[b] 拘束焊缝。

图8 试件的尺寸及形状

6.2.3 试件制备

试件机加工应采用锯割、铣削或磨削的方法，待焊表面需精磨加工，加工时应注意避免材料受热及变形。试件的形状和尺寸按图8规定。

试件的非焊接面可以用火焰切割加工。

板材的轧制方向宜一致，并与焊接方向平行。

被焊表面应平整光滑，无划痕、灰尘、油污、锈蚀及其他污染物。

6.2.4 拘束焊缝

斜Y型坡口试验拘束焊缝所用的焊接材料应与试验焊缝所用的焊接材料屈服强度相同或更高。

拘束焊缝的焊接应避免产生氢致裂纹，必要时可采用预热、控制道间温度和后热措施。

焊接拘束焊缝的焊接材料应按材料说明书烘干，控制尽可能低的氢含量。

6.2.5 试验焊缝

6.2.5.1 预热

试件预热时，应将试件整体置于炉内并放置足够时间，使其均匀热透。炉温可设置一定的过热度，以补偿组件移出或组对时温度的降低。

焊接之前，应使用温度表或热电偶检查试板的表面温度。试验区域内，试板上、下表面的温度差不应超过5℃。

试件应达到预热要求后才可施焊。

6.2.5.2 熔敷

试验焊道应在平焊位置上施焊。焊接应在试件达到规定的预热温度后开始。

手工焊接应按图9a)焊接。自动焊可按图9b)或图9c)焊接。计算热输入(单位为kJ/mm)。

注：手工焊的过程控制和测量比较困难，推荐采用机械化焊接装置。

单位为毫米

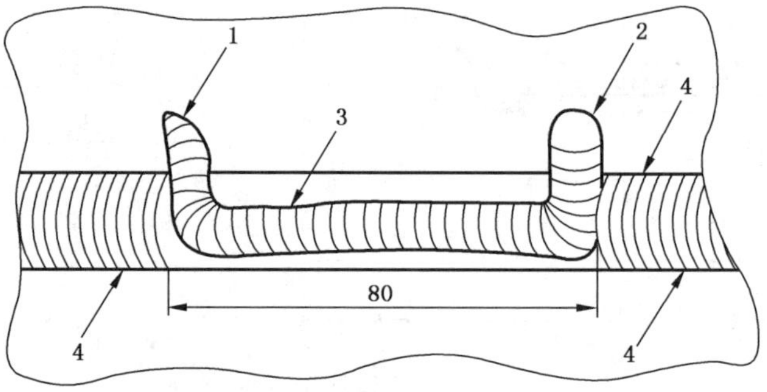

a) 铁研试验(手工焊接)

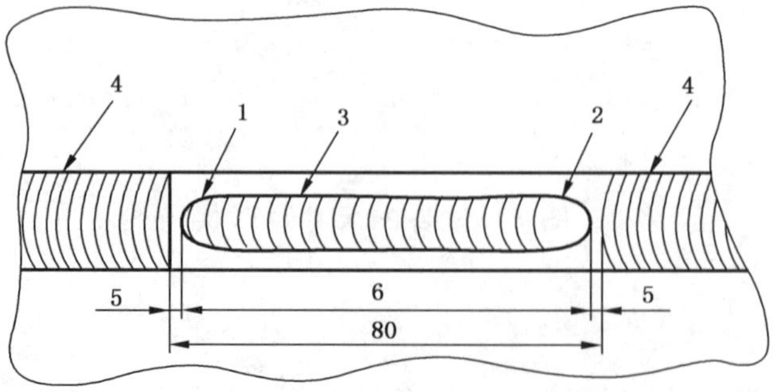

b) 铁研试验(自动焊接)

图9 试验焊缝的焊接方法

单位为毫米

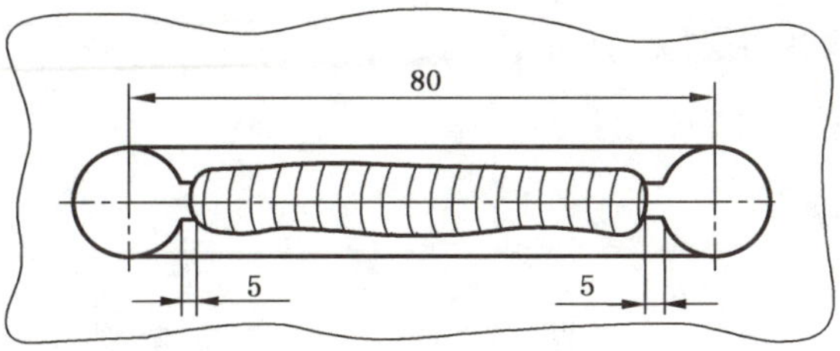

c）　里海试验

说明：

1——起弧；

2——收弧；

3——试验焊道；

4——拘束焊缝；

5——约 2 mm；

6——约 76 mm。

图 9（续）

6.2.5.3　焊后热处理

有焊后热处理要求时，第一道试验焊缝焊完后应立即将组件送入炉内。

热处理温度可采用经校准的表面高温计或热电偶进行监控。

试件应在完成热处理冷却至室温至少 48 h 以后再进行其他后续工作。

6.2.5.4　氢量测定

焊接材料扩散氢含量的测定应按照 GB/T 3965 进行，测氢的环境条件应与裂纹试验条件相同。

6.2.6　试验结果

6.2.6.1　概述

根据要求，检查焊缝表面、根部及剖面裂纹的长度，计算裂纹率，测定热影响区的硬度。

6.2.6.2　目视检查

试验焊缝表面裂纹采用目视检查，并按式(1)计算裂纹率。

$$C_f = \frac{\sum l_f}{L} \times 100\% \qquad \cdots\cdots (1)$$

式中：

C_f ——表面裂纹率，%；

L ——试验焊缝长度，单位为毫米(mm)；

$\sum l_f$——表面裂纹总长度，单位为毫米(mm)。

6.2.6.3　金相检验

6.2.6.3.1　解剖

试件应按 GB/T 26955 的规定切取金相试样，见图 10。

注：切取试样时不宜过度用力，避免试样振动和受热。

按图 9a)焊接的焊缝，5 个剖面应将整个试验焊缝均匀四等分，并与坡口平行分布，见图 10a)。

按图 9b)焊接的焊缝，应以引弧处和弧坑中心之间焊道宽度均匀部分做四等分，5 个剖面与坡口平行分布，见图 10b)。

单位为毫米

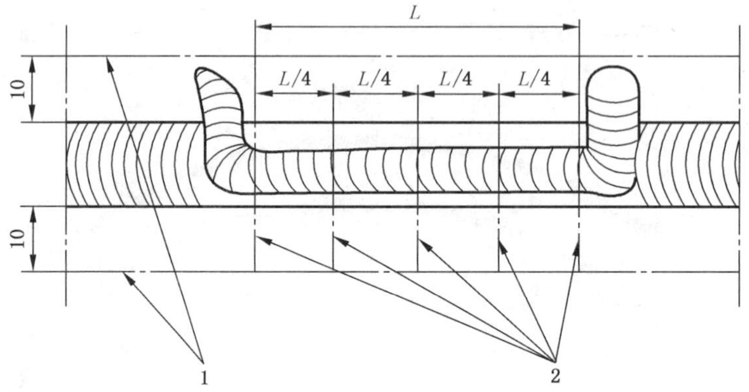

a) 铁研试验(手工焊接)

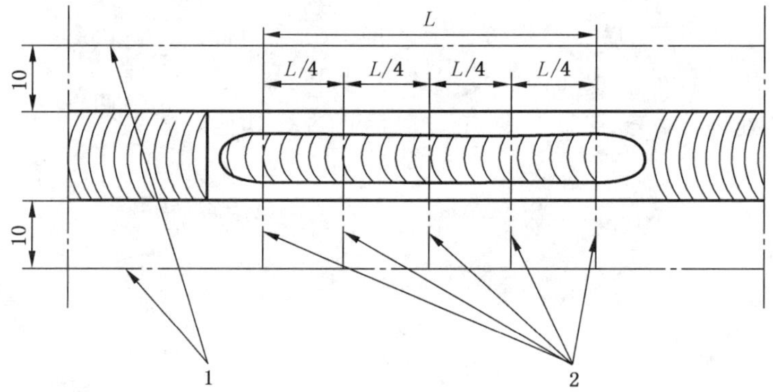

b) 铁研试验(自动焊接)

说明：

1——沿宽度方向切割；

2——剖面位置。

图 10 裂纹检测位置

6.2.6.3.2 试样观察

用 50 倍以上显微镜观察剖面上焊缝金属和热影响区的裂纹。未开裂试样应用合适倍数(至少 200 倍)的显微镜观察确认。

6.2.6.3.3 测量和计算

发现裂纹应测量裂纹尺寸，并按照式(2)测算剖面裂纹率：

$$C_s = \frac{H_c}{H} \times 100\% \qquad \cdots\cdots(2)$$

式中：

C_s ——剖面裂纹率，%；

H ——试验焊缝最小厚度，单位为毫米(mm)，见图 11；

H_c——根部裂纹的高度，单位为毫米，(mm)，见图 11。

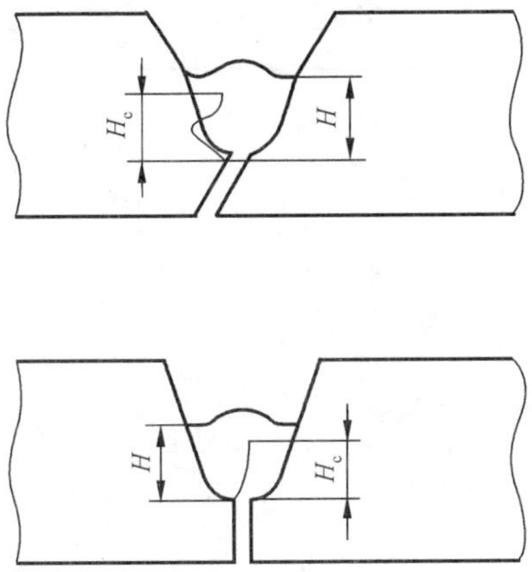

注：高度小于 0.5 mm 的缺陷(H_c≤0.5 mm)不视为氢致裂纹。

图 11　测量方法

6.2.6.4　硬度试验

试验焊缝选择中心一个剖面做硬度试验(具体方法参见 GB/T 2654)。

根据热影响区中粗晶区的大小，选择合适的载荷(2.5 kg、5 kg 或 10 kg)进行 10 个测点的维氏硬度试验。热影响区向焊缝、细晶区或未受影响的母材区的测点可减少，以便其他区域能有更多的测点。

7　试验报告

试验报告应包含如下内容：

a)　标准编号；

b)　试件种类；

c)　试件标识；

d)　试板、试件的材料；

e)　试件尺寸；

f)　焊接及试验条件；

g)　裂纹的长度及数量、硬度值及位置(必要时)；

h)　硬度(必要时)；

i)　扩散氢。

试验报告示例参见附录 A 和附录 B。

附　录　A
（资料性附录）
CTS 试验报告

制造商：

试验目的：

<table>
<tr><td colspan="5" rowspan="2">试验描述：</td><td colspan="2">日期：</td></tr>
<tr><td colspan="2">试验编号：</td></tr>
<tr><td colspan="7">炉号：　　　　　　　　材料厚度：
其他细节：　　　　　　轧制方向：
化学成分：
力学性能：
屈服强度：
断后伸长率：</td></tr>
<tr><td colspan="4">焊接细节</td><td colspan="3">方法</td></tr>
<tr><td colspan="2">参数</td><td colspan="2">试验焊缝</td><td>焊接材料</td><td>拘束焊缝</td><td>试验焊缝</td></tr>
<tr><td colspan="2">焊条/焊丝直径</td><td colspan="2"></td><td>技术条件</td><td></td><td></td></tr>
<tr><td colspan="2">焊接电流</td><td colspan="2"></td><td>型号</td><td></td><td></td></tr>
<tr><td colspan="2">电压</td><td colspan="2"></td><td>保护气体、焊剂</td><td></td><td></td></tr>
<tr><td colspan="2">极性</td><td colspan="2"></td><td>烘干条件</td><td></td><td></td></tr>
<tr><td colspan="2">焊接速度</td><td colspan="2"></td><td colspan="3" rowspan="4">预热温度：
道间温度：
后热温度：
测量方法：</td></tr>
<tr><td colspan="2">气体种类</td><td colspan="2"></td></tr>
<tr><td colspan="2">气体流量</td><td colspan="2"></td></tr>
<tr><td colspan="2">热输入</td><td colspan="2"></td></tr>
<tr><td colspan="4">测氢方法：</td><td colspan="3">日期：
结果：</td></tr>
<tr><td colspan="7">金相检验/硬度试验</td></tr>
<tr><td rowspan="2">剖面</td><td colspan="3">金相检验</td><td colspan="3">硬度试验</td></tr>
<tr><td colspan="2">焊脚尺寸</td><td>结果（裂或不裂）</td><td>热影响区</td><td>焊缝金属</td><td>母材</td></tr>
<tr><td></td><td colspan="2"></td><td></td><td></td><td></td><td></td></tr>
<tr><td colspan="4">裂/不裂/失败</td><td colspan="3">硬度取平均值</td></tr>
<tr><td colspan="7">结论：开裂/不裂　　　　　　　　签名：</td></tr>
</table>

附 录 B
（资料性附录）
铁研(或里海)试验报告

制造商：

试验目的：

<table>
<tr><td colspan="3" rowspan="2">试验描述：</td><td colspan="2">日期：</td></tr>
<tr><td colspan="2">试验编号：</td></tr>
<tr><td colspan="2">炉号：
其他细节：
化学成分：
力学性能：
屈服强度：
断后伸长率：</td><td colspan="3">材料厚度：
轧制方向：</td></tr>
<tr><td colspan="2">焊接细节</td><td colspan="3">方法</td></tr>
<tr><td>参数</td><td>试验焊缝</td><td>焊接材料</td><td>拘束焊缝</td><td>试验焊缝</td></tr>
<tr><td>焊条/焊丝直径</td><td></td><td>技术条件</td><td></td><td></td></tr>
<tr><td>焊接电流</td><td></td><td>型号</td><td></td><td></td></tr>
<tr><td>电压</td><td></td><td>保护气体、焊剂</td><td></td><td></td></tr>
<tr><td>极性</td><td></td><td>烘干条件</td><td></td><td></td></tr>
<tr><td>焊接速度</td><td></td><td colspan="3" rowspan="4">预热温度：
道间温度：
后热温度：
测量方法：</td></tr>
<tr><td>气体种类</td><td></td></tr>
<tr><td>气体流量</td><td></td></tr>
<tr><td>热输入</td><td></td></tr>
<tr><td colspan="2">测氢方法：</td><td colspan="3">日期：
结果：</td></tr>
</table>

<table>
<tr><td colspan="7">金相检验/硬度试验</td></tr>
<tr><td rowspan="2">剖面</td><td colspan="2">金相检验</td><td colspan="4">硬度试验</td></tr>
<tr><td>l_f, l_r, H_c
mm</td><td>L, H
mm</td><td>C_f, C_T, C_s
%</td><td>热影响区</td><td>焊缝金属</td><td>母材</td></tr>
<tr><td></td><td></td><td></td><td></td><td></td><td></td><td></td></tr>
<tr><td colspan="3">裂/不裂/失败</td><td colspan="4">硬度取平均值</td></tr>
<tr><td colspan="3">结论：开裂/不裂</td><td colspan="4">签名：</td></tr>
</table>

ICS 25.160.40
J 33

中华人民共和国国家标准

GB/T 32260.3—2015

金属材料焊缝的破坏性试验 焊件的冷裂纹试验 弧焊方法 第3部分:外载荷试验

Destructive tests on welds in metallic materials—Cold cracking tests for weldments—Arc welding processes—Part 3:Externally load tests

(ISO 17642-3:2005,MOD)

2015-12-10 发布 2016-07-01 实施

中华人民共和国国家质量监督检验检疫总局
中国国家标准化管理委员会 发布

前　言

GB/T 32260《金属材料焊缝的破坏性试验　焊件的冷裂纹试验　弧焊方法》分为3个部分：

——第1部分：总则；

——第2部分：自拘束试验；

——第3部分：外载荷试验。

本部分为GB/T 32260的第3部分。

本部分按照GB/T 1.1—2009给出的规则起草。

本部分使用重新起草法修改采用ISO 17642-3:2005《金属材料焊缝的破坏性试验　焊件的冷裂纹试验　弧焊方法　第3部分：外载荷试验》。

本部分与ISO 17642-3:2005的技术性差异及其原因如下：

——关于规范性引用文件，本部分做了具有技术性差异的调整，以适应我国的技术条件。调整的情况集中反映在第2章"规范性引用文件"中，具体调整如下：

——增加了GB/T 3375《焊接术语》；

——将ISO 17642-3:2005中引用的部分国际标准和欧洲标准，用我国对应的标准代替。

本部分与ISO 17642-3:2005相比，在结构上减少了附录ZA。

本部分由全国焊接标准化技术委员会(SAC/TC 55)提出并归口。

本部分起草单位：哈尔滨焊接研究所、上海市特种设备监督检验技术研究院、东莞前程激光科技有限公司、天津市金桥焊材集团有限公司、中国石油天然气管道科学研究院、中国特种设备检测研究院。

本部分起草人：苏金花、王克楠、徐彬、朴东光、简建军、杨咏梅、隋永莉、石坤。

金属材料焊缝的破坏性试验 焊件的冷裂纹试验 弧焊方法 第3部分:外载荷试验

1 范围

GB/T 32260 的本部分规定了外载荷试验底板和试样的制备、尺寸、试验程序及要求。

本部分适用于(但不限于)碳钢和低合金钢焊接冷裂纹敏感性评定。

2 规范性引用文件

下列文件对于本文件的应用是必不可少的。凡是注日期的引用文件,仅注日期的版本适用于本文件。凡是不注日期的引用文件,其最新版本(包括所有的修改单)适用于本文件。

GB/T 2654 焊接接头硬度试验方法(GB/T 2654—2008,ISO 9015-1:2001,IDT)

GB/T 3375 焊接术语

GB/T 3965 熔敷金属中扩散氢测定方法(GB/T 3965—2012,ISO 3690:2000,MOD)

GB/T 32260.1 金属材料焊缝的破坏性试验 焊件的冷裂纹试验 弧焊方法 第1部分:总则(GB/T 32260.1—2015,ISO 17642-1:2004,MOD)

ISO/TR 15608 焊接 金属材料分类指南(Welding—Guidelines for a metallic materials grouping system)

3 术语和定义

GB/T 3375 和 GB/T 32260.1 界定的术语和定义适用于本文件。

4 试验参数的名称及符号

试验参数的名称及符号见表1。

表1 名称及符号

符号	名称	单位
L	试验焊道长度	mm
d	插销直径	mm
D	钻孔直径	mm

5 原则

外载荷试验用于评定冷裂纹敏感性,具体应用条件参见 GB/T 32260.1 规定。

外载荷试验既可做定性的评估，也可以做定量评估（定量参数包括：预热温度、热输入、扩散氢含量及外加应力）。

6 试验

6.1 概述

外载冷裂纹试验可定量地评估材料母材弧焊冷裂纹敏感性。

该试验方法适用于焊条电弧焊、半自动气体保护电弧焊（包括实心和药芯焊丝）和埋弧焊。

在不同条件下，通过施加外载荷模拟焊接应力，可以确定裂纹的临界条件（如最低预热温度、最小热输入、扩散氢含量上限和最大应力等）。

6.2 插销试验

6.2.1 试验材料

插销试样和底板材料类组应当相同（材料类组划分参见 ISO/TR 15608）。

6.2.2 试件尺寸

底板尺寸和插销试样的尺寸见图 1、图 2、图 3 和表 2。

推荐的尺寸不适用于焊接热循环条件时，可以使用其他尺寸，但在试验报告中应予以说明。

单位为毫米

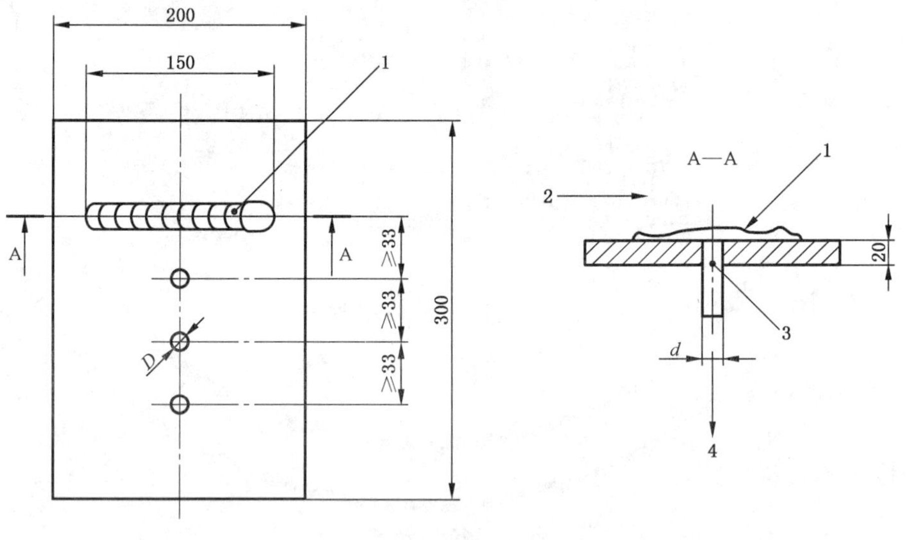

说明：

1——测温点；

2——焊接方向；

3——插销试样；

4——试验载荷，F。

注 1：试验焊缝至少长 150 mm。

注 2：第一道试验焊缝至少距离板底边缘 100 mm。

图 1 插销试验

单位为毫米

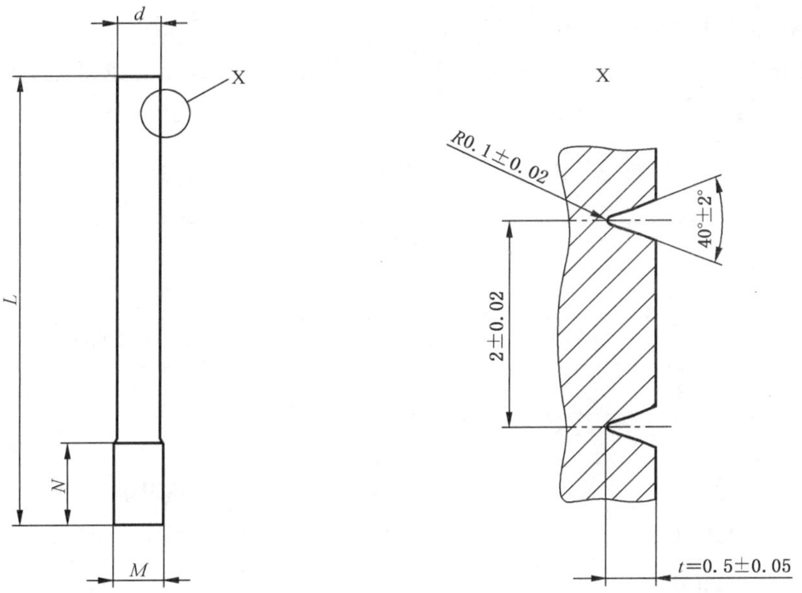

注：M、N 尺寸视试验设备而定。

图 2　插销试样(螺形缺口)

单位为毫米

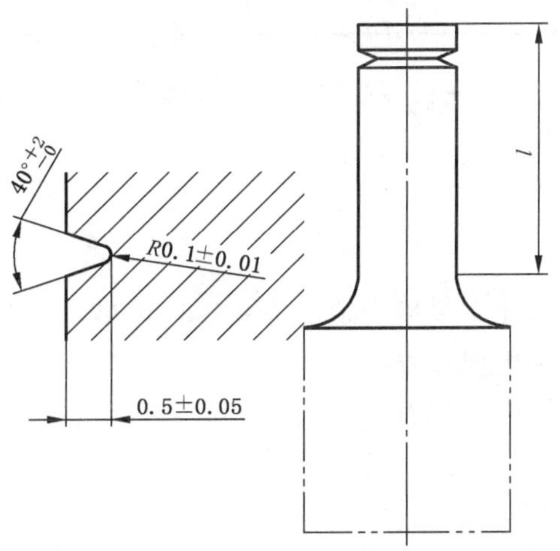

图 3　插销试样(环形缺口)

6.2.3 试件制备

插销试样和底板应采用机械加工，加工时应注意防止材料过热和变形。

表 2 给出了底板尺寸。

图 1～图 3 给出的底板和插销的尺寸偏差见表 2。

插销应完全被试验焊道所覆盖。一般情况下，建议采用直径为 8 mm 的插销，焊接规范较低时推荐采用直径为6 mm的插销。

表 2 底板、插销试样的尺寸/条件及偏差

底板	
板厚	20 mm
宽度	200 mm
长度	300 mm
孔径，D	$D-d=(0.05-0.15)$mm
材料	碳锰钢或与插销相似的材料
孔间距，a	≥33 mm
钻孔数量	4，见图 1
插销试样	
长度	根据设备而定
直径，d	$6^{+0}_{-0.05}$ $8^{+0}_{-0.05}$
缺口形状	螺形、环形、V 形缺口
缺口角度，α	$(40\pm2)^\circ$
缺口深度，t	(0.5 ± 0.05)mm
缺口半径，R	(0.1 ± 0.01)mm
缺口螺距	(1 ± 0.02)mm

钻孔与插销的加工应确保插销与底板保持滑动配合，间隙在 0.05 mm～0.15 mm 范围内。

6.2.4 试验焊缝的焊接

6.2.4.1 预热

有预热要求时，底板和插销试样应采用合适的方式进行预热。

焊接之前，应使用经校准的热电偶检查试板的表面温度。试验区域内，底板和插销的温度差不应超过 5 ℃。试件应达到预热要求后才可施焊。

6.2.4.2 熔敷

在平焊位置沿一个方向均匀地熔敷单个焊道。焊接方法应采用自动焊或机械化焊接，不得采用过程监控困难的手工焊接。

熔深的控制应确保试插销样缺口处于热影响区的粗晶区，见图 4。

单位为毫米

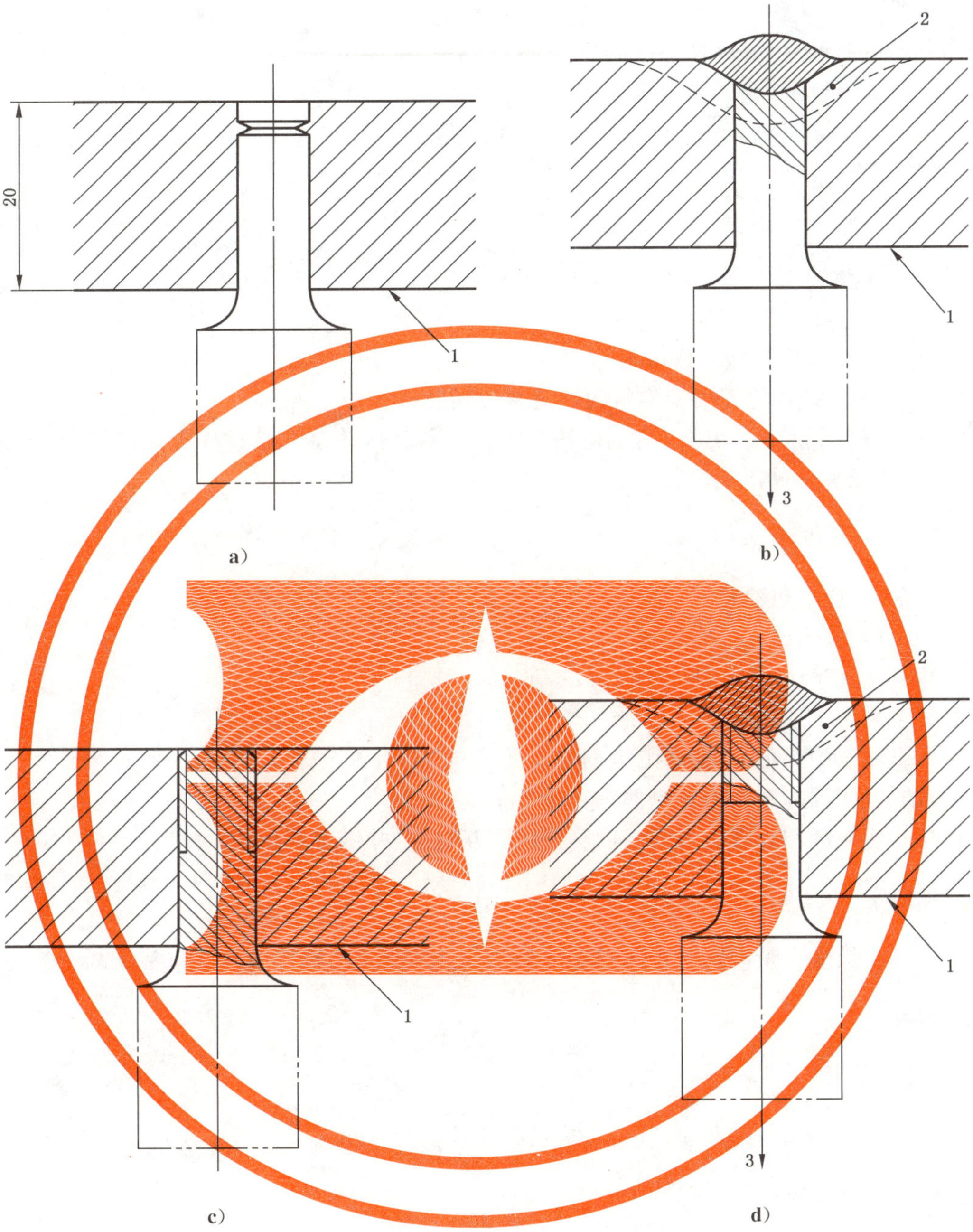

说明：

1——底板；

2——热影响区；

3——载荷。

图 4　熔敷(环形和螺形缺口插销)

6.2.4.3　插销加载

插销应施加静态拉应力。加载时的温度(T_L)根据预热温度(T_V)决定。

——预热温度 $T_V \leqslant 100$ ℃时，加载温度应在 100 ℃～150 ℃之间(100 ℃$<T_L<$150 ℃)；

——预热温度 $T_V>100$ ℃时，加载温度应高于预热温度 50 ℃（$T_L = T_V+50$ ℃）。

试样应缓慢加载，在 20 s～60 s 之内，在上述温度范围内加至规定的载荷。

试样加载完成后，至少应保持 16 h 方可卸载。

载荷应力按照缺口根部截面积确定，参见式(1)：

$$\sigma_J = \frac{4F}{\pi(d-2t)^2} \qquad \cdots\cdots(1)$$

式中：

σ_J ——载荷应力，该值与缺口处的横截面积有关单位为牛每平方毫米（N/mm²）；

F ——载荷单位为牛(N)；

d ——试样直径单位为毫米(mm)；

t ——缺口深度单位为毫米(mm)。

载荷应力 σ_J 通常选取等于插销材料的规定塑性强度($R_{p0.2}$)。

加载装置应符合下列条件：选定的载荷精度在±1%以内，并在试验过程中保持稳定。试样不应有严重的弯曲、扭曲或承受冲击载荷。

6.2.4.4 冷却时间($t_{8/5}$/$t_{3/1}$)

无后热要求时，应通过测量和记录 800 ℃～500 ℃之间的冷却时间($t_{8/5}$)以及 300 ℃～100 ℃之间的冷却时间($t_{3/1}$)表征热循环。

如果后热温度大于 100 ℃，则只测 $t_{8/5}$，不测 $t_{3/1}$。

冷却时间可采用下述方法之一测量：

——置于影响区的热电偶，热影响区测定点的最高温度不低于 1 100 ℃；

——熔敷时置于焊缝金属的热电偶。

插销试样热影响区和焊缝金属的温度测量应相互对应，并做定期校验。

6.2.4.5 氢量测定

焊接材料的扩散氢含量测定可按照 GB/T 3965 进行，测氢的环境条件应与裂纹试验条件相同。

6.2.5 试验结果

6.2.5.1 断裂

插销可能会在持续加载时断裂，这时应记录载荷及断裂时间。

6.2.5.2 裂纹的金相检验

没有发生破断时，缺口在载荷作用下可能会有裂纹产生，应采用放大倍数在 400 倍～600 倍的显微镜，对焊道的 3 个纵截面进行金相检验，见图 5。

单位为毫米

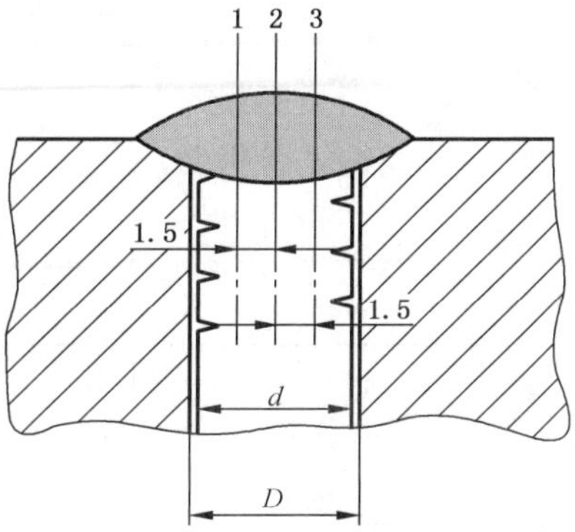

图5 金相检验和硬度试验的三个纵截面位置

6.2.5.3 裂纹氧化后的检验

没有发生破断时,缺口在载荷作用下可能会有裂纹产生,应采用下列氧化方法对裂纹做检查。

对氢致裂纹做氧化处理(在250 ℃~300 ℃下保温1 h)后,将插销试样施加纵向交变载荷使其产生疲劳开裂直至插销和底板分离为止。观察断面形貌,区分出氧化过的冷裂纹及随后疲劳扩展区。

6.2.5.4 硬度试验

按照GB/T 2654的规定测定插销热影响区的维氏硬度值HV10。

7 试验报告

试验报告应包含下述内容:

a) 标准编号;
b) 底板和插销的标识;
c) 试件和插销材料(化学成分和力学性能);
d) 插销尺寸(直径);
e) 缺口种类(环形、螺形);
f) 焊接及试验条件(焊接方法、焊接材料、扩散氢、焊接参数、预热、应力水平);
g) 裂纹数量及长度、检测方法;
h) 破断时间、破断载荷(或持续时间);
i) 试验准则:开裂或破断;
j) 冷却时间($t_{8/5}/t_{3/1}$);
k) 硬度值。

试验报告示例参见附录A。

附 录 A
（资料性附录）
插销试验报告

制造商：

试验目的：

试验描述：	日期：
	试验编号：

炉号：	材料厚度：
其他细节：	轧制方向：
化学成分：	
力学性能：	
屈服强度：	
延伸率：	

焊接细节		方法	
参数	试验焊缝	焊接材料	试验焊缝
焊条/焊丝直径		技术条件	
焊接电流		型号	
电压		保护气体、焊剂	
极性		烘干条件	
焊接速度		预热温度：	
气体种类		道间温度：	
气体流量		后热温度：	
热输入		测量方法：	
测氢方法：		日期： 结果：	

金相检验/硬度试验				
剖面	金相检验	硬度试验		
	结果（裂或不裂）	热影响区	焊缝金属	母材
裂/不裂/失败		硬度：最大值，最小值 平均值		
结论：开裂/不裂	签名：			

ICS 13.180
A 25

中华人民共和国国家标准

GB/T 32261.2—2015/ISO/TS 20282-2:2013

消费类产品和公用类产品的可用性
第2部分：总结性测试方法

Usability of consumer products and products for public use—
Part 2:Summative test method

(ISO/TS 20282-2:2013,IDT)

2015-12-10 发布　　2016-07-01 实施

中华人民共和国国家质量监督检验检疫总局
中国国家标准化管理委员会　发布

前　言

GB/T 32261分为以下两个部分：

——日用产品的易操作性　第1部分：针对使用情境和用户特征的设计要求；

——消费类产品和公用类产品的可用性　第2部分：总结性测试方法。

本部分为GB/T 32261的第2部分。

本部分按照GB/T 1.1—2009给出的规则起草。

本部分使用翻译法等同采用ISO/TS 20282-2:2013《消费类产品和公用类产品的可用性　第2部分：总结性测试方法》。

本部分由全国人类工效学标准化技术委员会(SAC/TC 7)提出并归口。

本部分起草单位：中国标准化研究院、大连海事大学、中国科学院心理研究所、厦门标普标准化服务有限公司、中国科学院软件研究所、联想(北京)有限公司、伊飒尔界面设计公司。

本部分主要起草人：冉令华、张欣、刘正捷、傅小兰、陈智勇、王丹力、陈柏鸿、袁小伟、张运红、刘太杰、呼慧敏。

引　言

很多人发现某些消费类产品和即来即用产品(包括公用消费类产品)很难安装和使用,尤其是首次使用或不经常使用时。这种情况显然不是产品制造商、使用产品提供服务的机构以及产品用户所希望的。因此,对于产品制造商、服务提供商以及需要做出购买决定或比较类似产品的潜在购买者而言,作为产品开发和营销组成部分的产品可用性信息非常重要。提供这类信息会促进企业生产易于安装和使用的产品,也使潜在购买者在购买和使用产品时能够特别关注产品的可用性。如果没有可供比较的可用性测试结果,就很难在购买时对产品的可用性水平做出判断。

产品可用性(见 GB/T 18978.11—2004)是指在特定使用情境下,特定用户使用产品达成特定目标时,所具有的有效性、效率以及用户满意度。有效性是根本,因为它与能否达到预期目标相关。效率则与用户为达成目标所花费的资源(例如,时间或精力)有关,因此非常重要。此外,用户对产品的使用体验是否感到满意也很重要,尤其是用户可以自由选择是否使用该产品,以及能够方便地选择其他方式来达到目标时。在本部分中,可达性被定义为产品在特定使用情境下,为达成特定目标,由具有广泛的不同特征和能力的人来使用时,所具有的有效性、效率及用户满意度。

可用性和(或)可达性不佳可能引起错误,从而导致多种风险。例如,因未能实现目标或实现错误目标而给用户带来的不便,所导致意外的损失或人身伤害等。在很多国家,对于提供具有可达性的产品、服务和设施均有相关的法律规定。

示例 1:手机拨号错误可能会给主叫方或被叫方(被叫方被动支付通话费用)造成不必要的通话费用。

除了因未能实现目标或实现错误目标(有效性不佳)而给用户带来潜在负面后果的风险之外,还可能给用户带来其他风险。例如,因产品效率不佳而造成用户延误,或者由于产品的满意度不佳,用户根本不使用这些“使用困难”的产品。

形成性评估采用专家检查法或者基于用户的测试来给出反馈意见,以提高产品的可用性。它是 ISO 9241-210 所推荐的迭代式以用户为中心设计过程中的有机组成部分。总结性评估则可以用来验证产品的可用性和(或)可达性要求,提供基准或提供比较不同产品的依据。某些基于核查表或标准的专家检查法能够提供总结性数据,但这种方法所测量的可用性和(或)可达性属性与基于用户的测试所进行的有效性、效率和满意度的测量相比是很有限的。

示例 2:有研究发现,32 位盲人用户在 16 个网站上所遇到的问题中,只有 50%被包含在网页内容无障碍指南 2.0 (WCAG 2.0)的成功准则中。

专家检查法可以在基于用户的测试之前使用,用于识别(如果可能的话,可以消除)容易发现的问题,以及核查产品是否能够达到目标用户的预期目标(见 7.4)。

为了提供可供比较的有关有效性、效率和满意度的可靠数据,需要建立标准化的总结性用户测试程序。本部分详细说明了基于用户的总结性测试方法,可用于评估消费类产品的可用性和(或)可达性,以及打开包装、设置和安装的易用性、公用类产品(包括即来即用产品)的可用性和(或)可达性。该方法适用于所达成的使用目标有明确的成功标准,且主要用途定义明确的产品。

本部分对构成部分使用情境的用户特征差异来源进行了更详细的描述,在进行产品可用性设计时需考虑这些特征。本部分也需要使用这些信息来识别测试所需的使用情境元素。关于老年用户和残障用户特征的详细信息请见 ISO/TR 22411。

消费类产品和公用类产品的可用性 第2部分:总结性测试方法

1 范围

GB/T 32261 的本部分对基于用户的总结性测试方法进行了规定,可用于一个或多个特定用户群对消费类产品和公用类产品(包括即来即用产品)的可用性和(或)可达性进行测试。在本测试方法中,产品可达性被视为产品可用性的特例,参与可达性测试的用户代表一般性用户群体中具有极端特性和能力的人群。当测试方法涉及可用性时,该方法也可用来测试可达性(除非另有规定)。

该测试方法可在对有效性、效率和满意度进行有效且可靠的测量时采用。

注1:公用类产品包括向公众提供服务的即来即用产品。

该测试方法还可用来评估消费类产品在开启包装、安装和设置方面的可用性和(或)可达性。

本部分可用于在下列情况下对产品的可用性和(或)可达性进行测试:

——具有代表性的产品典型使用情境能够明确时;

——成功实现用户目标的标准能够明确时;

——同一时间测试的目标数量有限时。

除了测试消费类产品和公用类产品之外,该测试方法还可用来测试具有上述特征的其他产品、系统和服务。

如果某种产品在使用时,它与用户交互时的输入、输出或环境情况多变且高度复杂,这种可变性或复杂性使其无法被分类为明确的子集,则该产品不在本部分的适用范围之内,因为在这种情况下将无法获得可靠的结果。附录A给出了本部分适用范围内的产品和目标示例。

示例:该测试方法可用于测试办公室复印机、网上书店、火车票销售网站或法律咨询服务网站,但不适用于复杂的电子商务网站、文字处理软件或自行车等产品。

该测试方法主要用于评估完成版的产品,但也可以用于机构内部在产品研发期间对功能原型版本进行可用性和(或)可达性的判断、评估和交流。

该总结性测试方法的测试结果可用于以下用途:

——评估产品在实际使用中达到有效性、效率和满意度目标值的可能性;

——发布产品可用性和(或)可达性方面的信息;

——比较多种产品的可用性和(或)可达性;

——把实验结果与可用性和(或)可达性的需求规范作比较;

——为采购决策提供支持。

注2:在确定程序来测试是否已经满足可用性和(或)可达性要求(见附录G)时,应将附录H中的信息包含在内。

本部分的目标用户是对可用性和(或)可达性测试进行设计和管理的专业人士,这些人主要来自制造商、供应商、采购方或者第三方(例如,测试机构或消费者组织)或者是这些机构的代表。

2 一致性

如果满足以下条件,则可以给出产品的可用性和(或)可达性测量符合本部分的报告:

——采用的测试方法符合第6章、第7章、第8章和第9章以及附录C和附录D中的要求;

——报告结果包含附录F中的信息。

如果声称可用性结果的要求与附录 G 一致，则结果要求与本部分相符。

如果可用性测试程序规范与附录 H 一致，则测试程序规范与本部分相符。

3 规范性引用文件

下列文件对于本文件的应用是必不可少的。凡是注日期的引用文件，仅注日期的版本适用于本文件。凡是不注日期的引用文件，其最新版本(包括所有的修改单)适用于本文件。

GB/T 32265.1—2015 日用产品的易操作性 第 1 部分：针对使用情境和用户特征的设计要求(ISO 20282-1:2006,IDT)

4 术语和定义

下列术语和定义适用于本文件。

4.1

可达性 accessibility

对于最广泛范围内的特征和能力的用户，在特定使用情境下使用产品、系统、服务、环境和设施达成特定目标的程度。

注 1：使用情境包括直接使用产品或在辅助技术支持下使用产品。

[ISO 26800:2011，定义 2.1]

注 2：当进行基于用户的总结性可达性测试时，需要考虑产品可用性的所有三个要素(有效性、效率和满意度)。

4.2

实际用户 actual users

直接与产品进行交互的人群。

注：产品上市之前，是指预期的用户群体；上市之后，是指已知的实际用户群体。

[GB/T 32265.1—2015，定义 3.1]

4.3

消费类产品 consumer product

为个人目的而非专业目的所获得和使用的产品。

[GB/T 32265.1—2015，定义 3.2]

4.4

评估情境 context of evaluation

产品在评估中的用户、任务、设备(硬件、软件和材料)以及物理和社会环境。

4.5

使用情境 context of use

用户、任务、设备(硬件、软件和原材料)以及使用某产品时的物理和社会环境。

注：改写 GB/T 18978.11—2004，定义 3.5。

4.6

易交互性 ease of interaction

与产品用户界面交互的可用性。

注：易交互性指用户与产品界面完成交互时的有效性、效率和满意度。

4.7

有效性 effectiveness

用户实现特定目标的准确性和完备性。

[GB/T 18978.11—2004,定义 3.2]

4.8

效率 efficiency

与用户实现目标的准确性和完备性相应的资源消耗。

[GB/T 18978.11—2004,定义 3.3]

4.9

形成性评估 formative evaluation

以改进被评估对象为目的的评估,尤其是当该对象仍处在开发阶段时。

注 1:形成性测试方法用于执行形成性评估。

注 2:改写 GB/T 23701—2009,定义 4.6。

4.10

目标 goal

期望的结果。

[GB/T 18978.11—2004,定义 3.8]

注:目标与用来实现该目标的功能无关。

4.11

预期用户 intended users

产品设计所面向的人群。

注:多数情况下,实际用户群与制造商最初预期的用户群不同。预期用户群建立在对产品用户进行实际估计的基础之上。

[GB/T 32265.1—2015,定义 3.12]

4.12

交互 interaction

用户与设备之间的双向信息交流。

[IEC/TR 61997:2001,定义 3.4]

注 1:设备包括硬件和软件。

注 2:信息交换可包括引起感知反应的身体动作。

4.13

主要目标 main goal(s)

所有用户或绝大多数用户在使用产品时希望实现的最常见的或最重要的目标。

[GB/T 32265.1—2015,定义 3.14]

注 1:主要目标可以依赖于子目标的实现。

注 2:附录 A 给出了主要目标的示例。

4.14

满意度 satisfaction

无不适感并对产品使用持肯定态度的程度。

注:改写 GB/T 18978.11—2004,定义 3.4。

4.15

分层抽样样本 stratified sample

依据先将人群划分成子总体(层),然后从每个子总体中随机选取规定数目个体的抽样程序选取的样本。

[GB/T 22187—2008,定义 3.4]

4.16

成功率　success rate

〈可用性〉成功实现目标的用户所占的比例。

4.17

总结性评估　summative evaluation

对所评估目标的优势和价值给出结论的评估。

注1：可以根据评估结果形成该目标是否可保留、修改或淘汰的建议。

注2：可以设计形成性评估和总结性评估相结合的方法。

注3：总结性测试方法用于执行总结性评估。

注4：改写GB/T 23701—2009，定义4.20。

4.18

任务　task

实现目标所必需的活动。

注1：这些活动可能是体力的或脑力的。

注2：改写GB/T 18978.11—2004，定义3.9。

4.19

可用性　usability

以有效性、效率和满意度为指标，产品在特定使用情境下为了特定的目标可为特定用户使用的程度。

[ISO 9241-210:2010，定义2.13]

注：在基于用户的测试方法中，"可用性"这一术语包含了该测试方法在可达性方面的应用(除非另有规定)。

4.20

可用性要求　usability requirement

在特定的使用情境下，以有效性、效率及满意度表述的对可用性水平的要求。

4.21

可用性测试　usability testing

通过让用户代表使用系统执行特定任务来对产品的有效性、效率及满意度进行测量的评估方法。

[ISO/IEC 25060:2010，定义2.17]

4.22

用户　user

与系统、产品或服务交互的人。

注1：使用工作系统所提供的服务的人(例如，商店里的顾客或火车上的乘客)可以视为用户。

注2：改写ISO 26800:2011，定义2.10。

4.23

用户特征　user characteristics

可能对可用性带来影响的用户属性。

注：改写GB/T 32265.1—2015，定义3.20。

4.24

用户群　user group

〈可用性〉根据可能影响可用性的用户、任务或环境特征来划分的用户群体。

注：用户群可以是目标用户群或用户测试群。

4.25

用户界面　user interface

用来控制产品并接收其状态信息的产品元素。

注 1:产品上持久显示的使用说明可看作是用户界面的一部分。

示例:淋浴水龙头的用户界面是水温控制部件,用户通过移动控制部件可以控制水温,通过观察控制部件的位置就可以知道水温。

注 2:改写 GB/T 32265.1—2015,定义 3.21。

4.26

测试用户群　user test group

根据特定要求抽取参与可用性测试的用户群体。

4.27

即来即用产品　walk-up-and-use product

向公众提供服务的产品。

注:即来即用产品的设计对于没有使用经验的用户也能成功获取并使用。

5　一般性原则

5.1　待测产品的用途类型

基于用户的测试方法可用于测量可用性和可达性,包括:

——消费类产品的包装开启、安装和设置;

——消费类产品的使用;

——公用类产品,包括向公众提供服务的即来即用产品;

——所达成的目标有明确的成功标准,且用途定义清晰的其他产品。

注:可达性对于即来即用产品和公共使用的消费类产品尤为重要。

该测试方法用于测试产品在特定的使用情境下,由特定的用户群使用时的有效性、效率和满意度。可达性是指具有最广泛特征和能力范围的人群在特定使用情境下使用产品、系统、服务、环境和设施时,对特定目标实现的程度。

5.2　测试目的

产品制造商可使用本部分中的方法达成以下目标:

a)　测试单个产品是否满足可用性和(或)可达性的要求;

b)　对单个产品进行测试,为客户或为实现营销目的提供产品可用性和(或)可达性方面的证据;

c)　对单个产品进行测试,用于制定未来产品可与之进行比较的基准;

d)　对不同产品进行比较;

e)　对同一产品的不同版本进行比较;

f)　明确待开发产品的可用性和(或)可达性要求(附录 G),以及测试产品是否满足这些要求的使用场景(附录 H)。

企业或公共产品采购方可在采购过程中使用本部分达成以下目标:

a)　测试单个产品是否满足可用性和(或)可达性的要求;

b)　对一组相似产品进行测试对比,判断哪种产品最适宜;

c)　在采购过程中确保使用相同的测试方法来测试同类产品,以便对这些产品的可用性和(或)可达性信息进行比较;

d)　明确待购产品的可用性和(或)可达性要求(例如,使用产品的场所是学校、酒店、还是在老年人的家里)(附录 G),以及测试产品是否满足这些要求的使用场景(附录 H)。

注:ISO/IEC 25062 提供了报告专业产品信息的格式。

第三方测试机构或消费者保护组织可利用本部分达成以下目标:

a) 测试单个或多个产品,判断其是否满足特定用户群的可用性和(或)可达性要求;
b) 测试单个或多个产品,以建立未来产品可与之进行比较的基准;
c) 比较备选产品,在报告中提供相关信息;
d) 对竞争性系统进行比较(需测试此类产品或系统的主要目标,除非有特殊原因需要测试其他目标)。

示例 1:测试机构想研究新手用户用手机通过通讯录中拨打电话的难易程度。要求在置信度为 80%时成功率为 80%。挑选具有代表性的 12 个样本参与测试,这些人以前从未使用过该品牌的手机。为了满足可用性要求,这 12 个人中应有 11 个人在规定时间内成功完成任务。对成功率和任务时间进行记录,在每个任务完成后,采用系统可用性量表(SUS)对满意度进行测量。

示例 2:制造商想表明某款个人录像机(PVR)容易操作。制造商确定的要求是在置信度为 95%时 80%的用户能够完成对 PVR 的设定操作。招募了 30 个具有代表性的样本参加测试,这些人已经购买了 PVR,他们想通过设定操作来录制节目。这 30 个人在年龄、教育程度以及所使用 PVR 品牌方面都具有代表性。每个测试单元的时间是 15 min～20 min,两台 PVR 被连接到电视用于录制节目。要求每个人对 PVR 进行操作来录制一段特定的节目。测试结果为成功率及相应的置信区间。30 位参试者中应有 28 位成功完成任务才能达到可用性要求。

示例 3:制造商想表明,对于当前使用其他款打印机或复印机的用户来说,拟测试的一款多功能家用打印机或复印机很容易安装。制造商确定的要求是在置信度为 95%时 80%的用户能够成功安装这款打印机。招募了 30 个拥有家用打印机或复印机的被试,他们在年龄、教育程度以及所使用的打印机或复印机品牌方面均具有代表性。每个测试单元的时间是 10 min～30 min,同时提供两套测试产品。每次测试完成后都将打印机或复印机恢复到默认设置,并按照消费者刚收到的样子重新包装。要求每位参试者将打印机或复印机安装好,然后打印或复印一张测试页。测试结果为可度量的成功率和相应的置信区间,以及任务时间的几何平均值和置信区间。

5.3 测试中所用目标的范围

5.3.1 目标的选择

针对测试中所用目标的范围,需要做出以下两个决定:

a) 对哪些需要达成的目标在哪些使用情境下进行测试(见 5.3.2);
b) 目标达成的判断标准是用户与产品界面的交互是否成功(易于交互),还是交互的总体产出能否满足用户需求(产品的总体可用性)(见 5.3.3)。

5.3.2 主要使用情境下实现主要目标或者特定使用情境下实现特定目标的测试

测试的范围可以包括:

a) 在主要使用情境下对主要目标的实现进行测试,以获得能够代表产品总体可用性或可达性的对有效性、效率和满意度的测量(当对安装和设置进行测试时,主要目标是安装产品最常见的配置,以此获得能够代表产品安装过程总体可用性的测量);
b) 对特定目标的实现进行测试,或者在特定的使用情境下[例如,针对特殊用户人群(见 7.3.3)、特定环境或特定任务]进行测试,以获得特定使用情境下能够代表产品或安装过程的可用性测量。

5.3.3 对产品安装和设置、用户界面可用性、交互或总体可用性进行测试

产品可用性的先决条件(即让用户有效、高效且满意的先决条件)包括:

a) 指定的用户在指定的使用情境下与产品界面成功交互(易于交互);
b) 与产品的交互可达到令人满意的技术质量。

与产品的交互宜使用户实现其整体目标,产品也要能够产生适当的结果。

示例 1:如果使用照相机的目标是拍出可用于大幅打印的照片,则用户应能够与界面成功交互,而且所拍摄照片的质量适合大幅打印。

测试的范围可包括：

a) 消费类产品开启包装、安装和设置。

b) 用户界面和交互的可用性（“易于交互”）。

注：如果产品交互结果的技术质量可接受，则只需测试其是否易于交互。

c) 产品的总体可用性（“总体可用性”是指用户使用产品实现其总体目标所具有的有效性、效率和满意度的程度。）

示例2：使用闹钟实现早晨唤醒目标的有效性可以分解如下：

测试范围	交互	目标（成功标准）	假定条件
打开包装、设置和安装	打开闹钟包装并设置当前时间	打开闹钟包装，开启并设置正确时间	无
用户界面和交互的可用性（“易于交互”）	将闹铃时间的时、分设置为指定时间，并打开闹铃	正确设置闹铃（用户界面的可用性）	正确设置闹铃后，闹钟会记住所设时间，并在指定时间振响。闹铃音量足以唤醒用户
产品总体可用性	未指定	闹铃会在指定时间振响来唤醒用户	无

闹钟实现早晨唤醒目标的可用性可以通过设置闹铃后，闹钟能否在早晨指定时间唤醒用户来度量。

如果我们知道正确设置时间后，闹钟总是能够在指定时间响起，并且声音足以唤醒用户，那么，通过观察用户是否能够正确设置时间和打开闹铃来测量用户界面交互的可用性，就足以了解产品实现唤醒目标的可用性。

因此，如果已知闹钟具有所需的技术质量，则测试用户界面交互的可用性就等同于测试闹钟的可用性。如果闹钟的技术质量不详，则用户界面交互的可用性就无法确保闹钟唤醒用户这个目标的可用性。

5.4 有效性和可靠性

在设计基于用户的测试方法时宜予以特别注意，以确保结果具有以下特性：

——有效性，所收集到的数据实际上就是对待测对象的测量（即对可用性的适宜测量）；

——可靠性，即在重复性测试时会得到一致的结果。

基于有效而可靠的测试，即可以将结果推广来预测所测试产品的可用性。

第6章规定的测试方法包括了良好的实验实践，旨在最大限度地提高测试结果的有效性和可靠性。如果测试结果需要适用于预期用户群，则需挑选具有代表性的用户样本来参与测试，这点尤其重要。

5.5 伦理问题

任何涉及人的测试都宜按照关于伦理问题的良好实践来进行。

注1：某些国家有相应的立法，对采用人作为参试者的研究进行规定。许多机构遵循既定的程序和规定。许多专业机构还制定了实验工作中进行伦理管理的行业准则。这些行业准则的目的是保护当事人（包括参试者、可能受到测试影响的其他人以及研究人员）的福利和权利。

测试的设计和执行尤其宜确保个人的权利和安全得到保护，例如：

——测试不宜使参试者的生理或心智方面有过度付出。

注2：当测试涉及老年人或残障人士时，这点尤其重要。

——宜保护个人隐私。

——宜对所收集的所有数据保密。

——对于某些易受伤害的用户群，例如儿童、老年人或残障人士，宜采取特别措施来保障这类用户的权利。

——宜向参试者提供有关测试目的和实施方法的详细信息，以便他们据此决定是否参与测试。

——宜允许参试者随时可以退出测试。

6 测试步骤概述

采用第7章中的总结性测试方法测试产品的可用性和(或)可达性，应遵循以下步骤：

注：某些活动之间具有关联性，可能需要同步进行。

a) 界定测试的目的和范围(详见7.1)。
b) 确定拟测试的产品(详见7.2)。
c) 明确测试目标(详见7.3.2)。
d) 明确用户测试群(详见7.3.3)。
e) 考虑是否通过选择用户群来评估产品的可达性(详见7.3.3.4)。
f) 确定环境特征(详见7.3.4)。
g) 核查产品与用户特征及目标是否相容(详见7.4)。
h) 确定相关测量(详见7.5.2)。
i) 根据预期置信度确定所需的参试者人数(详见7.5.3)。
j) 招募用户样本(见7.5.4)。
k) 配置产品(见7.5.5)。
l) 详细说明测试场景和目标达成标准(见7.5.6)。
m) 建立测试步骤(详见7.5.7)。
n) 创建测试环境(详见7.5.8)。
o) 评估单个用户是否已完成目标达成标准(详见7.5.10)。
p) 统计结果(详见第8章)。
q) 编制完整的报告，必要时，编制简短的摘要(参见第9章和附录F)。

7 测试方法

7.1 测试目的和范围

应明确待测产品的类型和用途，并确定是否包含可达性测试(见7.3.3.4)。测试目的(见5.2)和测试范围(见5.3)应予以界定，以确保所设计的测试能够提供所需要的信息且具有适宜性。方法背景见附录A。

7.2 待测产品

确定具体的待测产品及其版本，以及负责提供产品支持服务的机构(如果有的话)。

如果待测产品没有经过产品认证，则应确保参试者在使用这些产品时是安全的。

示例：对儿童进行测试时，需考虑电气安全、锋利的边缘或小部件松动等问题。

7.3 评估情境

7.3.1 一般性要求

应详细说明评估情境。测试情境和拟达成的目标宜尽可能接近产品的实际或预期目标以及特定用户群的使用情境。

注 1：关于使用情境的更多信息，详见 ISO/IEC 25063。

注 2：如果没有现成的当前或预期使用情境的详细信息，则一定要获得这些信息。例如，如果代表制造商或者是制造商自己进行测试，则该制造商可能拥有该类信息。

7.3.2 规定实现目标的测量方法

7.3.2.1 目标范围

可用性测试主要关注：(1)用户能否与产品界面成功交互；(2)总体上看产品是否满足可用性标准；(3)消费品的安装和设置是否满足可用性标准(见 5.3)。

7.3.2.2 规定用户目标

应确定产品的主要使用目的。

应界定拟测试的用户目标。目标需和用户群(见 7.3.3)一起确定，不同用户群可能具有不同的目标。

拟测试的目标应能够：

——确定产品在该目标下具有代表性的典型使用情境；

——确定成功实现目标的判断标准。

目标能否实现取决于子目标能否实现。

示例 1：实现在电视上看新闻的目标取决于实现打开电视、调到正确频道这两个子目标。

有时实现同一目标不只有一种方式。

示例 2：可以通过日期、时间或名称来搜索录音资料。

首次使用产品时，产品的安装是主要目标。一旦安装完成，就不再是主要目标了。

应在理解用户需求(例如，基于从用户、客户或供应商处获得的信息)的基础上确定用户目标和产品使用情境。当测试主要目标时(见 5.3.1)，所测试的目标应包括最常见和最重要类别的用户和用户目标，对测试结果的陈述中应解释主要目标是如何确定的。

注 1：当测试即来即用产品时，负责产品运行或提供服务的机构需提供产品使用时预期任务的频率和特性的细目表。

制造商会明确产品的一个或多个目标，用户会据此对在产品使用情境中能够达成的目标做出合理期望，因此所测试目标和使用情境应面向用户的合理期望。

在测试多种产品时，如果某种或多种产品的功能不能支持某一个或某几个目标或使用情境，则这些目标或使用情境不应被纳入针对这些特定产品的测试任务中，但缺少相应支持应被写入报告。

注 2：当对具有不同功能的多种产品进行对比测试时，可能会出现这种情况。

示例 3：在对手机进行的测试中，确定的主要目标之一是手机应该能够在包括一般嘈杂环境在内的多种环境中使用，因此即使某款手机的音质在一般嘈杂环境下表现不佳，这种环境也可以纳入比较性测试。音质不佳的手机不应执行这种情境下的测试任务，但需要在报告中体现该手机的这种缺陷。

7.3.2.3 建立实现测试目标的判断标准

应依据预期结果来描述测试目标。在测试产品总体可用性时，应对目标和实现目标的手段分别单独进行描述。

示例 1：使用烤箱的目标是将烤箱加热到特定的温度；使用自动售票机的目标是按照预期日期和时间购买从伦敦往返曼彻斯特的最优惠的车票。

应采用可证实的方法提出完整且精确实现目标的标准。成功实现目标的标准应尽可能与典型用户所采用的标准相匹配，而不会构成对技术的约束。对于某些产品，可能只有一个用户可接受的结果(例如，打开产品包装)；而对于其他一些产品，则可能有一系列用户可接受的结果(例如，烤箱温度的精度或衣服的干燥程度)。

如果可以实现部分总体目标，则应对总体目标中所包含的子目标的实现标准进行规定。

示例 2：使用照相机的目的之一是能够在较暗的环境下为远处的物体拍照。最佳质量的照片可以在全变焦、防抖和关闭闪光灯模式下进行拍摄。如果不进行其中某项设置，则会影响照片的质量，因此这几个子目标需分别单独进行评估。

由于成功完成任务是目标实现的标准，那么可替代的其他实现方法（包括成功纠正错误）同样也应被视为积极的结果，除非所采用的方法会造成不期望的结果，例如，对个人福祉造成风险，或对产品造成损害等。

7.3.2.4 为子任务的产出建立标准

目标和任务可以被分解为若干个子目标和子任务。

为了实现产品的使用目标，应确定需要实现的子任务的产出，以便规划测试和解释测试结果。确定子任务需基于制造商所提供的信息、对产品所进行的分析和（或）对有代表性的潜在用户样本所进行的观察。

7.3.3 确定参试用户群

7.3.3.1 一般性要求

需确定产品实际用户和潜在用户的范围。消费类产品的用户宜包括现有用户和新用户（视情况而定）。不同用户群使用产品实现的目标可能不相同。

注：某些产品面向特定细分人群（例如，有特定爱好的用户、在收入或年龄方面经过市场细分的用户），或者属于面向不同市场细分的相关产品系列。

将用户群中极端用户特性人群的需要（见 7.3.3.4）纳入考虑非常重要，尤其是即来即用产品和其他面向公共使用的产品。尤其需要考虑以下因素：

——体能和认知能力（例如，身体尺寸、力量、生物力学特性、视觉能力或听觉能力）有局限的用户，尤其是老年人；

——由特定的知识、经验、文化、素养或语言而造成的认知有局限的用户。

测试前应确定测试对象是否包括全部用户，或仅包括与测试目标有关联的部分用户。

如果具有最广泛特征和能力（在任意子群中）的用户均与测试有关，则宜对这部分用户进行测试（考虑产品的可达性，见 7.3.3.4）；如果有任何用户特征可能会对可用性产生重大影响，则宜针对每类用户群或使用情境分别进行测试和分析（见附录 C）。

7.3.3.2 用户特征

应识别对所选用户群进行区分的用户特征，以及可能会对可用性产生重大影响的用户特征，此时需将 GB/T 32265.1—2015 第 7 章中所阐述的用户特征纳入考虑，本部分对主要信息进行了汇总（见 C.2）。

对于包括在测试中的用户群，需了解以下信息：

——哪些用户特征可能影响到被测产品的可用性；

——预期或实际用户群具有的特征值范围是什么；

——每种相关用户特征的预期分布是怎样的。

a) 心理特征和社会特征

需要确定哪些认知特性或能力（例如，知识和经验、文化差异、素养和语言）可能对产品可用性产生重大影响，这点很重要。可以通过专家评估、收集实际使用数据，或者基于经验的研究等方式来评估不同用户特征所产生的影响。

b) 身体特征

需确定产品是否对身体特征(例如,身体尺寸、力量和生物力学能力、视觉能力、听觉能力或用手习惯)有特定的要求。确定目标用户是否能够顺利使用该产品,可以采用先前关于预期极限值的用户测试结果或者现有的人体特性范围数据。如果无法使用该产品的人数比例不可接受,则此时不宜进行基于用户的测试(见7.4.2)。

示例1:已有的数据可以用来确定文本字体的尺寸,来满足对可读性有要求的部分人群,还可以用来确定自动售货机操作键盘所要求的高度。

c) 人口统计资料

利用年龄、性别和社会经济地位等人口统计资料可方便地对某些身体特征、心理特征和社会特征进行分类,但其他一些差异性因素(例如,对特定类型产品的经验)可能更重要。

示例2:预计手机用户群中有80%的用户讲汉语,10%的用户讲英语,剩下10%的用户讲其他语言。假设所有手机用户之前都有手机使用经验,都用手机拨打过电话。

7.3.3.3 用户群

确定能否根据7.3.3.1中规定的预期或实际用户群的特性,将用户群按照对可用性的影响划分成不同类别(见C.2)。

示例1:选取不同国籍或语言的用户群,对一款全球发行的产品进行测试。

是否测试新手用户和(或)有经验的用户是很重要的。即便是新产品,用户也可能会有使用类似产品或先前类似模型的经验,因此需要明确用户之前的相关经验类型。

示例2:在测试全球定位系统(GPS)时,对使用过该类产品的用户和从未使用过该类产品的用户分别进行测试。

注:对于产品的安装和设置以及偶尔使用的产品,宜在用户首次使用时进行测试。但对于经常使用的产品,最好是在用户经过初步练习之后再进行测试。

7.3.3.4 选择用户群评估可达性

可通过选择用户群进行测试来提供产品可达性的信息。

如果被测产品是即来即用产品或公用类产品,且该产品目标用户的特征和能力范围极为广泛,包含的用户生理和心理特征覆盖了一般群体的极端范围,则应选取可能会对产品可用性具有重大影响的每类极端用户群进行测试。

宜考虑普遍的人口统计学趋势。例如,如果人口具有老龄化的趋势,则宜包括老年用户在内,除非产品明确说明不包括老年用户。

所测试的人群需从最难实现指定目标(特别是与有效性相关的目标)的人群中挑选,而不是从一般性人群中选取。如果所获得的有效性测试结果是积极的,则这个结果通常也适用于使用困难较少的一般性用户群(见C.5)。

示例1:对电子投票机进行的初步测试表明,非极端特性和能力(影响投票机使用的用户特征)的人群能够顺利使用电子投票机。为了进一步确保拥有选举资格的人都能够使用电子投票机,又对生理能力有局限的人群和75岁以上的老年人这两类用户群分别进行了重复测试。

示例2:开启包装的目标用户包括8岁~90岁之间的人群。尤其需要注意在体能和感官能力方面逊于年轻用户的老年用户是否能够顺利打开包装。选取65岁~90岁之间的用户进行测试。如果被测人群能够顺利打开包装,则可以预测更年轻的用户也能顺利打开。

注1:这种方法的优势在于,如果测试样本仅限于具有极端特性的用户群,则参试者的总人数可以减少,但仍可以获得相对较高的置信度(一般来说,参试者的人数越多,置信度就越高)。

注2:如果测试目标是预测产品的总体性能,则需要对所有潜在用户群进行测试。

对产品可达性进行的声明应基于参试者用户群体的特征。例如,某种产品适用于视力有局限的用户,但不能据此声称该产品也适用于色盲用户。关于产品可达性的任何声明都应具有参试者能够代表目标用户群的详细信息。

7.3.4 明确环境特征

应明确所选择的用户使用产品(或预期使用)时的主要环境和任务。可能对实现目标的有效性、效率和满意度产生重大影响的物理、社会和技术环境的属性也应明确。

示例:照相机可以在夜间没有照明的地方使用;环境温度范围为 −5 ℃～40 ℃之间。

7.4 核查产品能否实现预期用户的预定目标

7.4.1 核查产品在技术上能否成功实现预定目标

应对每个测试目标进行核查,以明确产品能够充分满足用户的要求。简单的目标可以通过检查来进行核查(例如,正确开/关按钮)。对于比较复杂的目标(例如,闹钟闹铃足够响或烤箱加热到指定温度),则应基于以下条件之一进行核查:

a) 制造商提供产品性能符合现有技术标准的文档声明。

b) 按照国际标准或已发布的其他质量方面的标准(例如,电梯按钮在乘坐轮椅的用户的可达范围内)进行技术测试。

c) 如有可能,则按照国际标准或已发布的其他技术标准(技术质量在可接受的范围之内)对产品的技术质量进行专家评估。

d) 对于安装和设置,专家可以核查产品的安装和设置是否能够以充分满足用户目标的方式来实现。

如果不具备以上任一证据来源,则针对该目标的测试不在本部分范围之内,缺少支持实现该目标的证据应在报告中阐述。

如果通过上述核查发现产品的某些目标无法充分实现,则在产品总体可用性测试中不应包含这些目标。

7.4.2 核查产品是否与预期用户的特征相符

从原则上来讲目标用户群是否能操作某个产品,应对此进行核查。例如,控制键在用户的生理可达范围内,用户具备某些必备的知识等。

注 1:某些用户群(如老年用户或残障用户)可以使用某些可替代的交互模式。

如果产品核查表明,预期用户群中的某些人可能无法顺利实现 7.3.2.2 中确定的目标,则应在报告中说明该目标缺少支持的信息。

注 2:有时可能需要重新考虑对测试进行设计。

注 3:ISO/TR 22411 中所包含的人类工效学数据以及老年用户和残障用户能力的信息可以作为检查的基础。

示例:自动售票机的目标用户群中包括特定的子用户群。对于 8 岁儿童来说,所设定的目标达成标准是该年龄组中买到车票的人数比例为 95%。可以证明手臂上举高不到 1.5 m 的用户无法使用自动售票机来买票。根据该年龄组相关的人体测量数据进行估算,该年龄组中有 50%的用户不能通过自动售票机买到车票。

7.5 设计和执行测试

7.5.1 一般性要求

一次测试可以针对不同产品、不同用户群和(或)目标进行,可能会包含多个测试任务。本节所阐述的测量需针对每项任务来确定。

7.5.2 确定相关测量

7.5.2.1 概述

表 1 给出了所需的测量(以粗体显示)以及可测量的指标示例。

表 1 可用性属性测量示例

属性	客观测量	主观测量(问卷调查)
有效性	**成功率**	感知到的成功
效率： a) 所利用的资源	**完成任务的时间**，执行任务的成本	感知到的时间，感知到的消耗
b) 人力资源的需求	认知或体力付出 心理负荷结果(比如，辅助任务绩效)	感知到的脑力付出 感知到的体力负荷
满意度	心理生理测评[比如，皮肤电反应(GSR)，瞳孔放大] ——该类方法不成熟，结果信度低。可以测试用户满意度的潜在后果，例如： ——再次使用产品或服务 ——购买产品或服务 ——更换产品品牌	**对任务完成情况或产品的满意度** 对完成任务所花时间的满意度 愉悦程度测量 用户体验测量 用户信任度测量 用户舒适度测量 推荐倾向程度

不同测量的相对重要性取决于目标类型和使用情境。

7.5.2.2 有效性

有效性应通过成功率来测量，即使用产品成功实现每个目标的用户所占的百分比(见 7.3.2.3)。

注：如果完成某项任务花费的时间超过完成任务时间的上限，则该项任务被视为没有顺利完成(见 7.5.2.3)。

如果参试者对成功的知觉(感知到的成功)有任何不确定性，也宜对其进行评估。

7.5.2.3 效率

a) 资源利用率

应测量实现目标所用的时间。

为了测定任务所用时间，应制定任务完成的标准。用户认为自己已经完成任务的声明宜包括在内。完成任务的时间应只包括执行任务所用的时间，阅读和理解任务说明所用的时间不包含在内。宜从用户读完任务说明且界面信息呈现给用户的时刻就开始计时。在执行任务期间，参试者应能查看任务说明以便回顾任务内容。

应规定成功完成任务的最长允许时间。这段时间宜足以让参试者在放弃之前尝试不同方法来实现目标。在预测试时就要对完成任务的预期时间进行估计，作为判断任务成功与否的最长允许时间宜至少是预期时间的 3 倍。如果执行任务的时间超过了最长允许时间，则宜停止计时，任务应被视为失败。

执行任务的成本：虽然时间是最常见的可被测量的资源，但在某些情况下，其他成本因素也很重要(例如电话费)。

感知到的时间，感知到的消耗：了解用户对时间或消耗的印象非常重要。

b) 人力资源需求

当任务对于认知或体力资源具有较高要求时，应对**体力或认知付出**进行测量。

体力付出：体力控制方面需明确最优的水平和最大可接受的水平，可以通过主观或客观的方式进行测量。

脑力付出：除了最大可接受脑力付出外，对于某些任务(例如，出于保持兴趣的目的)还有最小脑力付出要求。通常采用问卷调查的方式测量脑力付出。

7.5.2.4 满意度

应在测试结束后立即采用 Smiley 量表(见 E.1)对所有目标的总体满意度进行测量。也可使用 SUS 测试量表进行测量。

注 1：Smiley 量表具有使用简便、快捷的优点，被广泛应用于消费者研究。

注 2：SUS 量表广泛应用于产品的可用性研究。该量表有 10 个问题，测试结果可能更加可靠。使用该量表可获得不同类型产品测试结果的分布情况。

满意度测试包括用户对产品的总体满意度、对产品特定特征的满意度、对目标实现程度和使用愉悦性的满意度。

当测试任务不止一项时，如果适宜，除了总体使用满意度外，宜对每项任务的满意度进行测量(见 E.2)。

注 3：在整个测试完成之后再测量满意度，这样会更准确地获得用户对产品的总体印象；在完成每项任务之后再测量满意度(例如，采用 Smiley 量表)，这样会更准确地评估用户对每个目标或每项任务的满意度。

如果其他方面的满意度非常重要，例如，用户体验、愉悦性和信任等，也可以使用更多的专业量表进行测量。宜使用公开发表的已证明有效的调查问卷，因为这种问卷的测试结果会比自编问卷的结果更可靠。

注 4：用户满意度会影响到用户的行为(例如，购买或再次使用产品，品牌忠诚度等)。

7.5.3 根据预期置信度水平确定所需的参试者人数

为了降低抽样误差所造成的影响，每组测试至少应包括 10 名有代表性的参试者(见 C.3)。

应确定所需的统计置信度水平(结果并非偶然发生的置信度)。置信度水平取决于测试类型和测试目的。要求的成功率越高，置信度就越高，需要的参试者也就越多。

注：在科学研究中，通常至少需要 95%的置信度来给出结论。但对一些商业目的，如果得出错误结论的风险不超过 20%也可以接受，那这时候较低的置信度(如 80%)也就足够了。

示例 1：防止儿童开启容器的国际标准(ISO 8317)中，在置信度为 95%时要求能够打开容器的儿童不能超过 75%。

示例 2：表 D.2 显示，在置信度为 95%时要达到 80%的成功率，如果有 14 名参试者，则这些用户要全都能够成功完成任务；如果有 21 名测试用户，则要求有 20 名用户成功完成任务。表 D.1 显示，如果置信度为 80%就足够，则仅需要 4 名测试用户达到 80%的成功率就可以达到该置信度水平。

7.5.4 招募用户样本

应招募能够代表预期用户群或实际用户群的用户(样本)参与测试(根据 7.3.3 中确定用户群)。所选择的用户样本应能在特定用户群内建立相关用户特征的分布模型(见 C.4)。用户样本的分布或属性宜尽可能接近 7.3.3 中规定的预期或实际用户群的用户特征。

注 1：很多一般性特征、身体特征和心理特征(如力量、视力和认知能力)完全能够根据年龄和教育程度等人口统计变量进行抽样。但这种抽样方法无法将具有特殊残障、相关先前经验、专业知识或技能、文化等因素纳入考虑。可基于产品或界面关于成功交互的需求来选择这样的用户群，并分别进行测试(见 C.1)。

示例：闹钟需要善于动手的人来操控，而且具有 12 年阅读水平的人才能看懂使用说明。招募参试者时，需从能够代表不同年龄分布和受教育程度的用户中进行抽样。预计只有 5% 的购买者以前使用过这类闹钟，没有经验的用户在完成设定闹钟的任务时会觉得更加困难。因此，所测试的样本只选择那些没有使用经验的人。

不应从测试机构或生产机构内部挑选参试者，除非这些机构内部也使用该款产品，如果是这种情况下则不应从开发部门挑选参试者。从家人和朋友圈中招募的参试者可能带有某种偏见，因此尽量不要在这类人群中招募被试。

注 2：熟悉相关技术领域和(或)设计开发过程的参试者具有普通用户并不具备的知识和技能。这类人群参与测试可能会降低测试的有效性。

7.5.5 配置产品

应记录待测产品的版本。应对所有与待测品相关的设备或材料进行评估。

品牌可能会对用户满意度产生重大影响。因此,为了降低品牌对测试结果的影响,宜隐藏产品的品牌信息。

宜以适宜的配置方式(通常是产品出厂时的默认设置)来安装产品;在让用户进行安装和设置之前,应使产品和刚刚接收到的状态一样。

在开始测试时,宜将产品设置为用户所熟悉的典型配置。

示例:在默认设置模式下使用手机;在电视机下方放置电视录像机让用户使用;在测试安装时,手机和相关说明文件一起放在盒子里提供给参试者;在有天然气或电力的真实房间里,烤箱安装得很专业,但没有设置时钟和其他控件。

用户应能获得与产品相关的所有说明文件,除非测试目的就是要测试产品在没有说明书时的可用性和可达性。

7.5.6 规定测试场景和目标达成标准

应针对每个拟测试的目标规定其测试场景。

测试场景是评估情境的一个实例,它描述了要求参试者在特定环境下完成特定目标的情形。

测试场景应包括对拟实现目标的精确陈述(参见 7.3.2)。

示例 1:使用某个手机给 01509 123456 这个号码打电话。

示例 2:首次使用时对手机进行设置。

对于每个测试目标,都应明确达到目标的标准(见 7.3.2.3),并建立其是否已经实现的评价方式。

有时可以为可接受的任务时间建立标准,例如可以基于使用不同产品达到相同目标时用户预期的时间来建立任务时间标准。应为每项任务规定最长可接受时间(参见 7.5.2.3)。

如果测试目标不止一个,则有必要确定执行任务时的顺序。一般情况下,如果存在执行任务的正常顺序,则应该就是进行测试的顺序。如果不存在正常顺序,则不应按照固定顺序进行测试,以免产生随机的顺序效应。在这种情况下,测试顺序宜按照合理的规则变化,或者为每个测试者随机指定顺序。

7.5.7 制定测试步骤

a) 应为每项任务目标编写脚本,其中包含提供给每位用户的任务说明。脚本中应包含对测试场景的描述(比如,在家庭聚会时照相),适用于该脚本的特定目标和情形也应进行陈述。脚本中不应包含如何实现目标或使用哪个特性的提示。脚本中宜包括用户执行任务所需的所有可能的信息。不应要求参试者阅读提供给他们的所有产品说明书(见 7.5.5)。
b) 执行测试的人员不应给用户任何提示或帮助。但根据测试的目的,可以给用户提供产品相应的说明书。
c) 测试执行人员应记录用户完成每个目标所用的时间。如果用户在最长允许时间内仍未实现目标,则应告诉用户停止本项任务,如果可以的话继续执行下个目标。
d) 需要记录用户在测试期间所遇到的错误或困难的性质,以便于识别能够提供设计反馈的可用性问题。其中包括哪些子目标被实现,哪些子目标没有实现及其原因。

7.5.8 搭建测试环境

a) 测试环境应尽可能接近该产品的实际使用环境。如果是在可用性实验室中进行测试,则应模拟产品的常规使用情形。如果是在现场进行测试,则宜对测试环境中可能影响产品可用性级别的所有变量进行记录。

如果某些特定环境情形可能会对使用产品达成目标产生不利影响,则需要在这些情形下进行测试,以确保产品在任何情形下都具有较高的可用性。

示例 1：如果某种产品的常规使用环境是在寒冷的天气下戴着手套使用，那么这个产品需要在寒冷的环境下进行测试。

b) 如果某些产品通常的安装(使用)环境比较恶劣，则宜模拟这样的测试环境，或直接在现场进行测试。

示例 2：在交通繁忙地带对交通路线引导系统进行测试。

c) 提供使用(安装)产品时所需的所有材料。

d) 为用户提供服务热线或互联网帮助(如果产品也提供这类服务的话)。

示例 3：熨衣板、机器使用注意事项、烤箱中的面包、洗衣机中的衣服。

7.5.9 预测试

首次测试某种产品时，可以先让一两个人进行可用性测试，这样可以在全面测试之前发现测试设计中明显的问题。在预测试之后，可能需要对任务场景进行修改，以减少让用户感觉模糊不清的地方，避免出现非预期的问题。

7.5.10 评估单个用户是否满足目标达成标准

每个用户是否成功完成了每个测试目标应通过评估其是否符合成功实现目标的标准来进行判断(见 7.3.2.3)。应使用以下方法之一进行评估：

a) 在能够进行有效且可靠的判断时，由测试人员通过检查测试结果来看是否成功；

b) 基于一系列用户行为(产生的结果可靠并且可接受)来判断是否成功(见 5.3)；

c) 采用已有的技术标准来评估测试结果的质量。

8 测试结果

8.1 通则

在报告中所有的测量结果均应包含其置信区间(见附录 D)。

如果声称满足某项要求，则应陈述其统计显著性水平。

如果对不同产品进行对比，则应对不同产品之间或其他情形之间差异的统计显著性进行陈述。

8.2 目标

在测试整个产品的可用性时，如果该产品所有主要目标的测试结果均相同(成功或失败)，则可在报告中对该产品的可用性进行总体陈述。

另外，如果测试目标不止一个，则应在测试结果中详细说明测试了哪些目标以及测试的原因，并分别给出每个目标的测试结果。对产品进行比较时，应确定主要目标并将其作为测试的依据，或者对测试目标进行陈述，给出选择该目标的原因。

8.3 有效性

测试结果报告中应包括成功完成每个目标的用户的百分率(成功率)及其置信区间(附录 D 中有相关规定)。

示例：12 位用户中有 11 位成功完成了产品使用的主要任务目标。根据计算，在 80%的置信度下目标用户的成功率至少能够达到 82.1%。

8.4 效率

测试结果报告中应包括用户成功实现指定目标所花费的几何平均时间及其置信区间。

注：几何平均值是指对数转换平均值(转换回原来的数值)。

示例：用户成功购买所需车票花费的平均时间是 20 s(实际花费时间在 15 s～25 s 之间的概率为 95%)。

报告中还可以包括有关产品效率的其他量值(见 7.5.2.3)。

8.5 满意度

测试结果报告中应包括 Smiley 平均分数(见附录 E)及其置信区间。

9 报告

应采用附录 F 中规定的格式编制完整的测试结果报告。

注：完整的测试结果报告提供了必要的信息，以便于将来进行比较测试。

即使是简短版本的测试结果报告，也宜包括 F.2 执行摘要中的信息。

如果产品的所有主要目标具有相似的测试结果，则测试结果报告中可以包括关于产品可用性的总体陈述。

任何结果陈述都应包括以下信息：

a) 不在支持范围内的目标(见 7.4)；

b) 如果测试了主要目标，需要解释主要目标是如何确定的(见 7.3.2.2)；

c) 如果没有测试主要目标，则需要解释选择其他受测目标的理由(见 7.3.2.2)。

附　录　A
（资料性附录）
用户目标

表 A.1 中给出了被选产品主要用户目标的示例。

注：如果还有其他重要目标，则只测试这些主要目标可能还不够。

表 A.1　不同产品及其主要用户目标示例

产品	主要目标	子任务示例	安装问题
闹钟	在特定时间唤醒用户	调整时间、设置闹钟时间、打开闹铃、关闭闹铃	安装和维修任务需要放入电池
血压测量仪	测量血压	戴上血压测量仪、开始测量、读取血压值、取下血压测量仪	安装和维修任务需要放入电池
摄像机	录制视频 播放视频	插入记录媒体、录制视频、停止录制、播放视频	
自动取款机（ATM 机）	用银行卡提现	插入银行卡、输入密码、输入提现金额、确认、取现、退卡	不需用户进行安装
盒式录音机	录制、播放音频信息	插入新磁带、按下开关、录制音频、停止录制、倒带、播放录音、调节音量、拿出磁带	设置立体声是一项安装任务
CD 播放器	播放 CD	插入 CD、播放 CD、选择曲目、停止播放 CD、弹出 CD	
洗碗机	清洗餐具	放入餐具、倒入清洁剂、选择程序、启动洗碗机、关掉洗碗机、拿出餐具	
烘干机	烘干衣服	放入衣服、选择程序、关掉烘干机、拿出衣服	清洗过滤器是一项维护任务
电热器	取暖	开启电热器、取暖、关掉电热器	
电炉	烹饪食物	开启电炉并调到特定温度、烹饪期间调节温度、关掉电炉	
电熨斗	熨平衣服皱褶	将电熨斗设置到期望温度、用电熨斗熨平衣服、关掉电熨斗	
电动搅拌器	搅拌各种食物	解开绑定、插上电源、倒入食物、插好搅拌器工具、启动搅拌器，搅拌食物、关掉搅拌器、取出食物、清洗、重新装好	
电磁炉	加热食物/烹饪	电磁炉开启到所选择的热度	
电烤炉	烹饪食物	把电烤炉加热到期望温度	
传真机	将文件传输到指定的传真号码	放入文件、拨号、发送文件、取出文件	连接电话线、开启传真机是安装任务

表 A.1（续）

产品	主要目标	子任务示例	安装问题
厨房灭火器	熄灭燃烧物	取出灭火器、开启灭火器	
燃气灶	烹饪	开启燃气灶、点火、调节火焰大小	
照明开关	照亮特定区域	打开房间的灯、关闭房间的灯	
保险柜	将贵重物品放在安全地方存放，便于今后取出贵重物品	插入硬币、打开保险柜、放入物品、关闭保险柜、保存好钥匙或记住密码、打开保险柜、取出物品	
微波炉	加热食物/烹饪	放入食物、选定功率和加热时间、启动微波炉、取出食物	
手机	a) 接听电话 b) 拨打电话	开机，拨号	
包装	获取包装中的物品	打开包装、拿走多余包装材料	
停车自动售票机	遵守特定特点的停车要求	付款、取出停车卡、将停车卡放置在车内	
照相机	拍摄照片用于留念	放入胶卷或储存介质、打开相机、对焦、拍照、查看照片	执行安装和维修任务需要放入电池
自动售货机	出售产品	选择产品、付款、拿出产品	
公用电话	拨打电话	拿起电话听筒、付款、拨打电话	
公共投币式咖啡机	购买一杯咖啡，或某类咖啡	选择咖啡类型、付款、取走咖啡	
收音机	收听特定广播电台	打开收音机、选择频道、调节音量、关掉收音机	
冰箱	冷藏食物	放入食物、调节到适宜温度、取出食物	
房间电话	a) 接听电话 b) 拨打电话	拿起电话听筒、拨号	
机顶盒	观看卫星电视频道	开启机顶盒、选择频道、关掉机顶盒	设置机顶盒属于安装任务
电话答录机	记录并播放来电录音	播放来电、播放特定来电、清除所有来电	记录信息属于设置任务
带遥控器的电视	观看电视某个频道	打开电视、选择频道、调节音量、关闭电视	设置频道属于安装任务
烤面包机	烤面包	放入面包、选择面包烘烤程度挡位、开启烤面包机、取出烤熟的面包	
吸尘器	清洁房间地板	解开绑定、插上电源、开启吸尘器、调节吸尘力度、移动吸尘刷、关闭吸尘器、拔掉电源、拴好吸尘器	更换吸尘箱是一项维修任务
个人录像机(PVR)	拍摄并播放视频	开启录像机、定位节目指南、选择要记录的节目、定位记录列表、选择节目、播放节目、关闭录像机	设置录像机是一项安装任务

表 A.1（续）

产品	主要目标	子任务示例	安装问题
自动售票机	购买出行车票	选择一张到目的地的成年人、单程车票，付款，取票	
洗衣机	清洗衣物	放入衣物、倒入洗涤液、选择适当的程序、启动洗衣机、洗衣机停止转动后取出衣服、关掉洗衣机	
水龙头	得到一定温度的水	打开水龙头、调节温度、关闭水龙头	

附 录 B
（资料性附录）
方法背景

B.1 形成性和总结性可用性测试方法的差异

总结性测试方法用来测量产品的可用性。本部分包含了可能用到的总结性测试方法，例如，对实际使用中能够成功实现目标的用户百分比进行估计。形成性测试方法的目的是用于了解某个产品的优势和劣势，以提高其可用性。基于用户的形成性可用性测试方法通常需要的用户人数较少，允许用户进行发声思维，因此该方法往往无法对有效性、效率和用户满意度做出精确的评价。

B.2 测量的选择

为了获得可靠的可用性测量，需采用与 GB/T 18978.11—2004 一致的总结性评价方法。与之形成对比的是形成性评价方法，该方法只招募少量参与者来识别可用性问题。

在 GB/T 18978.11—2004 中，有效性以准确性和完整性来定义。不过，在本部分的适用范围内，针对简单的任务只使用了成功率。

注：准确性很难测量，见 ISO/IEC 25062。

在 GB/T 18978.11—2004 中对产品效率进行了定义，即花费在准确性和完整性方面的资源。实际上，时间是最重要的资源(相对于比值，时间本身更容易解释)。

在 GB/T 18978.11—2004 中将用户满意度定义为产品使用时的舒适度和积极态度。对于可用性来说，满意度最为重要的要素就是积极的态度。

B.3 用户数量

有时只需要少量用户就足以识别绝大部分可用性问题，而要确切地对人群成功率的均值进行估算，则需要较多的用户(见 C.3)。较多的用户有助于获取具有代表性的用户样本。

附 录 C
（规范性附录）
招募具有代表性的用户样本

C.1 确定是否将用户划分为不同组

确定 7.3.3 中所确认的预期或实际用户群的特征是否会将用户划分为不同的类别，这点会对可用性产生重大影响。

如果用户群类别不止一个，则对所有用户群还是某些用户群进行测试取决于测试的目的。

示例 1：如果语言会对产品可用性产生重大影响，则需对各个语言组分别进行测试。

示例 2：如果先前知识或经验会对产品可用性产生重大影响，则需对每个用户群分别进行测试。

示例 3：预测试可能只是针对某个主要用户群来验证可用性。

示例 4：如果主要用户群可以接受可用性，则仅需要测试使用产品较为困难的用户群（例如，老年用户群或残障用户群）。

示例 5：为了评估尽可能最广泛特性用户群的可用性和可达性，需对最极端特性范围内的特殊用户群抽样进行测试。

示例 6：如果需要获取整个用户群可用性的信息，则需从整个用户群中抽取具有代表性的用户样本进行测试。为了使统计效度最大化，需使用尽可能大的样本量。不过，如果选取的测试用户群占整体用户群的比例太小，则无法做出对产品可用性的统计推断。

测试之后需对测试数据进行检查，如果发现用户群内各子群之间的差异大于预期差异，则需要为每个子群选取新的用户样本，再次对产品进行测试。

确定测试首次使用的用户还是具有使用经验的用户很重要。即便是新产品，人们也可能具有使用过同类产品（或同类产品的先前模型）的经验，因此需要明确用户以前的相关经验类型。

示例 7：根据手机用户在设置该类手机方面的经验，对用户进行分组：

a） 以前从未设置过手机；

b） 曾设置过其他品牌的手机；

c） 曾设置过类似的手机。

需对以上三组用户分别进行测试，因为这三组用户可用性测试结果可能不同。

只需对一组用户进行测试，例如，最常见的用户或关键的用户群。

示例 8：酒店闹钟在第一次设定时可能会有困难，但之后再设定时就容易了。因此只针对从未使用过闹钟的用户进行测试。

C.2 选择样本量

为了降低抽样误差造成的影响，每个用户群至少应包括 10 名有代表性的参与者。

样本量越大，预测则越准确（假如被试样本能够代表用户群体）。如果从初期用户样本中获得的测试结果的准确性不高，则需要对其他参与者进行补充测试。

示例：如果测评的成功率为 90%，则：

——10 位用户中有 9 位成功完成任务，在置信度为 80%时，抽样总体的最低成功率是 79%；

——20 位用户中有 18 位成功完成任务，在置信度为 80%时，抽样总体的最低成功率是 81%；

——50 位用户中有 45 位成功完成任务，在置信度为 80%时，抽样总体的最低成功率是 86%；

——100 位用户中有 90 位成功完成任务，在置信度为 80%时，抽样总体的最低成功率是 87%。

C.3 招募具有代表性的用户样本

由于用户特征、任务或对可用性产生重大影响的环境不同，用户群之间也具有差异。每个用户群内还有很多其他特征（例如，年龄或性别）可能对可用性产生影响。宜招募能代表这些特征的用户样本参与测试。可以通过分层抽样来获得能够代表主要特征的样本。在现场进行测试时，可以对普通用户进行面试，从中选取代表性样本。

许多影响可用性的一般身体特征和心理特征（例如，体力、视力和认知能力）能够通过人口统计变量（例如，年龄、性别和教育程度）间接抽样获取。所选取的用户宜能代表这些人口统计变量以及其他不能从人口统计变量充分抽样获取的重要特征。

示例 1：在多民族人群中，需选取能够代表不同文化背景的用户参与测试。

示例 2：测试消费类产品时，所选取的用户需具有不同品牌的使用经验。

示例 3：闹钟需要善于动手的人来操控，视力良好的人才能阅读使用说明。在招募时就对能够代表不同年龄、能力和受教育程度的用户进行抽样挑选。预计购买者中只有 5% 以前使用过这类闹钟，没有经验的人在完成设定闹钟任务时会觉得更加困难。因此，只选择没有使用经验的人来接受测试。

宜使用分层抽样（见 GB/T 22187—2008）根据人口统计特征分配用户，这样能模拟实际情况而不会对可用性测试产生太大影响。首选的用户特征组合见表 C.1。

示例 4：表 C.1 给出了 12 名参试者组成的用户组样本，这些样本根据年龄（18 岁～65 岁）、性别和教育水平进行选择，使用户包含相同的属性代表性。

表 C.1 分层样本示例

年龄	最高教育水平				总人数
	受过初等教育		受过高等教育		
	男	女	男	女	
18～33	1	1	1	1	4
34～58	1	1	1	1	4
59～65	1	1	1	1	4
总计	6		6		12

C.4 少数用户群体

如果由于某些少数用户群体（例如，某个特定民族或具有某种障碍的人群）在具有代表性的目标用户群中占的比例很小，测试时不可能包括这类少数用户群体，这时需要针对每个用户群的样本分别进行补充测试，以确定这些用户群中的成员是否都能使用该产品。

参与测试的样本不应包括其用户特性可能会对可用性产生重大影响的用户群成员。如果目标用户群中有这类用户，宜将其中具有代表性的样本作为单独的用户群进行测试。

注：如果可用性能被大多数用户所接受，则只需对使用相对困难的特殊用户群进行测试。

C.5 参与测试的频率

如果是从志愿者数据库中招募参试者，则宜对参与者参与测试的频率加以限制。这样可以避免有些志愿者参与测试太频繁而成为“专业参与者”。可根据用于主要群体的市场调查指南进行规定（一般将志愿者的参与频率限制为一年两次)。

C.6 正常使用数据

数据可以在正常使用即来即用产品时获取,可通过观察方式获取(如果这种方式用户能够接受),或者从记录用户操作和响应的机器中自动获得数据。

注:日志记录数据能够准确地估计完成任务所花费的时间。成功率的数据则没有太大价值,因为这些数据仅仅记录了用户开始执行任务但没有最终完成的信息,而不包括决定放弃任务的用户的信息。

附　录　D
（规范性附录）
置信区间

D.1　有效性

有效性通过使用产品成功实现目标的用户百分比来测量。有效性的置信区间应按准确的双边统计法（见参考文献）进行计算。如果需要在较高置信度下具有较高成功率，则需要较多的用户样本。表D.1给出的示例表明，利用单尾检验法（假设只舍弃相当低的数值）在置信度为80%时，用户群成功率达到75%和80%时最大允许未通过测试的用户数量的统计值（使用改进的瓦尔德方法）。

注1：可使用改进的瓦尔德方法计算置信区间，因为该方法可以提供小样本的群体值。

示例：如果10位用户中有9位成功通过测试，则成功率至少达到63%的概率为95%，成功率达到78%的概率为80%。

注2：这些统计数据仅对于测试结果接近正态分布的随机样本是有效的。随机选择用户非常重要。当进行分层抽样时，需要随机选择每类用户，这点也很重要（见附录C）。

注3：在科研工作中常见的且是明确声明的置信水平是95%。但对商业决策来说80%的置信水平可能就够了。

表D.2给出了在置信度为95%、用户群成功率大于80%时，最大允许未通过测试的用户数量如下：

——14位～20位用户参与测试，允许未通过测试的人数为0；

——21位～28位用户参与测试，最大允许未通过测试的人数为1；

——30位用户参与测试，最大允许未通过测试的人数为2；

——40位用户参与测试，最大允许未通过测试的人数为3；

——50位用户参与测试，最大允许未通过测试的人数为5；

——100位用户参与测试，最大允许未通过测试的人数为13。

在置信度为95%、成功率高于75%时，最大允许未通过测试的用户数量如下：

——10位～16位用户参与测试，允许未通过测试的人数为0；

——17位～21位用户参与测试，最大允许未通过测试的人数为1；

——22位～27位用户参与测试，最大允许未通过测试的人数为2；

——30位用户参与测试户，最大允许未通过测试的人数为3；

——40位用户参与测试，最大允许未通过测试的人数为5；

——50位用户参与测试，最大允许未通过测试的人数为7；

——100位用户参与测试，最大允许未通过测试的人数为17。

注4：表D.1和表D.2中给出了其他用户群成功率估计值的示例。在这两个表中：

第1列代表参试者的人数。

第2列表示在置信度为80%、用户群成功率大于75%时，最大允许未通过测试的用户数量。

第3列表示根据未通过测试的用户数量所估算的能够成功完成测试的最低用户百分比（80%的概率）。

第4列表示在置信度为80%、用户群成功率大于80%时，最大允许未通过测试的用户数量。

第5列表示根据未通过测试的用户数量所估算的能够成功完成测试的最低用户百分比（80%的概率）。

表 D.1 80%置信区间的统计计算示例

1	2	3	4	5
估算的用户群成功率	75%		80%	
用户数量	最大允许未通过测试的用户数量	估算的最小用户群成功率	最大允许未通过测试的用户数量	估算的最小用户群成功率
3	0	77.6%		
4	0	82.2%	0	82.2%
5	0	85.3%	0	85.3%
6	0	87.5%	0	87.5%
7	0	89.1%	0	89.1%
8	0	90.3%	0	90.3%
9	1	76.7%	0	91.3%
10	1	78.8%	0	92.1%
11	1	80.6%	1	80.6%
12	1	82.1%	1	82.1%
13	1	83.3%	1	83.3%
14	2	75.9%	1	84.4%
15	2	77.4%	1	85.4%
16	2	78.7%	1	86.3%
17	2	79.9%	1	87.0%
18	2	81.0%	2	81.0%
19	3	75.9%	2	81.9%
20	3	77.0%	2	82.8%
21	3	78.0%	2	83.5%
22	3	79.0%	2	84.2%
23	3	79.8%	2	84.9%
24	4	75.9%	3	80.6%
25	4	76.8%	3	81.4%
26	4	77.7%	3	82.0%
27	4	78.5%	3	82.7%
28	5	75.2%	3	83.3%
29	5	76.0%	3	83.8%
30	5	76.8%	4	80.5%
40	7	76.9%	5	82.4%

表 D.1（续）

1	2	3	4	5
估算的用户群成功率	75%		80%	
用户数量	最大允许未通过测试的用户数量	估算的最小用户群成功率	最大允许未通过测试的用户数量	估算的最小用户群成功率
50	9	77.0%	7	81.3%
100	21	75.4%	16	80.7%

表 D.2 95%置信区间的统计计算示例

1	2	3	4	5
估算的用户群成功率	75%		80%	
用户数量	最大允许未通过测试的用户数量	估算的最小用户群成功率	最大允许未通过测试的用户数量	估算的最小用户群成功率
10	0	75.1%		
11	0	76.9%		
12	0	78.4%		
13	0	79.7%		
14	0	80.9%	0	80.9%
15	0	82.0%	0	82.0%
16	0	82.9%	0	82.9%
17	1	76.0%	0	83.8%
18	1	77.2%	0	84.5%
19	1	78.2%	0	85.2%
20	1	79.1%	0	85.9%
21	1	80.0%	1	80.0%
22	2	75.1%	1	80.8%
23	2	76.0%	1	81.5%
24	2	76.9%	1	82.2%
25	2	77.7%	1	82.8%
26	2	78.5%	1	83.4%
27	2	79.2%	1	83.9%
28	3	75.5%	1	84.4%
29	3	76.2%	2	80.4%

表 D.2(续)

1	2	3	4	5
估算的用户群成功率	75%		80%	
用户数量	最大允许未通过测试的用户数量	估算的最小用户群成功率	最大允许未通过测试的用户数量	估算的最小用户群成功率
30	3	76.9%	2	81.0%
40	5	76.2%	3	82.2%
50	7	75.9%	5	80.6%
100	17	75.9%	13	80.4%

D.2 效率

效率的置信区间应通过任务平均时间的标准差来计算。如果任务时间数据不是正态分布,则需先将其转换为正态分布数据。例如,计算平均数的标准差之前,先利用对数变换来计算几何平均数。

注 1:平均数标准差等于样本标准偏差除以样本量的平方根。

注 2:置信区间与样本大小和总体方差有关。方差通常会随着样本的增加而减小,随着总体类型的增加而变大。

示例:进行对数变换后,计算平均数的标准差,标准差为 4.2 s,平均任务时间为 22.2 s。因此可在报告中陈述,平均任务时间为 22.2 s,任务真实时间有 95%的概率位于 18.0 s~26.4 s 之间。

D.3 满意度

满意度的置信区间应利用平均数的标准差来计算。

附 录 E
(规范性附录)
满意度量表示例

E.1 Smiley 量表

Smiley 量表最初由 Kunin(1955)提出,该量表广泛用于心理学领域的情绪满意度测试,后来也在工业可用性测试中得到了应用。Ruth Jager(2004)已经对 Smile 的 5 分制量表进行了因子分析验证,其等间隔性已经被测试。

量表中的圆圈直径应为 10.5 mm,两个圆圈中心之间的距离宜为 69 mm。

对于有视觉障碍的用户,上述尺寸可以成比例地增加。

采用 Smiley 量表应使用图 E.1 中呈现的人脸图像,每张人脸上嘴型的拱起或凹下已经精心进行了等距离设置。

"请勾选最接近您满意度的人脸图像……"

图 E.1 Smiley 量表

Smiley 量表中的人脸图像对应的分值分别为－2、－1、0、＋1 和＋2 分,不允许有其他中间分值。用户群的数值可以通过算术平均数计算给出。

E.2 满意度调查表

满意度调查表被广泛使用,包含多个问题的有效的问卷调查能够从多个方面测量满意度,调查结果要比包含单项问卷更加可靠。不过,单项问卷,例如 Smiley 量表、SMEQ 或 Likert 量表更方便在每个任务之后进行处理。

注:虽然满意度调查表能产生有序的数据,但应用统计学家发现,对满意度调查表进行分析时,参数统计能产生更有意义的结果。

ISO/IEC 25010 对以下可测量的满意度进行了区分:

——有用性:利益相关者所感知到的对实际目标实现的满意程度,包括可接受的感知到的使用结果和使用后果(可使用 SUS 调查表)。

——信任度(可信度):利益相关者对产品预期作用的满意程度(可使用系统信任度量表)。

——愉悦感:用户因使用产品满足其个人需求而感到快乐的程度。个人需求可以包括获得新的知识和技能、交流个人信息和唤起愉快的回忆等。如果愉悦感是重要的指标,可以利用 AttrakDiff 调查问卷来进行测试。

——舒适度:用户身心舒适的程度(可以利用 CCBaseline 调查问卷来进行测试)。

附　录　F
（规范性附录）
测试报告格式

注：本格式建立在可用性测试报告通用行业格式的基础之上(ISO/IEC 25062)。

F.1　标题页

标题页应提供以下信息：

a）标题：×××可用性测试报告；

b）被测产品及其版本；

c）测试时间；

d）测试地点；

e）报告编制日期；

f）测试机构名称；

g）测试机构联系人和联系方式。

F.2　执行摘要

执行摘要是对测试进行的高度概述，目的是提供独立的总结。

应对测试情况进行高度概括，以方便更广泛的读者进行阅读，主要内容包括：

a）产品名称和说明；

b）测试的用户群、测试目标和测试环境；

c）提供给用户的所有产品说明书，不管用户是否使用过；

d）每个任务的结果，用平均分表示，或者用其他适宜的包括置信区间的集中趋势测量来表示。

F.3　产品及其预期使用情境

F.3.1　完整的产品描述

应提供以下信息：

a）正式的产品名称、型号和版本；

b）被测试的产品部件或功能。

F.3.2　预期使用情境

应提供以下信息：

a）测试目标及其确定方法。

b）产品预期用户群、实际用户群及其确定方法。

c）对于参与测试的用户群，需要以下信息：

——可能对产品可用性产生影响的用户特征；

——预期用户群和实际用户群中的特征范围；

——每种相关用户特征的预期分布；

——产品对于老年用户或其他具有特殊需求用户群的适用性。

d) 产品的主要使用环境(或预期使用环境)。

F.4 方法

F.4.1 一般性要求

应提供充分的信息，以便每个独立的测试人员都能够重复测试所采取的步骤。

F.4.2 参与者

应提供以下关于参与者的信息：

a) 预计会影响可用性的用户身体特征、感知特征或认知特征；

b) 参试者总人数；

c) 测试用户群及其选取的原因；

d) 每个用户群的关键特征和能力；

e) 如何挑选参试者以及他们是否能够代表用户群的基本特征；

f) 参试者和用户群之间的任何区别；

g) 参试者(行)特征(列)表包括相关人口统计特征、经验和任何特殊需求。

参试者的特征应足够完整，以便招募其他本质上相似的参试者。

所选择的特征宜与产品的可用性相关，宜允许报告阅读者看出参试者与用户群的相似程度。

示例表：下表是示例，表中所列的特征是典型特征，但不一定能涵盖每种测试情形。

	性别	年龄	语言能力	身体属性	任务经验	相关产品使用经验
P1						
P2						
Pn						

例如，“性别”指男性或女性。

例如，如果不知道准确的年龄，“年龄”可以指参试者的实足年龄或年龄范围(比如，25 岁～45 岁之间)或年龄组别(比如，不足 18 岁，超过 65 岁)。

例如，“语言能力”指的是相关语言技能。

例如，“身体属性”指的是与可用性相关的身体属性。

例如，“任务经验”指的是用户在执行这类任务方面所具有的经验等相关背景。

例如，“相关产品使用经验”指的是用户以前使用类似产品的经验。

F.4.3 测试中所使用的产品情境

应提供以下信息：

——评估所使用的情境和预期使用情境之间的任何已知差异。

F.4.3.1 任务

应提供以下信息：

a) 任务测试场景。

b） 选中任务的原因。

示例 1:最常见的任务和最重要的任务。

c） 如何确定任务。

示例 2:对消费者使用同类产品的观察、产品营销规范。

d） 提供给参试者的任务资料。

e） 每项任务的完成标准。

F.4.3.2 测试环境

应提供以下信息：

a） 进行测试的环境设置和类型。

示例 1:可用性实验室、会议室、办公室、家庭起居室、公共会堂。

b） 任何可能影响测试结果的相关特征或情况。

示例 2:视频和音频录制设备、单向镜或自动数据采集设备。

F.4.3.3 技术和工艺环境

如果产品的运行需要周边设备或技术设施的配合，则应对此进行详细说明，例如，手机服务提供商，通过遥控器控制的电视。

注：在 ISO/IEC 25063 中给出了技术和工艺环境的示例。

F.5 实验设计

F.5.1 一般性要求

应提供以下信息：

——记录数据的手段。

F.5.2 测试步骤

应提供以下信息：

a） 测量的操作定义；

b） 任务时间限制；

c） 测试者和被试者之间交互的政策和程序。

宜提供以下信息：

a） 整个测试顺序，从欢迎参试者到他们离开；

b） 保密协议、填表、暖场、任务前培训和任务报告的细节；

c） 确认参试者知道并理解他们作为受试者的权利；

d） 执行测试步骤和记录数据；

e） 测试期间与参试者交互的工作人员的人数及其角色；

f） 测试环境里是否还有其他人；

g） 是否给参试者支付佣金或以其他方式进行补偿。

F.5.2.1 参试者一般性说明

应提供以下信息：

a） 提供给参试者的说明（在此处或在附录里）；

b） 关于参试者如何与测试现场其他人员交互的说明，包括如何求助以及如何与其他参试者进行交互（如果适用）。

应提供以下信息：

a） 确认参试者知道并理解他们作为受试者的权利(知情同意书需包含在报告附录中)。

F.5.2.2 参试者的任务说明

应提供以下信息：

——任务说明概要。

F.5.3 产品可用性测试

应提供以下在第7章中规定的信息：

a） 有效性测量；

b） 效率测量；

c） 满意度测量。

需要解释每项测量的相对重要性。

F.6 测试结果

F.6.1 一般性要求

应提供充分详细的信息，以便其他机构在需要重复测试时能够复现数据评分方法，包括：

a） 数据收集和评分；

b） 数据简化。

示例1：任务数据或用户群数据是如何简化的。

c） 统计分析。

示例2：如何计算显著性差异。

应提供以下信息：

——包括置信区间的每个任务或用户群的表格性能结果。

各种图形格式在描述可用性数据方面很有效果，能够一目了然。多种图表可用于对基准时间和参试者的平均任务执行时间进行有效比较。

F.6.2 执行结果

相关任务组的测试结果以表格形式呈现，这样会更有效也更有意义。应提供以下信息：

a） 所有任务执行结果一览表；

b） 任务执行结果图形呈现。

示例表

用户编号	任务成功	任务完成时间 min	满意度得分
1			
2			
N			
平均			
置信区间			
最小			
最大			

F.7 附录

应提供以下信息：

a） 参试者的一般性说明(如果未包括在报告正文中)；

b） 参试者的任务说明。

应提供以下信息：

——对测试结果进行解释或更新的说明。

附　录　G
（规范性附录）
可用性要求规范

G.1　前言

可用性要求规范可在某些部门(例如,采购部门、企业内部或开发部门)用于在实现用户目标时(包括产品安装和设置),对可用性和(或)可达性(有效性、效率和用户满意度)的要求进行详细说明和评估(测试用户群、测试目标和测试环境)。

附录G对包含在可用性规范中的信息进行了规范。

G.1.1　概述

使用情境:描述使用情境时应包括以下内容:

——用户;

——目标;

——物理环境和社会环境。

可用性测试:可用性测试应包括:

——最重要的目标:测试场景和每种场景的测量手段;

——每个测试场景中至少有一个目标值。

G.2　使用情境

G.2.1　用户

应提供以下信息:

a)　预期用户群列表;

b)　每个用户群(提供了相关要求)的关键特征和能力。

宜选择与产品可用性紧密相关的特征。这些特性宜充分详细,以确保能够选择代表实际用户的参试者。

注:相关因素包括电脑使用水平、使用类似产品的经验、对任务的熟悉程度、使用频次、专业知识、培训、文化、国籍、年龄、特殊需求以及使用该产品的目的。

宜为最重要的用户群提供需求。例如,最常见或最重要的用户群(可能包括少数用户群体,见C.5)。

G.2.2　目标

应列出每个用户群的目标,不管这些目标有没有具体的实现方法。

目标宜为用户使用产品的预期结果。

注:在某些情况下,也许可以确定并列出所有一般性目标。但在其他情况下,列出的目标仅局限于产品安装和设置、最重要的任务、代表性任务或者最常遇到的任务。

G.2.3　物理环境和社会环境

应对可能影响产品可用性的物理环境和社会环境进行详细说明:

a)　使用产品时的物理环境,包括位置和相关物理条件,例如温度或照明;

b) 组织环境,包括小组活动、时间压力、监督和支持;

c) 任何物理风险或财务风险以及健康和安全问题。

G.3 可用性测试

选取详细描述哪些任务的性能和满意度目标,例如,最常见或最关键的任务。

应该对构成测试要求基础的目标和相关任务及其测试场景进行详细说明。针对每个需要详细说明的目标,确定一个或多个特定的测试场景,用于识别用户特征、使用环境以及执行任务的目的。初次使用的用户和有经验的用户测试时的场景会有所区分。

应针对每个测试场景确定适宜的测量,包括:

a) 有效性:独立完成率。完成率是指在规定时间内完整且正确地完成目标的参试者所占的百分比。如果只是完成了部分目标(例如,没有完整地完成目标或者取得次佳的结果),也可以设置达成局部目标的要求,并依据相关规范进行打分,分数范围在0%~100%之间(见H.6.1.1)。

示例:在网上成功完成交易的顾客所占的百分率。

注:有效性的要求是建立在结果正确的基础之上的。用户在交互期间出现错误是可以接受的,但他们要从错误中恢复。跟踪错误对于确定产品在哪些方面需要改进是尤其有用的。

b) 效率:成功完成每个目标所花费的平均时间,以及所花费的任何其他测量资源(见表1)。

c) 满意度:采用问卷调查所得到的平均分数。

宜阐明每个测试目标的相对重要性。

目标值源自现有系统或竞争产品的最小可接受值,该值面向相同任务和目标或基于专家的判断。对其他比最小可接受值好的目标值也要进行规定。

可以为每个目标值提供:

——明确的要求;

——可以进一步协商的临时要求;

——指导目标。

注:制定目标值通常先基于现有系统或竞品系统,针对相同目标来测试产品的有效性、效率以及满意度,然后再针对新系统设置要求(新系统需和现有系统一样好,或者比现有系统还要好)。

当将目标值规定为要求时,这些值宜包括所需的统计置信度水平(结果并非偶然发生的置信度)(见7.5.3)。

G.4 测试要求

如果包含测试要求,应采用附录H中的格式。附录H详细说明了所用方法的要求,用于测试可用性要求是否已经得到满足,测试场景是否已经进行设置。

注:G.3中规定的性能和满意度标准是预期使用情境中需要的值。测量的准确度和精度取决于测量场景(用户的数量和类型、任务的模拟方式和模拟的工作环境)。

附　录　H
（规范性附录）
可用性测试程序规范

H.1　一般性要求

附录 H 列出了测试可用性要求(附录 G)是否得到满足的测试程序所需包含的信息。附录 F 中给出了测试后撰写测试结果文档的格式。

应提供足够的信息,以便对可用性要求进行测试。

H.2　用户

应提供以下信息:

a)　受测用户群的细分情况(如果受测用户群不止一个);

b)　所需的参试者的总人数;

c)　如何选择参试者,使其能够代表参与者的基本特征。

选中的参试者的特征宜与产品的可用性相关。

确保选中的参试者能够代表实际用户。

宜提供以下信息:

a)　参试者和用户群之间的预期差异。

示例:参试者的产品使用经验比预期的常规用户少。

b)　对特殊需求用户群进行描述。

H.3　测试中所使用的产品情境

H.3.1　目标

应提供以下信息:

a)　所测试的任务场景;

b)　成功达成每个目标的判断标准;

c)　提供给参试者的任务资料。

H.4　测试设备

应提供以下信息:

a)　执行测试的空间类型及设置。

示例:可用性实验室、会议室、办公室、家庭起居室、生产车间。

b)　如何模拟预期使用环境的相关方面。

H.4.1　技术和工艺环境

如果产品的运行需要周边设备或技术设施的配合,则应对此进行详细说明,例如,手机服务提供商,通过遥控器控制的电视。

H.4.2 伦理问题

应详细说明与伦理问题(5.5)有关的程序或规定。

H.5 测试步骤

应提供以下信息：

a) 如果测试情形不止一个,需要对测试进行逻辑设计；

b) 所采取的测试手段。

H.5.1 测试步骤

a) 关于测量的操作定义；

b) 独立变量或控制变量的操作定义；

c) 完成目标的最长时限；

d) 测试者和被试者之间的交互政策和程序。

H.5.2 参试者的一般性指导

应提供以下信息：

a) 提供给参试者的指导(在此处或在附录里)；

b) 参试者如何与在场的其他人员交互的指导,包括如何求助以及如何与其他参试者进行交互(如果适用)。

H.5.3 参试者任务说明

应提供以下信息：

——任务说明概要。

H.6 可用性测试

应提供以下信息：

a) 进行有效性的测量；

b) 进行效率的测量；

c) 进行满意度的测量。

即使在特定使用情境下难以解释,也应该对有效性、效率和满意度进行测量,在这种情况下,应当在需求中说明为什么供应商不认为其有意义的原因。

示例:假定产品的使用情境包括亲密同伴之间实时、开放式的互动。在这种情况下,用任务时间来测试产品效率可能没有什么意义,因为对于许多用户来说,花在任务上的时间是非常享受的。

如果有必要向参试者提供帮助,则有效性和效率的测量标准应分为提供了帮助和未提供帮助两种情况,而且帮助的数量和类型应包含在测试结果中。

H.6.1 有效性

有效性与使用产品完成目标的准确性和完整性有关。这些目标是如何达成的不需要纳入考虑,只需要考虑这些目标的完成程度。效率可将能达到的有效性和花费的资源数量进行关联。

H.6.1.1 任务完成率

任务完成率是指在规定时间内完整且正确地完成目标的参试者所占的百分比。如果只是完成了部分目标(例如,没有完整地完成目标或者取得次佳的结果),也可以针对局部完成的目标设置相关要求,并依据相关规范进行打分,分数范围在0%～100%之间。例如,拼写检查任务可能包括识别并纠正10处拼写错误,而该任务完成率是依据纠错百分率来计算的。另一种计算完成率的方法是加权法。例如,在文件标题页中,拼写错误的重要程度是正文部分中错误的两倍。需要阐明选择特殊方法分析特定局部目标的基本原理(如果要求中包含这样的测试结果)。

应测量以下项目:

——完整且正确地完成每个目标的参试者所占的百分比。

H.6.2 效率

H.6.2.1 效率测量

产品的效率将能达到的有效性和花费的资源数量进行关联。效率一般以完成任务所花费的平均时间来测量。效率可能还与其他资源(例如,总使用成本)有关系。一般来说,效率是以完成任务所花费的时间来测量的。

应进行以下测量:

——完成每项任务所花费的平均时间,以及所有参试者所花费的时间区间范围。

H.6.3 满意度

应提供以下信息:

——问卷调查表。

满意度是用户使用产品时的主观反应。满意度与使用产品的动机密切相关,在某些情况下还可能会影响产品的性能。通常采用里克特量表(Likert)和语义差别量表来进行问卷调查,以测试满意度以及相关的态度。

H.7 统计显著性

应对所有测试结果的统计置信水平(结果并非偶然发生的置信度)进行详细说明(见7.5.3)。

H.8 附录

应提供以下信息:

a) 定制的问卷调查表(如果采用的话);

b) 参试者的一般性说明(如果未包含在报告正文中);

c) 参试者的任务说明。

附 录 I
（资料性附录）
标准反馈

I.1 反馈地址

关于本部分内容的意见请发送至邮箱：ranlh@cnis.gov.cn。

I.2 受邀反馈

欢迎提供以下相关反馈：

——使用经验、案例研究以及任何公开发布的结果；

——产品类型、适用范围、用户群数量、用户数量、包含残障用户；

——任何关于方法的问题；

——改进建议；

——确定主要目标的容易程度；

——招募具有代表性的用户样本的难易程度；

——两个机构独立测试同一个产品，他们得出的结果的一致性；

——测试消费类产品得出的结果是否可靠，是否易于解释；

——所采用的方法是否适合测试其他类型的产品。

参 考 文 献

[1] GB/T 16260.4—2006 软件工程 产品质量 第4部分:使用质量的度量

[2] GB/T 18978.11—2004 使用视觉显示终端(VDTs)办公的人类工效学要求 第11部分:可用性指南

[3] GB/T 22187—2008 建立人体测量数据库的一般要求

[4] GB/T 23701—2009 人-系统交互人类工效学 人-系统事宜的过程评估规范

[5] GB/T 25000.62—2014 软件工程 软件产品质量要求与评价(SQuaRE) 易用性测试报告行业通用格式(CIF)

[6] ISO 8317:2003 Child-resistant packaging—Requirements and testing procedures for reclosable packages

[7] ISO 9241-210:2010 Ergonomics of human-system interaction—Part 210: Humancentred design for interactive systems

[8] ISO/TR 22411:2008 Ergonomics data and guidelines for the application of ISO/IEC Guide 71 to products and services to address the needs of older persons and persons with disabilities

[9] ISO/IEC 25010:2011 Systems and software engineering—Systems and software Quality Requirements and Evaluation (SQuaRE)—System and software quality models

[10] ISO/IEC 25060:2010 Common industry format for usability—General framework for usability-related information

[11] ISO/IEC 25062:2006 Software engineering—Software product Quality Requirements and Evaluation (SQuaRE)—Common Industry Format (CIF) for usability test reports

[12] ISO/IEC 25063 Systems and software engineering—Systems and software product Quality Requirements and Evaluation (SQuaRE)—Common Industry Format (CIF) for usability:Context of use description

[13] ISO/IEC 25064 Systems and software engineering—Software product Quality Requirements and Evaluation (SQuaRE)—Common Industry Format (CIF) for usability:User needs report

[14] ISO 26800:2011 Ergonomics—General approach,principles and concepts

[15] BANGOR A.,KORTUM P.,MILLER J.Determining what individual SUS scores mean: adding an adjective rating scale.J.Usability Stud.2009,4 pp.114-123

[16] BROOKE J.SUS:A "quick and dirty" usability scale (1986).In:JORDAN,P.,THOMAS, B.,WEERDMEESTER,B.(eds.)Usability Evaluation in Industry,pp.189-194.Taylor and Francis.

[17] HASSENZAHL M.ATTRAK Diff(tm).Available from http://www.attrakdiff.de

[18] Jäger R.Konstruktion einer Ratingskala mit Smilies.Diagnostica.2004,50 pp.31-38

[19] JIAN J.-Y.,BISANTZ A.M.,DRURY C.G.Foundations for an empirically determined scale of trust in automated systems.Int.J.Cogn.Ergon.2000,4 pp.53-71

[20] KUNIN Th.The construction of a new type of attitude measure.Person.Psychol.1955,8 pp.65-77

ICS 07.030
A 40

中华人民共和国国家标准

GB/T 32262—2015

用于原子力显微镜检测的脱氧核糖核酸样品的制备方法

Preparation of deoxyribonucleic acid sample for atomic force microscope measurement

2015-12-10 发布

2017-01-01 实施

中华人民共和国国家质量监督检验检疫总局
中国国家标准化管理委员会
发布

前　言

本标准按照 GB/T 1.1—2009 给出的规则起草。

本标准由中国科学院提出。

本标准由全国纳米技术标准化技术委员会(SAC/TC 279)归口。

本标准主要起草单位:中国科学院上海应用物理研究所、上海交通大学、纳米技术及应用国家工程研究中心。

本标准主要起草人:黄一波、胡钧、张益、孙洁林、李宾、李民乾、何丹农。

引 言

脱氧核糖核酸(DNA)是重要的遗传物质,而原子力显微镜(AFM)是高分辨检测和分析DNA的重要工具。DNA分子呈链状结构,它的直径接近2 nm。由于DNA分子自身和分子之间很容易粘连和团聚,通常情况下,用于AFM实验的DNA分子需要分散固定在平整的衬底上,并且DNA分子与衬底间需要有良好的结合才能承受清洗液的侵蚀和冲击。因此,需要标准的DNA样品制备方法,以利于AFM观察和分析。本标准提供一种适合AFM检测分析用的DNA样品制备方法。

本文件的发布机构提请注意,声明符合本文件时,可能涉及到云母衬底的修饰[7.1条]具体内容与专利号为ZL00116715.4[一种用于DNA操纵的云母衬底的制造方法]内容相关的专利的使用。

本文件的发布机构对于该专利的真实性、有效性和范围无任何立场。

该专利持有人已向本文件的发布机构保证,他愿意同任何申请人在合理且无歧视的条款和条件下,就专利授权许可进行谈判。该专利持有人的声明已在本文件的发布机构备案。相关信息可以通过以下联系方式获得:

专利持有人姓名:胡钧、黄一波、张益、欧阳振乾、李民乾

地址:上海市嘉定区嘉罗公路2019号

请注意除上述专利外,本文件的某些内容仍可能涉及专利。本文件的发布机构不承担识别这些专利的责任。

用于原子力显微镜检测的脱氧核糖核酸样品的制备方法

1 范围

本标准规定了用于 AFM 检测分析的 DNA 样品的制备方法，其中包括：方法概要、实验材料和器材、环境条件、云母衬底的修饰、DNA 溶液的处理、DNA 在衬底上的固定、DNA 样品的保存、DNA 样品的评价等。

本标准适用于制备利用 AFM 研究单个 DNA 分子的高分辨成像和纳米操纵实验的、吸附在原子级平整的云母衬底上的各种 DNA 样品，以及研究其物化性质和生物学功能等。与 DNA 分子结构相类似的生物材料的固定也可参照本标准。

2 规范性引用文件

下列文件对于本文件的应用是必不可少的。凡是注日期的引用文件，仅注日期的版本适用于本文件。凡是不注日期的引用文件，其最新版本（包括所有的修改单）适用于本文件。

GB/T 6682—2008 分析实验室用水规格和试验方法

3 术语和定义、缩略语

下列术语和定义、缩略语适用于本文件。

3.1 术语和定义

3.1.1

原子级平整 atomically flat

原子级属于微观结构，材料表面达到原子级水平的平整度。

3.2 缩略语

AFM：原子力显微镜（Atomic Force Microscope）

DNA：脱氧核糖核酸（Deoxyribonucleic Acid）

TE：三羟甲基氨基甲烷-乙二胺四乙酸二钠（TRIS-Ethylenediaminetetraacetic acid，disodium Salt）

APTES：(3-氨基丙基)-三乙氧基硅氧烷[(3-aminopropyl) triethoxysilane]

4 方法概要

4.1 根据 AFM 的工作原理。在进行样品观测时，应先将要探测的物质放置在一个衬底表面。

4.2 由于 DNA 分子非常小，所以要求将其放置在原子级平整且没有污染的衬底上。

4.3 本标准中利用 DNA 分子在水溶液中表面带负电荷的特性，对新解理的云母衬底进行修饰使其携带正电荷，从而使得 DNA 通过静电相互作用牢固地吸附在云母衬底表面，以适合于后续的 AFM 检测和分析研究。

5 实验材料及器材

5.1 云母：规格为原子级平整。
5.2 DNA：纯度要求紫外吸收测试 A260/A280 ≥ 1.7。
5.3 APTES：纯度 ≥98%。
5.4 TE 缓冲液：分子生物学级别，pH 7.0～pH 8.0。
5.5 超纯水：符合 GB/T 6682—2008 中一级水标准。
5.6 石蜡膜：通用实验室石蜡膜（Parafilm M　all-purpose laboratory film）。
5.7 超净工作台：净化等级满足百级。

6 环境条件

6.1 温度：环境温度应控制在 10 ℃～35 ℃。
6.2 湿度：环境相对湿度应控制在 20%～80%。

7 DNA 样品制备操作程序

7.1 云母衬底的修饰

7.1.1 在超净工作条件下，将新解理的云母用超纯水淋洗 1 次，宜采用氮气吹干。
7.1.2 取新配置的 1%（体积比）APTES 水溶液置于石蜡膜上。APTES 溶液的用量根据云母面积的大小选取，宜 1 μL/cm^2。
7.1.3 将云母解理面覆盖于 APTES 液滴上，放置 2 min。
7.1.4 用镊子夹取云母片，用超纯水淋洗后吹干。放置于 80 ℃±5 ℃烘箱中 30 min，取出后放置于干燥器中备用。所修饰的衬底要求表面无污染，推荐 10 μm^2 面积粗糙度（Rq）小于 0.1 nm。

7.2 DNA 溶液的处理

7.2.1 将 DNA 原液分装成 5 μL/管～10 μL/管，放置在－20 ℃±2 ℃环境下保存。
7.2.2 将冰箱中取出已分装的 DNA 原液，在室温下放置待其自然解冻后使用。
7.2.3 取解冻后的 DNA 原液用 TE 缓冲液稀释到 10 ng/μL～50 ng/μL，并摇匀。
7.2.4 建议将稀释后的 DNA 溶液置于 4 ℃±1 ℃环境下存放 2 d～15 d。
7.2.5 从冰箱中取出经存放的 DNA 稀释液，使用前建议在室温下放置 20 min。
7.2.6 取 DNA 稀释液 5 μL～10 μL（根据实验需要量定），用超纯水稀释 10 倍至最终浓度，摇匀。
7.2.7 将经稀释后的 DNA 溶液在 37 ℃±2 ℃环境下温浴 15 min～30 min。

7.3 DNA 在衬底上的固定

7.3.1 静置法

7.3.1.1 在超净工作条件下，将 20 mm×20 mm 的石蜡膜平铺工作台上，取 2 μL DNA 稀释液滴在石蜡膜上。
7.3.1.2 将面积约为 15 mm×15 mm 的 APTES 修饰过的云母衬底覆盖在 DNA 溶液上，使 DNA 溶液在云母衬底和石蜡膜之间均匀铺展，静置 1 min，使得 DNA 分子牢固地分散吸附到云母表面。
7.3.1.3 用镊子揭起云母衬底，并用超纯水淋洗其表面。

7.3.1.4 将吸附有DNA样品的云母衬底表面用氮气吹干。

7.3.2 流动法

7.3.2.1 在超净工作条件下，将面积约为15 mm×15 mm的APTES修饰过的云母衬底置于超净工作台上，取2 μL DNA稀释液滴在云母衬底的一边。
7.3.2.2 用盖玻片侧边慢慢平移使液滴从云母的一端移动到另一端。
7.3.2.3 用镊子揭起云母衬底，并用超纯水沿着盖玻片移动的方向冲洗云母衬底表面，以清除表面上可能存留的杂质。
7.3.2.4 将云母衬底表面用氮气吹干。

7.4 DNA样品的保存

将制备好的DNA样品存放在尺寸合适且带盖的容器内，放置到洁净的干燥器中室温保存。注意避免触碰样品表面，以免污染样品。建议在6个月内使用。

8 DNA样品的检测及评价指标

8.1 检测

制备好的DNA样品采用原子力显微镜检测，典型的样品检测方法可参考附录A提供的实例。

8.2 评价指标

样品检测结果应满足以下指标：

a) 在5 μm×5 μm扫描范围内DNA以弯曲状分布，且数量不少于1条(或1段)；以单根DNA线状存在率不少于60%。
b) 在5 μm×5 μm扫描范围内200 nm以上的DNA积聚颗粒少于1个。

样品满足以上指标，则评价该样品为合格。

附　录　A
（资料性附录）
样品的检测实例

A.1　原子力显微镜（AFM）

用于检测 DNA 样品制备质量的仪器，其主要的技术要求如下：

a）　横向分辨率：0.1 nm（X、Y 方向）；

b）　纵向分辨率：0.01 nm（Z 方向）；

c）　具有轻敲模式成像功能。

A.2　环境要求

检测环境的相对湿度控制在 20%～50%，温度控制在 22 ℃±5 ℃范围。

A.3　AFM 探针

曲率半径小于 20 nm；悬臂的振动频率应大于 70 kHz。

A.4　典型 DNA 样品的 AFM 检测

A.4.1　pUC19 DNA 的 AFM 检测

A.4.1.1　实验条件

仪器名称：原子力显微镜(AFM)；
生产厂家：Veeco Digital Instrument Company；
仪器型号：Nanoscope Ⅲa；
成像环境：温度 25 ℃，相对湿度 40%；
探针型号：NSC11/AlBS (MikroMasch)；
成像模式：轻敲模式；
扫描范围：5 μm×5 μm；
扫描频率：2 Hz。

A.4.1.2　实验结果及评价

实验结果及评价如下：

a）　图 A.1 为 pUC19 DNA 的 AFM 图像。

b）　在 5 μm×5 μm 扫描范围内 pUC19 DNA 以弯曲线状分布，数量大于 20 条，单根 pUC19 DNA 线状存在率大于 60%。

c）　在 5 μm×5 μm 扫描范围内无 200 nm 以上的 pUC19 DNA 积聚颗粒。

d）　单根 pUC19 DNA 的高度为 0.6 nm，表观宽度为 20 nm。

e）　AFM 检测结果符合 DNA 样品的评价指标。

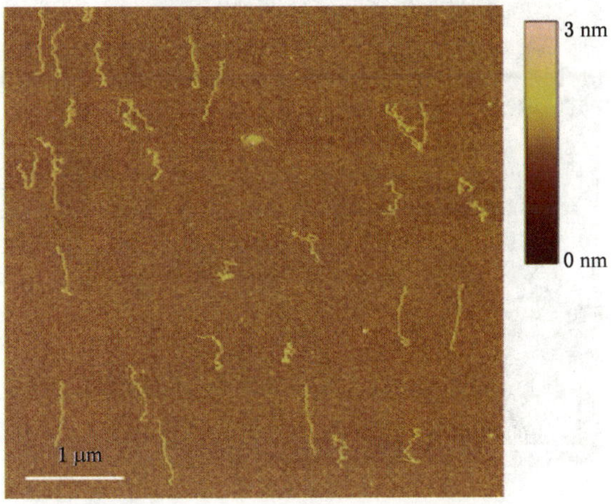

图 A.1　pUC19 DNA 的 AFM 图像

A.4.2　λDNA 的 AFM 检测

A.4.2.1　实验条件

仪器名称:原子力显微镜(AFM);

生产厂家:Veeco Digital Instrument Company;

仪器型号:Nanoscope Ⅲa;

成像环境:温度 23 ℃,相对湿度 45%;

探针型号:NSC11/AlBS (MikroMasch);

成像模式:轻敲模式;

扫描范围:5 μm×5 μm;

扫描频率:2 Hz。

A.4.2.2　实验结果及评价

实验结果及评价如下:

a)　图 A.2 为 λDNA 的 AFM 图像。

b)　在 5 μm×5 μm 扫描范围内 λDNA 以弯曲线状分布,数量大于 10 条,单根 λDNA 线状存在率大于 60%。

c)　在 5 μm×5 μm 扫描范围内无 200 nm 以上的 λDNA 积聚颗粒。

d)　单根 λDNA 的高度为 0.5 nm,表观高度为 20 nm。

e)　AFM 检测结果符合 DNA 样品的评价指标。

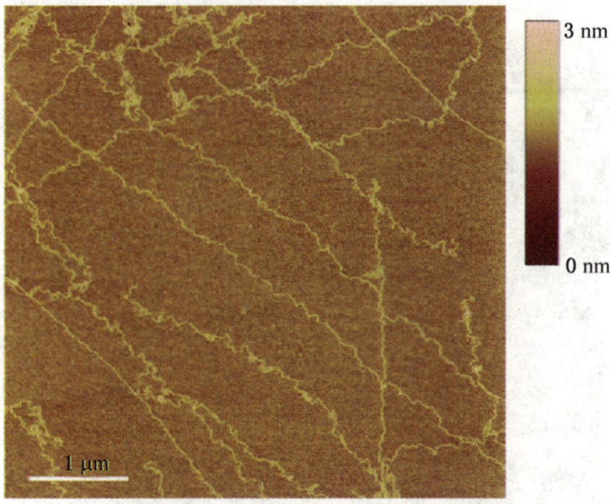

图 A.2 λDNA 的 AFM 图像

参考文献

[1] Hongjie An, Jiehuan Huang, Ming Lu, Xueling Li, Junhong Lu, Haikuo Li, Yi Zhang, Minqian Li, and Jun Hu. Single-base resolution and long-coverage sequencing based on single-molecule nanomanipulation, Nanotechnology 18(2007) 225101.

[2] Jun-hong Lü, Hai-Kuo Li, Hong-jie An, Guo-hua Wang, Ying Wang, Min-qian Li, Yi Zhang, and Jun Hu. Positioning Isolation and Biochemical Analysis of Single DNA Molecules Based on Nanomanipulation and Single-Molecule PCR, Journal of the American Chemical Society, 2004, 126, 11136-11137.

[3] Jun Hu, Yi Zhang, Haibin Gao, Minqian Li, and Uwe Hartmann. Artificial DNA Patterns by Mechanical Nanomanipulation, Nano Letters, Vol.2, No.1, 55-57, 2002.

[4] 吴世英,张益,雷晓玲,胡钧,艾小白,李民乾.用液流操纵单个 DNA 分子形成纳米悬链线图形,物理学报,第 51 卷,第 8 期,2002 年 8 月,1887-1891.

[5] Zhang Yi, Chen Shengfu, Ouyang Zhenqian, Hu Jun , Xiong Qihu, Li Bin, Huang Yibo, Li Minqian, Jin Chengzhi. Stretching and imaging studies of single DNA molecules, Chinese Science Bulletin, Vol. 45, No. 15, August 2000, 1365-1368.

[6] 黄一波,张益,胡钧,李民乾.一种适用于原子力显微镜探测与生物大分子操纵的云母衬底.微米/纳米科学与技术,2000 年 5(1):412.

ICS 71.040
N 04

GB

中华人民共和国国家标准

GB/T 32263—2015

高纯化合物 农残分析用化合物的测定 气相色谱-电子捕获检测器(ECD)法

Highly purified compound—Reagent for pesticide residue analysis—Method of the gas chromatography with electron capture detector(ECD)

2015-12-10 发布　　2017-01-01 实施

中华人民共和国国家质量监督检验检疫总局
中国国家标准化管理委员会　发布

前　言

本标准按照 GB/T 1.1—2009 给出的规则起草。

本标准由中华人民共和国科学技术部提出。

本标准由全国仪器分析测试标准化技术委员会(SAC/TC 481)归口。

本标准起草单位:中国计量科学研究院。

本标准主要起草人:全灿、戴新华、李红梅、黄挺、苏福海、宋德伟、张伟。

高纯化合物 农残分析用化合物的测定 气相色谱-电子捕获检测器(ECD)法

1 范围

本标准规定了用气相色谱-电子捕获检测器(ECD)测定农残分析用化合物的方法。

本标准适用于农药残留分析用高纯溶剂中含卤素等电负性强的特性指标的测定。

2 规范性引用文件

下列文件对于本文件的应用是必不可少的。凡是注日期的引用文件,仅注日期的版本适用于本文件。凡是不注日期的引用文件,其最新版本(包括所有的修改单)适用于本文件。

GB/T 4946 气相色谱法术语

GB/T 9722 化学试剂 气相色谱法通则

GB/T 14666 分析化学术语

JJG 700—1999 气相色谱仪

3 术语和定义

GB/T 4946、GB/T 9722、GB/T 14666 界定的以及下列术语和定义适用于本文件。

3.1

农残分析用化合物 reagent for pesticide residue analysis

农残级试剂 pesticide grade solvent

适用于农药残留分析中作为溶剂的试剂。

3.2

浓缩倍数 concentration ratio

被测物经过旋转蒸发等方法进行浓缩,浓缩前的体积与浓缩后的体积之比。

4 方法原理

电子捕获检测器是一种离子化检测器,具有高度的选择性和灵敏度,只对具有电负性的物质,如含卤素、硫、磷、氮的物质有响应。农药残留含量是农残分析用化合物的关键特性指标。痕量的农药残留经浓缩后,经气相色谱-电子捕获检测器法检测,由数据处理系统记录色谱图及相应数据。

5 试剂和材料

5.1 试剂

正己烷:农残级。

5.2 标准溶液的制备

取丙体六六六纯品 10 mg 溶解在 100 mL 正己烷中，制备出标准储备溶液。取一定量的储备溶液，用正己烷作溶剂按照比例稀释，得到一组浓度为 16 ng/mL、8 ng/mL、4 ng/mL 和 2 ng/mL 的工作标准溶液。工作标准溶液需要在每天使用前制备。

5.3 标准物质

丙体六六六，标准物质，纯度不小于 99%。

5.4 氮气

其体积分数不低于 99.999%。使用前需用脱氧管、脱水装置、硅胶、分子筛或活性炭等进行净化处理。

6 仪器

6.1 气相色谱仪

6.1.1 一般规定

气相色谱仪性能除专门指定条款外，应符合 JJG 700—1999 中 2.1.1 的要求。

6.1.2 毛细管色谱柱的选择

选用固定相 5%苯基-甲基聚硅氧烷的弱极性毛细管柱，柱长为 15 m～30 m。内径选用 0.25 mm 或 0.32 mm 规格。膜厚 0.25 μm。

6.1.3 载气流速的选择

根据被分析物的性质不同及色谱柱的内径不同，选择合适的载气流速。在实际分析中用氮气作载气时，常用载气的线速度为 16 cm/s。

6.1.4 温度选择

柱温箱温度：200 ℃；汽化室温度：250 ℃；检测器温度：260 ℃。

6.2 旋转蒸发仪

最大蒸发能力：10 L/h；温度调节范围：室温+5 ℃～80 ℃；试料瓶：2 L。

7 样品制备

取 300 mL 待测试剂按照规定比例浓缩至 1 mL。取待测试剂，在旋转蒸发仪上浓缩，根据真空度适当加热至 30 ℃～40 ℃，浓缩样品时温度不能过高，防止样品暴沸。浓缩至约 10 mL 时，停止加热，取下，在常温下氮吹浓缩至 2 mL 时，加入一定量的正己烷，常温下氮吹浓缩至 1 mL，待测。

8 分析步骤

8.1 测定

8.1.1 接通载气气源，设定载气流速或压力。然后，接通电源，开主机。

8.1.2 设定柱温、汽化室及检测器温度参数。设定灵敏度范围、分析时间等参数。

8.1.3 待设定的各项参数稳定后，按设定的程序运行基线，待基线稳定后，作相应的空白溶剂及标准曲线的测定，以检查仪器的灵敏度。然后进样，进行检测，并获得被分析物的气相色谱图。

8.1.4 分析测试结束后，应先降低柱温、汽化室及检测器温度，关闭主机及其他附属电源，关闭气路源。

8.2 定性分析

按丙体六六六标准物质色谱峰的保留时间作为定性依据。

8.3 定量分析

采用外标法，多点校正。

9 结果表述

9.1 标准物质的测试时间

色谱图上记录的保留时间范围为 0 min 至标准物质的色谱峰结束。

9.2 待测样品的测试时间

色谱图上记录的保留时间范围为 0 min～60 min。

9.3 最终结果

待测样品的色谱图上，在标准物质保留时间的一半至 60 min 的时间段内，所有峰的峰高不大于浓度为 4 ng/mL 的标准物质丙体六六六峰高的 0.5 倍，则判断该试剂符合农残分析用化合物的条件；反之则认为该试剂不符合农残分析用化合物的标准。

如图 1 为 4 ng/mL 标准物质的色谱图，其中丙体六六六的色谱峰(以 * 表示)保留时间＝5.8 min，峰高＝70。

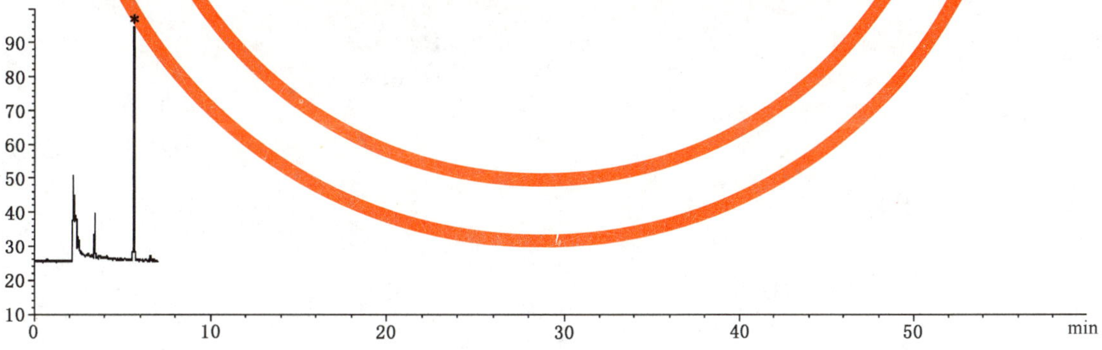

图 1 4 ng/mL 丙体六六六的色谱图

因此，标准物质保留时间的一半＝5.8/2＝2.9 min，峰高的 0.5 倍＝70/2＝35。图 2 为待测试剂的色谱图，其中在 2.9 min～60 min 的时间段内，所有峰的峰高不大于 35，所以待测试剂符合农残分析用化合物的条件。

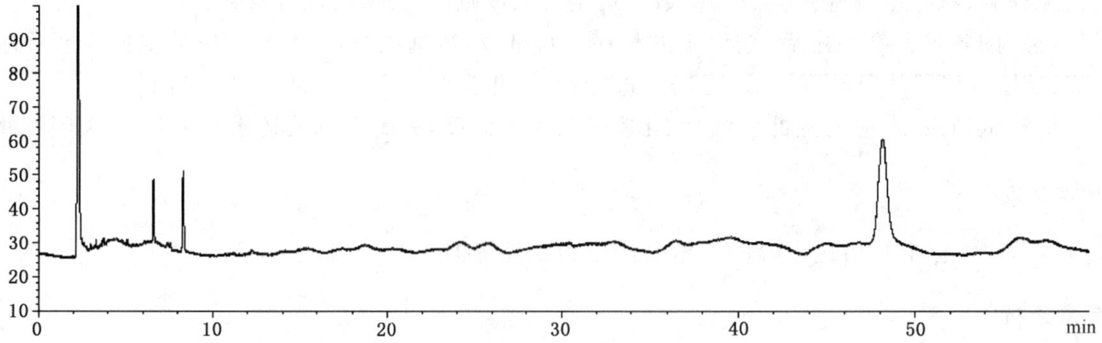

图 2　待测试剂的色谱图

ICS 71.040
N 04

中华人民共和国国家标准

GB/T 32264—2015

气相色谱-单四极质谱仪性能测定方法

Method of performance testing for gas chromatography-single quadrupole mass pectrometry

2015-12-10 发布　　2017-01-01 实施

中华人民共和国国家质量监督检验检疫总局
中国国家标准化管理委员会　发布

前　言

本标准按照 GB/T 1.1—2009 给出的规则起草。

本标准由中华人民共和国科学技术部提出。

本标准由全国仪器分析测试标准化技术委员会(SAC/TC 481)归口。

本标准起草单位:中国计量科学研究院。

本标准主要起草人:戴新华、邵明武、何海红、张伟、李红梅、黄挺、宋德伟、李晓敏、全灿、苏福海。

气相色谱-单四极质谱仪性能测定方法

1 范围

本标准规定了气相色谱-单四极质谱仪性能测定的方法。

本标准适用于气相色谱-单四极质谱仪性能的测定。

2 规范性引用文件

下列文件对于本文件的应用是必不可少的。凡是注日期的引用文件，仅注日期的版本适用于本文件。凡是不注日期的引用文件，其最新版本(包括所有的修改单)适用于本文件。

GB/T 32267 分析仪器性能测定术语

3 术语和定义

GB/T 32267 界定的以及下列术语和定义适用于本文件。

3.1

信噪比 signal to noise ratio

S/N

被测物信号强度与该检测条件下基线噪声的比值。

3.2

半峰宽 full width at half maximum;FWHM

质谱峰峰高一半处的宽度。

3.3

扫描速度 scan speed

单位时间内扫描的质荷比范围。

3.4

线性范围 linear range

响应值与待测物浓度呈线性关系的范围。

3.5

面积重复性 area repeatability

在相同测量条件下，对同一浓度的待测物进行连续多次重复测量，响应值面积之间的一致性。

3.6

定性重复性 qualitative repeatability

在相同测量条件下，对同一浓度的待测物进行连续和间隔多次重复测量，离子丰度比之间的一致性。

3.7

保留时间重复性 retention time repeatability

在相同测量条件下，对同一浓度的样品进行连续多次重复测量，保留时间之间的一致性。

4 主要试剂和标准物质

除非另有规定，所有试剂均为色谱级。宜使用以下浓度标准物质，使用时根据仪器状况稀释到合适浓度。

4.1 全氟三丁胺(简称 FC-43)，不低于优级纯。

4.2 硬脂酸甲酯-异辛烷溶液，10.0 ng/μL。

4.3 六溴苯-异辛烷溶液，50.0 ng/μL。

4.4 十溴联苯-异辛烷溶液，50.0 ng/μL。

4.5 八氟萘-异辛烷溶液，100 pg/μL。

4.6 六氯苯-异辛烷溶液，10.0 ng/μL。

4.7 苯甲酮-异辛烷溶液，10.0 ng/μL。

5 实验室环境条件

5.1 应清洁无尘，无易燃、易爆和强腐蚀性气体或试剂，排风良好。

5.2 室内温度：15 ℃～30 ℃；相对湿度不大于 75%。

5.3 仪器工作台应平稳，周围无强烈机械振动和电磁干扰源。

5.4 电源电压 220 V±22 V。

6 性能指标的测定

6.1 测定通用条件

开机，待仪器稳定，调谐通过后，参照附录 A 条件进行测定。

6.2 分辨率

使用 FC-43(4.1)进行调谐，直到调谐通过，得到半峰宽，通常以 $m/z=502$ 处峰计算。

注：除特殊说明外，均采用电子轰击(EI)源进行测试。

6.3 质量范围

在调谐界面下，将质量数设在仪器可测质量范围，可使用仪器自带的 FC-43(4.1)进行全质量范围扫描，观察是否出现 m/z：69，131，264，502，614…的质谱峰。对于强度低的离子，可以采用局部扫描方式观察，用 m/z：$n_1 \sim n_2$表示。

注：如果用户检测物质质荷比大于 614，可以使用用户日常检测的物质，通过气相色谱进样，观察仪器可检测的最大质荷比数；n_1、n_2分别代表最低质荷比数和最高质荷比数。

6.4 灵敏度

6.4.1 EI 源

注入适当浓度的八氟萘-异辛烷溶液 1.0 μL，全扫描方式下，所得谱图与标准谱图匹配度应不低于 80%。提取 $m/z=272$ 离子，再现质量色谱图，根据式(1)计算信噪比(S/N)。

$$S/N = H_{m/z} / H_{\text{噪声}} \qquad \cdots\cdots(1)$$

式中：

$H_{m/z}$——提取离子(m/z)的峰高，指对 272 离子进行积分后的峰高；

$H_{噪声}$——基线噪声，采用峰峰值，宜在八氟萘峰后的 0.5 min～1.0 min 范围内选择。

6.4.2 正化学电离(PCI)源

注入适当浓度的苯甲酮-异辛烷溶液 1.0 μL，提取 m/z＝183 离子，再现质量色谱图，根据式(1)计算 S/N。

6.4.3 负化学电离(NCI)源

注入适当浓度的八氟萘-异辛烷溶液 1.0 μL，提取 m/z＝272 离子，再现质量色谱图，根据式(1)计算 S/N。

6.5 线性范围

采用选择离子(SIM)监测方式，从低到高依次注入不同浓度的六氯苯-异辛烷溶液，计算测试浓度范围内，响应面积与浓度间的线性相关系数 R。

建议使用的溶液最高浓度不超过 1.00 μg/mL，最低浓度应满足 10 倍信噪比。

6.6 质量稳定性

根据用户要求，选择性注入适当浓度(例如 1.00 μg/mL)的六氯苯-异辛烷溶液(记录 m/z＝71 和 m/z＝284 离子的测量值)、六溴苯-异辛烷溶液(记录 m/z＝552 离子的测量值)和十溴联苯-异辛烷溶液(记录 m/z＝702 和 m/z＝943 离子的测量值)。每 8 h 进一次样，共 7 次。分别计算每个离子实际测量值极差，取其中最大的一个作为稳定性测试结果。

注：六氯苯、六溴苯和十溴联苯分别代表低、中、高 3 个质量段。

6.7 质量准确性

根据用户要求，选择性注入适当浓度(例如 1.00 μg/mL)的六氯苯-异辛烷溶液(记录 m/z＝71 和 m/z＝284 离子的测量值)、六溴苯-异辛烷溶液(记录 m/z＝552 离子的测量值)和十溴联苯-异辛烷溶液(记录 m/z＝702 和 m/z＝943 离子的测量值)。连续进样 3 次，取 3 次测量结果平均值作为实测值，计算实测值与理论值(参见附录 B)之差。

6.8 面积重复性

6.8.1 连续重复性

根据用户要求，选择性注入适当浓度(例如 1.00 μg/mL)的六氯苯-异辛烷溶液、六溴苯-异辛烷溶液和十溴联苯-异辛烷溶液，溶液浓度应满足 S/N＝(100∶1～200∶1)，连续进样 6 次。分别提取六氯苯、六溴苯、十溴联苯对应的特征离子 m/z＝284、m/z＝542、m/z＝943，再现质量色谱图，对色谱峰进行积分并记录峰面积，根据式(2)计算相对标准偏差(RSD)：

$$RSD=\sqrt{\frac{\sum_{i=1}^{6}(x_i-\overline{x})^2}{6-1}}\times\frac{1}{\overline{x}}\times 100\% \quad \cdots\cdots(2)$$

式中：

RSD——峰面积的相对标准偏差；

x_i——相应化合物第 i 次测量的峰面积；

$\overline{x}$ ——相应化合物6次测量峰面积的算术平均值；

i ——测量序号。

6.8.2 日内重复性

根据用户要求，选择性注入适当浓度（例如 1.00 μg/mL）的六氯苯-异辛烷溶液、六溴苯-异辛烷溶液和十溴联苯-异辛烷溶液，溶液浓度应满足 $S/N=(100:1\sim200:1)$，先连续进样3次作为第一组测试，然后每隔4 h连续进样3次，共进行7组测试。提取相应特征离子，再现质量色谱图，对色谱峰进行积分并记录峰面积，分别取每组3次进样所得峰面积的平均值作为一次测量结果，根据式(2)计算 RSD，作为日内重复性。

6.9 定性重复性

6.9.1 连续重复性

注入适当浓度（例如 1.00 μg/mL）的六氯苯-异辛烷溶液，溶液浓度应满足 $S/N=(100:1\sim200:1)$，连续进样6次。分别记录 $m/z=284$（基峰）、71、142、249的强度，根据式(3)分别逐个计算71、142、249与基峰比值的 RSD。

$$RSD=\sqrt{\frac{\sum_{i=1}^{6}(x_i-\overline{x})^2}{6-1}}\times\frac{1}{\overline{x}}\times100\% \qquad \cdots\cdots(3)$$

式中：

RSD ——丰度比的相对标准偏差；

x_i ——第 i 次测量选定离子强度与 $m/z=284$ 强度比值；

$\overline{x}$ ——6次测量选定离子强度与 $m/z=284$ 强度比值算术平均值；

i ——测量序号。

6.9.2 日内重复性

注入适当浓度（例如 1.00 μg/mL）的六氯苯-异辛烷溶液，溶液浓度应满足 $S/N=(100:1\sim200:1)$，每隔4 h测试一次，共测试7次。分别记录 $m/z=284$（基峰）、71、142、249的强度，根据式(3)分别逐个计算71、142、249与基峰比值的 RSD，作为日内重复性。

6.10 保留时间重复性

根据6.8.1质量色谱图，分别记录所测化合物的保留时间，根据式(4)计算相应化合物的保留时间极差（Δ）。

$$\Delta=t_{\max}-t_{\min} \qquad \cdots\cdots(4)$$

式中：

$t_{\max}$ ——相应化合物的最大保留时间，单位为分(min)；

$t_{\min}$ ——相应化合物的最小保留时间，单位为分(min)。

6.11 扫描速度

在不进样的条件下，设定扫描范围质荷比（m/z）：50～650，扫描速度设定到最大值，连续扫描5 min，根据式(5)计算实测扫描速度，并与设定值比较。

$$V_{sp}=\frac{M_r\times N_s}{T_s} \qquad \cdots\cdots(5)$$

式中：

V_{sp}——扫描速度，单位为原子质量单位每秒(u/s)；

M_r——扫描范围，单位为原子质量单位(u)；

N_s——扫描次数；

T_s——扫描时间，单位为秒(s)。

附　录　A
（资料性附录）
性能测试参数条件

A.1　质谱条件

A.1.1　EI 源

离子化能量：70 eV。

分辨率：半峰宽（0.6 amu±0.1 amu）。

扫描速度：500 u/s。

阈值（threshold）：0。

全扫描监测方式：八氟萘 m/z（50～300）；六氯苯 m/z（50～300）；六溴苯，m/z（100～600）；十溴联苯，m/z（300～960）；二苯甲酮 m/z（50～200）。

选择离子监测方式：八氟萘 $m/z=272$，六氯苯 $m/z=284$，二苯甲酮 $m/z=183$。

溶剂延迟：3 min（或视具体情况而定）。

离子源和四极杆温度根据厂家推荐值和待测物沸点设定。

灯丝电流等参数采用调谐通过后仪器设定的默认值。

A.1.2　CI 源

反应气：甲烷，根据厂家推荐方法选择流量。

其他参数同 EI 源。

A.2　气相色谱条件

色谱柱：DB-5HT 15 m×0.25 mm×0.10 μm，或性能相当的色谱柱。

进样口温度：250 ℃。

传输线温度：250 ℃。

十溴联苯：进样口 290 ℃，传输线 300 ℃。

程序升温：八氟萘和苯甲酮，60 ℃保持 3 min，以每分钟 10 ℃升到 220 ℃，保持 5 min。

六氯苯、六溴苯和十溴联苯混合标准溶液：100 ℃保持 0 min，以每分钟 10 ℃升到 150 ℃，保持 0 min，再以每分钟 15 ℃升到 240 ℃，保持 0 min。最后以每分钟 30 ℃升到 300 ℃，保持 7 min。

进样方式：不分流进样，开阀时间 0.75 min；进样量：1.0 μL。

载气：高纯氦，纯度 99.999%以上。

流速：1.0 mL/min，恒流或恒压（无恒流控制部件）。

A.3　其他要求

A.3.1　对于灵敏度测试，要求保留时间控制在 4 min～6 min。

A.3.2　六氯苯、六溴苯和十溴联苯混合标准溶液，根据具体情况，调整升温程序和载气流速，使得 3 个化合物保留时间分别控制在 5 min～9 min、9 min～13 min 和 15 min～20 min 左右。

A.3.3 测试灵敏度、重复性和扫描速度时，应采用统一的分辨率(半峰宽为 0.6 amu±0.1 amu)，相同的扫描速度[扫描范围 m/z(20～300)，扫描周期为 0.5 s]和阈值 (Threshold=0)。

A.3.4 适当浓度指根据仪器灵敏度状况，采用经过检定或校准的 100 μL 和 1 000 μL 移液器，对标准物质进行必要的稀释，直到满足使用要求。为将稀释带来的影响降至最低，建议每级稀释母液取样量不少于 100 μL。

附 录 B
（资料性附录）
5种离子/分子同位素峰理论质量数及其丰度

表 B.1 5种离子/分子同位素峰理论质量数及其丰度

1.碎片离子：C_3Cl		2.分子：C_6Cl_6		3.分子：C_6Br_6		4.碎片离子：$C_{12}Br_7$		5.分子：$C_{12}Br_{10}$	
同位素峰理论质量数	同位素峰丰度	同位素峰理论质量数	同位素峰丰度	同位素峰理论质量数	同位素峰丰度	同位素峰理论质量数	同位素峰丰度	同位素峰理论质量数	同位素峰丰度
70.97	100	281.81	51.4	545.51	5.4	696.43	3.1	935.18	4.4
71.97	3.24	282.82	3.3	546.51	0.3	697.43	0.4	936.18	0.6
73.00	32.43	283.84	100.0	547.51	31.5	698.43	20.9	937.18	19.1
74.00	1.05	284.85	6.5	548.51	2.0	699.43	2.7	938.18	2.5
—	—	285.88	81.1	549.50	76.9	700.42	61.4	939.18	49.9
—	—	286.88	5.3	550.51	5.0	701.43	7.9	940.18	6.5
—	—	287.91	35.1	551.50	100.0	702.42	100	941.18	85.3
—	—	288.91	2.3	552.51	6.5	703.42	12.9	942.18	11
—	—	289.94	8.6	553.50	73.2	704.42	97.8	943.17	100
—	—	290.94	0.6	554.50	33.2	705.42	12.6	944.18	12.9
—	—	291.97	1.1	555.50	0.1	706.42	57.5	945.17	81.5
—	—	292.97	0.1	556.50	6.5	707.42	7.4	946.17	10.5
—	—	—	—	557.50	0.05	708.42	18.9	947.17	45.6
—	—	—	—	558.50	0.3	709.42	2.4	948.17	5.8
—	—	—	—	—	—	710.42	2.7	949.17	16.8
—	—	—	—	—	—	711.42	0.3	950.17	2.1
—	—	—	—	—	—	—	—	951.16	3.7
—	—	—	—	—	—	—	—	952.17	0.5

ICS 13.180
A 25

中华人民共和国国家标准

GB/T 32265.1—2015/ISO 20282-1:2006

日用产品的易操作性 第1部分:针对使用情境和用户特征的设计要求

Ease of operation of everyday products—
Part 1:Design requirements for context of use and user characteristics

(ISO 20282-1:2006,IDT)

2015-12-10 发布

2016-07-01 实施

中华人民共和国国家质量监督检验检疫总局
中国国家标准化管理委员会 发布

前　　言

GB/T 32265 分为以下两个部分:

——日用产品的易操作性　第1部分:针对使用情境和用户特征的设计要求

——消费类产品和公用类产品的可用性　第2部分:总结性测试方法

本部分是 GB/T 32265 的第1部分。

本部分按照 GB/T 1.1—2009 给出的规则起草。

本部分使用翻译法等同采用 ISO 20282-1:2006《日用产品的易操作性　第1部分:针对使用情境和用户特征的设计要求》。

本部分由全国人类工效学标准化技术委员会(SAC/TC 7)提出并归口。

本部分起草单位:中国标准化研究院、中国科学院心理研究所、厦门鼎标企业管理服务有限公司、北京工业设计促进中心、天津师范大学、首都师范大学、清华大学、北京薏然阳光科技有限公司、中国烟草总公司职工进修学院。

本部分主要起草人:张运红、冉令华、张欣、孙向红、黄平、杨海波、李镜、陈元桥、陈晓敏、丁锦红、饶培伦、赵朝义、呼慧敏、刘太杰、赵仑、胡红春。

引　言

越来越多的日用产品应用了计算机技术，这使得产品操作愈加复杂，用户需要了解如何操作这些产品，才能更好地从使用产品中获益。因此，可用性是决定产品是否成功的关键。产品愈加复杂，用户在使用产品的各种功能中所面临的挑战也日益增加，对生产厂家而言，设计出好用的产品愈加困难。

可用性较差的产品在使用时通常需要他人协助，这不仅挫伤用户的使用热情，同时也给生产厂家和供应商带来额外成本支出。许多公司已意识到产品可用性的重要性，聘请了从事可用性实验的专家进行专业测评。许多测试机构在其产品评测过程中增加了可用性测评的内容。

本部分是在GB/T 18978.11—2004的基础上制订的，GB/T 18978.11提供了可用性规范和测量的总体指导原则。本部分将GB/T 18978.11—2004的指导原则应用于日用产品用户界面的可用性测试中。人们经常看到周围许多日用产品仍然存在可用性问题，尤其是与用户交互的产品，其用户界面设计显著影响用户对产品的使用感受。日用产品包括消费类产品和即来即用产品。

日用产品界面设计注重让用户实现他们的主要目标。产品主要目标反映所有或大多数用户希望实现的产品功能，如：使用手机接打电话，使用自动售票机购买火车票，或者使用电视机观看电视节目。术语“易操作性”可看作是可用性概念的一部分，指用户在实现产品主要目标过程中所使用的特定测量指标。

一般来说，日用产品的设计针对的预期用户群体的范围比较广泛，具有不同的用户特征。本部分尽量涵盖了日用产品设计过程中应考虑的各种用户特征。随着全球老龄人口日益增多，在产品设计中尤其应考虑到老年用户的需求特征。

GB/T 18978.11—2004规定可用性指用户使用产品的操作有效性、操作效率和满意度。考虑到用户使用日用产品所需完成的任务通常比较简单、快速，有效性将作为可用性测量的最重要指标。

日用产品的易操作性 第1部分：针对使用情境和用户特征的设计要求

1 范围

GB/T 32265的本部分为日用产品的易操作性设计提出了要求和建议，而易操作性可看作是与用户界面有关的可用性概念的一部分，日用产品用户界面设计需考虑用户特征和使用情境。

本部分的内容旨在促进日用产品的研发，因此包括：

——定义易操作性的概念；

——解释与使用情境相关的可用性问题；

——描述可能影响可用性的预期用户群体特征。

本部分可供可用性专家、人类工效学学者、产品设计师、交互设计师、产品制造商和其他从事日用产品设计和研发的人员等使用和参考。

本部分适用于带有交互界面的机械或电子产品，用户可通过直接操作或遥控产品交互界面实现其目的。这些产品至少属于下列内容之一：

a) 为某些公众购买或为所有公众租借、使用的消费品，它也可以是个人、公共组织或私有公司所有的消费品；

b) 为个人而非专业目的所使用的消费品(如：闹钟、电水壶、电话、电锆等)；

c) 为公众提供服务的即拿即用产品(如：售票机、复印机、健身器材)；

d) 工作场所除工作之外所使用的产品(如：办公室的咖啡机)；

e) 含有软件的产品，该软件能实现产品的主要目标(如：CD播放机)。

本部分的内容不适用于下列产品：

a) 纯物理产品，无交互式的用户界面(如：水壶或锤子)；

b) 以外观或时尚为主要设计目的的产品(如：无时间刻度的手表)；

c) 要求经过专门培训、具有特定技能和(或)专业知识的人才能使用的产品(如：乐器或汽车)；

d) 独立自成一体的软件产品；

e) 仅用于专业活动的产品。

注1：某些产品所涉及的内容不全在本部分包含的范围内。例如：在互联网接入终端的使用过程中，像终端开关的切换属于这部分范畴，而与网络使用有关的任务就不属于该范畴。

注2：本部分内容可与GB/T 18976—2003一起使用，GB/T 18976—2003描述了以人为本的设计过程中如何考虑可用性更广泛的内容。

注3：本部分的一些指导原则可应用于日常生活中的其他类型的产品系统。

2 符合性

为了研发出易于操作的日用产品，应根据第6章的内容对产品使用情境和用户特征进行分析并形成文件，日用产品的设计应考虑与之相关的每一个特征的范围。

3 术语和定义

下列术语和定义适用于本文件。

3.1

实际用户 actual users

与产品进行直接交互的人群。

注：产品上市之前，是指预期的用户群体；上市之后，是指已知的实际用户群体。

3.2

消费类产品 consumer product

为个人用途而非专业用途所获得和使用的产品。

注：消费类产品也称为消费品。

3.3

使用情境 context of use

用户、任务、设备(硬件、软件和原材料)以及使用某产品时的物理和社会环境。

注：改写 GB/T 18978.11—2004，定义 3.5。

3.4

易操作性 ease of operation

当用户使用日用产品实现产品主要目标时该产品用户界面的可用性。

注 1：易操作性是 GB/T 18978.11—2004 所定义的术语“可用性”的一部分，此处易操作性是在保证日用产品的其他产品功能操作正确的前提下，针对日用产品用户界面的操作所做出的评价。

注 2：一般情况下，易操作性是通过操作有效性来测量，有时也包括操作效率和满意度。

3.5

有效性 effectiveness

用户实现特定目标的准确性和完备性。

[GB/T 18978.11—2004，定义 3.2]

3.6

操作有效性 effectiveness of operation

准确和完整地实现产品主要使用目标的用户的百分比。

注：操作有效性的测量是以成功操作来计算，无论该操作是否最有效。

3.7

效率 efficiency

与用户实现目标的准确性和完备性相应的资源消耗。

[GB/T 18978.11—2004，定义 3.3]

3.8

操作效率 efficiency of operation

实现主要使用目标所花费的时间。

注：该定义明确了 3.7 所定义的效率的具体资源类型。

3.9

日用产品 everyday product

为公众使用所设计的消费品或即拿即用产品。

注 1：一些产品的设计在面向公众使用的同时，也可用于专业用途，但本定义中的日用产品仅适用于产品的非专业使用。

注 2：“日用”并不意味着用户需每天使用该产品，而是说，该产品在日常生活中随处可见。

3.10

公众 general public

具有各种用户特征的人群。

注：一般指在某个地理区域内的人群。

3.11

目标 goal

期望的结果。

注：目标的表述应独立于实现目标所使用的功能。

[GB/T 18978.11—2004,定义 3.8]

3.12

预期用户 intended users

产品设计所面向的人群。

注 1：采用 ISO 9241-9:1999 中 3.4.6 的定义。

注 2：多数情况下,实际的用户群体与制造商最初预期的用户群体不同。预期用户群体的确定是建立在对产品用户进行实际估计的基础之上。

3.13

交互 interaction

用户与设备之间的双向信息交流。

注 1：设备包括硬件和软件。

注 2：信息交流可包括引起感知反应的身体动作。

注 3：改写 IEC/TR 61997:2001,定义 3.4。

3.14

主要目标 main goal(s)

所有用户或绝大多数用户在使用产品时希望实现的最常见或最重要的目标。

示例:对手机用户而言,其主要目标是交流,尽管手机还可用于许多其他用途(如:拍摄、掌上电脑、MP3 播放)。用户使用洗衣机的主要目标是清洗衣物,尽管洗衣机可提供一些额外的功能(如:延迟洗涤、定时洗涤)。这些可选用途及附加功能不应作为主要目标。

注：目标的表述应独立于实现目标所使用的功能。

3.15

满意度 satisfaction

无不适感并对产品使用所持的态度。

注：改写 GB/T 18978.11—2004,定义 3.4。

3.16

操作满意度 satisfaction with operation

对产品用户界面的操作所持有的态度。

3.17

任务 task

实现目标所必需的活动。

注：这些活动可能是体力的和(或)脑力的。

[GB/T 18978.11—2004,定义 3.9]

3.18

可用性 usability

以有效性、效率和满意度为指标,产品在特定使用情境下为了特定的目标可为特定用户使用的程度。

[GB/T 18978.11—2004,定义 3.1]

3.19

用户 user

与系统、产品或服务交互的人。

注 1:使用工作系统所提供的服务的人(例如,商店里的顾客或火车上的乘客)可以视为用户。

注 2:改写 ISO 26800:2011,定义 2.10。

3.20

用户特征 user characteristics

可能影响可用性的用户属性。

3.21

用户界面 user interface

用以控制产品并接受其状态信息的产品元素。

示例:淋浴水龙头的用户界面是水温控制部件,其中,通过移动控制部件来控制水的温度,控制部件所处的位置将温度信息传递给用户。

注:产品上持久显示的使用说明可看作是用户界面的一部分。

3.22

即来即用产品 walk-up-and-use product

向公众提供服务的日用产品。

注 1:即来即用产品的设计对于没有使用经验的用户也能成功获取并使用。

注 2:即来即用产品在国内主要指自助式产品,通常由公众或用户自己操作。

4 易操作性

在本部分中,易操作性被定义为"当用户使用日用产品实现产品主要目标时该产品用户界面的可用性",用户界面的设计质量会影响用户的产品使用体验,提升或降低产品的接受程度。

易操作性意味着用户能够实现以下主要目标:

——高成功率(操作有效性);

——可接受的任务完成时间(操作效率);

——可接受的操作满意度水平。

实现易操作性的关键因素是操作有效性。这是因为与完成含有用户界面的日用产品主要目标相关的任务通常是快速而简单的。因此,相比较而言,效率或满意度的提升通常不具有实践意义。

在设计中考虑产品易操作性时,对初次使用的用户而言,成功率高很重要。因为初次顺利使用是用户持续使用该产品的前提。

易操作性主要存在于产品生命周期的使用阶段,尽管类似的问题也存在于其他阶段,如安装阶段。

示例:电视机尽管难以安装,但易于操作。

在特定使用情境中使用日用产品的用户通常都具有一定特征,他们都有一个主要目标并为实现这一目标而操作产品。产品的用户界面支持用户实现这一目标。具体示例见图 1。

图 1 中显示的是用于购买车票的售票机。用户的主要目标是购买车票。在本示例中,用户的具体目标是通过操作售票机购买一张从 A 地到 B 地即刻出发的单程车票。本示例中的用户为该地的游客,初次使用该机器。

使用情境和用户特征影响易操作性。本示例中,使用情境的相关内容包括地点、温度、照明、噪声、时间限制和精神压力等。本示例中,由于用户想尽快买到车票,因而精神压力和时间限制是两个显著的影响因素。相关的用户特征包括年龄、身体尺寸、关于类似机器的知识、对显示语言的掌握程度、视觉能力、听觉能力和生物力学指标。

易操作性

使用情境：

——地点；

——温度；

——照明；

——噪声；

——时间限制；

——精神压力；

——辅助机器；

——使用者（个体、群体或公众）。

示例

日用产品：售票机

相关的机器部件：带显示和控制部件的用户界面

主要目标：购买车票

任务：操作机器获取车票

情境：首次使用（用户为游客）

用户特征：

——年龄；

——人体尺寸；

——相关知识；

——对显示语言的掌握程度；

——视觉能力；

——听觉能力；

——生物力学特征。

图 1 易操作性的场景示例

5 评审和文件要求

5.1 评审阶段

为了研发出易于操作(即对大多数人而言便于使用)的日用产品，应对产品使用情境和用户特征进行评估和分析。在评估和分析过程中，需要确定哪些使用情境和用户特征与产品的易操作性相关，并评估这些因素在设计中是否需要考虑，该评估和分析过程宜由具备可用性评审专业知识和技能的人来进行。

应明确需要评审的具体产品，如果某组织负责提供产品所支持的服务，也应明确该组织。

注：依据产品设计的阶段，概念描述、模型、功能设计模型或原型应是可获得的。

5.1.1 明确主要目标

应明确使用产品的主要目标。大多数情况下，产品预期支持的目标只有一个，即使用最频繁和(或)最重要的用户目标。该目标一般与为实现这个目标而需要进行的任务活动有关。目标应以任务活动预期结果的形式进行表述，而不考虑其实现的手段。

注：ISO /TS 20282-2 包含了典型的即来即用产品和消费类产品清单，同时也包含了使用每一产品的主要目标。该

标准中也列举了一些与实现产品使用主要目标相关的典型活动任务例子。

示例:见图1。对于售票机而言,其主要目标是购买合适的车票。

5.1.2 识别用户特征并评估其相关性

对于预期用户群体,应识别可能影响产品易操作性的用户特征以及主要使用情境并形成文件。

示例1:见图1:图的左边部分显示了已评估出的与产品设计相关的用户特征和使用情境。

示例2:自动售票机的用户人群包括老年人。他们操作控制器件的生物力学强度与产品设计特别相关。

示例3:如果自动取款机被安装在特定语言区时应考虑到所处区域的主要使用语言。如果自动取款机的用户主要是以说汉语为主的人群时,也应考虑到说其他语言的游客,如英语使用者等。如果自动取款机的操作需要所有的用户都具有存取现金或转账等交易的经验,其中银行交易术语和知识经验可被作为相关因素。

示例4:安装在室外场所的自动售票机,晚间可能无照明且环境温度的范围为−30 ℃~40 ℃。如果自动售票机前正排着一个长队,用户可能会感到有压力(如时间压力)。照明、温度范围以及压力都可作为易操作性的相关因素。

5.1.3 确定每一特征的影响

应确定生理、心理和社会等特征可能对易操作性产生的影响。这可通过专家评估、收集实际使用数据或实证研究来完成。为确定使用产品的人群范围,可对接近预期范围边缘的用户进行预测试,或者利用其他有关人类特征范围的现有数据资源(如关于人体测量或视力方面的现有数据资源)。

应识别存在于预期用户群体中的用户特征范围,并形成文件。这一范围应包括生理或心理特征处于边缘范围的人群,如老年用户等。这些特征包括人体尺寸、力量、生物力学指标、视觉能力、听觉能力、利手、知识、经验、文化、读写能力或语言。应尽可能使用现有的数据。

如果人群差异对易操作性产生较大影响,对各组人群进行详细的分析有助于获取更准确的数据。

示例1:如果产品使用者也包括坐在轮椅上的用户,应使用现有的数据确认坐在轮椅上的用户的可达范围。

示例2:开门装置设计拟包括指纹传感器。如果现有的人体测量数据不足以确立最佳安装高度,则需进行相关的调研。

5.1.4 确保产品设计支持相关的特征范围

设计应考虑已经确认的每一个相关的用户特征和环境特征。应对产品设计所支持的每一特征的范围形成文件。

当认为某一特征会影响产品的易操作性,但不了解特定设计方案潜在的影响时,应使用符合预期用户特征的样本对此进行调研。

5.1.5 符合性评审

应对每个相关的用户和环境特征进行评审,以检查产品设计和形成的文件结果是否支持预期的特征范围。

示例:选择按钮作为控制部件。针对预期的用户人群,评审过程发现按住按钮所需要的力不超过5 N。由此,该符合性可以进行测量。

5.2 推荐流程

图2给出设计评审的推荐流程。

由于一些特征是相互关联的,因此,该流程可能需要反复。

示例1:众所周知,年龄会影响阅读小字体文本的能力。应要求产品上的基于文本的说明能被包括老年人在内的95%的预期用户人群认读。如果不能确定产品上是否有足够的空间确保说明书的可读性,设计者应找到适合老年人阅读的字母大小相关的数据,计算出合适的说明文字所需空间的大小,并决定是否需要更多的空间。

示例2:针对产品操作的控制器应被固定在最矮的人所能触及的最高高度。对产品的用户界面而言,通过应用人类手脚可达范围的相关工效学数据,可计算出到达操作界面所需的最低人体高度,并计算出设计所排除的人群的百分比。

测试身高的边缘值通常是确定这一数值的最有效的方法。一旦确定了关键的范围限制，则可以计算出被排除的用户的百分比。

示例3:使用自动取款机所需的一系列繁琐的操作，对于许多老年人而言困难重重，老年人很难确认当前的操作阶段进而不能决定操作哪个按钮来选择下一步。这是因为老年人的短时记忆能力普遍衰退。改变界面设计以提供当前操作阶段的清晰说明以及阶段之间的导航将有助于解决这类问题。

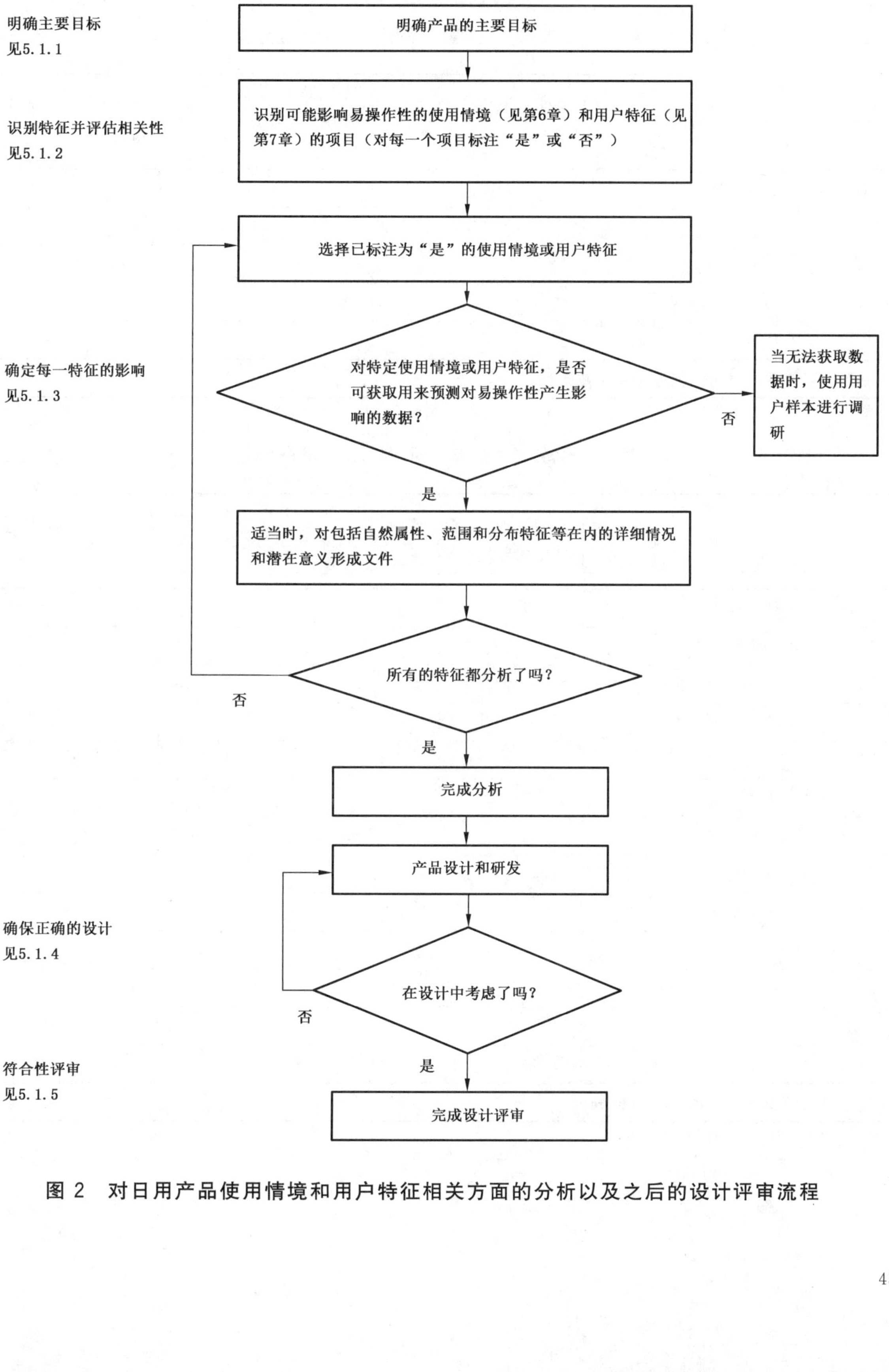

图2　对日用产品使用情境和用户特征相关方面的分析以及之后的设计评审流程

5.3 形成文件

作为设计过程的一部分而产生的易操作性文件应以一种恰当的方式形成，并且对设计和研发团队而言是可用的。

表 1 和表 2 给出了这类文件的格式示例。

表 1 形成文件过程的示例(一)：使用情境

章条[a]	使用情境	该使用情境可能影响易操作性吗？	是否基于可获得的数据确立了设计范围限制？	设计中是否考虑了使用情境？
6.1	主要目标			
6.2	与其他设备相关的因素			
6.3	物理环境因素			
6.4	社会环境因素			

[a] 参见第 6 章中规定的使用情境分项。

表 2 形成文件过程的示例(二)：用户特征

章条[a]	用户特征	该用户特征可能影响易操作性吗？	是否基于可获得的数据确立了设计范围限制？	设计中是否考虑了用户特征范围？
7.2.1	认知能力			
7.2.2	知识和经验			
7.2.3	文化差异			
7.2.4	读写能力			
7.2.5	语言			
7.3.2	人体尺寸			
7.3.3	生物力学特征			
7.3.4	视觉能力			
7.3.5	听觉能力			
7.3.6	利手			
7.4.1	一般人口学特征			
7.4.2	年龄			
7.4.3	性别			

[a] 参见第 7 章中规定的用户特征分项。

6 使用情境

6.1 主要目标

大多数日用产品具有该产品所支持的易于识别的单一目标(如:图 1 中的售票机)。如果有更多的产品功能,则主要目标是用户通过操作该产品可实现的最频繁或最重要的功能。

设计产品时,其主要目标应是一眼就能识别的。而对产品进行测试时,应明确主要目标。

注 1:一个主要目标可包括一系列子目标,这些子目标是整体目标的组成部分。主要目标通过用户执行一系列任务活动来实现。

注 2:针对易操作性的设计,对日用产品而言,总的来说,其任务涉及的活动持续时间相对较短,复杂程度较低。

注 3:如果目标和任务是产品使用的前提条件(如:安装),则需将其与主要目标加以区别。

6.2 与其他设备相关的因素

本部分强调的是机械、电气或电子产品的用户界面,它允许用户通过操作控制器来实现其功能。

设计日用产品时应考虑正常情况下影响其使用的任何其他设备。

示例:对汽车收音机而言,在进行界面设计时,应考虑它与汽车环境的关系。

使用后应很容易把日用产品重置回默认状态。

6.3 物理环境因素

物理环境因素对室外产品的易操作性影响很大,如:空间、阳光、黑暗、极端温度、环境噪声、交通、运动或拥挤状态。这些因素应由产品预期使用的场所来决定。

应识别并明确日用产品运行的物理环境,这些变量可能影响用户的行为。如:低温环境下可能需要用户戴上厚手套。在整个预期环境范围内日用产品应易于操作。

注:一些产品,尤其是移动产品,可能会在各种环境条件下使用,包括在用户走路或旅行时使用。

示例:图 1 中,在晚上,如果无照明,售票机的操作将只能在黑暗中摸索进行。

6.4 社会环境因素

当产品被设计为同一时间由多人使用或者在群体环境中使用时,应适当考虑诸如人与人之间的交往互动以及隐私保护等社会因素。

尽管日用产品可能为个体使用,但其他人的出现会影响个体对产品的使用,同时产品的使用也可能会对其他人产生影响。在涉及隐私的地方,产品设计应能够防止其他人看到或听到交互的任何内容。

示例 1:当等待使用某一产品的队伍很长时,当前用户会感到他(她)应更快地操作,这会给操作带来潜在的负面影响。

示例 2:在设计公共电话亭时,可通过隔开电话亭、使用可调式屏幕(仅从某一角度观看),或采用物理隔断遮挡视线等方法来增强用户的私密性。

7 用户特征

7.1 通则

7.1.1 目的

7.2～7.4 阐明了易操作性中与用户界面设计相关的用户特征。日用产品的设计应考虑到 7.2～7.4 中给出的所有用户特征,同时应根据第 5 章中建议的具体评审流程,对这些用户特征与日用产品的设计进行相关性评估。

7.1.2 明确预期用户人群

针对公众的日用产品，其用户人群应涵盖最广泛的可能特征范围，包括年龄、原籍以及能力受限的用户。为了确保产品适合预期用户人群使用，明确用户特征十分重要。在某些情况下，产品预期用户应是公众的一部分，并且他们具有特定的用户特征。

注：对于在全世界各地销售的日用产品，明确预期用户人群会用到各国的用户数据。因此，在产品设计之初就应确立预期使用产品的用户人群。

示例 1：自动售票机可能主要为一个国家的用户提供服务，但同时也应为来自其他国家的访客使用。

不应无端排除某些用户，日用产品的设计范围应尽可能包括老年人。对于消费品，预期用户人群应建立在符合实际用户人群的特征上，而不是符合市场用户的特征。

示例 2：冰箱的销售可能主要面向成年人，然而其预期用户人群还可能包括未成年人。

7.1.3 用户特征的差异

对预期用户特征的了解程度将决定日用产品的易操作性水平。应考虑已知的用户特征差异，当用户特征差异不能确定时，应对哪些特征对产品可用性存在潜在影响进行调研。产品的设计应以绝大多数用户无论在世界何地都会使用为目标。

注：在用户界面设计领域，单一文化内的用户特征差异幅度要大于文化间的平均用户特征差异幅度。来自不同国家人们之间的共性多于他们的差异，主要差异体现在审美品味、文化和语言方面，对日用产品的操作而言，所有相关的功能特征表现出类似的水平。

7.2 心理和社会特征

7.2.1 认知能力

日用产品的设计应考虑认知能力方面的变化，这些变化对易操作性具有重要意义。一些变化与潜在的生理变化有关，如反应时间和记忆，而其他变化则与学习和社会化水平有关。人的认知速度和反应时间是有限的，并随着年龄的增长而下降，鉴于此，日用产品对用户的要求不应过于苛刻，尤其是对老年用户。用户界面应尽量避免让用户记忆任何信息。因为人的短时记忆能力有限，并随着年龄增长而衰退。为了确保产品的易操作性，一些普遍的原则是适用的：

——用户应能很容易地理解如何与产品交互，例如：如何操纵控制器，操作产品所必要的操作顺序应清楚且能容错；

——如果对操作顺序不存在技术上的限制，用户应能从任何一步开始操作，如果技术上可能，产品应对下一步操作给出明确指示；

——交互的节奏应由用户而不是机器来决定；

——尽可能避免让用户使用短时记忆存储信息。

7.2.2 知识和经验

7.2.2.1 总则

日用产品的设计应考虑到认知加工过程，该过程一般是基于人们已经积累的知识及以往的经验进行的。对日用产品功能和操作方式的理解因人而异。

7.2.2.2 用户期望和心理模型

基于以往经验的用户期望和心理模型十分重要。即使对于一个新产品，人们可能已经具有使用类似产品或类似模式的经验，因此，需要了解用户以往的经验。

不应违背用户的期望。例如,如果界面控制器被移动到左边或者右边,就不应让显示文本移动到上面或下面。用户应能很容易地确认产品预期用途,快速地识别控制和显示装置,并迅速理解它们之间的关系。

新产品无论何时都应尽可能建立在用户现有经验和心理模型之上。

注:在某些特定情况下,不遵循用户心理模型的设计也可以接受,例如:用户以往使用产品的经验是建立在有缺陷的心理模型上的。

示例:一些用于增加流量的控制器旋转方向设置不一致。为增加电流值,控制器被设置为顺时针旋转,而为增加燃气流量,控制器被设置为逆时针旋转。这可能会使用户在进行电器和燃气操作转换时产生问题。

7.2.2.3 用户心智模型

当不能依赖以往经验时,应考虑使用那些在用户群中已建立好的心智模型。然而,文化差异会导致对一个相同的惯例做出不同的解释。

不应将高强度的培训作为克服传统经验和用户心智模型影响的基础,因为在信息过载或承受压力的情况下,个体可能会重新回到先前的行为习惯上。

产品应考虑用户界面的概念、用词或表达方式是否仅为某些用户群体、国家或文化所熟悉。

预期用户包括老年人的产品一般不应使用青少年习惯使用的典型词汇,也不应采用老年人不理解的交互理念。

示例1:词语“复位”,是计算机使用或操作中的常用语言,通常不能被老年人理解。

示例2:汽车油门踏板通常设置在右侧,而刹车设置在油门踏板的左侧。对汽车而言,改变踏板的位置很可能会引发事故。

示例3:并不是所有的国家和所有行业都使用公制单位。如,利比里亚、缅甸和美国就不使用公制单位;在航空领域中,高度以英尺来计量,速度以节来计量。

7.2.2.4 创新性开发

当用户已习惯与某一产品的特定交互方式时,如果没有进行谨慎的可用性设计以及确保它们易于理解的测评,则不应采用新的、与以往不同的交互理念来设计同类新产品。

注:易操作性的有效实现可借助于革新设计,这种设计采用或者与以前的设计相匹配或者是广泛接受的交互理念。在没有适当引入的情况下,使用新的或未知的理念可能对易操作性产生较大的负面影响。

示例:人类工效学研究发现,用户经过训练后,使用某一与标准键盘布局字母排列不同的新型打字机键盘优于使用标准布局键盘。然而,新键盘的引入给正常用户带来的问题多于它的好处。因此,该新型键盘的开发最终被放弃。

7.2.3 文化差异

在不同文化背景中使用的产品,应考虑文化差异,不应对用户心智模式预先做出假设。

文化差异影响用户对产品的喜好和认识。影响这种认识的关键文化因素包括隐喻、心理模型、导航和交互类型等。不同文化背景的个体对词语的语义内涵、颜色的意义以及象形文字和图标的解释方面可能存在显著差异,其对信息的结构和组织、基本隐喻和信息的复杂性或密度方面也可能存在差异。影响界面设计的深层次理念也需要加以考虑。

应避免在国际化的产品上使用手势符号,因为在一种文化中被认同的手势符号可能在另一种文化中高度忌讳。

示例1:红色在大多数国家被确定为警告色,而绿色在象征“允许”或“确定”这些含义时,并不具有像红色象征意义那样的普遍认同度。

示例2:一些国家中,人们靠左驾驶,而在其他国家则靠右驾驶。

示例3:有些语言文字从右向左书写,有些语言文字则从左向右书写,还有一些语言文字从上向下书写。

示例4:界面中使用“美国式”邮箱图标表示“邮件”,这在那些不使用“美国式”邮箱图标的国家中可能不被理解。

示例5:用户界面上用野兔图标代表“更快”,用乌龟图标代表“更慢”,这对于不太了解龟兔赛跑故事文化背景的用户来说很难理解。

7.2.4 读写能力

读写能力可视为15岁青少年读写简单句子的能力，尽管创伤或疾病可能导致读写能力的丧失。虽然对某些输入方式而言，写的能力可能重要，而对日用产品而言阅读的能力通常是最重要的。

注：读写能力在世界范围内，甚至在一些国家内部，存在广泛的差异。包括地理区域或社会群体在内的许多社会团体中多达40%的人群具有功能性读写障碍。

日用产品的设计应考虑阅读能力较低的人，阅读能力对理解日用产品上的书面说明书十分重要。此外，用户可能不理解显示器上使用的语言字符（例如：希腊字母、英文、日文、拉丁字母等）。

产品界面书面文本上的标识或解释应使用易于理解并应用广泛的词语和简单用词。这对所有的用户都有益，特别有助于那些阅读能力较差和有读写困难的人。

当用户人群包括读写能力较低者时，除文本之外可能的地方应使用无需解释的象形图案。然而，尽管象形图案有助于阅读能力低的人理解其含义，但对有识字能力的人而言，这些图案比文本更难以理解。因此，应尽可能地提供文字与象形图案的结合。

7.2.5 语言

为了扩大潜在用户的范围，在可能情况下，带有电子屏幕的日用产品应允许用户选择界面交互语言。用户界面应使用预期用户人群所熟悉的词语。

对于在公共场所中仅能展示印刷文本的产品用户界面，应提供可被用户理解的一种或多种附加语言。

示例：国际机场的售票机需要支持多语种服务。

7.3 身体和感知特征

7.3.1 总则

尽管人体尺寸在不同国家之间存在差异，但对用户界面设计而言，人体的功能性特征分布（即：视觉能力、听觉能力、生物力学特征和认知能力）在界面设计时可视为相同。

7.3.2 人体尺寸

日用产品的设计应考虑到预期用户人群的人体尺寸分布（全球人体尺寸分布参见ISO 7250:1996；中国人体尺寸分布参见GB/T 26158—2010、GB/T 10000—1988）。设计应考虑最广泛的人体尺寸范围。

示例：研究发现，为平均大小的手指而设计的触摸屏按钮不适用于大手指人群。按钮大小被修改以适应除5%的大手指用户以外的所有预期用户人群。而在另一种应用中，产品设计的空间足够大以致没必要限制按钮大小来适应第95%分位的用户人群，其设计可支持100%的用户使用，不管他们的手指多大。

7.3.3 生物力学特征

一般人群在生物力学特征上存在广泛差异。种族内的差异幅度可能大于种族之间的差异幅度。在考虑力量、运动和触觉敏感度的范围时，尤其应注意年龄的影响，其中儿童和老年人的能力范围水平最低。

注1：对于许多老年人来说，完成一些动作是比较困难和受限的，包括下蹲、站立、弯腰或下跪、转身或转头、抬头、旋腕等。

对残障人士而言，他们在生物力学的许多方面存在限制，应考虑这些限制对界面操作的影响。同时也应考虑那些遭受意外事故或者携带物品的人群，此时他们的运动能力可能受到限制。用手指探测、触摸和区分形状的能力是用户界面设计的另一个重要问题。当在黑暗中操作日用产品，在紧急情况下，或者当用户视力有缺陷时，触摸可能是发现控制器并找到界面操作方式的唯一方法。如果存在这样的使用条件，界面应提供基于触摸的反馈，这种反馈应告诉用户所需的动作以及这个动作是否成功地执行。

示例：玻璃或金属表面上的“触摸感应”按钮很难通过触摸识别，因为它缺少状态切换的反馈信息。

注2：有些人的双手几乎没有或完全没有触感。

7.3.4 视觉能力

当为最大可能范围的用户群体进行产品设计时，应尽可能为具有各类视力障碍的用户考虑。

根据情况，应考虑到有相当一部分用户有视力障碍。许多戴眼镜的用户在使用日用产品时可能不戴眼镜，特别是在公共场所或室外环境中。

用于产品显示器上各个单独的字符与眼睛所成的视角应在18弧分～22弧分之间(见ISO 9355-2:1999的4.2.1)。

注1：当用户人群包括视力较差者时，或在照明水平低的条件下，应适当增加字符大小及(或)对比度来提高字符的易辨认性。

注2：ISO 9355-2:1999中4.2为显示器及其构成组件的设计提供了附加的要求和指导原则。

色觉障碍比较常见。因此，颜色不应作为编码的唯一方式，还可使用形状、位置或文字。

示例：表示“停”的红灯位于一组交通信号灯的最上边，这样方便红绿色盲的人群通过位置来理解它的含义。

7.3.5 听觉能力

有些人对某些频率声音的辨别能力较低。例如，由噪声引起的听力损伤。通常，老年人听到高频声音的能力会降低。在极端噪声条件下，每个人都听不到所需要听的声音，此时仅依赖声音输出的用户界面就不能正常工作。

注：高强度的声响(>120 dB)会令人产生疼痛的感觉，并且对人的听觉有损伤。同样，某些类型的声音(如：粉笔在黑板上划过时发出的声音)听起来使人感到痛苦。

当产品预期为有听力困难的用户在吵闹的环境噪声条件下使用时，或者在噪声水平不合适的地方，应使用除听觉以外的感觉通道来提供信息(如：视觉显示)。

示例：烹锅上提供了表示设定的烹调时间已到的闪烁视觉符号和听觉警报。这对在高噪声环境中工作或有听力困难的人群来说是有用的。

听觉警报信号的范围和频率应符合ISO 9355-2:1999的规定；不同类型的声音不应用来传达三种以上的不同含义。

7.3.6 利手

对于需要考虑敏捷度和精确性的用户界面设计应考虑用手习惯的问题。尽管多数人为右利手，但日用产品用户界面设计不应排除左利手的用户，应让两者都能使用。如果出于其他设计原因，不得不仅为使用单手的用户进行设计时，应分别对使用任一只手的用户进行产品设计。

注：利手指一个人日常生活中做技巧性活动时习惯使用的那只手。习惯于使用右手者称为右利手，习惯于使用左手者称为左利手。

7.4 人口统计学

7.4.1 总则

人口学特征明确了特定的身体、感知、心理和社会等特征的分组。

7.4.2 年龄

年龄对用户心理和生理特征都有深远影响。因此，应考虑预期用户人群的年龄范围。

针对儿童使用的产品应具有清晰的操作步骤,且这些操作步骤的目标应相对明确具体。儿童操作使用的产品界面应对力量、敏捷度和注意力的要求较低。这一点也适用于老年用户。然而,如果产品的设计目的是将儿童排除在用户人群之外,也应避免要求用过大的力,因为这可能会将一些老年用户排除在外。

注:儿童不是小一点的成人。儿童对世界的认知和理解与成人差异很大;他们在使用产品时喜欢不断尝试,不会有计划地实现目标,并且可能会持续使用无效的方法来实现目标。

产品设计中需要将老年人群考虑进去,尤其要注意老年人感知能力、生物力学能力下降,反应时间延长。即使随着年龄的增长人的认知能力没有变化,也应考虑到老年人群不熟悉现代交互理念。

示例:相对于较大的机械按钮,当使用小一些的触摸屏按钮时,老年人完成任务的平均速度提高,而错误率下降。

7.4.3 性别

男女性别因素应在产品设计要求中体现出来,并根据预期的使用比例进行测试。对于有性别差异要求的产品,应设定单一性别的用户人群。

注:性别影响身体的差异、人体尺寸和力量,但同样影响与图标、象形文字、词语和使用说明相关的期望和心理行为,由于经验和社会化的原因,这些因素可能具有显著差异。

附 录 A
（资料性附录）
用户特征 补充信息

A.1 认知能力

人的认知能力包括：

a) 感知觉能力；
b) 记忆能力；
c) 推理能力；
d) 决策能力；
e) 问题解决能力；
f) 创新能力。

尽管人类认知能力中仍存在许多未知的内容，但已积累的知识足以用来预测某些类型设计的优劣，并进一步了解这种设计导致好的或坏的交互行为。例如，不管人们认为工作记忆的有限容量是7±2个项目还是3±2个项目，但显然超负荷的短时记忆会给许多用户带来困难。

在研究用户与产品交互中的心理活动时，出声思维、按键跟踪、屏幕扫描转换和眼动追踪等技术是常用的可用性测试方法。其目的是理解用户的认知过程并进行建模，以便使产品的界面设计适应人们的思维方式，而不是让人们的思维方式去适应界面设计。

用户人群一般具有不同的知识和教育水平。不同国家或地区的用户在产品交互界面方面的知识经验也存在差异。因此，不能假定先进的功能[如：语音输入（输出）和（或）触摸感应按钮]对每个人都有用。对不同交互功能特征的评价在很大程度上依赖于用户的任务以及用户的知识、技能和认知能力与该任务之间的相互作用。

参见参考文献[9]～[19]。

A.2 文化

信息革命和现代产品的全球性分布已经影响了世界各地对标志和符号的理解。当代人有机会接触并分享全球范围内的科技文化，这使得对文化的理解得以扩展，并突破了国家或地域的局限与制约。在未来，可能会出现为全世界通用的，更有深度和广度的通用理解。

然而，文化差异是一个主要因素，文化差异遍布各洲。即使在单个国家内部，文化差异也广泛存在，尤其是关于隐喻、心智模型、导航、交互和外观方面的差异，可能影响用户对产品的偏好、接受度和购买欲望。来自不同文化背景的用户在以下方面可能存在明显差异：

——赋予词的语义内涵；
——赋予颜色的意义；
——对象形文字和图标的解释；
——对内容的层次和组织的偏好或期望；
——对菜单结构的解释，特别是在对动词和名词的强调方面；
——对人物、物体和场所照片的反应；
——对系统、应用和环境的基本操作隐喻；
——偏好的信息复杂性或密度；

——动作流程的思维定势[习惯化思维(如从左到右)]。

针对不同文化背景用户进行产品设计和评估的人员宜考虑这些差异。

参见参考文献[20]~[23]。

A.3 读写能力

从世界范围来看,阅读能力呈不均匀分布状态;有些地区的人读写能力较高,有些地区的人读写能力则较低。2000 年,欧洲仅有 1%的人不具备读写能力,而在非洲和南亚不具有读写能力的女性分别占 49%和 59%。在高文盲率的国家,女性的文盲率通常要高于男性。然而,在读写能力较高的地区,仍然会在某些区域(如贫困和高失业率地区)发现多达 40%的功能性文盲。

读写困难症是一种阅读能力的遗传性疾病。读写困难者对文本中空间关系的理解存在缺陷,他们的神经整合和分析功能受损。读写困难症的患病率大约为 2%~8%,读写困难的人在男性中比在女性中更容易发现,男性所占的比例比女性多三倍。

注:功能性文盲指受过一定传统教育,会基本的读、算,却不能识别现代信息符号及图表,无法利用现代化生活设施的人。

参见参考文献[24]、[25]。

A.4 语言

世界各地使用多种口语。在一些国家中,同一种语言内的方言发音差异很大,以至于说同一种语言的人也不能相互听懂。例如,印度就有 15 种语言和 1 600 种方言。目前,我国境内也存在多种语言和多种方言,其差异主要表现在语音、词汇、语法等方面。

参见参考文献[24]。

A.5 人体尺寸

人体尺寸数据在世界各地的各个国家和不同种族中都是可获得的,这些数据中包括性别和年龄等细节信息。人体尺寸数据需要定期更新,这是因为世界上有些地区的平均身高每年增长多达 0.002 m,同时身体的比例也会稍有变化。由于身体比例的不断变化,人体尺寸而非总身高的分布也不同。人体尺寸数据可通过对身高以及来自于身体的各种测量值获得,同时也可以通过人体尺寸模板图表和计算机模型获得,这些模版和模型可以给出与用户界面设计有关的可达域和姿势的具体数据。

当对包括操作员座位的产品进行设计时,如电话亭,大范围的人体尺寸对设计所产生的影响很难解释。尽管大多数的日用产品适用于从 5%~95%范围的人,然而对特别高大和特别矮小的人需要特别定制以满足他们的要求。

参见参考文献[26]~[28]。

A.6 生物力学特征

在有些国家,搬运包裹的体力活动,限重为最大 25 kg。限制的原因是,不合适的搬运工作所造成的身体伤害导致员工大量提前退休,而大部分由病痛而造成的缺勤也是由这种身体伤害引起。

利用人体尺寸与机器尺寸的相关性,可计算界面布局与生物力学特性的适配程度,尤其是操作机器所需的可达域和操作力。这些可通过人体尺寸模板和计算机人体模型来计算。重复性运动可以人的生理限制为基准。代数公式和计算机程序也可以用来进行此类计算。

对于今天的用户界面,生物力学问题已不再如50多年前那样重要了。对于易操作性,力量不足或生理限制很少成为唯一重要的因素。带有伺服系统的发动机在大多数的装置和机器中已取代了对人力的需求。许多机器的要求已从生物力学要求转变到控制要求,其中心理因素占主导地位。对于用户的生物力,现在有很多数据支持产品在该方面的布局元素设计。(见ISO 9355-3:1999)。

参见参考文献[29]~[34]。

A.7 针对有特殊需求用户的设计方法

众所周知,目前仍然缺乏关于不同类型残疾人特征的完整人类工效学数据。本部分的内容亦不能完全涵盖这一领域。然而,残疾人与老年人和儿童一样,是日用产品预期用户人群的一部分。

诸如"便利性设计""通用设计""全设计""无障碍设计""包容性设计"和"跨代设计",这些是在不同情境下使用的术语。

满足这些用户人群需求的方法包括三个方面。首选方法是设计的产品不做修改就能为最大范围的用户所使用。

示例1:带音量控制的普通电话也能为那些有轻度听力障碍的人所使用。

许多情况下,为方便老年人和残疾人使用而研制的产品,也会使其他人更容易使用。

如果设计方法不合适,设计应迎合个性化需求或连接辅助装置的需求。

示例2:针对中度听力障碍的用户可考虑给电话机增加一个放大器。

如果这还不足以解决问题,应寻求替代的解决方案。

示例3:针对那些有严重听力障碍而不能使用电话的人可考虑使用文本电话或视频电话。

示例4:针对盲人不能识别视觉文字符号以及残疾人手臂可达域不足的问题,可考虑在电梯上设置盲文符号及在电梯残疾人可及的较低处设置电梯标识和盲文符号,并且可增加按键语音提示或通过语音接收、反馈信息。

参见参考文献[35]~[49]。

A.8 视觉和听觉能力

视觉灵敏度是对图片、字母或符号清晰识别的能力,受物体大小影响。较小的字母更难识别,因为其相应的视网膜细胞的分辨力更弱。视觉灵敏度可通过实际灵敏度除以正常灵敏度的商来进行测量。正常人的视觉灵敏度能分辨1 rad的角度,而视觉灵敏度最好的人能分辨的角度可小至2 rad。根据这一数据能够计算出用户界面元素的最小尺寸,由此可以设计出特定使用情境的用户能够看清的用户界面元素。

另外,受遗传变异影响,人们看清事物的能力可能在出生时就受到远视或近视的限制,需要校正。西方国家,在儿童首次入学的年龄,已经有20%的小学生佩戴眼镜。视觉灵敏度随年龄的增加而大幅下降,在50岁时,已有70%的人需要佩戴眼镜才能阅读。

色觉缺陷在所有的国家中都能发现,并且比率相似。约有2%的男性人群具有严重的色觉缺陷,有6%的男性人群具有某种类型的色觉缺陷。只有1%的女性具有色觉缺陷。

年轻人能够看到最近8 cm的物体,50岁时最近能看清距其眼睛50 cm的物体,不戴眼睛的老年人,能够看清距其眼睛的距离至少达到100 cm的物体。对于用户界面的设计,很难考虑距用户100 cm远的点的视野范围,这是因为显示器与控制器的距离超出了用户手臂的可达域。

视觉能力的其他方面也会因年老而下降。因为年老,眼睛的调节能力下降,视野范围减小,暗适应的速度也下降。对强光的敏感性增强,并且位置不好的光源和强反射可能降低显示信息的可见性。

人的听觉系统将空气的震动转换成神经脉冲。排列在耳蜗内的细胞负责某些频带的声音,因此人类可以听到从约20 Hz到最大20 000 Hz的声音。随着年龄的增长,人们听到高频率声音的能力逐步降低，并且，不管年龄大小，暴露于过强噪声的情境下会损伤人的听力。

参见参考文献[50]～[56]。

A.9 利手

大约有90%的西方国家的人习惯使用右手，11.6%的男性和8.6%的女性习惯使用左手，而不到1%的人是真正的两手都习惯使用者。利手程度存在不同差异。用手习惯形成于儿童时代，大部分人在开始学习写字时其偏手性首次显现出来。在某些国家，学校制度设法让习惯使用左手的书写者转变为使用右手书写，而在其他一些国家，用手习惯由儿童自己来决定。

身体运动功能单侧性，它们在大脑中是反射到对侧的。学习和知识不能从大脑的一侧直接转移到另一侧。对一个要求熟练操作的复杂任务而言，当改变产品的使用习惯从一只手到另一只手时，应要重复学习。普遍认为对于手的单侧优势和训练效果也适用于脚。

参见参考文献[57]。

A.10 年龄

随着年龄增长，大多数老年人的身体和心理机能逐渐退化，功能性能力下降，下降的性质类型和程度因人而异。

当前，许多国家老年人口的比例急剧增长。由于女性更长寿，应注意到世界的老龄化人口中女性要多于男性。

到2050年，全世界年龄在60岁以上的人口是目前的三倍，60岁以上老人的比例会达到21%。

参见参考文献[58]～[70]。

A.11 性别

性别对身体差异、人体尺寸和力量的影响较大，但作为经验和社会化的结果，只要与之相关的图标、象形文字、词语和说明存在显著差异，性别就会影响期望和心理行为。

参见参考文献[71]～[75]。

附　录　B
（资料性附录）
作为 GB/T 18978.11—2004 中定义的可用性实例的易操作性

见图 B.1 和图 B.2。

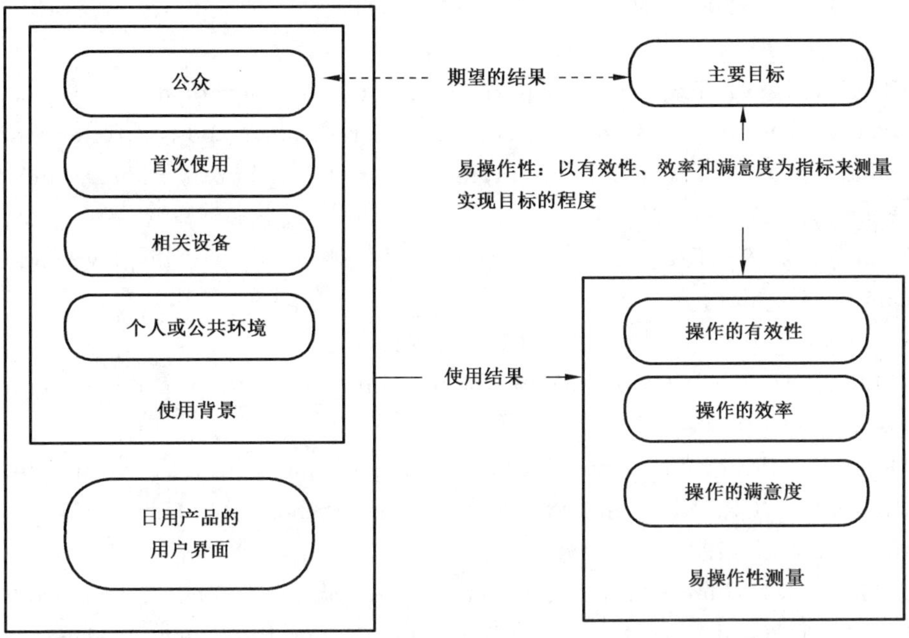

图 B.1　作为可用性实例的易操作性框架

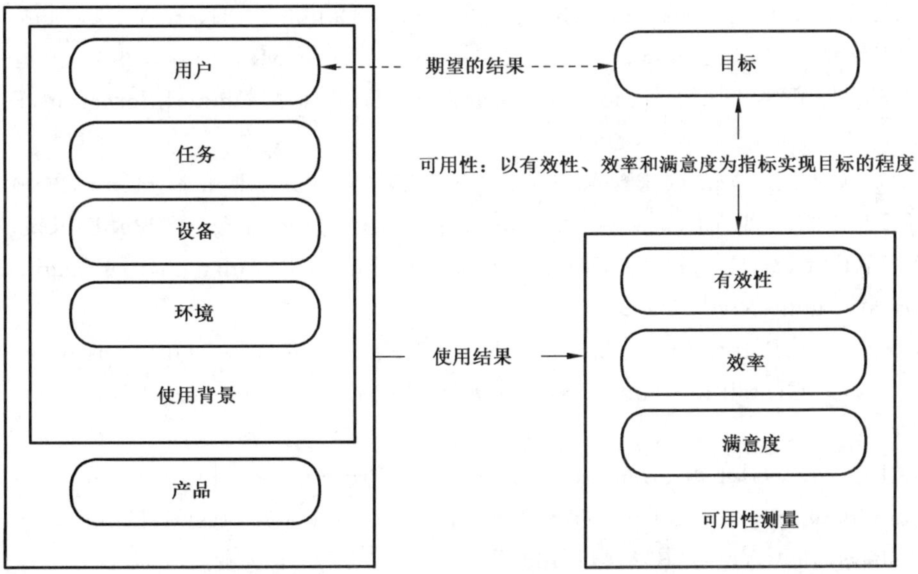

图 B.2　GB/T 18978.11—2004 中的可用性框架

参 考 文 献

[1] ISO 7250:1996 Basic human body measurements for technological design

[2] ISO 9186:2001 Graphical symbols—Test methods for judged comprehensibility and for comprehension

[3] GB/T 18978.11—2004 使用视觉显示终端(VDTs)办公的人类工效学要求 第11部分:可用性指南

[4] ISO 9355-1:1999 Ergonomic requirements for the design of displays and control actuators—Part 1:General principles for human interactions with displays and control actuators

[5] ISO 9355-2:1999 Ergonomic requirements for the design of displays and control actuators—Part 2:Displays

[6] ISO 9355-3:1999 Ergonomic requirements for the design of displays and control actuators—Part 3:Control actuators

[7] GB/T 18976—2003 以人为中心的交互系统设计过程

[8] IEC/TR 61997:2001 Guidelines for the user interface in multimedia equipment for general purpose use

[9] ANDERSON,J.R.Cognitive psychology and its implications,(5th Ed.) Worth Publishing,1999

[10] CARD,S.K.,MORAN,I.P.and NEWELL,A.The Psychology of Human-Computer Interaction, Lawrence Erlbaum Associates,1983

[11] KLATZKY,R.L.Human Memory: Structures and Processes,W.H.Freeman and Company,1980

[12] LINDSAY,P.H.and NORMAN,D.A.Human Information Processing,Academic Press,1977

[13] LOFTUS,G.L.and LOFTUS,E.F.Human Memory: The Processing of Information,Lawrence Erlbaum Associates,1976

[14] NORMAN,D.The Design of Everyday Things,Doubleday,New York,1998

[15] POSNER,M.(ed.).Foundations of Cognitive Science,MIT Press,1989

[16] RASMUSSEN,J.Information Processing and Human-Machine Interaction,Elsevier Science Publishing 1986

[17] SOLSO,R.L.Cognitive Psychology.(6th Ed.),Pearson Allyn & Bacon,2000

[18] STERNBERG,R.J.Cognitive Psychology.(3rd Ed.),Wadsworth Publishing,2002

[19] WICKENS,CHRISTOPHER D.An introduction to human factors engineering.Prentice Hall International,Saddle River,NJ,2004

[20] HONOLD,P.Interkulturelles Usability Engineering.Eine Untersuchung zu kulturellen Einflüssen auf die Gestaltung und Nutzung technischer Produkte.Dissertation, Universität Regensburg,1998

[21] MARCUS,A.Globalization,Localization,and Cross-Cultural Communication in User-Interface Design,Handbook of Human-Computer Interaction,Chapter 23,Jacko,J.and A.Spears Lawrence Erlbaum Publishers,New York,2002,441-463

[22] MARCUS,A.User-Interface Design and Culture,chapter in Cross-Cultural Interface Design [working title],Aykin,Nuray,ed.Lawrence Erlbaum Publishers,New York,in press,2004

[23] NISBETT,R.E.The Geography of thought.Nicholas Brealey Publishing Ltd,2003

[24] UNESCO Institute for Statistics: http://unescostat.unesco.org

[25] CIA,The World Factbook 2000,Langley,Virginia,2000

[26] JüRGENS, H.W. AUNE, I.A. and PIEPER, U., International Data on Anthropometry, Occupational Safety and Health, No.65, Geneva, International Labour Office, 1990

[27] EVELETH, P.B. and TANNER, J.M. Worldwide Variation in Human Growth. International Biological Program 8, Cambridge University Press, Cambridge, 1976

[28] HARRISON, C.R. and ROBINETTE, K.M. CAESAR. Summary Statistics for the Adult Population (Ages 18-65) of the United States of America. Technical Report AFRL-HEWP-TR-2002-0170, United States Air Force, Wright Patterson AFB, OH, 2002

[29] CHAFFIN, D.B, ANDERSSON, G.B.J. and MARTIN, B.J. Occupational, Biomechanics, Third Edition, Wiley and Sons, New York, 1999

[30] Government Consumer Safety Research, Department of Trade and Industry: ADULTDATA — Handbook of adult anthropometric and strength measurements—Data for Design Safety. 1998

[31] National Institute for Occupational Health and Safety (NIOSH), Work practice guide for manual lifting, Dept. Health and Human Services, Publ. No.81-122, Cincinnati, 1981

[32] SCHULTZ B. and ALBERT. Mobility impairment in the elderly: challenges for the biomechanics research. Journal of Biomechanics, 25, 5, 1992

[33] MITAL, A., NICHOLSON, A.S. and AYOUB, M.M. A Guide to Manual Materials Handling, Second Edition, London, Taylor & Francis, 1997

[34] PHEASANT, S., Bodyspace: Anthropometry, Ergonomics and the Design of Work, London, Taylor and Francis, 1997

[35] BIERMANN, H. and WEIBMANTEL, H. Seniorengerechtes Konstruieren SENSI. Das Design seniorengerechter Geräte. Reihe 1 Nr.247, VDI-Verlag, Darmstadt, 1995

[36] CONNELL, B.R et al. Development and Validation of Principles on Universal Design. A. Lanton (Ed.) Exploring New Horizons, Pioneering the 21st Century: Proceedings of the RESNA 1996 Annual Conference, 435-437. Arlington, VA: RESNA Press, 1996

[37] GILL, J.M. and SHIPLEY, A.D.C. Telephones: What features do disabled people need? RNIB, 1999

[38] ISO/IEC Guide 71 Guidelines for standards developers to address the needs of older persons and persons with disabilities. International Standardisation Organization, Geneve, 2001

[39] ISO/TR 22411 Ergonomic data and guidelines for the application of ISO/IEC Guide 71 in standards related to products and services to address the needs of older persons and persons with disabilities

[40] KOMATSUBARA, A. Usability Design for Consumer Products, International Encyclopaedia of Ergonomics and Human Factors, Taylor and Francis, 2001

[41] KROEMER, K.H.E. "Extra ordinary" ergonomics: how to accommodate small and big persons, the disabled and the elderly, expectant mothers, and children. Boca Raton, Taylor & Francis, 2006

[42] MACE, R. The Accessible Housing—Design File, ANSI Standards for American with disabilities Act. Van Rostrand Reinhold. New York, 1991

[43] MUELLER, J.L. Assistive Technology and Universal Design in the Workplace. Assistive Technology, 10, 1, 1998, 37-43

[44] NULL, R. Universal Design—Creative Solutions for ADA compliance, Professional Publications Inc., CA, 1996

[45] PLACENCIA-PORRERO, I. and PUIG DE LA BELLACASA, R. (eds.). The European Context for Assistive Technology. Assistive Technology Research Series. IOS Press, Amsterdam, 1995

[46] SORENSEN,R.Design for Accessibility,Mc Graw Hill,NY 1979

[47] STORY,M.F and MUELLER,J.L.Measuring Usability: The Principles of Universal Design.Designing for the 21st Century: An International Conference on Universal Design of Information, Products,and Environments,Jan Reagan and Lawrence Trachtman,editors,126-129.Raleigh,N.C.NC State University,The Center for Universal Design,1998

[48] The Center for Universal Design: http://www.design.ncsu.edu/cud/about_ud/udprinciples.htm

[49] World Health Organization.Internationale Klassifikation der Schäden,Aktivitäten und Partizipation ICDH-2.Ein Handbuch der Dimensionen von gesundheitlicher Integrität und Behinderung. Deutschsprachiger Beta-1 Entwurf,Genf,1998

[50] KANTOWITZ,B.H.and SORKIN,R.D.Human Factors.Wiley & Sons,New York,1983

[51] MOORE,B.C.J.An introduction to the psychology of hearing.Academic Press,London,2004

[52] PALMER,S.E.Vision science: photons to phenomenology.MIT-Press,Cambridge,MA,1999

[53] SCHMIDTKE,H.Lehrbuch der Ergonomie.Hanser,München,1981

[54] SANDERS,M.and MC CORMICK,E.Human Factors in Engineering and Design,Mc Graw Hill Inc,NY 7th Edition

[55] WERNER,J.S.,PETERZELL,D.H.and SCHEETZ,A.J.Light,Vision,and Aging.Optometry and Vision Science,1990,Vol 67 No 3,214-229

[56] SATORU,K.and KENJI,M.The Effects of Age-Related Changes in Vision on Performance in Reading from Electronic Displays.Journal of the Institute of Image Information and Television Engineers, 2001,Vol 55 No.4,pg.583-587

[57] MCMANUS,C.Right Hand,Left Hand.The origins of asymmetry in brains,bodies,atoms and cultures.Weidenfeld and Nicolson,2002

[58] BUHLER,C.and SCHMITZ,W.(1999).Ensuring access for all: the role of telecommunications systems for elderly and those with special needs.Report to the European Commissions

[59] Eurostat.Demographic statistics.1997.Office for Official Publications of the European Communities.Luxembourg

[60] FREUDENTHAL,A.The design of home appliances for young and old consumers.Ageing and Ergonomics.Delft University of Technology,Delft,1999

[61] SNEL,J.and CREMER,R.Work and Aging.A European Perspective.Taylor and Francis, London,1994

[62] STEENBEKKERS,L.P.A.and VAN BEIJSTERVELDT (Eds.).Design-relevant characteristics of ageing users.Ageing and Ergonomics.Delft University of Technology,Delft,1998

[63] SMITH,St.,NORRIS,B.and PEEBLES,L.Older Adult data,The handbook of measurements and capabilities of the older adult - Data for design safety,Department of Trade and Industry, London,England,2000

[64] Statistisches Bundesamt Deutschland,Alterspyramide,2004,www.destatis.de/basis/d/bevoe/bevoegra2.htm

[65] United Nations,Policies and Programmes on Ageing,www.seniorweb.nl/un/memberstates/default.asp

[66] United Nations Population Information Network,www.un.org/popin,2004

[67] United Nations Programme on Ageing,Towards a society for all ages,2004,www.un.org/esa/socdev/ageing/index.html

[68] United Nations Statistics Division,Demographic & Social,World Population Prospects, The 2002 Revision,Highlights,2003,http://unstats.un.org/unsd/demographic/default.htm

[69] VANDERHEIDEN,G.C.Design for people with functional limitations resulting from disability,ageing or circumstance. Salvendy, G. (ed.), Handbook of human factors and ergonomics, (pp. 2010-2052),Wiley,1997

[70] WEIMER,J.Aging Techniques,Prentice Hall.New Jersey 1995

[71] V.D.BEEK,A.J.Gender differences in exerted forces and physiological load during pushing and pulling of wheeled cages by postal workers.Ergonomics,Volume 43,No.2,February 2000

[72] LAUBACH,L.Comparative muscular strength of men and women.Journal of Occupational Medicine,Vol.16,1974,248-254

[73] FEINGOLD,A.Cognitive gender differences are disappearing.American Psychologist,1988,43/2, 95-103

[74] LINN,M.and PETERSEN,A.C.Emergence and characterization of sex differences in spatial ability: A meta-analysis.Child Development,1985,56,1479-1498

[75] MACCOBY,E.E.and JACKLIN,C.N.The Psychology of Sex Differences,Stanford University Press,Stanford,1974

[76] GB/T 10000—1988 中国成年人人体尺寸

[77] GB/T 16903.2—2008 标志用图形符号表示规则 第2部分:测试程序

[78] GB/T 26158—2010 中国未成年人人体尺寸

ICS 71.040
N 04

中华人民共和国国家标准

GB/T 32266—2015

原子荧光光谱仪性能测定方法

Method of performance testing for atomic fluorescence spectrometer

2015-12-10 发布 2017-01-01 实施

中华人民共和国国家质量监督检验检疫总局
中国国家标准化管理委员会 发布

前　言

本标准按照 GB/T 1.1—2009 给出的规则起草。

本标准由中华人民共和国科学技术部提出。

本标准由全国仪器分析测试标准化技术委员会(SAC/TC 481)归口。

本标准负责起草单位:中国分析测试协会、北京锐光仪器有限公司。

本标准参加起草单位:清华大学、中国地质科学院地球物理地球化学勘查研究所。

本标准主要起草人:周志恒、张雪松、张锦茂、张新荣、汪正范、邓勃、冯先进、邓丽娜、赵羽。

原子荧光光谱仪性能测定方法

1 范围

本标准规定了原子荧光光谱仪性能测定的方法。

本标准适用于原子荧光光谱仪性能的测定。

2 规范性引用文件

下列文件对于本文件的应用是必不可少的。凡是注日期的引用文件，仅注日期的版本适用于本文件。凡是不注日期的引用文件，其最新版本（包括所有的修改单）适用于本文件。

GB/T 6682　分析实验室用水规格和试验方法

GB/T 13966　分析仪器术语

GB/T 32267　分析仪器性能测定术语

3 术语和定义

GB/T 13966、GB/T 32267 界定的以及下列术语和定义适用于本文件。

3.1

静态基线稳定性　static base line stability

仪器在 30 min 内静态基线的漂移。

3.2

单道原子荧光光谱仪　single-channel atomic fluorescence spectrometer

一次能测量单个元素的仪器。

3.3

双道原子荧光光谱仪　dual-channel atomic fluorescence spectrometer

一次能测量两个元素的仪器。

3.4

多道原子荧光光谱仪　multi-channel atomic fluorescence spectrometer

一次能测量 3 种或更多种元素的仪器。

4 试剂和材料

4.1 盐酸（优级纯）HCl。

4.2 硝酸（优级纯）HNO_3。

4.3 硫酸（优级纯）H_2SO_4。

4.4 氢氧化钾（分析纯）KOH。

4.5 硫脲（分析纯）CN_2H_4S。

4.6 重铬酸钾（分析纯）$K_2Cr_2O_7$。

4.7 盐酸羟胺（分析纯）$HONH_3Cl$。

4.8 高锰酸钾(分析纯)$KMnO_4$。

4.9 硼氢化钾(含量不小于95%)KBH_4。

4.10 硼氢化钾-氢氧化钾溶液:

称取2.0 g氢氧化钾溶于约200 mL二级水,加入20.0 g硼氢化钾并使之溶解,用二级水稀释至1 000 mL,摇匀,用时现配。

硼氢化钾与硼氢化钠可互相代替使用,但因钾盐分子量大,故应进行浓度换算以保持硼氢根的量一致,换算系数为0.7(即硼氢化钾溶液20 g/L浓度相当于硼氢化钠溶液14 g/L的浓度)。

4.11 试验用各种元素的标准贮备溶液,均应使用标准物质进行逐级稀释。砷(As)、锑(Sb)、铋(Bi)、硒(Se)、汞(Hg)5种元素的单元素标准溶液,制备方法见附录A。

4.12 二级水:符合GB/T 6682的规定。

4.13 氩气(纯度不小于99.99%)。

5 仪器和设备

5.1 分析天平:准确度级别为Ⅰ级,分度值不大于0.1 mg。

5.2 可转动的反光杆或类似的反光装置。

5.3 砷(As)、锑(Sb)、铋(Bi)、硒(Se)、汞(Hg)5种元素的空心阴极灯。

6 条件

6.1 仪器工作条件

6.1.1 环境温度:15 ℃～30 ℃。

6.1.2 相对湿度:应不大于80%。

6.1.3 供电电源:交流220 V±22 V,频率50 Hz±1 Hz,接地电阻小于4 Ω。

6.1.4 室内应明亮且无直射光源、整洁、无尘、无腐蚀性气体,有良好的通风装置。

6.1.5 无影响仪器使用的振动和电磁干扰。

6.2 试验条件

6.2.1 在试验前将被测仪器调整至正常工作状态并预热30 min。

6.2.2 设置负高压为240 V以上。

6.2.3 灯工作电流为40 mA～80 mA。

6.2.4 进样量不超过2 mL。

6.2.5 积分时间不超过20 s。

7 性能指标的测定

7.1 静态基线稳定性

测量条件同第6章,通过调整原子化器高度,静态模拟信号的荧光强度示值为500±50,积分时间不超过20 s,连续测量30 min,将测定结果取其最大值和最小值,按式(1)计算出静态基线漂移。

$$\delta = \frac{I_{max} - I_{min}}{\bar{I}} \times 100\% \qquad \cdots\cdots(1)$$

式中：

δ ——漂移量；

I_{max}——30 min 内测得荧光强度最大值；

I_{min}——30 min 内测得荧光强度最小值；

$\bar{I}$ ——测得荧光强度的算术平均值。

7.2 检出限

7.2.1 测定仪器检出限的代表元素见表 1。

表 1 测定仪器检出限的代表元素

仪器类别	代表元素	
单道原子荧光光谱仪	As	Hg^a
双道原子荧光光谱仪	As、Sb	
多道原子荧光光谱仪	As、Sb、Bi、Se 等[b]	

[a] Hg 元素均为单道测量，可采用冷原子或火焰法。

[b] 多道原子荧光光谱仪应选用相应数目的元素同时测定。

7.2.2 测量条件同第 6 章，使用 5%(体积分数)盐酸的空白溶液，连续进行 11 次测量，如果在测量中有一个测量值被认为是由外界干扰或操作失误引起的异常值，此组数据全部作废，应重新进行测量，不应任意取舍或补测，选取连续 11 次测量数据，按式(2)计算空白溶液荧光强度的标准偏差。

$$S_0=\sqrt{\frac{\sum_{i=1}^{n}(I_{i0}-\bar{I}_0)^2}{n-1}} \qquad \cdots\cdots(2)$$

式中：

S_0——空白溶液的标准偏差；

I_{i0}——某一次空白溶液荧光强度测量值；

$\bar{I}_0$——11 次空白溶液荧光强度测量的算术平均值；

n ——测量次数。

7.2.3 按表 2 仪器类别中规定的代表元素及标准溶液质量浓度，分别测量标准空白溶液和不同浓度标准溶液的荧光强度值，减去空白溶液荧光测量值，制作校准曲线，求其校准曲线的斜率。

7.2.4 按式(3)计算仪器测定代表元素的检出限。

$$D_L=\frac{3S_0}{b} \qquad \cdots\cdots(3)$$

式中：

D_L ——检出限，单位为纳克每毫升(ng/mL)；

b ——校准曲线斜率。

7.3 重复性

测量条件同 7.2.2，按表 2 仪器类别中规定的代表元素的标准溶液质量浓度，进行连续 7 次重复测量，在测量过程中如有一个测量值被确认是由外界干扰或操作失误引起的异常值，则此组数据全部作废，应重新进行测量，不应任意取舍或补测。重复性按式(4)进行计算。

$$RSD=\frac{1}{\bar{I}_0}\times\sqrt{\frac{\sum_{i=1}^{n}(I_i-\bar{I}_0)}{n-1}}\times 100\% \qquad \cdots\cdots(4)$$

式中：

RSD ——相对标准偏差；

I_i ——荧光强度测量值；

$\bar{I}_0$ ——7 次测量荧光强度值的算术平均值；

n ——测量次数。

7.4 校准曲线的线性

测量条件同 7.2.2，按表 2 仪器类别中规定的代表元素及标准溶液质量浓度，从空白溶液、低浓度到高浓度依次进行测量，每个溶液测定 3 次，取其算术平均值，减去空白溶液的荧光测量值为测得的荧光强度值，按一元线性回归方程计算相关系数 r，通过相关系数 r 表征标准曲线的线性。

表 2　检出限、重复性、线性测试用标准溶液质量浓度

检测项目	仪器类别	代表元素	标准溶液质量浓度/(ng/mL)							
			c_0	c_1	c_2	c_3	c_4	c_5	c_6	c_7
检出限	单道原子荧光光谱仪	As	0.00	0.50	1.00	2.00	4.00	8.00		
		Hg	0.00	0.05	0.10	0.20	0.40	0.80		
	双道原子荧光光谱仪	As、Sb	0.00	0.50	1.00	2.00	4.00	8.00		
		Hg	0.00	0.05	0.10	0.20	0.40	0.80		
	多道原子荧光光谱仪	As、Sb、Bi、Se	0.00	0.50	1.00	2.00	4.00	8.00		
		Hg	0.00	0.05	0.10	0.20	0.40	0.80		
重复性	单道原子荧光光谱仪	As	0.00	8.00						
		Hg	0.00	0.80						
	双道原子荧光光谱仪	As、Sb	0.00	8.00						
		Hg	0.00	0.80						
	多道原子荧光光谱仪	As、Sb、Bi、Se	0.00	8.00						
		Hg	0.00	0.80						
线性	单道原子荧光光谱仪	As	0.00	0.50	1.00	5.00	10.00	20.00	50.00	100.00
		Hg	0.00	0.05	0.10	0.50	1.00	2.00	5.00	10.00
	双道原子荧光光谱仪	As、Sb	0.00	0.50	1.00	5.00	10.00	20.00	50.00	100.00
		Hg	0.00	0.05	0.10	0.50	1.00	2.00	5.00	10.00
	多道原子荧光光谱仪	As、Sb、Bi、Se	0.00	0.50	1.00	5.00	10.00	20.00	50.00	100.00
		Hg	0.00	0.05	0.10	0.50	1.00	2.00	5.00	10.00

7.5 道间相互干扰

将仪器调整至正常工作状态，任选相邻的两个通道作试验，测一道对另一道的干扰，调整两支空心阴极灯的电流，在双道或多道原子荧光光谱仪原子化器上部放置一个可转动的反光杆或类似的反光装置，并调整其位置，使两道间模拟信号的比值大于100，较低一道的荧光强度值大于50，先同时测量两个通道，记录信号较低的那一通道的荧光强度，测量3次取算术平均值为 I_2；然后遮挡或关闭较高那一通道的光源，继续进行测量并记录另一道的荧光强度，测量3次取算术平均值为 I_1，将测定结果按式(5)进行计算两道之间的道间干扰：

$$E_0 = \frac{|I_1 - I_2|}{(I_1 + I_2)/2} \times 100\% \quad \cdots\cdots(5)$$

式中：

E_0——道间干扰；

I_1——关闭或遮挡较高一道的光源时，所测得的另一道的荧光强度算术平均值；

I_2——两道同时测定时，所测得的较低一道的荧光强度算术平均值。

7.6 稳定性

测量条件同7.2.2，连续每10 min测量1次，测量次数为 n，测量次数不能少于24次，将测定结果按式(4)进行计算，计算结果的 RSD 即为稳定性。

附 录 A
（规范性附录）
原子荧光光谱仪测试用标准溶液的制备

A.1 玻璃器皿的处理

A.1.1 将所用的玻璃器皿用清水冲洗干净，然后用30%（体积分数）硝酸浸泡24 h。
A.1.2 用清水冲洗干净后，再用二级水冲洗3次～4次。
A.1.3 洗净的玻璃器皿干燥后备用。
A.1.4 测汞用的玻璃器皿应用5%（质量分数）高锰酸钾－4%（体积分数）硫酸－4%（体积分数）硝酸混合溶液充满容器，于90 ℃左右水浴2 h，倒出废液后用二级水冲洗数次，用少许10%（质量分数）盐酸羟胺溶液还原吸附在玻璃壁上的高锰酸钾痕迹，用二级水冲洗干净，干燥后备用（如空白值高则需重复处理）。

A.2 标准贮备溶液

各种元素均应采用标准物质，单元素溶液的标准值为1 000 μg/mL或100 μg/mL。

A.3 各元素标准使用溶液的制备

A.3.1 砷标准使用溶液的制备

将砷标准贮备溶液用10%（体积分数）的盐酸溶液逐级稀释至质量浓度100 μg/mL、10 μg/mL、1 μg/mL、0.1 μg/mL，于冰箱中保存。

A.3.2 锑标准使用溶液的制备

将锑标准贮备溶液用10%（体积分数）的盐酸溶液逐级稀释至质量浓度100 μg/mL、10 μg/mL、1 μg/mL、0.1 μg/mL，于冰箱中保存。

A.3.3 铋标准使用溶液的制备

将铋标准贮备溶液用10%（体积分数）的盐酸溶液逐级稀释至质量浓度100 μg/mL、10 μg/mL、1 μg/mL、0.1 μg/mL，于冰箱中保存。

A.3.4 硒标准使用溶液的制备

将硒标准贮备溶液用10%（体积分数）的盐酸溶液逐级稀释至质量浓度100 μg/mL、10 μg/mL、1 μg/mL、0.1 μg/mL，于冰箱中保存。

A.3.5 汞标准使用溶液的制备

将汞标准贮备溶液用含有0.05%（质量分数）重铬酸钾的5%（体积分数）硝酸溶液逐级稀释至质量浓度100 μg/mL、10 μg/mL、1 μg/mL、0.1 μg/mL、0.01 μg/mL，于冰箱中保存。

A.4 多元素混合标准使用溶液的制备

A.4.1 砷、锑混合标准使用溶液(1 μg/mL)的制备

分别吸取浓度为 10 μg/mL 砷、10 μg/mL 锑的标准使用溶液各 10 mL 于 100 mL 容量瓶中，用 10%(体积分数)的盐酸溶液稀释至刻度，摇匀，于冰箱中保存。

A.4.2 砷、锑混合标准使用溶液(0.1 μg/mL)的制备

吸取浓度为 1 μg/mL 砷、锑混合标准使用溶液 10 mL 于 100 mL 容量瓶中，用 10%(体积分数)的盐酸溶液稀释至刻度，摇匀，于冰箱中保存。

A.4.3 砷、锑、铋、硒混合标准使用溶液(1 μg/mL)的制备

分别吸取浓度为 10 μg/mL 砷、10 μg/mL 锑、10 μg/mL 铋、10 μg/mL 硒的标准使用溶液各 10 mL 于 100 mL 容量瓶中，用 10%(体积分数)的盐酸溶液稀释至刻度，摇匀，于冰箱中保存。

A.4.4 砷、锑、铋、硒混合标准使用溶液(0.1 μg/mL)的制备

吸取浓度为 1 μg/mL 砷、锑、铋、硒混合标准使用溶液 10 mL 于 100 mL 容量瓶中，用 10%(体积分数)的盐酸溶液稀释至刻度，摇匀，于冰箱中保存。

A.5 性能测定用标准溶液的制备

A.5.1 砷单元素测定用标准溶液的制备

见表 A.1。

表 A.1 各检测项目中砷标准溶液的制备

检测项目	制备 As 标准溶液质量浓度 ng/mL		加入 0.1 g/mL 硫脲溶液体积 mL	加入 0.1 μg/mL As 标准溶液体积 mL	加入 1 μg/mL As 标准溶液体积 mL	10%(体积分数)盐酸溶液稀释至体积 mL
检出限	c_0	0.00	20	0.0	—	100
	c_1	0.50	20	0.5	—	100
	c_2	1.00	20	1.0	—	100
	c_3	2.00	20	2.0	—	100
	c_4	4.00	20	4.0	—	100
	c_5	8.00	20	8.0	—	100
重复性	选用标准溶液质量浓度 c_5 进行测定					
线性	c_0	0.00	20	0.0	—	100
	c_1	0.50	20	0.5	—	100
	c_2	1.00	20	1.0	—	100
	c_3	5.00	20	5.0	—	100
	c_4	10.00	20	—	1.0	100
	c_5	20.00	20	—	2.0	100
	c_6	50.00	20	—	5.0	100
	c_7	100.00	20	—	10.0	100

A.5.2 汞单元素测定用标准溶液的制备

见表 A.2。

表 A.2 各检测项目中汞标准溶液的制备

检测项目	制备 Hg 标准溶液质量浓度 ng/mL		加入 0.01 μg/mL Hg 标准溶液体积 mL	加入 0.1 μg/mL Hg 标准溶液体积 mL	10%(体积分数)盐酸溶液稀释至体积 mL
检出限	c_0	0.00	0.0	—	100
	c_1	0.05	0.5	—	100
	c_2	0.10	1.0	—	100
	c_3	0.20	2.0	—	100
	c_4	0.40	4.0	—	100
	c_5	0.80	8.0	—	100
重复性	选用标准溶液质量浓度 c_5 进行测定				
线性	c_0	0.00	0.0	—	100
	c_1	0.05	0.5	—	100
	c_2	0.10	1.0	—	100
	c_3	0.50	5.0	—	100
	c_4	1.00	—	1.0	100
	c_5	2.00	—	2.0	100
	c_6	5.00	—	5.0	100
	c_7	10.00	—	10.0	100

A.5.3 砷、锑两个元素同时测定用混合溶液的制备

见表 A.3。

表 A.3 各检测项目中砷、锑标准溶液的制备

检测项目	制备 As、Sb 标准溶液质量浓度 ng/mL		加入 0.1 g/mL 硫脲溶液体积 mL	加入 0.1 μg/mL As、Sb 标准溶液体积 mL	加入 1 μg/mL As、Sb 标准溶液体积 mL	10%(体积分数)盐酸溶液稀释至体积 mL
检出限	c_0	0.00	20	0.0	—	100
	c_1	0.50	20	0.5	—	100
	c_2	1.00	20	1.0	—	100
	c_3	2.00	20	2.0	—	100
	c_4	4.00	20	4.0	—	100
	c_5	8.00	20	8.0	—	100
重复性	选用标准溶液质量浓度 c_5 进行测定					

表 A.3（续）

检测项目	制备 As、Sb 标准溶液质量浓度 ng/mL		加入 0.1 g/mL 硫脲溶液体积 mL	加入 0.1 μg/mL As、Sb 标准溶液体积 mL	加入 1 μg/mL As、Sb 标准溶液体积 mL	10%（体积分数）盐酸溶液稀释至体积 mL
线性	c_0	0.00	20	0.0	—	100
	c_1	0.50	20	0.5	—	100
	c_2	1.00	20	1.0	—	100
	c_3	5.00	20	5.0	—	100
	c_4	10.00	20	—	1.0	100
	c_5	20.00	20	—	2.0	100
	c_6	50.00	20	—	5.0	100
	c_7	100.00	20	—	10.0	100

A.5.4 砷、锑、铋、硒四个或以上元素同时测定用混合标准溶液的制备

见表 A.4。

表 A.4 砷、锑、铋、硒混合标准溶液的制备

检测项目	制备 As、Sb、Bi、Se 标准溶液质量浓度 ng/mL		加入 0.1 g/mL 硫脲溶液体积 mL	加入 0.1 μg/mL As、Sb、Bi、Se 标准溶液体积 mL	加入 1 μg/mL As、Sb、Bi、Se 标准溶液体积 mL	10%（体积分数）盐酸溶液稀释至体积 mL
检出限	c_0	0.00	20	0.0	—	100
	c_1	0.50	20	0.5	—	100
	c_2	1.00	20	1.0	—	100
	c_3	2.00	20	2.0	—	100
	c_4	4.00	20	4.0	—	100
	c_5	8.00	20	8.0	—	100
重复性	选用标准溶液质量浓度 c_5 进行测定					
线性	c_0	0.00	20	0.0	—	100
	c_1	0.50	20	0.5	—	100
	c_2	1.00	20	1.0	—	100
	c_3	5.00	20	5.0	—	100
	c_4	10.00	20	—	1.0	100
	c_5	20.00	20	—	2.0	100
	c_6	50.00	20	—	5.0	100
	c_7	100.00	20	—	10.0	100

ICS 71.040
N 04

中华人民共和国国家标准

GB/T 32267—2015

分析仪器性能测定术语

Terminology of performance testing for analytical instrument

2015-12-10 发布　　　　2017-01-01 实施

中华人民共和国国家质量监督检验检疫总局
中国国家标准化管理委员会　发布

前　言

本标准按照 GB/T 1.1—2009 给出的规则起草。

本标准由中华人民共和国科学技术部提出。

本标准由全国仪器分析测试标准化技术委员会归口(SAC/TC 481)。

本标准起草单位:中国标准化研究院、中国分析测试协会、中国计量科学研究院、北京大学、清华大学、北京有色金属研究总院 、军事医学科学院。

本标准主要起草人:张宝林、计雄飞、赵羽、张渝英、汪正范、李红梅、戴新华、甘克勤、王霞、邓勃、刘国诠、臧慕文、张德添、章晓中、苏焕华、王超群、颜贤忠、刘虎威、李美仙、骆东淼、赵敏。

分析仪器性能测定术语

1 范围

本标准界定了分析仪器性能测定的相关术语和定义。

本标准适用于涉及电子光学仪器、质谱仪器、X射线仪器、光谱仪器、色谱仪器、波谱仪器、电化学仪器、光学显微镜及图像分析仪器、热分析仪器9大类分析仪器性能指标测定的各级标准、技术文件、书刊的编写。

2 基本术语

2.1

检出限 detection limit

在一定的置信度下由特定的分析方法能够检出的可分辨的最小分析信号 x_L 求得的最低浓度 c_L（或质量 q_L）。

$$c_L(\text{或者 } q_L) = (\overline{x_L} - \overline{x_b})/m = \frac{k \cdot s_b}{m}$$

式中：

$\overline{x_L}$——最小分析信号平均值；

$\overline{x_b}$——空白信号平均值；

m ——校准曲线在低浓度范围内的斜率；

k ——与置信度有关的因子；

s_b ——空白信号值的标准偏差。

注：国际理论和应用化学联合会(IUPAC)规定，$\overline{x_b}$ 和 S_b 通过实验以足够多的测定次数 $n \geqslant 10$ 求出。推荐 $k=3$，在测定值遵从正态分布的条件下，置信度为99.73%。3倍空白信号值的标准偏差所对应的浓度（或质量）即为检出限。

2.2

定量限 quantification limit

定量分析方法实际可以测定的某组分的下限。

注：IUPAC规定以10倍空白信号值的标准偏差所对应的浓度（或质量）为定量限。

2.3

灵敏度 sensitivity

被测量物的浓度（或质量）变化一个单位所引起的测量信号响应量的变化。

注：也可以理解为校正曲线的斜率。

2.4

准确度 accuracy

在一定测量条件下被测量物的测得值与其真值的接近程度。

注：通常所说的真值，是指理论真值（如三角形的内角之和等于180°）、约定真值（国际会议、标准化组织或国际上公认的量值）和相对真值（如标准物质证书上给出的量值）。排除了所有测量上的缺陷时通过完善的测量所得到

的量值充分接近于真值，对于给定的目的来说，可用以替代真值。如在测定值遵循正态分布的条件下，算术平均值可以作为真值的无偏和最优估计值，随着测定次数的增多，算术平均值越逼近真值。

2.5

精密度　precision

在规定条件下多次重复测量同一量时各测量值彼此相符合的程度。

注：通常用标准偏差或相对标准偏差表示。

2.6

重复性　repeatability

在同一实验室，由同一操作人员使用相同的设备，按相同的测试方法在相同的测试条件下，对同一被测定量在短时间内相继独立进行多次测定的精密度。

2.7

再现性　reproducibility

在同一或不同的实验室，由不同的操作人员使用相同类型的不同设备，按相同的测试方法，对同一被测定量独立进行多次测定的精密度。

注：在同一实验室，由同一操作人员使用同一设备或相同类型的不同设备，按相同的测试方法，在不同时间内对同一被测定量独立进行多次测定的精密度，也视为再现性。

2.8

校正曲线　calibration curve

表示测量值与物质质量、体积、浓度等特性量之间关系的曲线。

2.9

校正曲线法　calibration curve method

在分析测试中，用所建立的校正曲线求出被测组分量值的方法。

2.10

标准加入法　standard addition method

在待测样品中加入被测组分的标准品，作为被测组分量的参照标准，根据信号的增加量求出被测组分量值的方法。

注：为消除试样基体的物理和化学干扰所采用的一种方法。取几份（例如5份）等量的试料溶液，除了一份（浓度为 c_0）外，其余按顺序加入不同量的被测组分的标准溶液，并稀释至一定的相同体积。设 c_0、c_1、c_2、c_3、c_4 分别代表它们的浓度，所测得的物理量对应地为 M_0、M_1、M_2、M_3、M_4。将被测物理量 M 对浓度 c 作图，得到的直线外延与浓度坐标相交，交点为 c_x，即为试样中被测组分的浓度。

2.11

内标法　internal standard method

将一定量的内标物加到一定量的被分析样品中，然后对含有内标物的样品进行分析，分别测定样品中被测组分和内标物的信号值，用被分析样品与内标物信号值的比值对样品中被测组分含量建立校正曲线，或求得相对校正因子以进行定量的方法。

2.12

误差　error

测定值与其真值之差。

2.13

偏差　deviation

测定列中单次测定值与该测定列的平均值之差。

2.14

标准偏差　standard deviation

标准差

方差平方根的绝对值，表示测量精密度的一种常用的方法。数学表达式为：

$$s=\sqrt{\sum_{i=1}^{n}(x_i-\overline{x})^2/(n-1)}$$

式中：

s ——标准偏差；

x_i——为单次测定值；

$\overline{x}$ ——n 次测定的平均值；

n ——样本数目。

2.15

相对标准偏差　relative standard deviation；RSD

标准偏差与平均值之比，用于比较测定数据的相对离散程度的参数，见下式：

$$RSD=\frac{s}{\overline{x}}\times 100\%$$

式中：

s ——标准偏差；

$\overline{x}$ ——n 次测定的平均值。

2.16

相关系数　correlation coefficient

表征分析信号与被测物质量或浓度之间线性相关程度的一个参数。相关系数检验可确定校正曲线的线性动态范围。

2.17

测量不确定度　uncertainty of measurement

不确定度　uncertainty

根据所获信息，表征赋予被测量值分散性的非负参数。

2.18

分辨率　resolution

仪器区别相近信号的能力。

2.19

仪器稳定性　stability of the equipment

在规定的工作条件下，在规定的时间内，仪器保持测定值随时间在限定范围内变化的能力。

注 1：可用启动时间、基线漂移（静态基线漂移和动态基线漂移）、零点漂移表征。

注 2：分短期稳定性和长期稳定性。

2.20

基线漂移　baseline drift

在规定的工作条件下和时间内，基线的缓慢变化。

2.21

零点漂移　zero drift

在规定的工作条件下和时间内，零点读数的偏移。

2.22

吸收系数　absorption coefficient

吸光系数　absorptivity

表征吸光物质对指定频率辐射的吸收能力的参数，表达式为：

$$I=I_0e^{-al}$$

式中：

I ——出射光强度；

I_0——入射光强度；

α ——吸收系数；

l ——吸收厚度。

注：在光度分析中，以质量浓度(g/L)表示吸光物质浓度的吸收系数称为质量吸收系数，以 a 表示，单位为升每克厘米[L/(g · cm)]；以浓度(mol/L)表示吸光物质浓度的吸收系数称为摩尔吸收系数，以 ε 表示，单位为升每摩尔厘米[L/(mol · cm)]。在固体X射线分析中常用质量吸收系数，以 μ_m 表示，单位为平方厘米每克(cm^2/g)。

2.23

线性吸收系数　linear absorption coefficient

线性衰减系数

μ_l

一束平行的X射线通过1 cm均匀物质厚度时其强度的相对衰减量。

注1：强度为 I_0 的平行入射X射线束通过吸收厚度 l 的物质后，其强度衰减为 I，根据波格-朗伯(Bouguer-Lambert)光吸收定律，$I=I_0e^{-\mu_l l}$。

注2：单位为每厘米[cm^{-1}]。

2.24

质量吸收系数　mass absorption coefficient

μ_m

一束平行的X射线通过1 g均匀物质时其强度的相对衰减量。

注1：质量吸收系数 μ_m 与线性吸收系数 μ_l 的关系是 $\mu_m=\mu_l/\rho$，ρ 是吸收物质的密度，单位为克每立方厘米(g/cm^3)。

注2：单位为平方厘米每克(cm^2/g)。

2.25

基体效应校正　matrix effect correction

对试样中与被测组分共存的常量组分(基体)对被测组分的测量信号或测定量值所产生的影响进行的校正。

注：基体所产生的影响包括光谱干扰、物理干扰和化学干扰及记忆效应等。

2.26

启动时间　start-up time

从仪器接通电源到获得稳定测量数据的正常工作状态所经过的时间。

2.27

测量范围　measurement range

仪器能测量的信号上限值与下限值或能测定被测组分量值的最大值与最小量值所跨越的区间。

2.28

量程　range

仪器所允许显示或记录的测量信号上限值与下限值的范围。

2.29

阈值　threshold value

能使仪器输出端产生可测变化量的被测量的最小变化量。

2.30

参考物质　reference material

用来校准仪器、评价测量方法或给材料赋值的一个或多个性质已经充分研究的材料或物质。

3 电子光学仪器

3.1

点分辨率　point resolution

通常是用一台光学显微镜从 TEM 拍摄的标准样品底片或图像上，寻找到刚能区分开间距的两个小颗粒中心之间的距离。

注：单位通常以纳米(nm)表示。

3.2

晶格分辨率　lattice resolution

利用晶面条纹作为鉴定电镜分辨率性能的标准。

注：单位通常以纳米(nm)表示。

3.3

信息分辨极限　information limit

高分辨电镜由色差和束发散产生的衰减包络函数所决定的分辨率限制。

注1：信息分辨率才是场发射电镜实际的分辨极限。

注2：单位通常以纳米(nm)表示。

3.4

球差　spherical aberration

由于透镜的边缘部分对电子的折射比旁轴部分强而引起的成像误差。

注：单位通常以纳米(nm)表示。

3.5

加速电压　accelerating voltage

为加速从电子源发射的电子而加到灯丝和阳极之间的电位差。

3.6

选区电子衍射　selected area electron diffraction；SAED

从选区光阑所选择的样品区域而获得的电子衍射图像。

注：选区光阑尺寸通常在 0.1 μm～0.5 μm 之间。

3.7

会聚束电子衍射　convergent beam electron diffraction；CBED

采用会聚电子束从样品的微小区域而获得的电子衍射图像。

3.8

电子能量损失谱　electron energy loss spectrometry；EELS

利用电子穿过材料产生的非弹性散射而导致的电子能量损失的分布谱，从而可以得到材料的成分和结构信息。

3.9

扫描透射显微术　scanning transmission electron microscopy；STEM

采用细电子束在薄样品上扫描，然后用不同的探测器接收不同的信号，从而形成的扫描电子像/透射电子像的方法。

3.10

球差校正透射电子显微术　aberration corrected transmission electron microscopy

利用球差校正器来校正透射电镜的磁透镜的球差系数，使得透射电镜分辨率可达 10^{-11} m 级水平的技术。

3.11

电子三维重构术　electron tomography

从一系列按照一定规律拍摄的二维投影像转换而得到三维电子像的技术。

3.12

电子全息术　electron holography

可以同时获得薄样品的振幅和相位信息 TEM 技术。

注：电子全息术可用于研究材料的内势场分布和磁场分布。

3.13

二次电子图像分辨率　secondary electron(SE)image resolution

在 SEM 所拍摄的二次电子图像中，能够被清楚地分开，而识别的两个图像特征之间的最小间距。

注：单位通常以纳米(nm)表示。

3.14

背散射电子图像分辨率　backscattered electron(BSE) image resolution

在 SEM 所拍摄的背散射电子图像中，能够被清楚地分开，而识别的两个图像特征之间的最小间距。

注：单位通常以纳米(nm)表示。

3.15

扫描电镜图像放大倍率 M　scanning electron microscope(SEM) image magnification M

扫描显示的线性尺度 L 与试样上扫描范围的相应长度 I 之比。即 $M=L/I$。

3.16

取出角　take-off angle

电子束在试样表面轰击点与探测器表面中心的连线与试样表面之间的夹角。

注：单位通常以度(°)表示。

3.17

背散射电子衍射　backscattered electron diffraction;BSED

通过在块状样品上收集和获得的背散射电子衍射花样。

注：从而可以分析研究晶体取向、取向分布、晶界特征以及微观织构等信息。

3.18

谱峰半高宽　full width at half maximum;FWHM

谱峰扣除背底后强度最高值一半处的峰宽度。

4　质谱仪器

4.1

原子质量单位　atomic mass unit;amu

核素 ^{12}C 的一个中性原子处于基态时静止质量的 1/12。

4.2

标称质量　nominal mass

名义质量

以天然稳定同位素中丰度最大同位素的整数质量计算的离子质量。

4.3

精确质量　exact mass

以构成离子式的各个元素的同位素质量计算的离子质量。

4.4

准确质量　accurate mass

用高分辨方法测定的精确质量值。

4.5

质量准确性　mass accuracy

质量测定准确性

质谱仪对离子质量的测量值与理论值之间的偏差。

4.6

质荷比　mass charge ratio

m/z

离子的质量(m)与它所带电荷数(z)的比值。

4.7

质量范围　mass range

质谱仪所能测量的质荷比下限和质荷比上限之间的范围。

4.8

质量稳定性　mass stability

质量标尺稳定性 scale stability

质谱仪以标准物标定的质量标尺，在一段时间内，对指定离子质量测量值的变化。

注：常用原子质量单位每小时(amu)表示。

4.9

同位素峰　isotopic peak

质谱中除天然丰度最大核素外，其他种同位素形成的离子峰。

4.10

同位素丰度　isotopic abundance

同位素在同一元素中所占的百分数。

4.11

离子丰度　abundance of ions

质谱检测器检测到的离子信号强度。

4.12

相对丰度　relative abundance

按照质谱图中强度最大的离子丰度归一化的离子强度。

4.13

离子丰度比　ion abundance ratio

在质谱图中，各个离子丰度所占的百分数。

4.14

同位素离子丰度比　isotope ion abundance ratio

在质谱图中，同一元素的各同位素离子丰度所占的百分数。

4.15

质量分辨率　mass resolution

质谱仪分辨两个相邻质谱峰的质量差的能力。表达式为：

$$R = M/\Delta M$$

注：有两种计算方法：

——双峰法：M 是两个相邻峰的平均质量，ΔM 是相邻峰的质量差，相邻两个峰的峰谷为 10%；

——单峰法：M 是最大峰值处的质量，ΔM 是最大峰值半峰高处的峰宽[FWHM]。

4.16

高分辨　high mass resolution

质量测定值达到毫质量单位以下，测定的准确性达到 1×10^{-6} 的分辨率。

4.17

低分辨　low mass resolution

质量测定值为一个质量单位，测定准确性小于 1% 的分辨率。

4.18

单位分辨率　unit resolution

识别一个质量单位的分辨率。

注：半峰宽[FWHM]为 1 u。

4.19

灵敏度　sensitivity

〈质谱仪器〉以每毫克(气体样品则以压强单位计)待分析样品获得的信号响应值(库仑或安培)表示。

4.20

信噪比　signal to noise ratio

S/N

〈质谱仪器〉被测样品信号强度 S 与基线噪声强度 N 的比值。

注：该比值与噪声强度峰值的算法有关：

——信号的最大峰值与基线噪声的最大峰值之比，称峰峰比(P/P)；

——信号的最大峰值与基线噪声的最大峰值/2 之比，称半峰比(P/P)/2；

——信号的最大峰值与基线噪声的均方根峰值之比，称均方根比(RMS)。

4.21

扫描速度　scan speed

〈质谱仪器〉在单位时间内扫描(采集)离子质量数目的速度。

4.22

全谱采集速率　full-range mass spectral acquisition rates

用于非扫描型的飞行时间质谱仪器，以全质量范围的采集速率或每秒采集的谱图数表示。

注：单位为谱图数每秒(spec/s)。

4.23

全扫描　full scan

在设定质量范围内对所有质量的离子依次进行检测的过程。

4.24

选择离子监测　selected ion monitoring；SIM

只选择一个或多个特定质量的离子进行检测的过程。

4.25

选择反应监测　selected-reaction monitoring；SRM

在串联质谱分析中，母离子经过诱导碰撞活化产生一系列子离子，选择一个母离子及其产生的某一特定子离子质量进行监测的过程。

4.26

多反应监测　multi-reactions monitoring；MRM

在串联质谱分析中，母离子经过诱导碰撞活化产生一系列子离子，选择多个母离子及其对应的特定子离子质量进行监测的过程。

4.27

正离子模式　positive ion mode

检测带正电荷的离子。

4.28

负离子模式　negative ion mode

检测带负电荷的离子。

4.29

多反应监测扫描速度　multi-reactions monitoring scan speed

在多反应监测模式下，对所选择的离子每秒重复扫描的次数。

4.30

基峰　base peak

质谱图中质荷比范围内强度最大的离子峰。

注：其相对丰度为100%。

4.31

质谱本底　background of mass spectrum

在不引入试样时，质谱系统内部残留物或漏气所产生的质谱信号。

4.32

总离子流图　total ion current；TIC

在选定的质量范围内，每一次扫描的离子流强度总和随时间或扫描次数变化的曲线。

4.33

质量色谱图　mass chromatogram；MC

色质联用分析时，特定质量离子的强度随时间或扫描次数变化的曲线。

4.34

离子动能谱　ion kinetic energy spectroscopy；IKES

离子束在扇形电场的作用下按照其平动能与电荷之比分离所得到的质谱。

4.35

碰撞诱导解离　collision induced dissociation；CID

碰撞活化解离　collision activated dissociation；CAD

具有一定动能的离子与气体分子碰撞时，其动能的一部分转化为内能，由此激发的离子解离。

4.36

谱库检索匹配度　similarity of library research

仪器实际检测得到的质谱图与谱库中检索到的质谱图的相似程度。

4.37

分子离子　molecular ion

分子在离子化过程中未碎裂，只失去或得到一个电子，形成的正或负离子。

注：其质荷比于相对分子质量。

4.38

准分子离子　quasi-molecular ion

分子在离子化过程中增加或减少某一特定质量碎片形成的离子。

注：在谱图中其位置与分子离子相近，质量数与相对分子质量存在简单的关系，由它可以推测相对分子质量。

4.39

质子化分子　protonated molecule

中性分子捕获一个或多个质子形成的正离子，通常表示为$[M+nH]^{n+}$。

注：M代表中性分子，H代表质子，n代表质子数。

4.40

去质子化分子　deprotonated molecule

中性分子失去一个质子后形成的离子，通常表示为$[M-H]^+$、$[M-H]^-$。

注：M代表中性分子，H代表质子。

4.41

碎片离子　fragment ion

分子在离子化过程中碎裂形成的片段离子。

4.42

多电荷离子　multiply-charged ion

带有2个或2个以上电荷的离子。

4.43

母离子　parent ion

前体离子　precursor ion

在裂解反应中发生碎裂生成碎片离子的任一质量离子。

4.44

产物离子　product ion

子离子　daughter ion

在裂解反应中任一质量离子经一级或多级碎裂生成的碎片离子。

5　X射线仪器

5.1

额定管电压　rated tube voltage

X射线管在额定的条件下，加在阳极与阴极之间最大的电压峰值。

5.2

额定功率　rated power

在一定的使用条件下，X射线管工作时，加在X射线管阳极的功率的最大容许值。

5.3

高压稳定度　high voltage stability

测量高压时取样电压的级差值与平均值之比。

5.4

探测器能量分辨率　energy resolution of detector

探测器的脉冲幅度分布曲线的能量峰半高宽与能量峰值电压之比值。

5.5

衍射角分辨率　diffraction angle resolution

对标准物质/标准样品某一晶面的$K\alpha_1$，$K\alpha_2$衍射角度的分辨能力。

5.6

分辨率　resolution

<X射线能谱仪>能量相近的两个峰的区分能力。

注：通常以5.89 keV的MnK峰的半高宽表示。

5.7

相对灵敏度因子　relative sensitivity factors；RSF

与标准样品中已知的，并经过标定元素面密度的计数率相关的因子。

5.8

X 射线强度　X-ray intensity

在一束 X 射线中每秒检测到的光子数。

5.9

信号强度　signal intensity

<X 射线仪器> 经脉冲处理后，能谱仪输出的以每通道计数或每通道每秒的计数所表示的量。

5.10

积分强度　integrated intensity

单位长度衍射线上接收到的累计能量。

注：实验上是指该衍射峰的积分计数与本底计数之差。物相定量分析采用积分强度。

5.11

特征 X 射线　characteristic X-ray

原子内层电子空位被来自外层的电子填充时所发射的 X 射线。

5.12

衍射强度　diffraction intensity

样品晶面对 X 射线衍射时检测到的计数。

5.13

步进扫描　step scanning

在扫描过程中，样品与探测器逐步前进，每走一步停若干秒时间，以记录衍射强度的过程。

5.14

连续扫描　continue scanning

在扫描过程中，样品与探测器是不停的转动，在转动中记录衍射强度的过程。

5.15

角扫描　angle scan

作为掠射角函数，对发射的荧光信号的测量。

5.16

分析线　analyzing lines

<X 射线仪器>衍射图中选作定量分析用或作线形分析用的衍射线。

5.17

波长色散　wavelength dispersion

<X 射线仪器>通过衍射作用使 X 射线实现按波长的空间分离。

5.18

能量色散　energy dispersion

<X 射线仪器>使 X 射线光子按能量大小分离。

5.19

全反射 X 光荧光光谱的掠射角　TXRF glancing angle

全反射 X 光荧光光谱法中 X 射线的入射角度。

5.20

临界角　critical angle

当被测表面发生对入射 X 射线的全反射时低于某一角度的掠射角，即能产生全反射的最大角度。

5.21

全谱拟合　whole pattern fitting

用含有若干个可变参数的公式计算出粉末衍射谱，改变其中的一些参数，使整个计算谱与实验测定谱相吻合的过程。

5.22

Φ 扫描　phi- scanning

面内扫描 in plane scanning

将探测器固定在被测反射面的衍射角位置,并使被测样品在任一倾角上和沿平面内转动的过程。

5.23

ω 扫描　omega-scanning

面外扫描　out of plane scanning

将探测器固定在被测反射面的衍射角位置，并使被测样品在面外位置的左右转动的过程。

5.24

衍射线的分辨率　diffraction line resolution

分辨衍射角非常接近的两个衍射峰的能力。

6　光谱仪器

6.1

光谱干扰　spectral interference

光谱重叠、光散射、非吸收光和背景辐射等引起的干扰。

6.2

电离干扰　ionization interference

由于原子在高温下电离而引起的干扰。

6.3

液相干扰　liquid phase interference

发生在液相或去溶剂过程中影响被测元素反应速度或效率的物理化学干扰。

6.4

气相干扰　gasphase interference

来源于被测元素在离解中或离解后发生在气相中影响被测元素的物理化学干扰。

6.5

背景　background

未引入被测元素(或引入空白溶液)由非被测组分在被测元素谱线处产生的信号响应值。

6.6

校正曲线线性范围　linearity range of calibration curve

在一定显著性水平下进行拟合优度检验不存在失拟的条件下一元回归线所跨越的最大的线性区间。

注：有标准文件中表述为:仪器的输出与输入呈一次函数关系的线性,用一元线性回归方程所计算出的相关系数 r 来表示。相关系数 r 只能表示输出与输入量之间动态变化,即线性动态范围,而非线性范围。

6.7

绝缘强度　insulation strength

在仪器指定的绝缘部分之间施加规定的直流电压或正弦交流电压时,在此电压下不产生飞弧或跨越绝缘材料的电流不超过规定值。

6.8

吸光度　absorbance

透射率(T)倒数的以 10 为底的对数,$A=\lg(\frac{1}{T})=-\lg T$。

6.9

吸收谱带 absorption band

吸光度最大处的吸收光谱范围。

6.10

摩尔吸收率 absorptivity molar

ε

吸收率和物质摩尔质量的乘积。

6.11

分析波长 analytical wavelength

用于确认样品的组成，而进行吸光度或谱线强度测量的波长。

6.12

衰减全反射 attenuated total reflection;ATR

在完全内反射过程中存在耦合吸收时的反射，其反射率小于1。

6.13

基线 baseline

任何绘制于吸收光谱上的线，用以确立表示某个给定波长下入射到样品上的辐射能量的函数的参考点。

6.14

漫反射 diffuse reflection

在表面或表面以下，反射光由于漫射分散在很多方向的反射现象。

6.15

频率 frequency

v

单位时间内电磁场振动的次数。

注：单位为赫兹(Hz)。

6.16

等吸收点 isobestic point

两个或更多组分的吸收率相等的波长。

6.17

光度测量线性 photometric linearity

光度测量系统提供入射到其检测器上辐射能量和系统可检测的某些可测量值之间线性关系的能力。

6.18

拉曼位移 Raman shift

拉曼谱线(带)的波数同入射单色光波数的偏离。

6.19

参考光谱 reference spectrum

已知的样品光谱。

6.20

样品光谱 sample spectrum

包括分析样品光谱特征的单光束光谱或比例光谱。

6.21

散射　scattering,90°

在相对于入射光 90°角方向观测到的散射。

6.22

自淬灭　self-quenching

激发态的原子或分子同基态的相同原子或分子反应引起荧光减弱的现象。

6.23

光谱狭缝宽度　spectral slit width

出射狭缝的机械宽度除以出射狭缝平面的线性色散。

6.24

杂散光能量　stray radiant energy

由非研究的光谱位置的波长处到达检测器的所有辐射能量。

6.25

光通量　throughput

光束在焦点处的面积、固体角度、光束聚焦处介质折射率的平方的向量积。

6.26

透射率　transmittance

T

穿过样品的辐射能量同照射到样品的辐射能量的比例。

6.27

边缘波长噪声　noise of marginal wavelength

在仪器使用的波长范围的两边界波长处,在规定的时间内所测得的瞬时噪声。

6.28

背景校正能力　background correction power

在优化条件下,仪器能扣除某一指定波长处背景的最大能力。以在无背景校正模式与有背景校正模式下测得的吸光度的比值表示。

6.29

短期稳定性　short-term stability

光谱仪在规定的较短时间内连续测量同一样品的结果的稳定程度。以测定值的相对标准偏差表示。

6.30

长期稳定性　long-term stability

仪器在较长时间内不同时段,在规定的时间内连续测量同一样品的结果的稳定程度。

注：一般以测定值结果的并合相对标准偏差表示。

6.31

道间干扰　mutual interference between channels

仪器进行多通道测量时,测量通道之间的相互干扰。

注：用 E_0(%)表示。

6.32

漂移　drift

仪器输入-输出特性随时间的慢变化。

6.33

浓度灵敏度　concentration sensitivity

试样中被分析组分单位浓度改变引起检测器所产生的信号量。

6.34

质量灵敏度　mass sensitivity

试样中被分析组分的单位质量改变引起检测器所产生的信号量,用校正曲线的斜率表示。

6.35

特征质量　characteristic mass

产生1%吸收或0.004 4吸光度所需要的分析元素的质量。

6.36

全程分析时间　full analysis of time

从开始处理样品到得到最终分析结果所经历的时间。

6.37

采样间隔　sampling interval

在干涉图中,连续采样点之间的光程差的差异。

6.38

采样频率　sampling frequency

单次扫描中,干涉图每秒钟数字化的数据点数目。

6.39

波长准确度　wavelength accuracy

仪器波长指示器上所指示的波长值与实际波长值之差。

6.40

波长示值误差　indication error of wavelength

仪器示值与被测量的(约定)真值之差。

6.41

波长重复性　wavelength repeatability

仪器波长指示器多次指示同一波长值的一致性。

6.42

雾化效率　nebulization efficiency

溶液转换成气溶胶的比率。

6.43

原子发射谱线　atom line

原子内部电子跃迁形成的谱线。

6.44

离子发射谱线 ion line

离子内部电子跃迁形成的谱线。

6.45

入射功率　forward power

电感耦合等离子体仪器射频发生器的输出功率。

6.46

反射功率　reflected power

电感耦合等离子体仪器射频发生器功率输出线路中优于匹配状态变化引起的返回功率。

7 色谱仪器

7.1

填料粒度　particle size

d_p

填料颗粒的平均直径。

注：单位为微米(μm)。

7.2

流动相　mobile phase

色谱分离过程中携带样品通过固定相并影响分离结果的流体。流动相可以是液体、气体或超临界流体。

7.3

流速　flow rate

F_c

在色谱柱出口的温度和压力下测得的体积流量。

注：单位为毫升每分(mL/min)。

7.4

测试样品　test sample

校正仪器时选用的标准样品溶液。

注：单位为克每毫升(g/mL)。

7.5

进样体积　injection volume

V_a

测试时引入色谱系统的样品溶液体积。

注：单位为微升(μL)或毫升(mL)。

7.6

保留时间　retention time

t_R

样品组分在色谱柱中滞留的时间，即从进样到色谱峰最大值出现所需要的时间，见图1。

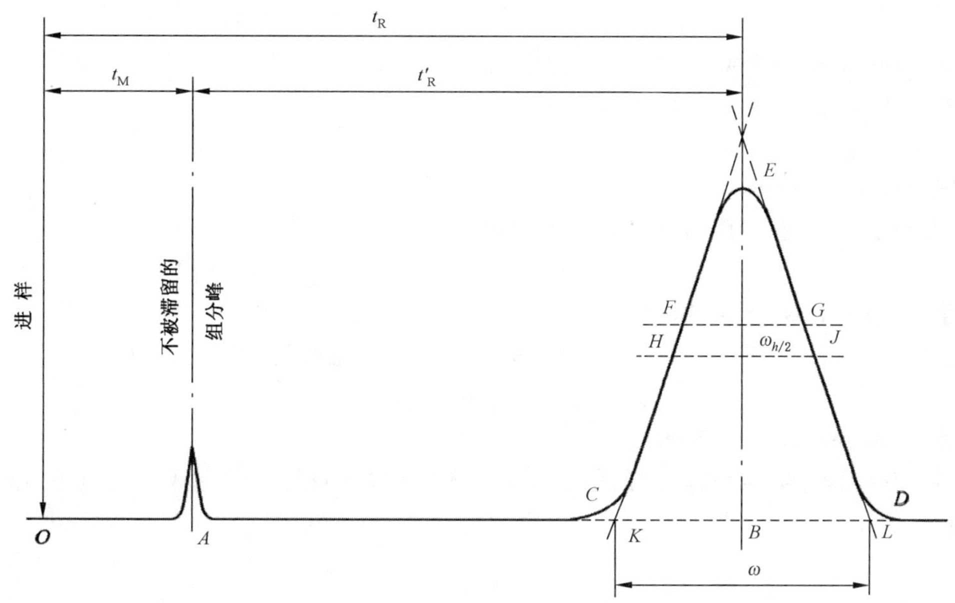

图 1　保留时间

注：单位为分(min)。

7.7

保留体积　retention volume

$\mathbf{V_R}$

保留时间所对应的流动相体积，即样品组分从进样到色谱峰最大值出现所需要流动相的体积，等于流速与保留时间的乘积。

注：单位为毫升(mL)。

7.8

死时间　dead time

t_0

不被固定相滞留的样品组分从进样到色谱峰最大值出现所需要的时间。

注 1：色谱系统的死时间是包括色谱柱、进样系统、管线接头和检测器的总死时间的总和。

注 2：单位为分(min)。

7.9

调整保留时间　adjusted retention time

保留时间与死时间之差。

7.10

死体积　dead volume

不被固定相滞留的组分的保留体积。

注 1：色谱系统的死体积是包括色谱柱、进样系统、管线接头和检测器的总死体积的总和。

注 2：单位为毫升每分(mL/min)。

7.11

调整保留体积　adjusted retention velume

保留体积与死体积之差。

7.12

相对保留值　relative retention value

在相同色谱条件下两个色谱峰的保留值之比。

7.13

等度洗脱　isocratic elution

流动相的组成(洗脱能力)恒定的洗脱方法。

7.14

梯度洗脱　gradient elution

流动相的组成(洗脱能力)随时间进行梯度变化的洗脱方法。

7.15

高压梯度　high-pressure gradient

使用两台以上的高压输液泵协同完成梯度输液,继而进行洗脱的梯度洗脱模式。

7.16

低压梯度　low-pressure gradient

使用一台高压输液泵,以程序控制的电磁阀启闭不同的流动相流路,完成梯度输液,继而进行洗脱的梯度洗脱模式。

7.17

进样量　sample size

向色谱分离系统中引入进行分离或检测的样品溶液的体积或样品质量。

7.18

压力上限　pressure high limit

可设定的输液泵或色谱仪整机正常运转的最高压力。

7.19

压力下限　pressure low limit

可设定的输液泵或色谱仪整机正常运转的最低压力。

7.20

孔径　pore diameter

多孔色谱填料上所有孔的平均直径。

7.21

封尾　end capping

封端

采用硅烷化试剂与硅胶基键合固定相上残留的硅羟基反应,以减少或消除残留硅羟基引起的二次保留作用。

7.22

碳含量　carbon content

化学键合相硅胶基质填料中碳元素的百分含量。

7.23

全多孔型填料　macro-reticular packing material

整体具有孔道结构的填料。

7.24

表面多孔填料　superficially porous packing material

核壳式填料

表面具有孔道结构而核心为无孔结构的填料。

7.25

化学键合固定相　bonded stationary phase

键合相

通过化学反应将功能基团共价键合到基质(如硅胶或聚苯乙烯-二乙烯苯树脂小球)表面或柱管内表面后得到的色谱固定相。

7.26

手性固定相　chiral stationary phase

具有手性选择性的固定相。

7.27

键合型离子交换剂　bonded ion exchanger

通过化学反应将功能基团共价键合到基质表面制备的离子交换剂。

7.28

薄壳型离子交换剂　pellicular ion-exchanger

表面具有孔道结构而核心为无孔结构的离子交换剂。

7.29

离子交换容量　ion exchange capacity

交换容量

单位质量离子交换剂所能交换的离子物质的量。

7.30

排斥极限　exclusion limit

排阻极限

不能进入填料孔内而直接排出体积排阻色谱柱的溶质分子的最低分子量。

7.31

内标物　internal standard

加入到待测样品中作为测定待测组分含量的参照标准的已知质量或含量纯物质。

7.32

普适校准曲线　universal calibration curve

普适校准函数　universal calibration function

在体积排除色谱法中,用流体力学体积作为分子参数的分离校准曲线或函数。

7.33

色谱峰　chromatographic peak

色谱柱流出组分通过检测器系统时所产生的响应信号的微分曲线。

7.34

基线　baseline

在正常操作条件下,仅有流动相通过检测器系统时所产生的响应信号的曲线。

7.35

峰高　peak height

从峰最大值到峰底的垂直距离。

7.36

峰面积　peak area

色谱峰轮廓线与基线之间的面积。

7.37

色谱峰宽度　chromatographic peak width

在峰两侧拐点(参见图1中的 F、G)处切线与峰底相交两点间的距离(参见图1中的 KL)。

7.38

塔板理论　plate theory

将色谱柱视为单级蒸馏的小塔板组成的精馏塔，借助化工原理中的塔板概念，描述色谱柱中溶质的浓度变化、分配平衡和分离效率的理论。

7.39

等效理论塔板高度　height equivalent to a theoretical plate；HETP

H

塔板理论中单位理论板的高度，可由下式表示：

$$H = L/n$$

式中：

L ——色谱柱长，单位为毫米(mm)；

n ——理论塔板数。

7.40

理论塔板数　number of theoretical plates

n

用于评价色谱柱分离效率的参数，可由下式表示：

$$n = 5.54\left(\frac{t_R}{\omega_{h/2}}\right)^2 = 16\left(\frac{t_R}{\omega}\right)^2$$

式中：

t_R ——保留时间，单位为分(min)；

ω ——峰宽，单位为毫米(mm)，或以时间表示，单位为分(min)；

$\omega_{h/2}$——半峰宽，单位为毫米(mm)，或以时间表示，单位为分(min)。

7.41

超临界流体　supercritical fluid

物质在高于其临界压力和临界温度时的一种状态。

7.42

临界压力　critical pressure

在临界温度时，使气体液化所必须的最低压力。

7.43

临界温度　critical temperature

物质处于临界状态时的最高温度。

注：高于临界温度，无论加多大压力都不能使气体液化。

7.44

临界密度　critical density

超临界物质处于临界点时的密度。

7.45

保留因子　retention factor

k

样品组分在固定相中滞留时间(相对于在流动相的时间)的度量，即调整保留时间和死时间之比，可由下式表示：

$$k = \frac{t_R - t_0}{t_0}$$

式中：

t_0——色谱柱死时间，单位为分（min）；

t_R——色谱峰保留时间，单位为分（min）。

7.46

选择性因子　selectivity factor

相邻两色谱峰保留因子之比，可由下式表示：

$$\alpha=\frac{k_2}{k_1}$$

式中：

k_1——相邻色谱峰 1 的 k 值；

k_2——相邻色谱峰 2 的 k 值。

7.47

分离度　resolution

R

相邻两色谱峰的分离程度，即两个组分保留时间之差除以其平均峰宽值，可由下式表示（参见图 2）：

$$R=2\frac{(t_{R2}-t_{R1})}{(\omega_1+\omega_2)}$$

式中：

t_R　　——保留时间，单位为分（min）；

ω_1,ω_2——两个相邻色谱峰的峰宽，单位为分（min）。

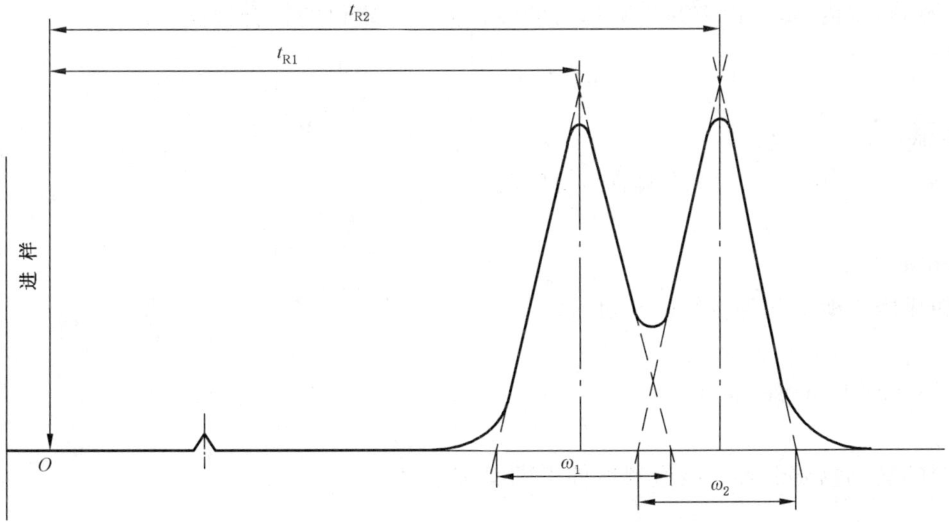

图 2　分离度

7.48

检测器灵敏度　detector sensitivity

被测组分的量或浓度改变一个单位时分析信号的变化量。

7.49

流量精度　precision of flow rate

在流量范围内，重复设置相同流量数值并输送的流量的标准偏差（RSD）。

7.50

流量准确度　accuracy of flow rate

在流量范围内，实测流量与流量设定值的相对偏差。

7.51

紫外-可见光检测器的噪声　noise of ultraviolet-visible light detector

由各种与样品无关的原因所引起的紫外-可见光检测器基线的无规波动。

注：单位为指定波长下的吸光度(A)。

7.52

紫外-可见光检测器的飘移　drift of ultraviolet-visible light detector

由各种与样品无关的原因所引起的紫外-可见光检测器基线的长时程偏移。

注：单位为指定波长下的吸光度(A)。

7.53

紫外-可见光检测器波长带宽　wavelength band width of ultraviolet-visible light detector

紫外-可见光检测器内设定或可调节的经分光后光束所覆盖的波长宽度。

注：单位为纳米(nm)。

7.54

紫外-可见光检测器波长准确度　accuracy of ultraviolet-visible light detector

紫外-可见光检测器所使用波长与设定波长的符合程度。

注：单位为纳米(nm)。

7.55

紫外-可见光检测器波长重复性　repeatability of ultraviolet-visible light detector

在允许使用范围内，多次设定并实际运行的波长值与设定值的符合程度。

注：单位为纳米(nm)。

7.56

基线　baseline

在无被测物质的条件下，仪器的响应信号曲线。

7.57

噪声　noise

由各种随机因素所引起的基线的随机波动。

7.58

信噪比　signal to noise ratio

S/N

仪器检测的被测物质信号与该检测条件下的噪声信号之比。

8　波谱仪器

8.1

自由感应衰减　free induction decay；FID

自旋系统受射频脉冲作用后，在接收线圈中感应产生的一个谐振信号，该信号强度随时间而衰减。

8.2

化学位移 chemical shift

δ

处于同一静磁场中的磁性核，由于其在分子中所处的化学环境不同，而在不同的频率下发生共振的现象。以相对于特定参比化合物的共振频率的差值与参比化合物的共振频率的比值来表示。用下式表示：

$$\delta=(\nu_s-\nu_r)/\nu_r\times10^6$$

式中：

δ ——化学位移；

ν_s ——被测试样谱线的共振频率；

ν_r ——参比化合物谱线的共振频率。

8.3

卫星峰　satellite peak

由于其他低丰度的具有核磁矩的核素与被测核素产生自旋耦合裂分，从而在核磁共振谱线的两边出现对称的两组小峰。

注：这两组峰之间的间距即为两种核素之间的耦合常数。

8.4

参比化合物　reference compound

放置在试样中，所产生的谱线作为化学位移参考的化合物。

注：常用的参比化合物为四甲基硅烷[$Si(CH_3)_4$]。

8.5

锁信号　lock signal

用来控制波谱仪磁场稳定性的场频联锁的核磁共振信号。

注：通常由氘代溶剂里的氘共振信号作为锁信号。

8.6

场频联锁　field-frequency interlock

在核磁共振波谱仪中，为了提高磁场的稳定性，用参考核磁共振信号使磁场与射频(或共振)频率同步跟踪，以保持磁场与频率相对关系的稳定的技术。

8.7

匀场　shimming

用多组匀场线圈产生不同方向且正交的弱磁场梯度以补偿或抵消磁体自身磁场的不均匀性技术。

8.8

调谐　tuning

将探头调节到特定谐振频率下最佳状态的过程。

注：实际上包含两个部分：

——将探头准确地调谐到特定核的观测频率上，即调谐；

——将探头的阻抗调节到与线路的阻抗相等或尽量一致，以尽量降低功率反射系数，即调节匹配。

8.9

自旋去耦　spin decoupling

消除同核或异核之间的自旋耦合作用。

注：可采用连续波去耦或者组合脉冲去耦。

8.10

旋转边带　spinning sideband

试样旋转时，由于磁场的不均匀性而在主信号峰的两边出现与主信号峰的间隔为旋转频率或其整数倍的对称的调制谱峰。

8.11

线宽　linewidth

共振谱峰的宽度。通常用半高宽($\Delta_{1/2}$)表示。

8.12

线形　lineshape

核磁共振谱线的形状。

注：核磁共振谱线的理想线形为洛伦兹线形，但通常在经过处理之后可能为洛伦兹线形、高斯线形或两者的混合线形。

8.13

自旋-自旋耦合常数　spin-spin coupling constant

J

自旋-自旋耦合相互作用强度的度量。

注：单位为赫兹（Hz）。

8.14

灵敏度　sensitivity

＜波谱仪器＞仪器检测弱信号的能力。通常用标准试样特定谱峰的信噪比 S/N 表示。

8.15

分辨率　resolution

＜波谱仪器＞对两条相邻共振谱线的分辨能力，以标准试样谱线的线宽来表示。

8.16

采样时间　acquisition time

在傅立叶变换核磁共振波谱法中，指接收机采集自由感应衰减信号的时间。

8.17

采样频率　sampling frequency

在脉冲傅立叶变换核磁共振波谱法中，模数转换器将 FID 信号变成数字信号的数据点采集的频率。

8.18

窗函数　window function

在脉冲傅立叶变换核磁共振波谱法中，为提高信噪比或分辨率，在把 FID 信号进行傅立叶变换之前所施加的加权函数。

8.19

脉冲翻转角　pulse flip angle

在脉冲傅立叶变换核磁共振中，射频脉冲使磁化矢量发生旋转的角度。

8.20

延迟时间　delay

脉冲序列中发射各个脉冲或者梯度脉冲之间的间隔时间。

注：其中弛豫延迟时间位于一个脉冲序列的最开始，其目的是确保在施加激发脉冲之前建立自旋系统的热平衡。

8.21

频率偏置　frequency offset

发射机的发射频率与特定核素的发射机基本设定频率之间的差值。

注：也可以用于表示选择性脉冲的中心频率与发射机频率之间的差值。

8.22

谱宽　spectral width

核磁共振实验中采集信号的频率范围。

8.23

磁场漂移　magnetic field drift

磁体受外部环境变化所发生的磁场强度微小降低，用 Hz/h 来表示。

9 电化学仪器

9.1

分辨率 resolution

<电化学仪器>测量中可以观察到的最小信号变化值。

9.2

最大输出电压 maximum output voltage

电化学仪器正常工作时所能输出的最大电压。

9.3

最大输出电流 maximum output current

电化学仪器正常工作时所能输出的最大电流。

9.4

电流检测下限 minimum measured current

在允许误差范围内所能检测的最小电流。

9.5

电位扫描范围 applied potential ranges

能施加在电解池上的最大正负电位。

9.6

电位分辨率 potential resolution

测量中可以观察到的电位的最小变化值。

9.7

电流范围 current ranges

在允许误差范围内能测量的最大和最小电流。

9.8

电流分辨率 measured current resolution

测量中可以观察到的电流的最小变化值。

9.9

扫描速率 scan rate

电极电势随时间的变化率。

9.10

工作通道数 number of working channels

仪器能控制的工作电极同时工作的数目。

注：单通道是指只能控制一支工作电极，双通道是指能控制两支工作电极。

9.11

pH 分辨率 pH resolution

能分辨的最小 pH 变化。

9.12

电动势分辨率 potential resolution

电位计能分辨的最小电池电动势的变化。

9.13

电势上升时间 potential rise time

电势从一个值变化到另一个稳定的值需要的时间。

9.14

电势降补偿　IR drop compensation

用反馈电路补偿电流通过未补偿的溶液电阻产生的电势降。

9.15

输入阻抗　input impedance

电路输入端的等效阻抗。

注：在输出端短路时，输入端测得的阻抗。

9.16

温度补偿　temperature compensation

抵消或减少仪器输出的温度漂移所采取的补偿措施。

9.17

频率范围　frequency ranges

交流阻抗测量频率的最大值和最小值。

9.18

温度分辨率　temperature resolution

仪器能分辨的最小温度变化。

10　光学显微镜及图像分析仪器

10.1

视场　view field

通过可视设备所观察到的区域。

10.2

测试框　measurement frame

对颗粒进行计数和图像分析的视场内的区域。

10.3

二值化图像　binary image

由一系列数值为0或1的像素构成的数字图像。

注：在可视屏上这些数值通常显示为明、暗两种区域，或由两种不同颜色的伪彩色图表示。

10.4

费雷特直径　Feret diameter

与颗粒图像轮廓两边相切的平行线之间的距离。

10.5

等效圆直径　equivalent circular diameter

埃伍德直径　Haywood circular diameter

与颗粒投影有相同面积的圆的直径。

10.6

灰度图像　grey image

不同灰度等级像素组成的图像。

10.7

图像分析　image analysis

对数字化图像进行处理的过程或方法。

10.8

分辨率　resolving power

＜显微镜＞以物面上两点刚能被分辨开的距离或以像面上 1 mm 内被分开的线对数度量。

10.9

数值孔径　numerical aperture;NA

透视孔径角的正弦与物点所在介质的折射率之乘积。

10.10

隧道电流　tunneling current

当探针和样品间隙达到纳米尺度时,在外加电场的作用下,电子穿过两个电极间的势垒流向另一电极而产生的电流。

10.11

灰度　gray level

显示在终端屏幕上的界于黑白之间的深浅值域。

10.12

工作距离　working distance

＜显微镜＞物镜前表面顶点到物平面的沿轴距离。

10.13

物镜齐焦距离　parfocalizing distance of the objective

l_1

物镜的安装定位面和无覆盖物体的表面之间的距离。

10.14

物镜的像距　image distance of the objective

l_2

初次像面与物镜的定位面之间的距离。

注:当目镜被安放在观察筒上时,该焦平面和显微镜的初次像面重合。

10.15

目镜的齐焦距离　parfocalizing distance of the eyepiece

l_3

第一次像面和目镜的安装定位面之间的距离。

10.16

欧拉数　Euler number

在二值化图像中,物像数与物像内部孔洞数之差。

10.17

超薄切片　ultrathin section

采用超薄切片机将生物样品经固定包埋后,切成厚度为 60 nm～80 nm 的超薄片。

10.18

边缘界定　edge finding

判定物像与背景间边界的过程。

10.19

闪变方法　flicker method

在原图像和处理后的图像之间进行切换比较,以调节灰度门槛值的方法。

10.20

体视学方法　stereological method

通过二维截面的测量来推断或表述三维显微结构特征的方法。

11　热分析仪器

11.1

热量　quantity of heat

定量描述热作用的物理量。

注：单位为焦(J)。

11.2

焓变　enthalpy change

ΔH

一定量的物质在定压可逆过程中，由一种状态转变为另一种状态吸收的热量。

注：单位为千焦每摩尔(kJ/mol)。

11.3

熔化焓　enthalpy of fusion

ΔH_f

定压下物质从固态转变为同温度下液态过程所吸收的热量。

注：单位为焦每摩尔(J/mol)。

11.4

结晶焓　crystallization enthalpy

恒压下，物质结晶时释放出的热量。

注：单位为千焦每千克(kJ/kg)。

11.5

相变焓　enthalpy of phase change

相变潜热

单位质量的物质在等温等压下，从一个相转变到另一个相所吸收或放出的热量。

注：单位为焦每摩尔(J/mol)。

11.6

凝结热　heat of condensation

1 kg 蒸汽凝结成液体时放出的热量。

注 1：凝结热在数值上等于同温度下的汽化热。

注 2：单位为焦每千克(J/kg)。

11.7

热流　heat flow

加热率

单位时间内热源向一个指定物体(固体或液体)传输的热能。

11.8

导热系数　thermal conductivity

单位时间内、单位温度梯度下，沿热流方向通过单位面积材料传递的热量。

注：单位为瓦每米开[W/(m·K)]。

11.9

热扩散率 thermal diffusivity

物体中某点的温度扰动传到另一点的速度，等于材料的导热系数除以体积密度和比热容。

注：单位为平方米每秒（m^2/s）。

11.10

热值 calorific value

在规定的条件下，单位质量的燃料完全燃烧所放出的热量。

注：单位为千焦每千克（kJ/kg），或兆焦每千克（MJ/kg）。

11.11

燃烧热 heat of combustion

物质完全燃烧时产生的热值。

注：单位为千焦每摩尔（kJ/mol）。

11.12

收敛温度 convergence temperature

在热量计外套温度保持恒定的情况下，经过无限长时间体系达到的温度。

11.13

热量计能当量 energy equivalent of the calorimeter

热量计有效热容量

在试验条件下，热量计温度升高 1 ℃所需要的热量，表示为：

$$E = Q/\Delta T$$

式中：

Q ——向热量计通入的已知电能或标准苯甲酸燃烧热及附加热效应的总和；

ΔT——进行热交换修正后的量热体系的真正温升。

11.14

热分析曲线 thermal analysis curve

由热分析仪器记录到的物质的物化性质与温度或时间关系的曲线。

11.15

热重曲线 thermo gravimetric curve

由热天平记录到的热分析曲线。纵坐标为试样质量，横坐标为温度或时间。

11.16

起始温度 initial temperature

$\boldsymbol{T}_{\mathrm{i}}$

热重曲线上质量变化累积达到天平可以检出时的温度。

11.17

外推起始温度 extrapolated temperature

峰的前沿上斜率最大处的切线与外推基线的交点对应的温度。

11.18

峰温度 peak temperature

热重曲线峰顶点对应的温度。

11.19

终止温度 final temperature

$\boldsymbol{T}_{\mathrm{f}}$

热重曲线上质量变化累积达到该阶最大值时的温度。

11.20

反应区间　reaction interval

终止温度与起始温度的间隔。

11.21

升温速率　heating rate

单位时间内温度升高的速度,用符号 dT/dt 或 β 表示。若 dT/dt 为负值,则表示单位时间内温度降低的速度,称为降温速率。

注:单位为开每分(K/min),或摄氏度每分(℃/min)。

11.22

热流速率　flow rate of heat

单位时间内传递的热量,用符号 dQ/dt 表示。

注:单位为瓦(W)。

11.23

热分析量程　thermal analysis range

热分析仪器标称测量范围的上下限之差。

11.24

均温区　uniform temperature zone

热分析仪器加热炉内温度梯度不超过某一限定值的区域。

11.25

温度场　temperature field

某一瞬间,空间一切点的温度分布。若场内任何点的温度不随时间变化,此时的温度场称为稳定温度场,反之称不稳定温度场。

11.26

热学标准值　standard value

在压力为 101.325 kPa、温度为 25 ℃时测定的热学量值。

11.27

弹筒发热量　bomb calorific value

单位质量的试样,在充有过量氧气的氧弹内燃烧,其产物为氧气、氮气、二氧化碳、硝酸和硫酸、液态水及固体灰分时放出的热量。

11.28

恒容高位发热量　gross calorific value at constant volume

由弹筒发热量减去硝酸形成热和硫酸校正热后得到的发热量。

11.29

恒容低位发热量　net calorific value at constant volume

恒容高位发热量减去水的汽化热后得到的发热量。

11.30

熔点　melting point

物质从固体变为液体时的温度。

注:固体的熔点等于其凝固点,熔点随压强变化。

11.31

热容量　heat capacity

物体的温度升高 1 K(或 1 ℃)所需吸收的热量,是物体储热能力的一种度量。

注:单位为焦每开(J/K)或焦每摄氏度(J/℃)。

11.32

比热容　specific heat

物体的热容量与物体的质量之比。

注1：不同物质的比热容各异，同种物质在不同的物态时比热容也不同，其与加热条件、温度、压强、体积等因素有关。

注2：单位为焦每千克开[J/(kg·K)]。

11.33

升华热　heat of sublimation

升华焓

单位质量的固体物质不经过液态而直接转变为气态时所吸收的热量。

注1：其值等于该物质的熔化热与汽化热之和。

注2：单位为焦每克(J/g)。

11.34

聚合热　heat of polymerization

在一定条件下，1 mol 单体生成聚合物过程的热效应。

注：单位为千焦每摩尔(kJ/mol)。

11.35

蒸发热　heat of vaporization

蒸发焓

单位质量的液体转变为同温度的蒸气时所吸收的热量。

注：单位为焦每克(J/g)。

11.36

玻璃化温度　glass transition temperature

非晶态(或半晶态)聚合物从橡胶态(黏弹态)向玻璃态转变的温度。

11.37

线膨胀系数　coefficient of linear thermal expension

固体物质的温度每改变 1 ℃，其长度的变化与 0 ℃时的长度之比。

11.38

相变　phase change

物质不同相之间的相互转变。

注1：有固、气、液相之间的相互转变，同一固体不同结晶状态间的转变，金属正常导电和超导电态间的转变，正常液氦和超流液氦间的转变等。

注2：有体积突变和潜热的相变称第一类相变，无体积突变和潜热的称第二类相变。

11.39

相变温度　temperature of phase transition

体系从一个相向另一个相转变的温度。

11.40

居里温度　curic temperature

物质由铁磁性向顺磁性(或铁磁相向顺磁相)转变的温度。

11.41

相图　phase diagram

用几何语言(图形、点、线、面等)描述系统的状态及其变化，即体系的相结构与实验参数(压力、温度、组成等)关系的图示。

参 考 文 献

[1] GB/T 213—2008 煤的发热量测定方法
[2] GB/T 4946—2008 气相色谱法术语
[3] GB/T 6379.1—2004 测量方法与结果的准确度(正确度与精密度) 第1部分:总则与定义
[4] GB/T 6425—2008 热分析术语
[5] GB/T 13966—2013 分析仪器术语
[6] GB/T 14666—2003 分析化学术语
[7] GB/T 20726—2006 半导体探测器X射线能谱仪通则
[8] GB/T 22588—2008 闪光法测量热扩散系数或导热系数
[9] GB/T 24578—2009 硅片表面金属沾污的全反射X光荧光光谱测试方法
[10] JB/T 8230.1—1999 光学显微镜 术语
[11] JB/T 9399—2010 X射线分析仪器主参数系列
[12] JB/T 11144—2011 X射线衍射仪
[13] JB/T 11145—2011 X射线荧光光谱仪
[14] JY/T 009—1996 转靶多晶体X射线衍射方法通则

索　引

汉语拼音索引

T

W

X

Y

英文对应词索引

A

B

C

F

G

H

I

L

M

N

O

P

Q

R

S

T

U

V

W

X

Z